Mathematik heute 9

Realschule

Herausgegeben von
Heinz Griesel, Helmut Postel, Rudolf vom Hofe

Schroedel

Mathematik heute 9

Realschule

Herausgegeben und bearbeitet von

Professor Dr. Heinz Griesel
Professor Helmut Postel
Professor Dr. Rudolf vom Hofe

Arno Bierwirth, Bernhard Humpert, Dr. Alexander Jordan, Dirk Kehrig, Wolfgang Krippner,
Professor Dr. Matthias Ludwig, Christiane Meiritz, Birgit Münstermann

Zum Schülerband erscheint:
Lösungen
Best.-Nr. 87819

ISBN 978-3-507-**87809**-9

Druck A¹ / Jahr 08

Alle Drucke der Serie A sind im Unterricht parallel verwendbar.

Titel- und Innenlayout: Janssen Kahlert, Design & Kommunikation GmbH, Hannover
Illustrationen: Dietmar Griese; Zeichnungen: Günter Schlierf, Peter Langner.
Satz: Konrad Triltsch, Print und digitale Medien GmbH, 97199 Ochsenfurt
Druck und Bindung: westermann druck GmbH, Braunschweig

Inhaltsverzeichnis

ZUM METHODISCHEN AUFBAU DER LERNEINHEITEN

Einstieg bietet einen prozessorientierten Zugang zum Thema.

Aufgabe mit vollständigem Lösungsbeispiel. Diese Aufgaben können alternativ oder ergänzend als Einstiegsaufgaben dienen. Die Lösungsbeispiele eignen sich sowohl zum eigenständigen Nacharbeiten als auch zum Erarbeiten von Lernstrategien.

Zum Festigen und Weiterarbeiten Hier werden die neuen Inhalte durch benachbarte Aufgaben, Anschlussaufgaben und Zielumkehraufgaben gefestigt und erweitert. Sie sind für die Behandlung im Unterricht konzipiert und legen die Basis für eine nachhaltige Entwicklung inhaltlicher und prozessorientierter Kompetenzen.

Information Wichtige Begriffe, Verfahren und mathematische Gesetzmäßigkeiten werden hier übersichtlich hervorgehoben und an charakteristischen Beispielen erläutert.

Übungen In jeder Lerneinheit findet sich reichhaltiges Übungsmaterial. Dabei werden neben grundlegenden Verfahren auch Aktivitäten des Vergleichens, Argumentierens und Begründens gefördert, sowie das Lernen aus Fehlern.
Aufgaben mit Lernkontrollen sind an geeigneten Stellen eingefügt.
Grundsätzlich lassen sich fast alle Übungsaufgaben auch im Team bearbeiten. In einigen besonderen Fällen wird zusätzlich Anregung zur Teamarbeit gegeben.
Die Fülle an Aufgaben ermöglicht dabei unterschiedliche Wege und innere Differenzierung.

Vermischte und komplexe Übungen Hier werden die erworbenenen Qualifikationen in vermischter Form angewandt und mit den bereits gelernten Inhalten vernetzt.

Bist du fit? Auf diesen Seiten am Ende eines Kapitels können Lernende eigenständig überprüfen, inwieweit sie die neu erworbenen Grundqualifikationen beherrschen. Die Lösungen hierzu sind im Anhang des Buches abgedruckt.

Im Blickpunkt / Projekt Hier geht es um komplexere Sachzusammenhänge, die durch mathematisches Denken und Modellieren erschlossen werden. Die Themen gehen dabei häufig über die Mathematik hinaus, sodass Fächer übergreifende Zusammenhänge erschlossen werden. Es ergeben sich Möglichkeiten zum Arbeiten in Projekten und zum Einsatz neuer Medien.

Bist du Topfit? Auf diesen Seiten am Ende des Buches können Lernende eigenständig überprüfen, inwieweit sie die in den Jahrgangsstufen 5 bis 8 erworbenen Qualifikationen beherrschen. Die Aufgaben orientieren sich an den Kompetenzen und Inhalten des Kernlehrplans.

Piktogramme weisen auf besondere Anforderungen bzw. Aufgabentypen hin:

Teamarbeit

Suche nach Fehlern

Tabellenkalkulation

Internet

Dynamische Geometriesysteme

Zur Differenzierung

Der Aufbau und insbesondere das Übungsmaterial sind dem Schwierigkeitsgrad nach gestuft.
Zusätzlich hierzu sind anspruchsvollere Aufgaben mit roten Aufgabenziffern versehen.
Fakultative Themen und Zusatzstoffe sind durch das Zeichen △ gekennzeichnet.

Maßeinheiten

Längen

10 mm	= 1 cm
10 cm	= 1 dm
10 dm	= 1 m
1 000 m	= 1 km

Flächeninhalte

100 mm^2	= 1 cm^2	100 m^2	= 1 a
100 cm^2	= 1 dm^2	100 a	= 1 ha
100 dm^2	= 1 m^2	100 ha	= 1 km^2

Die Umwandlungszahl ist 100

Volumina

1 000 mm^3	= 1 cm^3	1 cm^3	= 1 ml	1 000 ml	= 1 *l*
1 000 cm^3	= 1 dm^3	1 dm^3	= 1 *l*	100 cl	= 1 *l*
1 000 dm^3	= 1 m^3			100 *l*	= 1 hl

Die Umwandlungszahl ist 1 000

Zeitspannen

60 s	= 1 min
60 min	= 1 h
24 h	= 1 d

Gewichte

1 000 mg	= 1 g
1 000 g	= 1 kg
1 000 kg	= 1 t

Die Umwandlungszahl ist 1 000

Mathematische Symbole

Zahlen

$a = b$	a gleich b
$a \neq b$	a ungleich b
$a < b$	a kleiner b
$a > b$	a größer b
$a \approx b$	a ungefähr gleich (rund) b
$a + b$	Summe aus a und b; a plus b
$a - b$	Differenz aus a und b; a minus b
$a \cdot b$	Produkt aus a und b; a mal b
$a : b$	Quotient aus a und b; a durch b
a^n	Potenz aus Grundzahl a und Hochzahl n; a hoch n
p %	p Prozent
$\sqrt{a}$	Quadratwurzel aus a ($a \geq 0$)
$\sqrt[3]{a}$	Kubikwurzel aus a ($a \geq 0$)
$\mathbb{N}$	Menge aller natürlichen Zahlen
$\mathbb{Q}$	Menge aller rationalen Zahlen
$\mathbb{R}$	Menge der reellen Zahlen
$\sin\alpha$	Sinus α
$\cos\alpha$	Kosinus α
$\tan\alpha$	Tangens α

Geometrie

$\overline{AB}$	Verbindungsstrecke der Punkte A und B; Strecke mit den Endpunkten A und B
AB	Verbindungsgerade durch die Punkte A und B; Gerade durch A und B
$g \parallel h$	Gerade g ist parallel zu Gerade h
$g \nparallel h$	Gerade g ist nicht parallel zu Gerade h
$g \perp h$	Gerade g ist senkrecht zu Gerade h
ABC	Dreieck mit den Eckpunkten A, B und C
ABCD	Viereck mit den Eckpunkten A, B, C und D
P(x|y)	Punkt P mit den Koordinaten x und y, wobei x die erste Koordinate, y die zweite Koordinate ist
$F \cong G$	Figur F ist kongruent zu Figur G
$F \sim G$	Figur ist ähnlich zu Figur G
h_a [h_b; h_c]	Höhe zur Seite a [Seite b; Seite c]

1 Funktionen – Lineare Funktionen

Abhängigkeiten zwischen Größen werden häufig durch Diagramme oder Tabellen veranschaulicht. Hier findest du einige Beispiele aus dem Automobilbereich:

- Aus einer Auto-Test-Zeitschrift:
  Gute Werte für das Modell *Rasanti*

Geschwindigkeit (in $\frac{km}{h}$)	50	70	90	100	120	130	150
Benzinverbrauch (in *l* pro 100 km)	5,3	5,7	6,1	6,6	7,4	8,3	10

- Der Benzinverbrauch für das Modell *Luna*.

Die Höchstgeschwindigkeit beträgt 140 $\frac{km}{h}$.
Für Geschwindigkeiten v (in $\frac{km}{h}$) zwischen 50 $\frac{km}{h}$ und 140 $\frac{km}{h}$ lässt sich der Benzinverbrauch B (in *l* pro 100 km) beschreiben durch:
$B = 0{,}001\,v^2 - 0{,}1\,v + 6{,}3$.

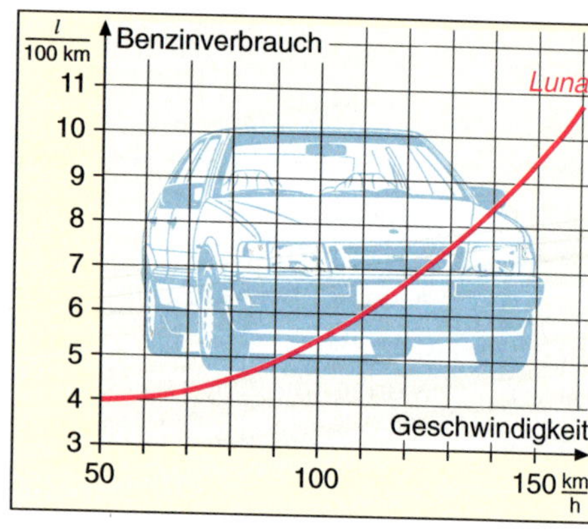

- Aus der technischen Anleitung des Modells *Cargo* (links):
  Eine Formel für den Benzinverbrauch.

→ Vergleiche den Benzinverbrauch der drei Automodelle.
→ Beschreibe die Vor- und Nachteile der drei Darstellungsformen.

In diesem Kapitel lernst du ...
... spezielle Zuordnungen kennen, die man *Funktionen* nennt. Damit kann man Abhängigkeiten zwischen Größen beschreiben und Werte berechnen.

FUNKTIONEN ALS EINDEUTIGE ZUORDNUNGEN

Eindeutige Zuordnungen

Einstieg

Beim Aufstieg eines Wetterballons wird mit zunehmender Höhe jeweils die Temperatur gemessen.
Die Abbildung rechts zeigt den Zusammenhang zwischen der Höhe über dem Erdboden und der durchschnittlichen Temperatur.

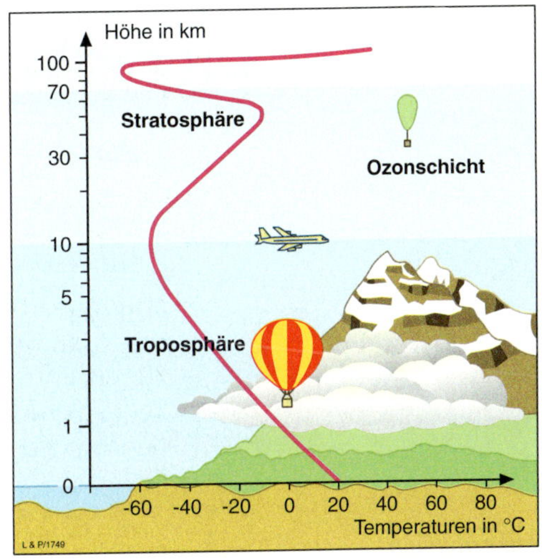

→ Welche Auskunft gibt euch die Abbildung?
→ Wie verändert sich die Temperatur mit zunehmender Höhe?
→ Lest für verschiedene Höhen die Temperaturen ab.
Lest umgekehrt für verschiedene Temperaturen die Höhen ab.
→ Lassen sich die Größen einander jeweils eindeutig zuordnen?
→ Berichtet über eure Ergebnisse; ihr könnt auch eine Folie vorbereiten.

Aufgabe

1. Die Deutsche Bahn benutzt neben dem Kursbuch auch grafische Fahrpläne.
Die Abbildung zeigt einen vereinfachten Ausschnitt. Von links nach rechts ist die Länge der Fahrstrecke in km, von unten nach oben sind die Uhrzeiten abgetragen.

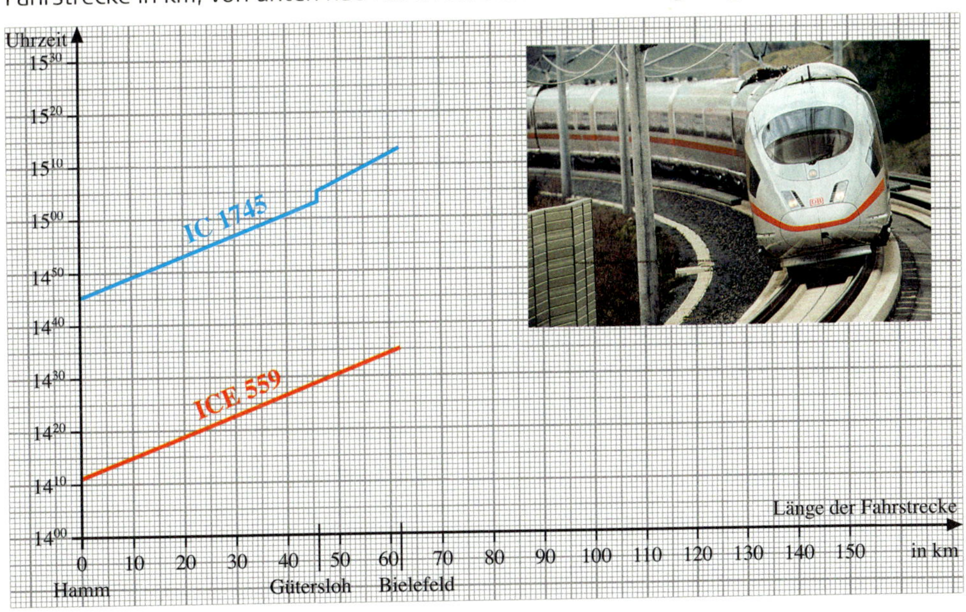

a) Beschreibe die Fahrt des IC 1745 und des ICE 559 mithilfe der grafischen Darstellung.

b) Wann ist der ICE 559 von Hamm 15 km; 30 km; 46 km; 55 km entfernt?
Lege eine Wertetabelle an.

c) Beantworte die Frage in Teilaufgabe b) für den IC 1745.

Lösung

a) Der IC 1745 startet um 14.45 Uhr in Hamm und ist um 15.03 Uhr in Gütersloh. Von dort fährt er um 15.05 Uhr weiter, bis er 15.13 Uhr Bielefeld erreicht.
Der ICE 559 startet um 14.11 Uhr in Hamm und erreicht ohne Zwischenstopp um 14.35 Uhr Bielefeld.

b) Für den ICE 559 erhalten wir folgende Wertetabelle:

Entfernung von Hamm	15 km	30 km	46 km	55 km
Uhrzeit	14.17	14.23	14.28	14.32

c) Für den IC 1745 erhalten wir folgende Wertetabelle:

Entfernung von Hamm	15 km	30 km	46 km	55 km
Uhrzeit	14.51	14.57	???	15.10

Für die Entfernung 46 km von Hamm, also für Gütersloh, lässt sich kein eindeutiger Zeitpunkt angeben. Sowohl um 15.03 Uhr als auch um 15.04 Uhr und um 15.05 Uhr befindet sich der Zug in Gütersloh.

Information

Die Aufgabe 1 zeigt: Für den ICE 559 kann man zu jeder Entfernung von Hamm *genau eine* Uhrzeit angeben, zu welcher der Zug diesen Streckenpunkt erreicht hat.
Die Zuordnung *Entfernung von Hamm (in km) → Uhrzeit* ist für den ICE 559 *eindeutig*.

Beim IC 1745 kann man für den Streckenkilometer 46 *mehrere* Uhrzeiten angeben, da der Zug in Gütersloh hält.
Für diesen IC ist die Zuordnung *Entfernung von Hamm (in km) → Uhrzeit nicht eindeutig*.

In der Mathematik sind eindeutige Zuordnungen besonders wichtig.

Bei einer *eindeutigen* Zuordnung wird *jeder* Ausgangsgröße (Ausgangszahl) *genau eine* Größe (Zahl) zugeordnet. Eine solche eindeutige Zuordnung heißt **Funktion.**

Beispiele: *Zeitpunkt → Lufttemperatur*
Seitenlänge eines Quadrats → Flächeninhalt des Quadrats
Seitenlänge eines Quadrats → Umfang des Quadrats
Gewicht einer bestimmten Ware → Preis dieser Ware

Zum Festigen und Weiterarbeiten

2. Um Überholvorgänge planen zu können, muss die Deutsche Bahn wissen, wo sich ein Zug zu einer bestimmten Uhrzeit auf seiner Fahrstrecke befindet.
Stelle für den IC 2026 (rechts) eine Wertetabelle für die Zuordnung
Uhrzeit → Entfernung von Bonn (in km)
auf.
Zeichne den Graphen der Zuordnung.
Ist diese Zuordnung eine Funktion?
Begründe deine Antwort.

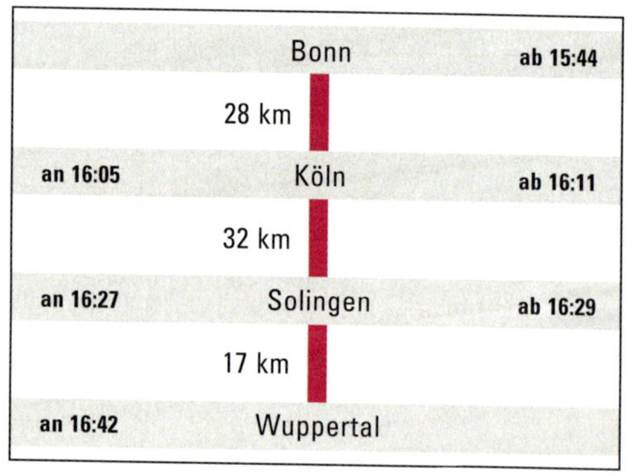

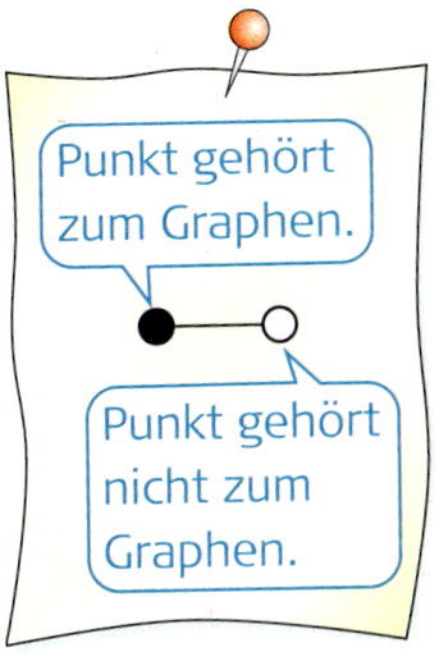

3. An dem Graphen rechts kann man die Gebühren für Zustellungen durch einen Paketdienst ablesen.

a) Übertrage die Wertetabelle ins Heft und vervollständige sie.

Gewicht	Gebühren
bis 1 kg	3,50 €
über 1 kg bis 2 kg	€
über 2 kg bis 3 kg	€
über 3 kg bis 5 kg	€

b) Ist die Zuordnung
(1) *Gewicht des Pakets → Gebühr,*
(2) *Gebühr → Gewicht des Pakets*
eine Funktion? Begründe dein Ergebnis.

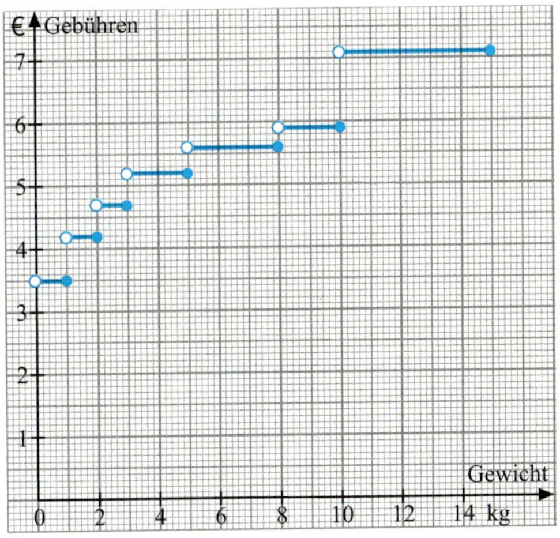

4. Ein grafischer Fahrplan ordnet jedem Punkt der Fahrstrecke den Zeitpunkt zu, zu dem sich ein bestimmter Zug dort befindet.

a) Beschreibt anhand des grafischen Fahrplans, wie der Zug fährt.

b) Ist die Zuordnung *Fahrstrecke → Uhrzeit* eine Funktion? Begründet.

c) Woran kann man an einem Graphen erkennen, dass eine Zuordnung nicht eindeutig ist? Erklärt an selbstgewählten Beispielen.

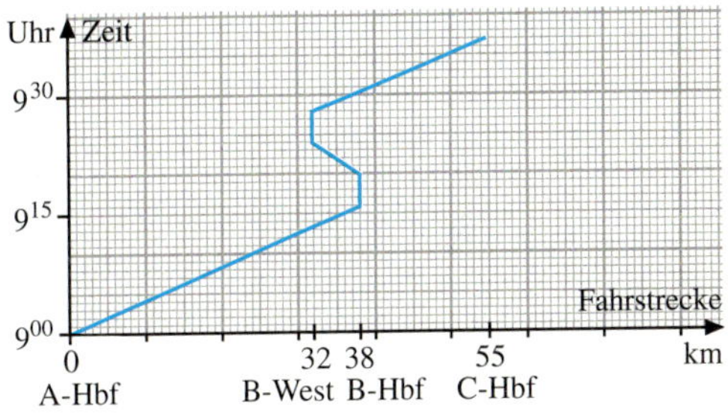

Übungen

5. Durch Ebbe und Flut an der Nordsee ändert sich der Wasserstand in einem Seehafen ständig. Für den Verlauf eines Tages wurde der Wasserstand aufgezeichnet.

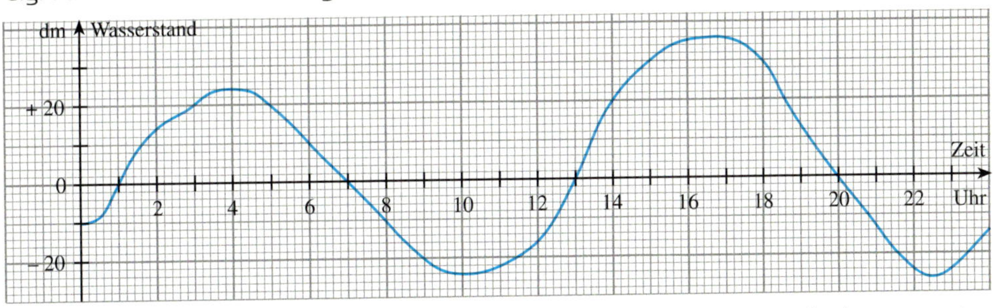

a) Was kannst du dem Diagramm entnehmen? Beschreibe die Veränderungen des Wasserstandes. Achte auch auf starke und weniger starke Änderungen.
Zu welchen Zeiten werden die höchsten bzw. niedrigsten Werte erreicht?

b) Wie hoch ist der Wasserstand um 3.00 Uhr; 5.00 Uhr; 8.00 Uhr; 10.00 Uhr; 14.00 Uhr; 18.00 Uhr; 20.00 Uhr; 24.00 Uhr?
Notiere in Form einer Wertetabelle.

c) Zu welchen Zeitpunkten beträgt der Wasserstand +20 dm; 0 dm; −20 dm?

d) (1) Ist die Zuordnung *Zeitpunkt → Wasserstand* eindeutig, also eine Funktion?
(2) Ist die Zuordnung *Wasserstand → Zeitpunkt* eindeutig, also eine Funktion?
Begründe jeweils deine Antwort.

6. Für das Projekt *Wetterbeobachtung* hat Anke an einem Tag alle zwei Stunden die Lufttemperatur gemessen und notiert.

Uhrzeit	6.00 Uhr	8.00 Uhr	10.00 Uhr	12.00 Uhr	14.00 Uhr	16.00 Uhr	18.00 Uhr	20.00 Uhr
Temperatur	14,0 °C	15,5 °C	18,0 °C	20,5 °C	23,5 °C	26,5 °C	22,5 °C	20,5 °C

a) Zeichne den Graphen der Zuordnung *Zeitpunkt* → *Temperatur*.

b) Ist die Zuordnung *Zeitpunkt* → *Temperatur* [*Temperatur* → *Zeitpunkt*] eine Funktion?

7.

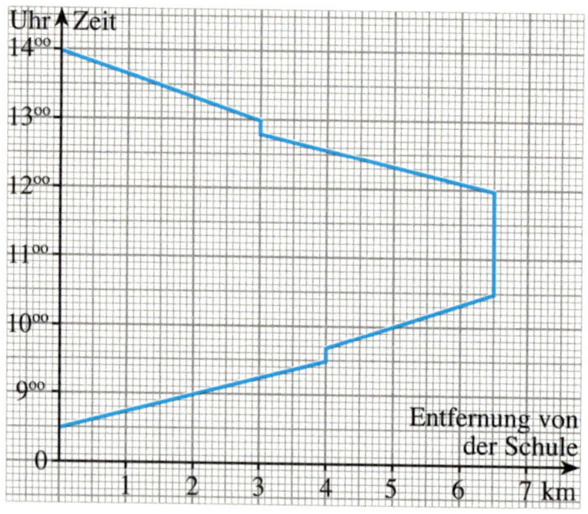

Die Klasse 9c der Realschule Sundern macht einen Wanderausflug zum Sorpesee.

a) Welche Zuordnung stellt der Graph dar?

b) Entnimm dem Graphen möglichst viele Informationen und erfinde eine Geschichte zu dem Ausflug?

c) Zeichne den Graphen der Zuordnung *Uhrzeit* → *Entfernung von der Schule*.

d) Vergleiche die beiden Graphen.
Welche Zuordnung ist eindeutig, welche nicht?
Welcher Graph beschreibt aus deiner Sicht die Wanderung besser?
Begründe jeweils.

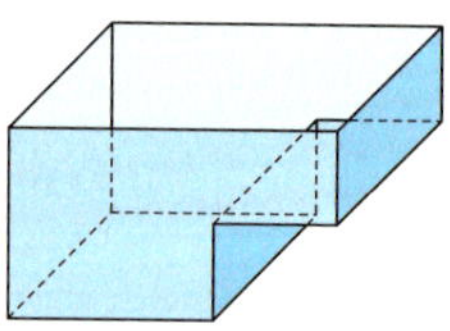

8. Links siehst du die Skizze eines Schwimmbeckens. In dieses Becken wird gleichmäßig Wasser eingelassen. Welcher Graph (1) bis (4) kann dazu passen? Begründe.

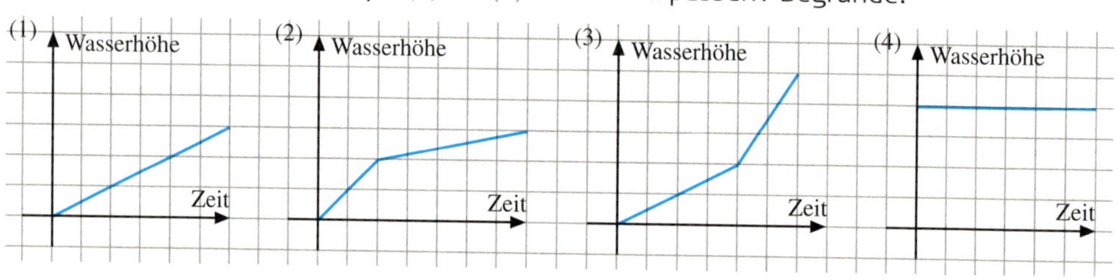

9. Liegt der Graph einer Funktion vor? Begründe.

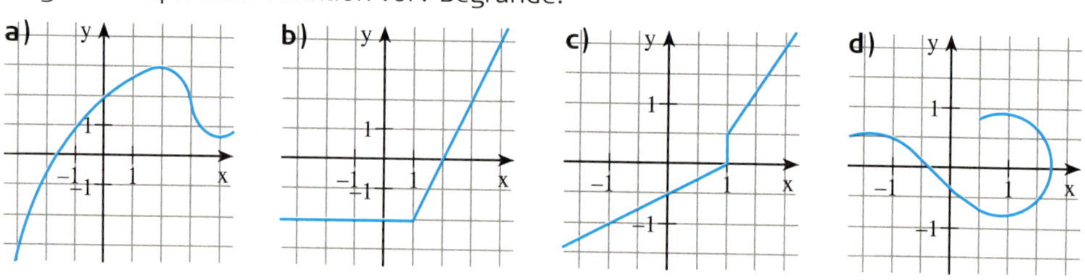

Angabe einer Funktion durch Funktionsgleichung und Definitionsbereich

Einstieg

Herr Luig fährt mit dem Auto von Bonn nach Berlin. Bei einer Durchschnittsgeschwindigkeit von 100 $\frac{km}{h}$ braucht er 6 Stunden.

→ Wie lange braucht er bei einer Durchschnittsgeschwindigkeit von 80 $\frac{km}{h}$?

→ Zeichne den Graphen der Funktion *Durchschnittsgeschwindigkeit x (in $\frac{km}{h}$) → Fahrzeit y (in h).*

→ Stelle für diese Funktion eine Gleichung auf.

→ Welche Einsetzungen für die Ausgangsgröße x sind deiner Meinung nach sinnvoll? Begründe.

Aufgabe

1. a)

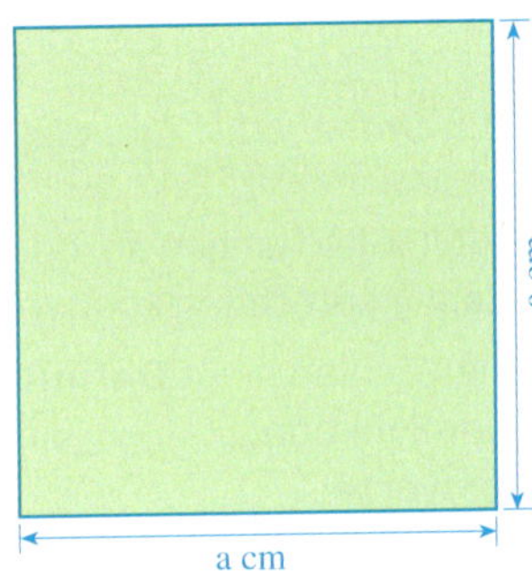

Berechne den Flächeninhalt für ein Quadrat mit den Seitenlängen 0,5 cm; 1 cm; 1,5 cm; 2 cm.
Notiere eine Gleichung, mit der du den Flächeninhalt A (in cm^2) aus der Seitenlänge a (in cm) berechnen kannst.
Stelle die Ergebnisse in einer Wertetabelle zusammen. Zeichne mithilfe der Tabelle den Graphen der Funktion
Seitenlänge a (in cm) → Flächeninhalt A (in cm^2).
Welche Zahlen darfst du hier für a einsetzen?

b) Ordne jeder Zahl x das Quadrat dieser Zahl zu.
Setze für x auch negative Zahlen ein.
Stelle eine Wertetabelle auf und zeichne den Graphen.

Lösung

a) Für den Flächeninhalt A (in cm^2) eines Quadrates mit der Seitenlänge a (in cm) gilt: $A = a^2$

Wertetabelle

Seitenlänge a (in cm)	Flächeninhalt A (in cm^2)
0,5	0,25
1	1
1,5	2,25
2	4
2,5	6,25

Für die Länge a sind nur *positive rationale* Zahlen sinnvoll, d. h. Zahlen aus $\mathbb{Q}^+$.
Man nennt $\mathbb{Q}^+$ den *Definitionsbereich* der Funktion.

Graph

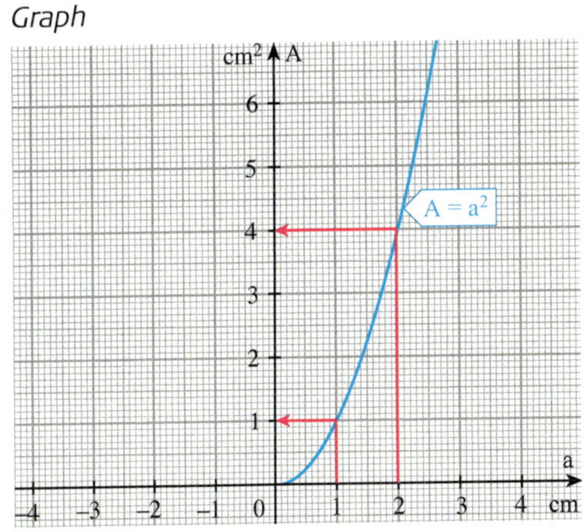

b) Jeder Zahl x wird das Quadrat y dieser Zahl zugeordnet. Dann gilt: $y = x^2$

Wertetabelle

Zahl x	Quadrat der Zahl y
−2	4
−1	1
0	0
1	1
2	4

Für x sind alle *rationalen* Zahlen zugelassen.
Hier ist die gesamte Menge $\mathbb{Q}$ der *Definitionsbereich* der Funktion.

Graph

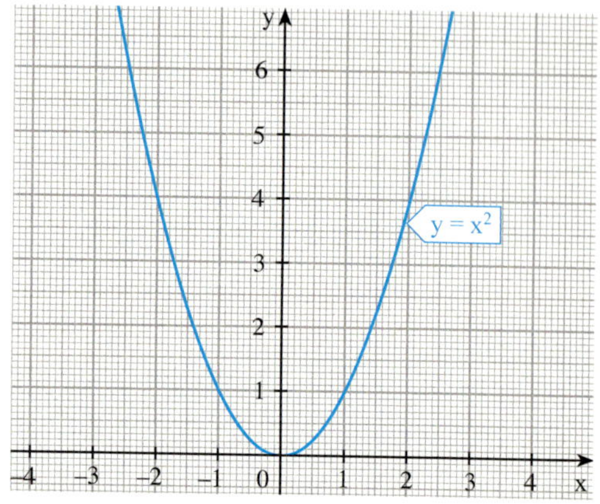

Information

Eine Funktion kann man angeben durch
(1) eine **Funktionsgleichung** wie z. B. $y = x^2$;
(2) eine **Wertetabelle**;
(3) eine **Wortvorschrift** wie z. B.: *Ordne jeder Zahl das Quadrat der Zahl zu.*
(4) einen **Graphen**.

Meistens geben wir Funktionen durch Gleichungen an, da wir mithilfe dieser Gleichung zu jeder Zahl x die zugeordnete Zahl y berechnen können.

Die Menge D der für x zugelassenen Zahlen heißt **Definitionsbereich**.
Die Zahlen für x heißen **Stellen** der Funktion.
Die Zahlen für y heißen **Funktionswerte**.
Man schreibt bei der Angabe der Funktion z. B. $y = x^2$ mit $D = \mathbb{Q}$.

Wir vereinbaren:
(1) Wenn für eine Funktion kein Definitionsbereich angegeben ist, soll der für die Funktionsgleichung größtmögliche Definitionsbereich genommen werden.
(2) Achsenbezeichnungen: Bei Funktionsgleichungen benutzt man üblicherweise die Variablen x und y. Daher nennt man im Koordinatensystem die Rechtsachse auch *x-Achse* und die Hochachse *y-Achse*.

Zum Festigen und Weiterarbeiten

2. **a)** Welchen Wert hat die Funktion mit $y = x^2$ an den Stellen 0,5; 1,2; −1,2; 3; −3,5?
b) An welchen Stellen x hat die Funktion mit $y = x^2$ den Wert 4; 2,25; 0,64; 1,96?

3. Eine Funktion hat die Funktionsgleichung $y = 4 - x$.
a) Wähle als Definitionsbereich die Menge $\mathbb{Q}_0^+$ der positiven rationalen Zahlen einschließlich 0.
Lege eine Wertetabelle an. Setze dazu für x selbstgewählte Zahlen ein.
Zeichne den Graphen.
b) Wähle nun den größtmöglichen Definitionsbereich $\mathbb{Q}$. Wie ändert sich der Graph?

4. Herr Volmer kauft Brötchen, das Stück zu 0,26 €.
Erstelle für die Funktion *Anzahl x der Brötchen → Kaufpreis y (in €)* eine Wertetabelle und zeichne den Graphen. Dürfen die Punkte miteinander verbunden werden?
Begründe mithilfe des Definitionsbereichs.

5. Eine Funktion ist gegeben durch: **a)** $y = 5 - 2x$ **b)** $y = x^2 - 1$.

Bei den folgenden Punkten fehlt jeweils eine Koordinate. Bestimme sie so, dass der Punkt auf dem Graphen liegt. Gibt es mehrere Möglichkeiten?

$A(7|\square)$; $B(-3|\square)$; $C(-2{,}5|\square)$; $D(\square|0)$; $E(\square|3)$

Punktprobe
Setze beide Koordinaten in die Gleichung ein und überprüfe, ob eine wahre Aussage entsteht.

6. a) Zeichne die Graphen der folgenden Funktionen:
(1) $y = 2x$ mit $D = \mathbb{Q}$; (2) $y = \frac{x}{2}$ mit $D = \mathbb{Q}^+$; (3) $y = 0{,}5x^3$ mit $D = \mathbb{Q}$

b) Gegeben sind die Punkte $A(2|4)$, $B(4|0{,}5)$, $C(-3|-6)$, $D(-2|-4)$, $E(1|0{,}5)$ und $F(0{,}5|4)$.
Untersuche rechnerisch mit einer Punktprobe, welche der Punkte auf den Graphen liegen. Überprüfe auch anhand der Graphen.

Übungen

7. Frau König kauft auf dem Fischmarkt Heringsfilet für 6 € pro kg. Ab 2 kg gewährt ihr der Händler Rabatt; sie muss dann nur 5 € pro kg bezahlen.

a) Stelle für die Funktion *Gewicht des Fischs (in kg) → Kaufpreis (in €)* eine Wertetabelle auf. Wähle als Definitionsbereich Gewichte zwischen 0 kg und 5 kg.

b) Zeichne den Graphen der Funktion und beschreibe seinen Verlauf.

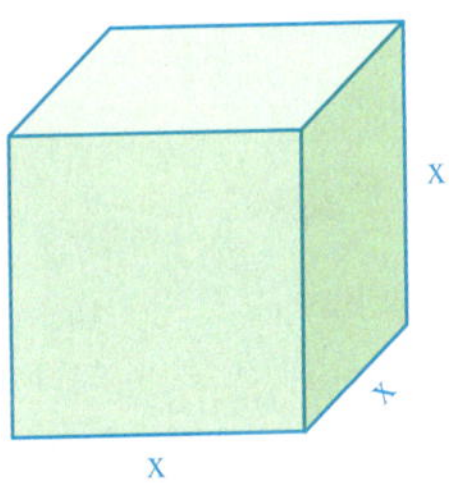

8. a) Jeder Würfel hat ein ganz bestimmtes Volumen und eine ganz bestimmte Oberfläche. Notiere die Gleichung für die Funktion
(1) *Kantenlänge (in cm) → Volumen (in cm³)*;
(2) *Kantenlänge (in cm) → Größe der Oberfläche (in cm²)*.

b) Wähle für dieselbe Funktionsgleichung wie in (1) [in (2)] rationale Zahlen für x (auch negative). Zeichne mithilfe einer Wertetabelle den Graphen dieser Funktion.

c) Bestimme den Funktionswert zu jeder angegebenen Stelle: 5; −4; 0,5; −5; 0,2.

9. Zeichne mithilfe einer Wertetabelle den Graphen der Funktion zu:

a) $y = 2x - 1$ **b)** $y = 1 - 2x$ **c)** $y = -\frac{2}{5}x$ **d)** $y = x^2 + 1$

Welche der folgenden Punkte liegen auf dem Graphen?
$P_1(8|0)$, $P_2(0|0)$, $P_3(-5|11)$, $P_4(-2|5)$, $P_5(0|1)$, $P_6(2|3)$ und $P_7(-1|-3)$

10. Eine Funktion hat den größtmöglichen Definitionsbereich und die Gleichung:

a) $y = x - 3$ **b)** $y = -x + 5$ **c)** $y = -\frac{1}{4}x$ **d)** $y = \frac{1}{2}x - 3$ **e)** $y = (x - 2)^2$

Zeichne den Graphen.
Die Punkte $P_1(3|\square)$, $P_2(0{,}5|\square)$, $P_3(1{,}5|\square)$, $P_4(-1|\square)$, $P_5(\square|0)$ und $P_6(\square|1)$ gehören zum Graphen. Berechne jeweils die fehlende Koordinate.

11. a) Gib zu der Wortvorschrift die Funktionsgleichung an.
(1) Jeder Zahl wird das Dreifache der Zahl zugeordnet.
(2) Jeder Zahl wird die Hälfte der Zahl vermindert um 5 zugeordnet.

b) Gib die Wortvorschrift an: (1) $y = 2x + 3$, (2) $y = \frac{x}{4}$

PROPORTIONALE UND LINEARE FUNKTIONEN

Proportionale Funktionen

Einstieg

Auf einer Teststrecke fährt ein Auto mit der konstanten Geschwindigkeit $120\,\frac{\text{km}}{\text{h}}$.

→ Notiert die Funktionsgleichung für die Funktion *Zeit t (in h) → Entfernung s (in km)*.

→ Erstellt eine Wertetabelle und zeichnet den Graphen der Funktion.

→ Wie ändert sich der Graph, wenn man für t auch negative Zahlen wählt?

→ Wie ändert sich der Funktionswert s, wenn man die Zahl für t verdoppelt, verdreifacht, ...?
Wähle für t sowohl positive als auch negative Zahlen.

→ Wählt verschiedene Wertepaare (t | s).
Was könnt ihr über den Quotienten $\frac{s}{t}$ aussagen?

→ Berichtet über eure Ergebnisse.

Aufgabe

1. Auf dem Wochenmarkt findest du an einem Stand die folgende Preistafel:

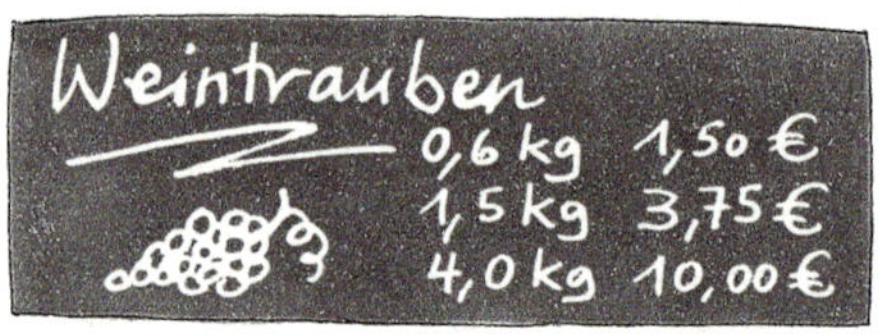

a) Zeige mithilfe der Quotientengleichheit, dass die Funktion *Gewicht x (in kg) → Preis y (in €)* proportional ist.

b) Stelle für die Funktion eine Funktionsgleichung auf. Was gibt der Proportionalitätsfaktor an?

c) Zeichne den Graphen der Funktion.

d) Wie ändert sich der Graph, wenn man $\mathbb{Q}$ als Definitionsbereich wählt?

e) Wie ändert sich der Funktionswert y, wenn man den Ausgangswert x verdoppelt, verdreifacht, ...?
Wähle für x positive und negative Zahlen.

Lösung

a) Eine proportionale Funktion erkennt man u. a. daran, dass der Quotient $\frac{y}{x}$ für alle Wertepaare (x | y) gleich groß ist.
Für die drei Wertepaare auf der Preistafel erhalten wir:

$1{,}50\,€ : 0{,}6\,\text{kg} = 2{,}5\,\frac{€}{\text{kg}}$ $3{,}75\,€ : 1{,}5\,\text{kg} = 2{,}5\,\frac{€}{\text{kg}}$ $10{,}00\,€ : 4{,}0\,\text{kg} = 2{,}5\,\frac{€}{\text{kg}}$

b) Im Folgenden rechnen wir ohne Einheiten.
Es gilt: $\frac{y}{x} = 2{,}5$. Wir multiplizieren beide Seiten der Gleichung mit x.
Die Funktionsgleichung lautet dann: $\mathbf{y = 2{,}5 \cdot x}$.
Der Proportionalitätsfaktor ist 2,5. Er gibt den Preis in € pro kg an.

c) *Wertetabelle*

Gewicht x (in kg)	Preis y (in €)
1	2,50
2	5,00
4	10,00
6	15,00
⋮	⋮

(Pfeile in der Tabelle: · 2 von 1 zu 2 bzw. 2,50 zu 5,00; · 3 von 2 zu 6 bzw. 5,00 zu 15,00)

Der Graph ist *geradlinig* und nach einer Seite begrenzt. Er ist eine Halbgerade, die im Koordinatenursprung beginnt.

Graph

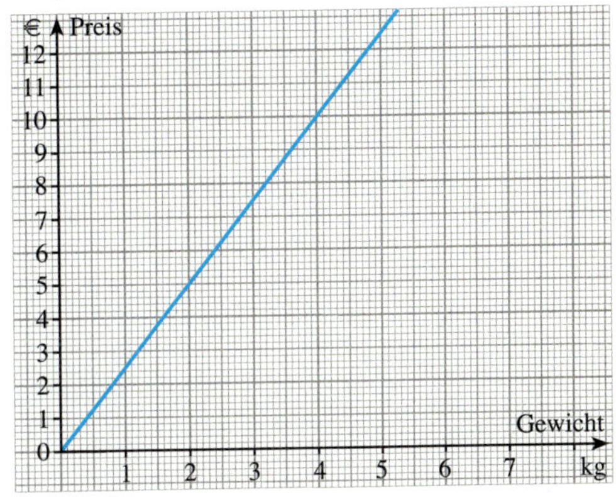

d) *Wertetabelle*

x	y
⋮	⋮
2	5
1	2,5
0	0
– 1	– 2,5
– 3	– 7,5
⋮	⋮

(Pfeile in der Tabelle: · 2 von 1 zu 2 bzw. 2,5 zu 5; · 3 von – 1 zu – 3 bzw. – 2,5 zu – 7,5)

Der Graph ist beidseitig unbegrenzt; er ist eine *Gerade durch den Koordinatenursprung*.

Graph

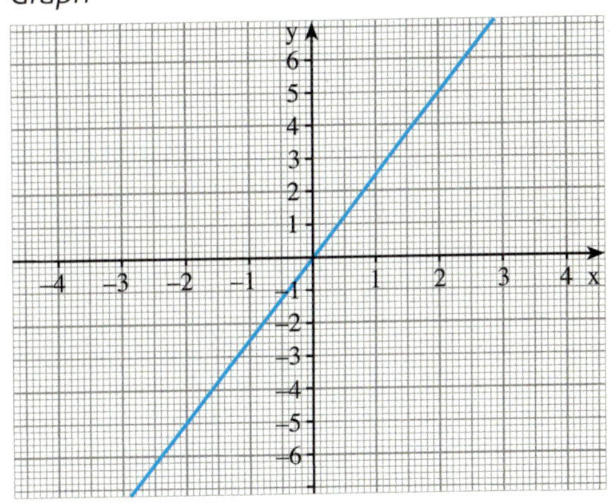

e) Anhand der beiden Wertetabellen erkennen wir: Wenn man die Zahl für x verdoppelt, verdreifacht, . . . , wird auch der Funktionswert y verdoppelt, verdreifacht, . . .

Information

Eine Funktion mit der Funktionsgleichung $y = m \cdot x$ heißt **proportionale Funktion**.
Ihr maximaler Definitionsbereich ist die Menge $\mathbb{Q}$.
Der Graph einer proportionalen Funktion ist eine Gerade durch den Koordinatenursprung.
Um die Gerade zu zeichnen, braucht man neben dem Ursprung (0|0) nur noch einen weiteren Punkt (im Beispiel P(4|2)).

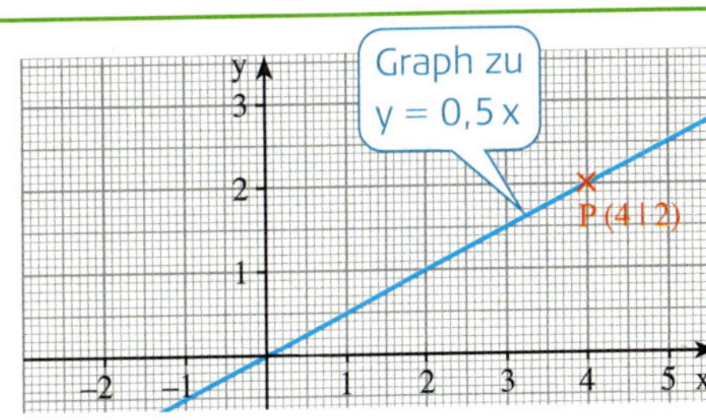

Für proportionale Funktionen gilt **Quotientengleichheit**, d. h. die Quotienten $\frac{y}{x}$ aller Wertepaare (x|y) (mit $x \neq 0$) sind gleich groß.
Der Quotient $\frac{y}{x}$ ist der **Proportionalitätsfaktor** m.

Zum Festigen und Weiterarbeiten

2. Zeichne den Graphen der Funktion mit der angegebenen Funktionsgleichung und mit $\mathbb{Q}$ als Definitionsbereich. Überlege, wie viele Punkte du dazu mindestens benötigst.

a) $y = 3x$ **b)** $y = 2{,}5x$ **c)** $y = m \cdot x$ mit $m = \frac{3}{4}$

3. *Proportionale Funktionen $y = m \cdot x$ mit negativen Werten für m.*

a) $y = -3x$ **b)** $y = -1{,}25x$ **c)** $y = m \cdot x$ mit $m = -\frac{1}{2}$

Prüfe, ob auch hier gilt: Verdoppelt man x, so verdoppelt sich auch der Funktionswert y?

4. Überprüfe, ob die durch die Wertetabelle gegebene Funktion proportional ist. Gib gegebenenfalls die Funktionsgleichung an und zeichne ihren Graphen.

a)

x	y
0,3	0,36
1,4	1,68
−2	−2,4

b)

x	y
−3	4,5
−5	8,5
2	−3

c)

x	y
1,6	−1,28
−0,9	0,72
−4	3,2

5. Welche Graphen gehören zu proportionalen Funktionen, welche nicht? Begründe.
Bestimme für die proportionalen Funktionen jeweils die Funktionsgleichung.
Vergleiche die Ergebnisse mit deinem Nachbarn und diskutiert über Abweichungen.

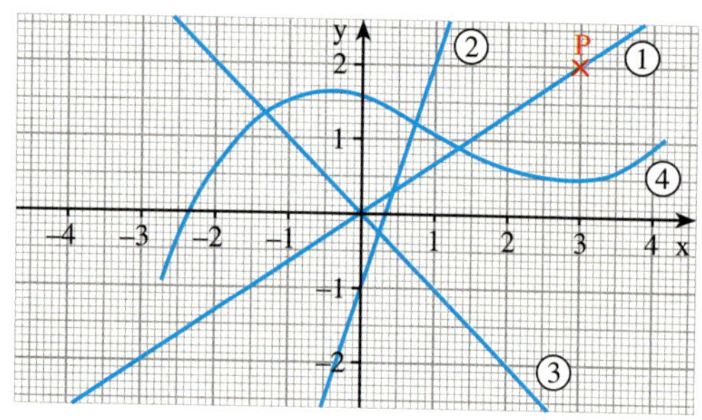

Übungen

6. Eine proportionale Funktion hat die Gleichung:

a) $y = 2{,}5x$ **b)** $y = -4x$ **c)** $y = \frac{2}{5}x$ **d)** $y = -0{,}6x$ **e)** $y = \frac{x}{10}$

(1) Zeichne die zugehörige Gerade.

(2) Welcher der Punkte $P_1\left(-1 \,\middle|\, \frac{3}{5}\right)$, $P_2(10|4)$, $P_3(-2|-5)$, $P_4(10|1)$, $P_5\left(-\frac{1}{2} \,\middle|\, 2\right)$ liegt auf der Geraden?

(3) Die Punkte $P_1(2|\square)$; $P_2(-1|\square)$; $P_3(\square|6)$; $P_4(\square|-3)$ liegen auf der Geraden. Bestimme die fehlende Koordinate.

(4) An welcher Stelle x nimmt die Funktion den Wert 100; −10; 0,1; $-\frac{1}{2}$ an?

7. Das Weg-Zeit-Diagramm rechts beschreibt die Autofahrt auf einer Landstraße.

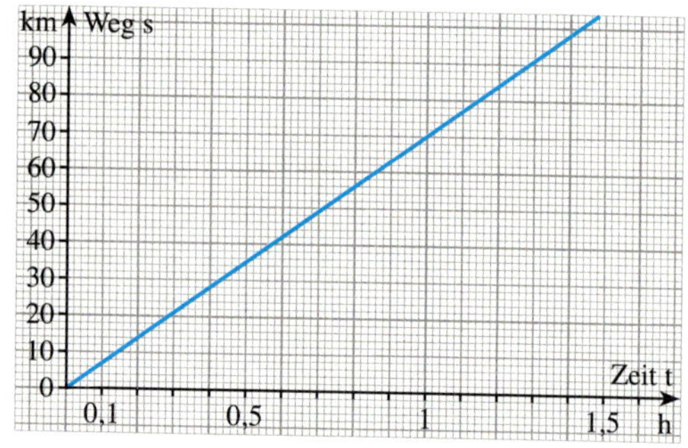

a) Woran erkennst du, dass die Funktion proportional ist?

b) Gib die Funktionsgleichung an und berechne mit ihr

(1) die Länge des Weges bei einer Fahrzeit von 1 h 15 min,

(2) die Fahrzeit (in Minuten) für eine Fahrstrecke von 35 km.

c) Was gibt der Proportionalitätsfaktor an?
Was meinst du, stellt der Graph die Autofahrt realistisch dar? Begründe.

d) Wie ändern sich Graph und Funktionsvorschrift bei einer durchschnittlichen Geschwindigkeit von 100 $\frac{km}{h}$ bzw. 50 $\frac{km}{h}$? Zeichne und beschreibe.

8. Der Graph einer proportionalen Funktion verläuft durch den Punkt P.
Bestimme die Funktionsgleichung.

a) P(3 | 4,8) **b)** P(0,6 | − 0,45) **c)** P(− 6,75 | 2,7) **d)** P(− 3,2 | − 5,6)

9.

Euro (€)	10	20	50	100
GBP (£)	6,83	13,66	34,15	68,30

a) Welche Funktion beschreibt die Tabelle?
Zeige, dass sie proportional ist.

b) Gib die Funktionsgleichung an und berechne mit ihr,
(1) wie viel £ man für 420 € erhält,
(2) wie viel € man für 75 £ bekommt.

c) Erkundige dich nach den derzeitigen Devisenkursen.
Stelle damit eine aktuelle Funktionsgleichung und Umrechnungstabelle auf. Vergleiche.
Welche Vorteile bzw. Nachteile hat die Tabelle, welche die Gleichung?

10. An einem Küchenmessbecher findest du Markierungen für das Volumen V (in cm^3) und das Gewicht G (in g) verschiedener Zutaten.

a) Ein Volumen von 400 cm^3 entspricht ungefähr
(1) 240 g Mehl, (2) 140 g Haferflocken. Stelle die Funktionsgleichung für die Funktion *Volumen V (in cm^3) → Gewicht G (in g)* auf. Zeichne den Graphen.

b) Welches Volumen V besitzen
(1) 100 g, 150 g, 200 g Mehl; (2) 100 g, 150 g, 200 g Haferflocken?

c) Stelle die Funktionsgleichung für die Funktion *Gewicht G (in g) → Volumen V (in cm^3)* auf. Erstelle mit einem Kalkulationsprogramm eine Wertetabelle der Funktion.

Lineare Funktionen

Einstieg

Eine Schraubenfeder hat (unbelastet) eine Länge von 6 cm. Die Länge ändert sich, wenn man die Feder mit Gewichtssteinen belastet, und zwar um 0,5 cm je kg Belastung.
Ihr könnt einen entsprechenden Versuch auch selber durchführen.

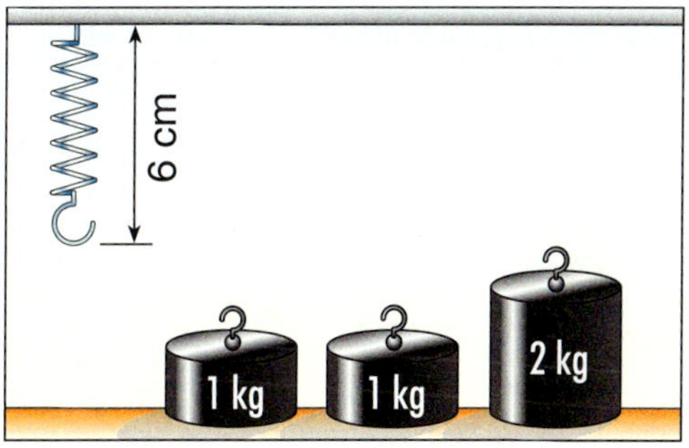

→ Notiert die Funktionsgleichung für folgende Funktionen:
(1) *Belastung (in kg) → Verlängerung der Feder (in cm)*
(2) *Belastung (in kg) → Federlänge (in cm)*

→ Legt jeweils eine Wertetabelle an und zeichnet die Graphen. Vergleicht.

→ Wie ändern sich die Graphen, wenn $\mathbb{Q}$ der Definitionsbereich ist?

→ Präsentiert eure Ergebnisse.

Aufgabe

1. Alexa hat ihren Handytarif bei Homeline. Die monatliche Handygebühr setzt sich aus einer festen Grundgebühr und den Gebühren für die Verbindungen, die pro Minute berechnet werden, zusammen. In den letzten Monaten musste sie folgende Handygebühren bezahlen:

	Verbindungsdauer	**Handygebühr**
Mai	38 min	11,78 €
Juni	53 min	14,18 €

a) Berechne die Verbindungsgebühr pro Minute und die Grundgebühr.

b) Stelle für die Funktion *Verbindungsdauer (in min) → monatliche Handygebühr (in €)* eine Funktionsgleichung auf und zeichne den Graphen.
Beschreibe den Graphen. Was sieht man auf einen Blick?

c) Wähle nun $\mathbb{Q}$ als Definitionsbereich und zeichne die Graphen zu
(1) $y = 0{,}16x$; (2) $y = 0{,}16x + 5{,}7$; (3) $y = 0{,}16x - 3$.
Wie gehen die Graphen auseinander hervor?

Lösung

a) Alexa hat im Juni 15 Minuten länger telefoniert als im Mai.
Dafür musste sie 14,18 € − 11,78 € = 2,40 € mehr bezahlen.
Die Verbindungsgebühr pro Minute beträgt somit 2,40 € : 15 = 0,16 €.

Insgesamt betrug die Verbindungsdauer im Juni 53 Minuten.
Hierfür wurden ihr 0,16 € · 53 = 8,48 € berechnet.
Der restliche Betrag von 14,18 € − 8,48 € = 5,70 € ist die Grundgebühr.

Ergebnis: Die Grundgebühr beträgt 5,70 €, die Verbindungsgebühr beträgt 0,16 € pro Minute.

b) *Festlegung der Variablen:*
Verbindungsdauer (in min): x
monatliche Handygebühr (in €): y

Funktionsgleichung: $y = 0{,}16 \cdot x + 5{,}70$

Verbindungsgebühr pro min — Grundgebühr

Wertetabelle

x (in min)	0	10	20	30
y (in €)	5,70	7,30	8,90	10,50

Der Graph ist eine Halbgerade, die auf der y-Achse bei 5,70 € beginnt. Dies ist die Grundgebühr.
Man sieht auf einen Blick, dass die Handygebühr gleichmäßig ansteigt. Sie nimmt, wie wir wissen, um 0,16 € pro Minute zu.

Funktionsgraph

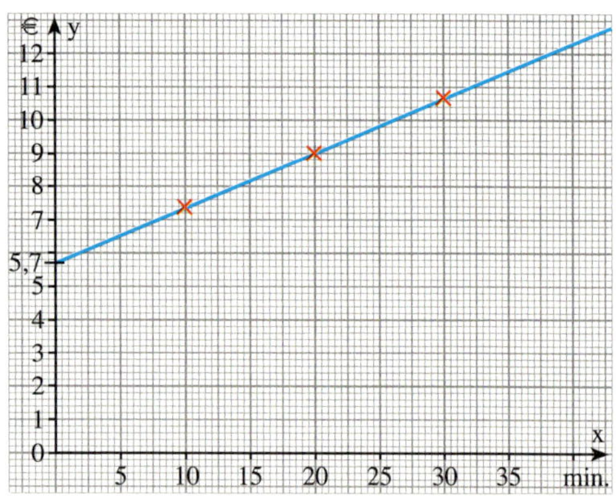

c) Jetzt dürfen auch negative Zahlen für x eingesetzt werden, da $\mathbb{Q}$ der Definitionsbereich ist. Die Graphen sind daher nach beiden Seiten unbegrenzt.
Wenn man den Graphen zu $y = 0{,}16x$

- um 5,7 Einheiten nach oben verschiebt, erhält man den Graphen zu $y = 0{,}16x + 5{,}7$;
- um 3 Einheiten nach unten verschiebt, erhält man den Graphen zu $y = 0{,}16x - 3$.

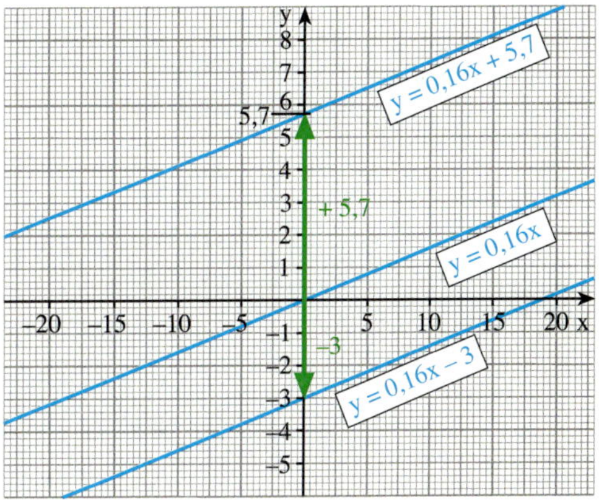

Information

Eine Funktion mit der Funktionsgleichung $y = m \cdot x + b$ heißt **lineare Funktion**. Der maximale Definitionsbereich ist $\mathbb{Q}$.
Für $b = 0$ erhält man die proportionale Funktion mit der Gleichung $y = m \cdot x$.
Die proportionale Funktion ist also eine *besondere* lineare Funktion.
Der Graph einer linearen Funktion ist eine Gerade. Sie erhält man, indem man den Graphen zu $y = m \cdot x$ um b Einheiten in Richtung der y-Achse verschiebt, und zwar

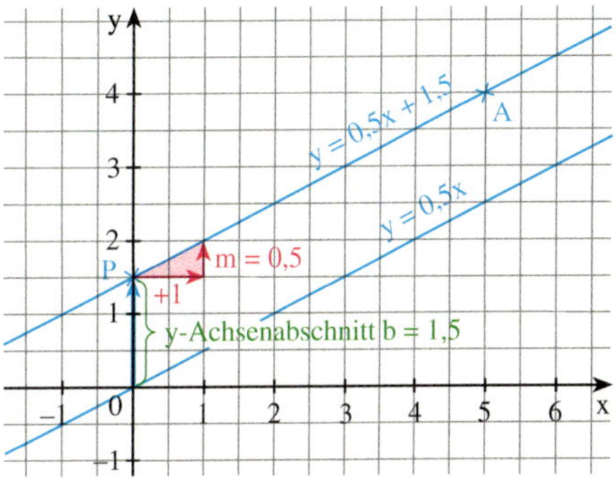

- nach oben, falls $b > 0$,
- nach unten, falls $b < 0$.

Die Gerade schneidet die y-Achse im Punkt $P(0|b)$. Deshalb nennt man b den **y-Achsenabschnitt** (im Beispiel $b = 1{,}5$). Um die Gerade zu zeichnen, braucht man neben dem y-Achsenabschnitt nur noch einen weiteren Punkt (im Beispiel $A(5|4)$.
Der Faktor m gibt die Änderung pro Einheit an.

Beispiel (Wassertarif): $y = 4{,}50 \cdot x + 28$

x: Wasservolumen in m^3
y: Kosten in €

Die Kosten nehmen pro m^3 Wasser um 4,50 € zu.
Grundgebühr

Zum Festigen und Weiterarbeiten

2. Zeichne in dasselbe Koordinatensystem die Graphen der drei gegebenen Funktionen. Welche der drei Funktionen ist eine proportionale Funktion? Beschreibe wie man vom Graphen dieser proportionalen Funktion zu den Graphen der beiden anderen kommt.

a) (1) $y = 0{,}5x + 4$ (2) $y = 0{,}5x$ (3) $y = 0{,}5x - 2$

b) (1) $y = -1{,}5x + 5$ (2) $y = -1{,}5x - 4$ (3) $y = -1{,}5x$

3. Gegeben ist die lineare Funktion mit der Gleichung:

a) $y = 2{,}5x - 3$ **b)** $y = -0{,}4x + 2$ **c)** $y = -1{,}2x + 4{,}4$ **d)** $y = x - 6$

(1) Welcher der Punkte $A(-1|2{,}4)$, $B(2|2)$, $C(3|-0{,}8)$, $D(-2|-8)$, $E(-0{,}5|-6{,}5)$ liegt auf der Geraden?

(2) Die Punkte $F(1{,}5|\square)$, $G(\square|-1)$, $H(-1{,}5|\square)$, $K(\square|5)$ liegen auf der Geraden. Bestimme die fehlende Koordinate. Beschreibe dein Vorgehen.

Setze b und die Koordinaten von P in $y = mx + b$ ein.

4. Von einer linearen Funktion sind der y-Achsenabschnitt b und ein Punkt P bekannt. Bestimme die Funktionsgleichung. Erkläre dein Vorgehen.

a) $b = -2$ und $P(3|4)$ **b)** $b = 3{,}5$ und $P(-5|1)$ **c)** $b = 0$ und $P(-2|-3)$

5. Eine Kerze ist anfangs 21 cm lang. Beim Brennen wird sie stündlich um 1,2 cm kürzer.

a) Wie lang ist die Kerze noch nach 5; 7,5; 12,5 Stunden? Lege eine Tabelle an.

b) Zeichne den Graphen der Funktion
Brenndauer t (in Stunden) → Länge l (in cm).

c) Notiere die Funktionsgleichung. Benutze die Variablen t und *l*.

d) Nach wie viel Stunden ist die Kerze nur noch 3,8 cm lang [abgebrannt]?

e) Vergleiche die unterschiedlichen Darstellungsformen der Funktion (Tabelle, Graph, Gleichung). Benenne Vor- und Nachteile.

Übungen

$\frac{x}{3} = \frac{1}{3}x$

6. **a)** $y = 2x$ **b)** $y = x$ **c)** $y = -1{,}8x$ **d)** $y = -\frac{2}{3}x$ **e)** $y = \frac{x}{5}$

Zeichne den Graphen der proportionalen Funktion.
Verschiebe den Graphen (1) um 1,5 Einheiten nach oben; (2) um 3 Einheiten nach unten.
Gib zu dem neuen Graphen die Funktionsgleichung an.

7. **a)** $y = 2{,}5x + 1$ **b)** $y = -3x + 7$ **c)** $y = -x - 2{,}4$ **d)** $y = -\frac{x}{2} - \frac{3}{4}$

Zeichne die Gerade zu der linearen Funktion. Zeichne zunächst den Graphen der proportionalen Funktion, die parallel zu der Geraden verläuft.
In welchem Punkt schneiden die Graphen die (1) y-Achse; (2) x-Achse?

8. Von einer linearen Funktion sind der y-Achsenabschnitt b und ein Punkt P bekannt. Bestimme die Funktionsgleichung.

a) $b = 3$ und $P(4|4)$ **b)** $b = -1{,}5$ und $P(-3|0)$ **c)** $b = -4$ und $P(2{,}5|-0{,}5)$

9. Gib jeweils die Funktionsgleichung für die Gerade an. Begründe.
Wie ändert sich jeweils der y-Wert, wenn der x-Wert um eine Einheit zunimmt.

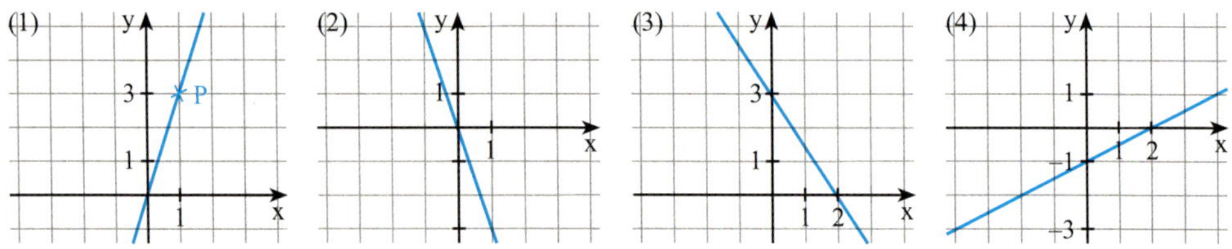

10. (1) Gib die Funktionsgleichungen der fünf Geraden an. Vergleiche diese.
(2) Was haben die Funktionsgleichungen gemeinsam, worin unterscheiden sie sich?

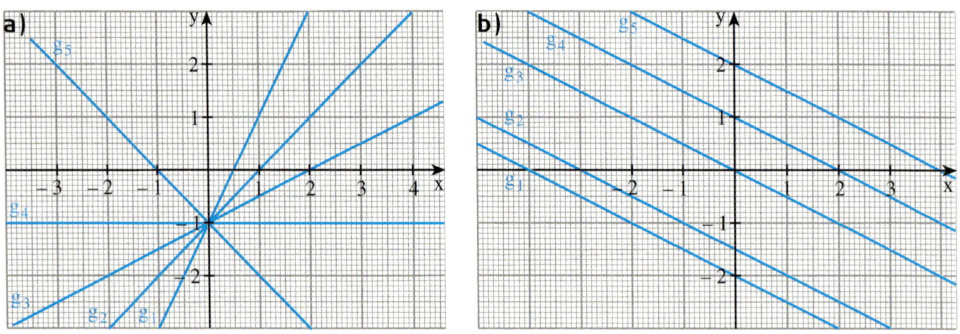

11. Die lineare Funktion hat die Gleichung:

a) $y = 1{,}5x - 6$ **b)** $y = 0{,}4x + 3{,}6$ **c)** $y = 7 - \frac{x}{3}$ **d)** $y = \frac{2}{3}x - 2$

An welcher Stelle x nimmt die Funktion den Wert 0; den Wert 6; den Wert -3 an? Stelle jeweils eine entsprechende Gleichung auf und löse sie.

12. Der Installateur *Krause* berechnet bei Reparaturen für die Anfahrt immer 25 €. Sein Stundenlohn beträgt 48,80 €.

a) Gib für die Funktion *Reparaturdauer (in h) → Rechnungsbetrag (in €)* die Funktionsgleichung an.

b) Rechne mit der Gleichung.
(1) Die Reparatur bei Familie Günther dauerte 3,5 Stunden.
(2) Frau Reitz musste für Wartungsarbeiten an ihrer Heizung 232,40 € bezahlen.

13. Jeder Händler muss auf dem Wochenmarkt für seinen Stand eine Gebühr an die Stadt bezahlen. Sie setzt sich aus einer festen Grundgebühr und einem Betrag zusammen, der proportional zur Größe der beanspruchten Fläche ist.
Frau Kolters Stand ist 12 m^2 groß. Ihre Gebühr beträgt 34,60 €.
Landwirt Frieling muss 41,80 € für 16 m^2 bezahlen.

a) Berechne die Gebühr pro m^2 und die Grundgebühr.

b) Gib für die Funktion *Standfläche (in m^2) → Gebühr (in €)* eine Gleichung an.

c) Der Blumenstand von Frau Risse ist 4,5 m lang und 3 m breit.

14. Das Versandhaus *Kaufgut* berechnet für jede Bestellung 5 € Versandkosten.

15. Für welche linearen Funktionen gilt die Quotientengleichheit $m = \frac{y}{x}$? Begründe.

16. Ein Wasserversorgungsunternehmen berechnet die monatlichen Kosten (in €) mit der Gleichung $y = 4{,}70 \cdot x + 3{,}50$, wobei x den Verbrauch (in m^3) angibt.

a) Welche Bedeutung haben die Zahlen 4,70 und 3,50?

b) Erstelle mit einem Tabellenkalkulationsprogramm eine Wertetabelle für die monatlichen Gesamtkosten bei einem Wasserverbrauch von 0 m^3; 1 m^3; 2 m^3; …; 10 m^3.

c) Zeichne den Graphen der Funktion *Wasserverbrauch x (in m^3) → monatliche Gesamtkosten y (in €)*. Gib die Funktionsgleichung an.

d) Vergleiche die unterschiedlichen Darstellungsformen der Funktion (Tabelle, Graph, Gleichung). Benenne Vor- und Nachteile.

IM BLICKPUNKT: GRAPHEN LINEARER FUNKTIONEN – VERANSCHAULICHUNG MIT TABELLENKALKULATION

Den Graphen einer linearen Funktion kannst du dir mithilfe eines Tabellenkalkulationsprogramms zeichnen lassen. Falls du die Möglichkeit hast, kannst du mithilfe eines Beamers auch eine kleine Präsentation vorbereiten.
Gib in dein Tabellenblatt m und den y-Achsenabschnitt b ein. Erstelle zunächst eine Wertetabelle und lass anschließend mithilfe des Diagrammassistenten den Funktionsgraphen zeichnen.
Die Abbildung kann dir als Vorlage dienen.

Graph einer linearer Funktionen y = m·x +b

Steigung m =	1,5
Achsenabschnitt b =	-2,5

Wertetabelle

x	y
-5,00	-10,00
-4,50	-9,25
-4,00	-8,50
-3,50	-7,75
-3,00	-7,00
-2,50	-6,25
-2,00	-5,50
-1,50	-4,75
-1,00	-4,00
-0,50	-3,25
0,00	-2,50
0,50	-1,75
1,00	-1,00
1,50	-0,25
2,00	0,50
2,50	1,25
3,00	2,00
3,50	2,75
4,00	3,50
4,50	4,25
5,00	5,00

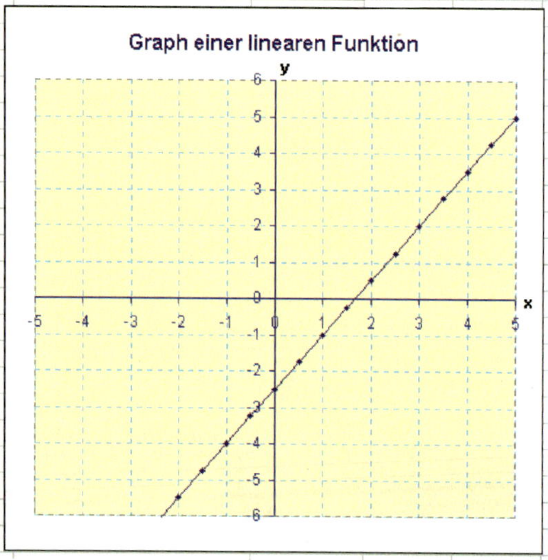

Hinweise:

Gib in der Zelle A5 die Zahl −5 ein und in Zelle A6 die Formel

= A5 + 0,5.

Verwende in der Zelle B5 folgende Formel:

= A5 * E3 + E4

Die mit einem $-Zeichen markierten Bezüge werden beim Kopieren der Formel nicht verändert. Um die Wertetabelle zu vervollständigen, kannst du die beiden Formeln nach unten kopieren.
Wähle als Diagrammtyp *Punkte mit interpolierten Linien*. Das Diagramm kannst du anschließend wie in der Abbildung formatieren.

Immer wenn du die Werte für m und b veränderst, wird der Graph automatisch neu gezeichnet.

1. a) Wähle m = 2,5. Verändere die Werte für den y-Achsenabschnitt b. Beschreibe die Auswirkungen auf den Verlauf des Graphen.

b) Wähle den y-Achsenabschnitt b = −3,5. Verändere die Werte für m.
Wie wirken sich die Veränderungen auf den Graphen aus?

2. Der Graph einer linearen Funktion soll die x-Achse an der Stelle x = 4 schneiden. Bestimme mehrere geeignete Werte für m und den y-Achsenabschnitt b. Untersuche den Zusammenhang zwischen b und m. Wähle andere Stellen auf der x-Achse und überprüfe dein Ergebnis.

3. Der Graph einer linearen Funktion soll durch den Punkt P (1 | 5) verlaufen. Bestimme mehrere geeignete Werte für m und den y-Achsenabschnitt b. Untersuche den Zusammenhang zwischen b und m. Untersuche diesen Zusammenhang auch für andere Punkte.

ZEICHNEN DER GRAPHEN LINEARER FUNKTIONEN MITHILFE VON STEIGUNG UND Y-ACHSENABSCHNITT

Steigung, Steigungsdreieck

Information

Das Verkehrsschild informiert über die Steigung einer Straße. Auf dem Bild kannst du erkennen, was eine Steigung von 8% bedeutet:

Auf einer horizontalen Entfernung von 100 m steigt die gerade Straße um 8 m an, auf 200 m um 16 m.

Die **Steigung** ist das Streckenverhältnis

$\frac{8\text{ m}}{100\text{ m}} = \frac{16\text{ m}}{200\text{ m}} = 0{,}08 = 8\%$.

Die zugehörigen Dreiecke in dem Bild nennen wir **Steigungsdreiecke**.

Ebenso wie bei der geraden Straße wollen wir die Steigung einer Geraden im Koordinatensystem beschreiben.

Einstieg

Aus den Planungsunterlagen einer neu gebauten Straße:

> Auf einem geraden Teilstück steigt die Straße auf einer horizontalen Entfernung von 250 m um 15 m an.
> Im weiteren Verlauf fällt sie auf einer horizontalen Entfernung von 300 m um 27 m ab.

→ Welche Verkehrsschilder müssen aufgestellt werden?

Aufgabe

1. Zeichne die Gerade zu der linearen Funktion. Du kannst auch ein Tabellenkalkulationsprogramm benutzen.

a) $y = 1{,}5x$ **b)** $y = \frac{1}{2}x + 3$ **c)** $y = -\frac{3}{4}x - 2$

Zeichne bei jeder Geraden mindestens zwei verschiedene Steigungsdreiecke.
Beschreibe anhand der Steigungsdreiecke, wie sich jeweils der Funktionswert ändert, wenn man x um 1, 2, 3, ... erhöht. Berechne die Steigung.

Lösung

a) Du erkennst an den Steigungsdreiecken:

- Wenn man x um 1 erhöht, ändert sich der Funktionswert y um +1,5.
- Wenn man x um 2 erhöht, ändert sich y um $+1{,}5 \cdot 2$, also um +3.

Steigung $m = \frac{+1{,}5}{+1} = \frac{+3}{+2} = +1{,}5$

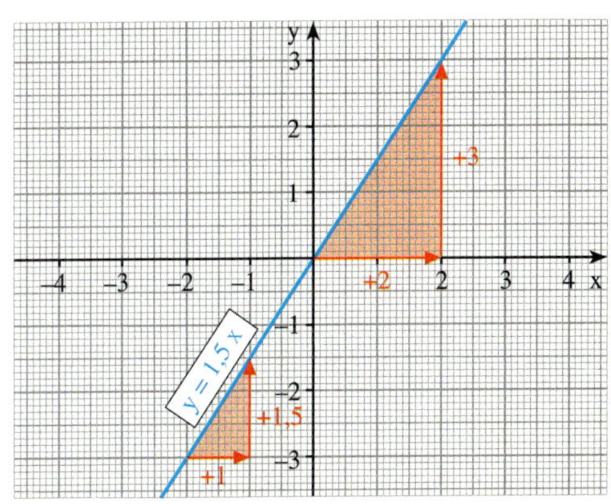

b) Du erkennst wieder an den Steigungsdreiecken:

- Wenn man x um 1 erhöht, ändert sich der Funktionswert y um +0,5.
- Wenn man x um 3 erhöht, ändert sich y um +0,5 · 3, also um +1,5.

Steigung

$m = \frac{+0{,}5}{+1} = \frac{+1{,}5}{+3} = +\frac{1}{2} = +0{,}5$

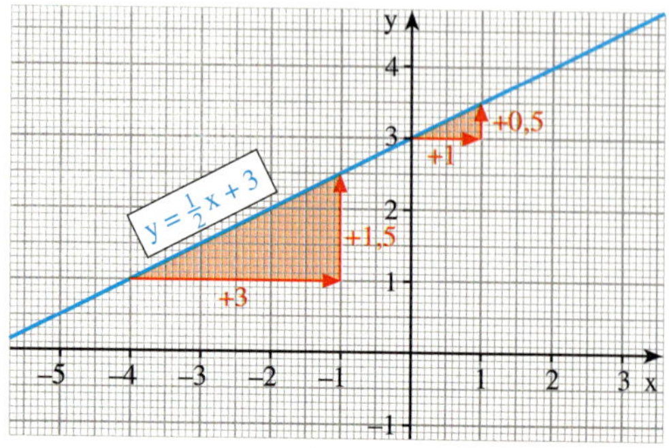

c) Nun erkennst du an den Steigungsdreiecken:

- Wenn man x um 1 erhöht, ändert sich der Funktionswert y um −0,75.
- Wenn man x um 4 erhöht, ändert sich y um −0,75 · 4, also um −3.

Steigung

$m = \frac{-0{,}75}{+1} = \frac{-3}{+4} = -\frac{3}{4} = -0{,}75$

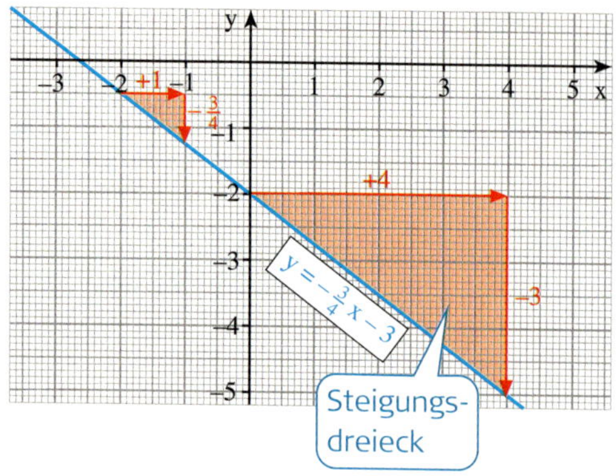

Zum Festigen und Weiterarbeiten

2. Wie ändert sich y? Gib jeweils auch die Funktionsgleichung an. Beschreibe dein Vorgehen.

a) x wird um 1 erhöht; **b)** x wird um 2 erhöht; **c)** x wird um 3 erhöht.

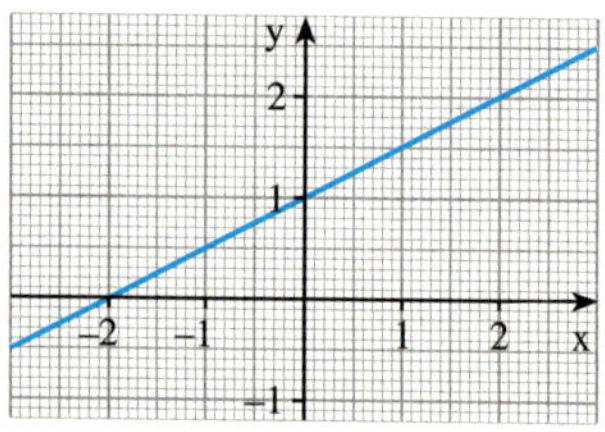

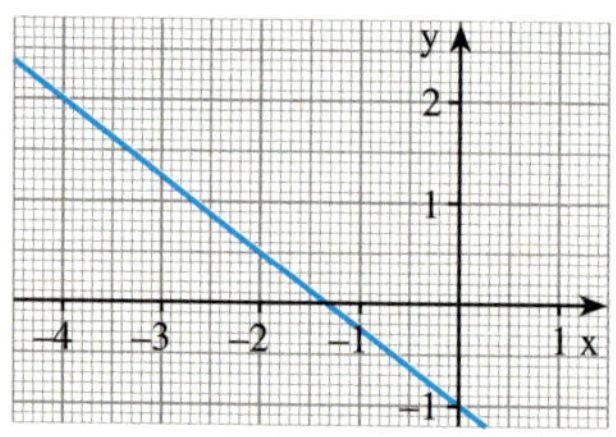

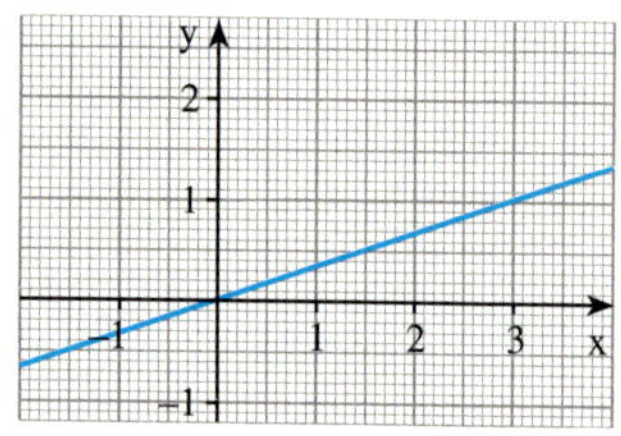

3. Zeichne die Gerade durch die Punkte A und B. Bestimme mit einem geeigneten Steigungsdreieck die Steigung m und die Gleichung der linearen Funktion. Beschreibe dein Vorgehen.

a) A(0|1) und B(2|5) **b)** A(0|−3) und B(4|−2) **c)** A(−3|2) und B(1|−2)

Information

Für eine lineare Funktion mit der Gleichung $y = m \cdot x + b$ gilt:
Wenn man x um 1 erhöht, ändert sich der Funktionswert y um m;
wenn man x um 2 erhöht, ändert sich der Funktionswert y um $m \cdot 2$; usw.
Der Zahlenfaktor m gibt die **Steigung** der Geraden an.

Ist die Steigung m positiv, so steigt die Gerade an (von links nach rechts).

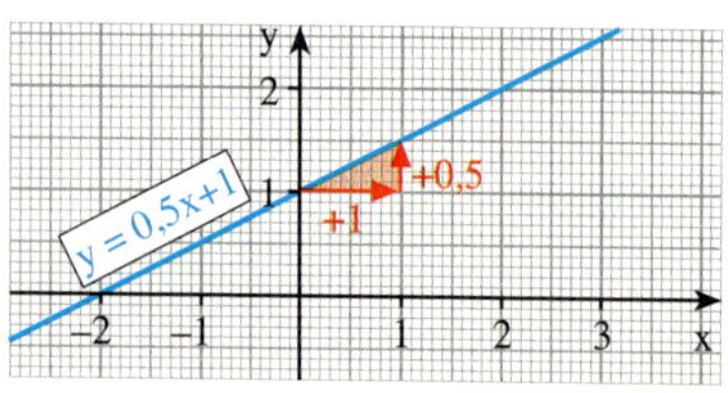

Ist die Steigung m negativ, so fällt die Gerade (von links nach rechts).

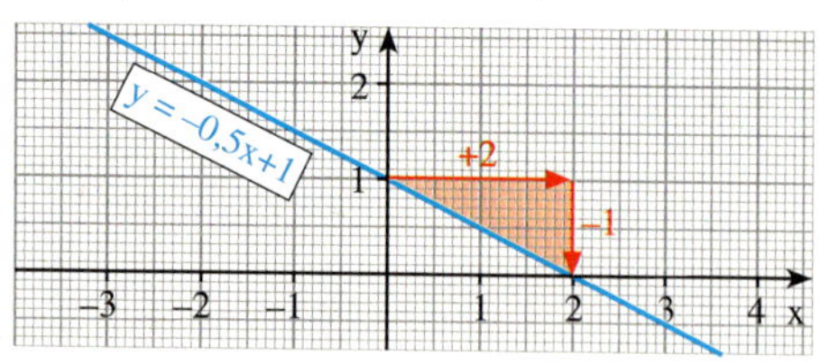

Übungen

4. Die Gerade zu einer linearen Funktion geht durch die Punkte P und Q.
Bestimme zeichnerisch die Steigung m und gib die Funktionsgleichung an.

a) $P(0|-3)$ und $Q(-2|2)$ **b)** $P(1|2)$ und $Q(-1|-4)$ **c)** $P(-6|2)$ und $B(3|1)$

5. Die Gerade einer proportionalen Funktion geht durch:

a) $P(2|3)$ **b)** $P(-4|2)$ **c)** $P(-1|1)$ **d)** $P(2|2)$ **e)** $P(3|-3)$ **f)** $P(-4|-4)$.

Zeichne die Gerade und bestimme die Funktionsgleichung.

6. a) Erkläre, was die Angabe auf dem Verkehrsschild links bedeutet.

b) Auf einem geraden Teilstück steigt eine Bergstraße auf einer horizontalen Entfernung von 120 m um 17 m an. Erstelle eine Zeichnung im Maßstab 1 : 1 000.
Was müsste auf einem Verkehrsschild stehen? Wie groß ist der Steigungswinkel?

c) Wie groß ist der Steigungswinkel bei einer Steigung von 100%? Begründe.

7. Anja soll bei ihren Hausaufgaben die Gleichung zu der nebenstehenden Geraden bestimmen. Sie überlegt:

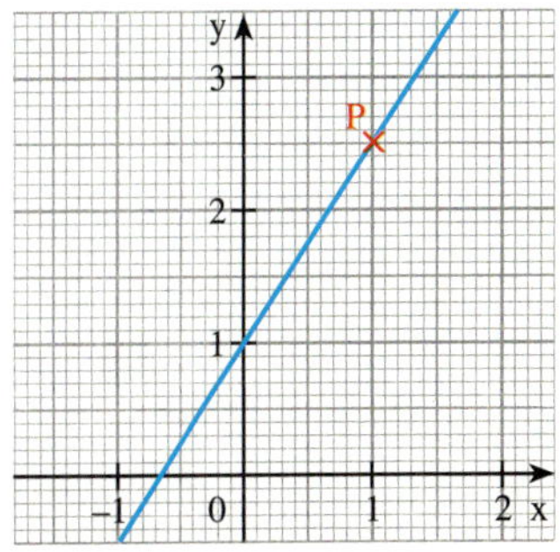

8. Welche der Aussagen gilt für alle linearen Funktionen, welche nur für proportionale Funktionen? Begründet mit geeigneten Beispielen und präsentiert eure Ergebnisse.

(1) *„Wenn man x um 1 erhöht, nimmt der Funktionswert y um m zu."*

(2) *„Wenn man x verdoppelt, verdoppelt sich auch der Funktionswert y."*

(3) *„Für die Steigung m gilt: $m = \frac{y}{x}$."*

(4) *„Wenn man x um 2 verringert, nimmt der Funktionswert y um $2 \cdot m$ ab."*

Zeichnen der Geraden mithilfe von Steigung m und y-Achsenabschnitt b

Einstieg

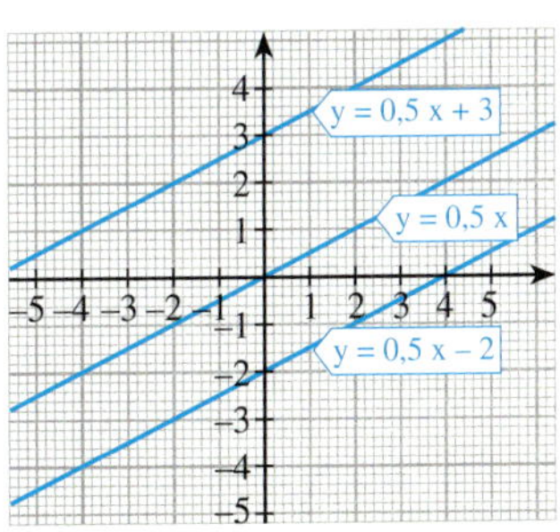

Sarah und Kevin haben die Graphen mehrerer linearer Funktionen gezeichnet.

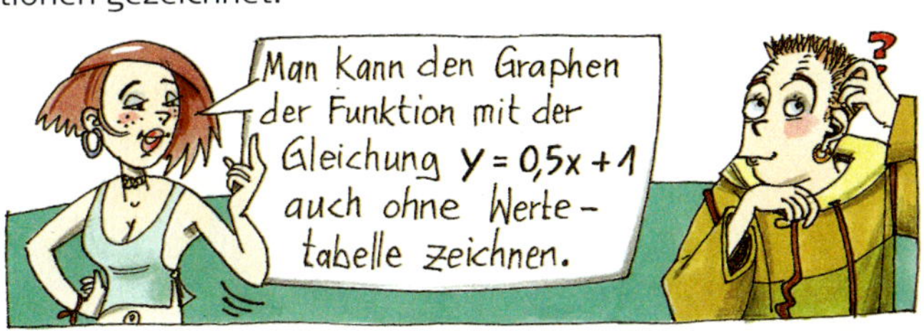

Aufgabe

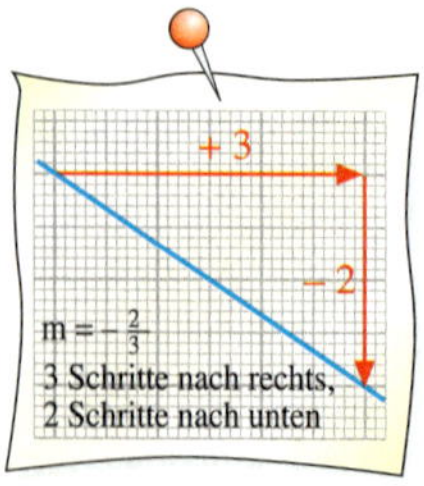

1. Gegeben ist die lineare Funktion durch die Gleichung $y = \frac{3}{4}x - 1$.
Zeichne die Gerade mithilfe von y-Achsenabschnitt b und Steigung m.

Lösung

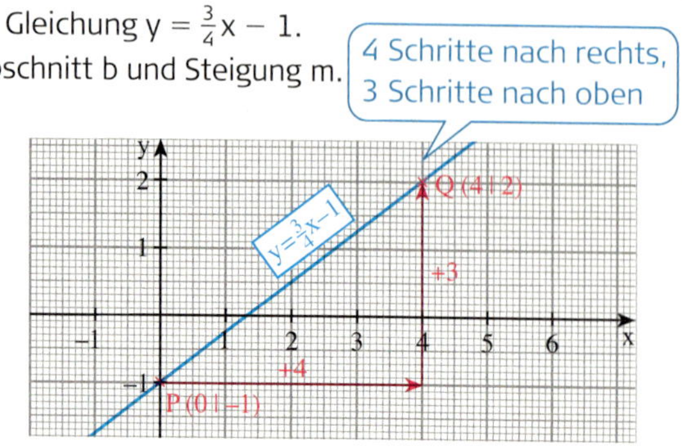

Durch den y-Achsenabschnitt $b = -1$ ist ein Punkt schon gegeben: $P(0 \mid -1)$. Zeichne von diesem Punkt P aus ein geeignetes Steigungsdreieck mit der Steigung $m = \frac{3}{4}$.
Um ganzzahlige Schritte am Steigungsdreieck zu haben, ist es sinnvoll, 4 Schritte nach rechts zu gehen. Dann musst du $\frac{3}{4} \cdot 4$, also 3 Schritte nach oben gehen.
Du gelangst zu dem Punkt $Q(4 \mid 2)$.

Zum Festigen und Weiterarbeiten

2. Maria und Fabian haben die Geraden zu den gleichen linearen Funktionen gezeichnet. Gib die zugehörigen Funktionsgleichungen an; vergleiche und bewerte ihr Vorgehen.

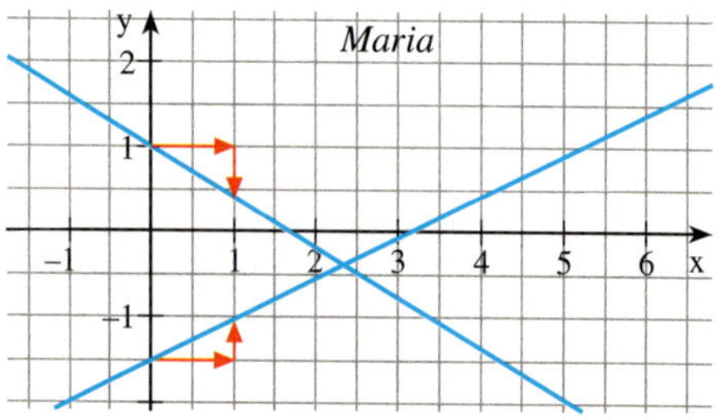

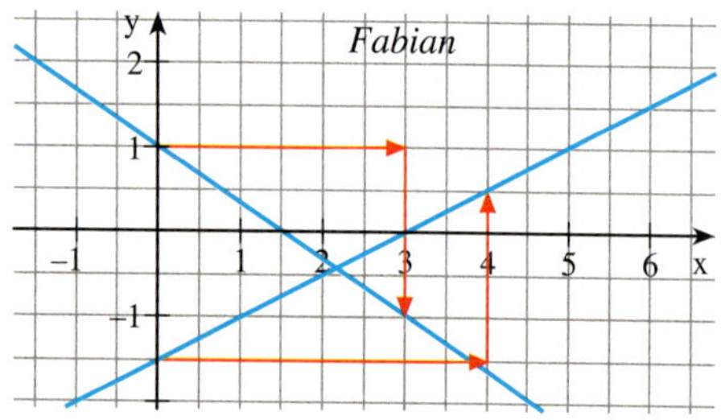

3. Zeichne die Gerade zu der linearen Funktion mithilfe von y-Achsenabschnitt und Steigung und vergleiche mit den Ergebnissen deines Nachbarn.

a) $y = 3x - 2$ **c)** $y = 1 + 0{,}6x$ **e)** $y = x - 3$ **g)** $y = \frac{4}{3}x - 1\frac{1}{2}$

b) $y = -3x + 2$ **d)** $y = 1 - 0{,}6x$ **f)** $y = 1{,}5 - x$ **h)** $y = -\frac{2}{5}x + \frac{1}{4}$

4. Iris kann ihre monatlichen Handykosten (in €) mit der Gleichung $y = 0{,}32 \cdot x + 6{,}50$ berechnen, wobei sie für x die Verbindungsdauer (in min) einsetzen muss.

a) Welche Bedeutung haben die Zahlen 0,32 und 6,50?

b) Zeichne den Graphen. Ergänze und beschreibe, was hier „5 Schritte nach rechts und ... nach oben" bedeutet.

5. Zeichne den Graphen der linearen Funktion. Gib auch die Kurzform der Funktionsgleichung an.

Verkürze $y = -2 \cdot x + 0$ zu $y = -2x$
Verkürze $y = 0 \cdot x + 7$ zu $y = 7$

a) $m = 0;\ b = -2$ **b)** $m = 1;\ b = 0$ **c)** $m = 0;\ b = 0$

Information

Ein Sonderfall liegt vor, wenn die Steigung $m = 0$ ist. Jedem x wird dann derselbe Wert zugeordnet. Man spricht von einer **konstanten Funktion**.

Beispiel: $y = 0 \cdot x + 1{,}5$
kurz: $y = 1{,}5$

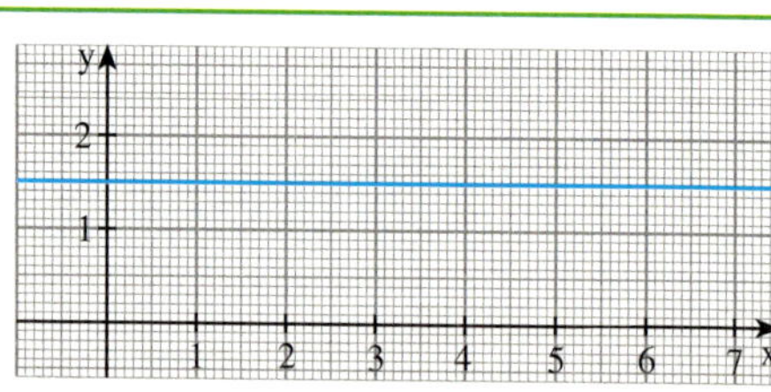

Übungen

6. Zeichne die Gerade zu der linearen Funktion mithilfe von y-Achsenabschnitt und Steigung.

a) $y = 2x + 1$ **e)** $y = 0{,}5x + 3$ **i)** $y = 3{,}2x - 2$ **m)** $y = \frac{3}{4}x + \frac{1}{4}$

b) $y = 2x - 1$ **f)** $y = 0{,}8x - 3$ **j)** $y = 2{,}2x - 3{,}6$ **n)** $y = -\frac{x}{3} - 2$

c) $y = -2x + 1$ **g)** $y = 4 - 0{,}5x$ **k)** $y = x - 3{,}8$ **o)** $y = -\frac{5}{6}x + \frac{1}{2}$

d) $y = -2x - 1$ **h)** $y = 0{,}2x + 3{,}5$ **l)** $y = 5 - x$ **p)** $y = \frac{7}{4}x - \frac{3}{2}$

7. Die Gerade zu einer linearen Funktion geht durch den Punkt P und hat die Steigung m. Zeichne die Gerade und notiere die Funktionsgleichung.

a) $P(0|4)$; $m = \frac{1}{2}$ **b)** $P(0|1)$; $m = -2{,}4$ **c)** $P(0|2)$; $m = 0$ **d)** $P(0|-1)$; $m = 1{,}2$

8. Rechts siehst du Sophies Hausaufgaben. Kontrolliere sie.

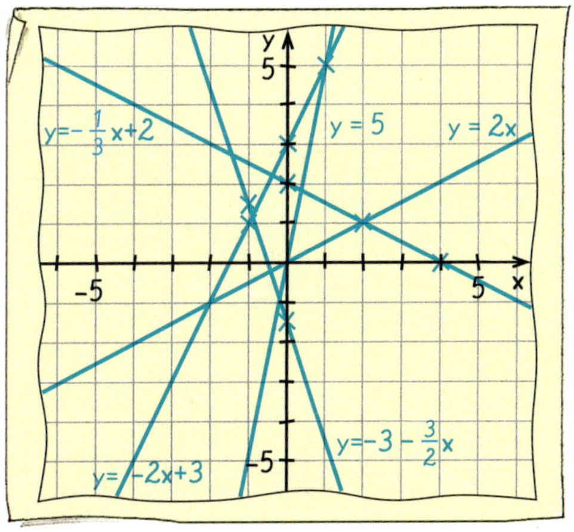

9. **a)** $y = 0 \cdot x + 4$

b) $y = 0 \cdot x - 1$

c) $y = 3$

d) $y = -3$

e) $y = 0$

Zeichne die Gerade. Wie ändert sich der Funktionswert y, wenn man die Stelle x um 1 vergrößert?
Welche Steigung hat die Gerade?

10. Ein quaderförmiges Becken ist mit Wasser gefüllt, die Wasserhöhe beträgt 2,5 m. Das Becken wird leergepumpt. Dabei sinkt der Wasserspiegel in jeder Stunde um 0,4 m.

a) Zeichne den Graphen der Funktion *Zeit x (in Stunden) → Wasserhöhe y (in m)* mithilfe einer Wertetabelle. Notiere auch die Funktionsgleichung.
Was bedeutet hier „3 Schritte nach rechts und ...“?

b) Nach wie viel Stunden ist das Becken leergepumpt?

c) Stündlich werden 6 m^3 Wasser abgepumpt. Wie groß ist die Grundfläche des Beckens?

11. Zeichnet ein Koordinatensystem (x-Achse und y-Achse jeweils von −10 bis +10 Einheiten; 1 Einheit: 1 cm).

a) Legt abwechselnd eine Stricknadel o. ä. so auf das Koordinatensystem, dass der Graph die y-Achse schneidet. Dein Partner soll jeweils die Funktionsgleichung notieren.

b) Du gibst die Funktionsgleichung vor und dein Partner muss die Stricknadel entsprechend auf das Koordinatensystem legen.

12. Welche Funktionsgleichungen gehören zu den Graphen?
Begründe.

a) $y = -\frac{2}{3}x + 3$ **e)** $y = \frac{1}{3}x - 2$

b) $y = -\frac{4}{3}x + 3$ **f)** $y = -\frac{3}{2}x + 3$

c) $y = \frac{1}{4}x - 2$ **g)** $y = \frac{2}{3}x - 2$

d) $y = -\frac{3}{4}x + 3$ **h)** $y = \frac{3}{4}x - 2$

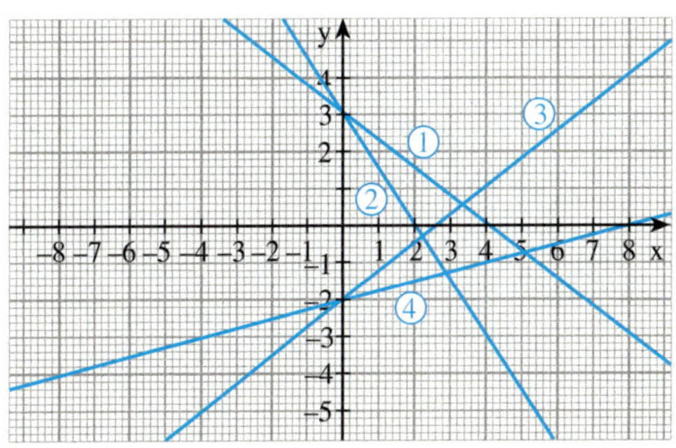

VERMISCHTE UND KOMPLEXE ÜBUNGEN

1.

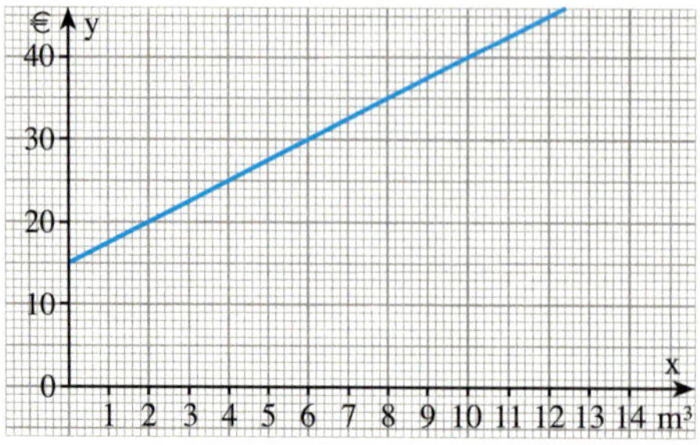

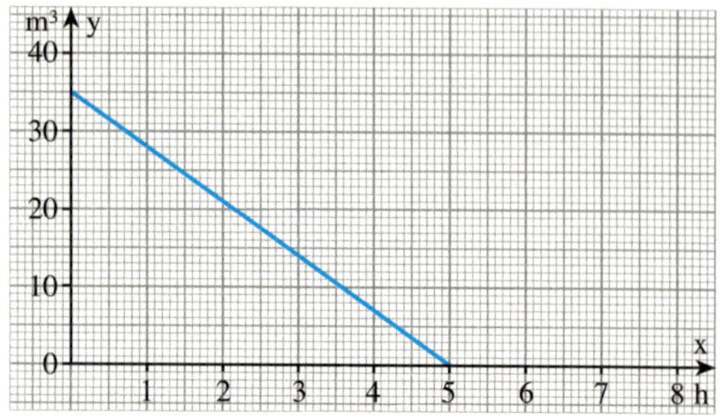

Vorsicht!
Die Einteilung auf den Koordinatenachsen kann verschieden sein.

a) Welche Zuordnungen beschreiben die Graphen?
Überlege dir zu jedem Graphen einen passenden Sachverhalt.

b) Welche Funktionsgleichungen gehören zu den obigen Graphen? Begründe.

(1) $y = 0{,}5x + 15$	(2) $y = -7x + 35$	(3) $y = -0{,}7x + 35$	(4) $y = 2{,}5x + 15$

2. Herr Peck fährt mit seinem Auto in Hamm-Rhynern auf die Autobahn A2. Nach einigen Minuten überholt er einen Schwertransporter.
Das Diagramm gibt dir Informationen zu dem beschriebenen Sachverhalt.

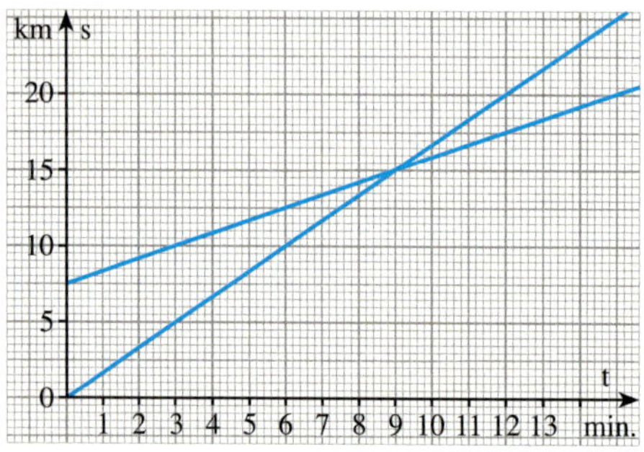

a) Erkläre das Diagramm. Welche Informationen kannst du daraus entnehmen?

b) Gib zu jeder Halbgeraden die Funktionsgleichung an. Benutze die Variablen t und s. Was gibt jeweils die Steigung an?

3.

AUTOVERMIETUNG

Transporter

Tarif 1
Grundpreis: 51 €
zusätzlich 0,42 € für jeden gefahrenen Kilometer

Tarif 2
Grundpreis: 78 €
zusätzlich 0,28 € für die Mehrkilometer
50 km frei

a) Notiere jeweils für die Funktion *Länge der Fahrstrecke (in km) → Mietkosten (in €)* die entsprechende Funktionsgleichung.

b) Zeichne beide Graphen in dasselbe Koordinatensystem. Du kannst auch ein Tabellenkalkulationsprogramm verwenden.

c) Für welche Länge der Fahrstrecke sind die Mietkosten bei Tarif 1 günstiger als bei Tarif 2?

TAB

4. **a)** Informiere dich, woher die Begriffe *Netto* und *Brutto* kommen und was sie bedeuten.

b) Bei Preisen gilt:

Nettopreis + Mehrwertsteuer = Bruttopreis

Nettopreis	450 €	127,60 €		
Bruttopreis			320 €	82,75 €

(1) Ergänze im Heft die Tabelle rechts.

(2) Gib eine Gleichung an, mit der man den Bruttopreis B in Abhängigkeit vom Nettopreis N berechnen kann.
Beschreibt diese Gleichung eine proportionale Funktion? Begründe.

(3) Zeichne den Graphen der Funktion für Nettopreise von 0 € bis 10 000 €.

(4) Früher betrug die Mehrwertsteuer nur 16 %.
Wie ändern sich Gleichung und Graph der Funktion?

Dichtetabelle
Glas $2{,}5\,\frac{g}{cm^3}$
Zink $7{,}14\,\frac{g}{cm^3}$
Natrium $0{,}97\,\frac{g}{cm^3}$

5. Gib für Glas, Zink und Natrium die Gleichung der Funktion *Volumen (in cm³) → Masse (in g)* an und zeichne die Graphen in ein Koordinatensystem.
Welche Bedeutung haben die unterschiedlichen Steigungen?

6. Goran und Melissa sollten im Physikunterricht für zwei verschiedene Stoffe (A, B) die Dichte untersuchen. Ihre Messergebnisse haben sie in eine gemeinsame Tabelle eingetragen und zu den Wertepaaren leider nicht geschrieben, welcher Stoff es ist.

Volumen (in cm³)	2	4	6	12	15	25	40	60	90	150
Masse (in g)	16	36	53	94	134	197	313	472	805	1 340

a) Welche Wertepaare gehören zu Stoff A, welche zu Stoff B?
Beschreibe dein Vorgehen.

b) Welche Stoffe könnten es sein? Schaue in einer Formelsammlung oder im Internet nach.

7.

Eisen dehnt sich bei Erwärmung aus. Daher müssen bei Stahlbrücken Dehnungsfugen eingebaut werden.
Die Zuordnung
Temperatur t → Breite der Dehnungsfuge b
ist im Bereich unserer Temperaturschwankungen eine lineare Funktion.
An einer Stahlbrücke wurde die Dehnungsfuge bei unterschiedlichen Temperaturen gemessen:

Temperatur t (in °C)	**Fugenbreite b (in mm)**
0	48
25	28

a) Wie lautet die Gleichung der Funktion? Zeichne den Graphen.

b) Erstelle mit einem Kalkulationsprogramm ein Tabellenblatt. Nach Eingabe der Temperatur t (in °C) wird die Breite b der Dehnungsfuge (in mm) angezeigt.
Du kannst im Heft auch eine Tabelle erstellen.

c) Gib jeweils die Breite b der Dehnungsfuge an für die Temperatur:
30 °C; 10 °C; −10 °C; −15 °C.

d) Bei welcher Temperatur ist die Dehnungsfuge 54 mm breit?

e) Welche Höchsttemperatur hat man bei der Konstruktion der Brücke angenommen?

f) Gestalte ein Tabellenblatt. Nach Eingabe der Breite b der Dehnungsfuge (in mm) soll die Temperatur t (in °C) angezeigt werden.

8. a) Betrachte den Quader rechts (Maße in cm). Welche Formeln zur Berechnung des Volumens sind richtig?

(1) $V = x + 2x + (3 + x)$

(2) $V = 2x^2 \cdot (3 + x)$

(3) $V = 6x^2 + 2x^3$

(4) $V = 2x^2 + (3 + x)$

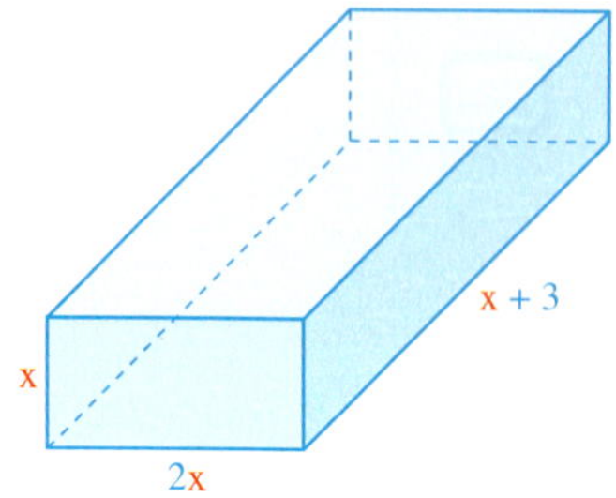

b) Durch die Formel ist eine Funktion gegeben.
Welcher Definitionsbereich ist sinnvoll? Begründe.
Zeichne den Graphen und beschreibe ihn. Was siehst du auf einen Blick?

c) Um wie viel Prozent nimmt das Volumen zu, wenn man x von 2 (cm) auf 3 (cm) erhöht?

d) Versuche, mithilfe des Graphen und der Funktionsgleichung die Kantenlängen auf Hundertstel genau herauszubekommen, für die der Quader ein Volumen von 185 cm^3 besitzt.
Du kannst auch ein Tabellenkalkulationsprogramm benutzen.

9. In manchen Dienstwagen ist ein Fahrtenschreiber eingebaut. Dieses Gerät zeichnet den Graphen der Funktion *Zeitpunkt → gefahrene Geschwindigkeit* auf ein rundes Stück Papier.
Zeichnet den Graphen in ein gewöhnliches Koordinatensystem und entnehmt ihm möglichst viele Informationen über die Autofahrt.
Stellt eure Ergebnisse der Klasse vor.

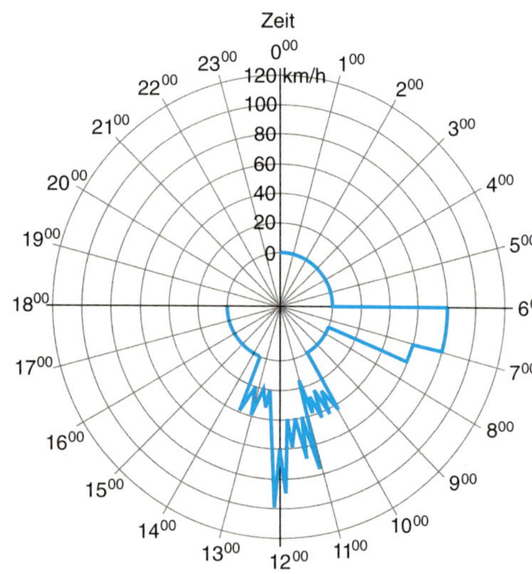

10. Jonas behauptet: „Der Graph jeder linearen Funktion ist eine Gerade. Also gibt es zu jeder Geraden im Koordinatensystem eine lineare Funktion, die diese Gerade als Graph hat."
Hat Jonas recht? Begründe.

11. Die verschiedenen Gefäße werden von einem gleichmäßig laufenden Wasserhahn gefüllt. Dabei wird jeweils der Graph der Funktion *Zeitpunkt → Wasserstand* betrachtet.
Entscheide und begründe, welcher Graph (Füllgraph) zu welchem Gefäß gehört.

a)

b)

c)

d)

e)

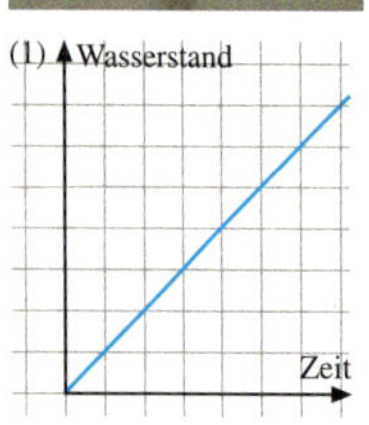

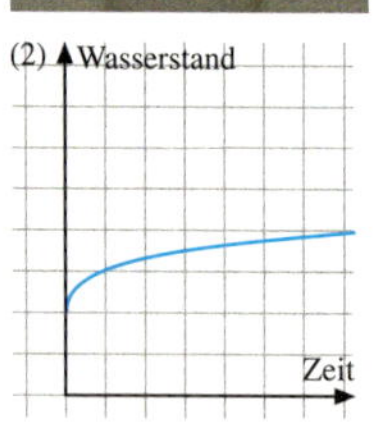

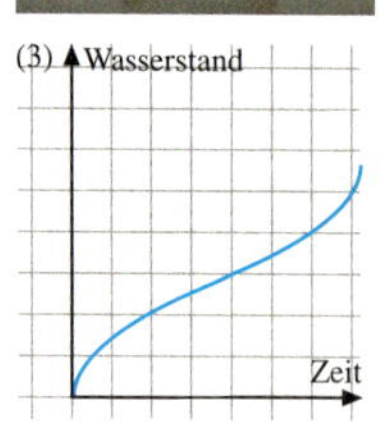

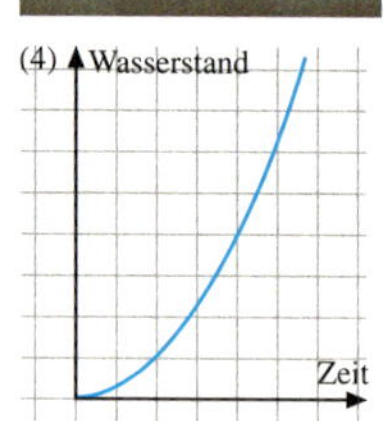

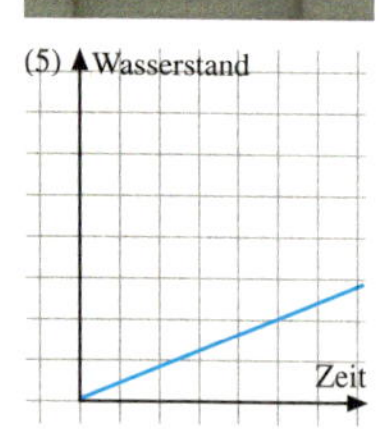

BIST DU FIT?

1. Zeichne den Graphen zu: **a)** $y = x^2 + 1$ **b)** $y = 9 - x^2$ **c)** $y = \frac{4}{x} + 1$ **d)** $y = \frac{2x+1}{x}$

2. Ist der Graph ein Funktionsgraph? Begründe deine Antwort.

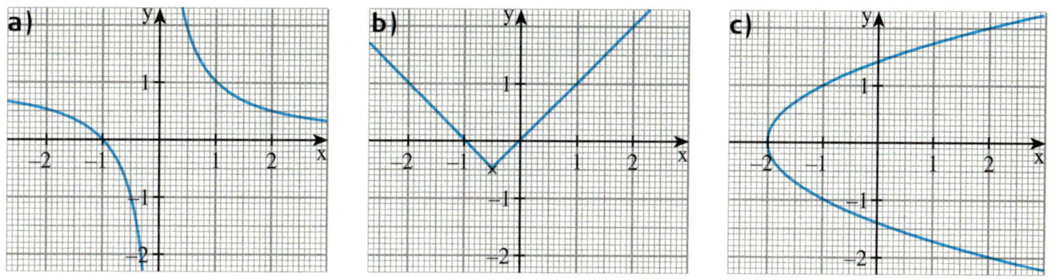

3. Zeichne den Graphen der Funktion, ohne eine Wertetabelle anzulegen.

a) $y = 1{,}5x$ **b)** $y = \frac{3}{4}x - 2$ **c)** $y = -\frac{2}{3}x + 1$ **d)** $y = 1{,}2x - 4{,}5$

4. Gib zu jeder Geraden aus der Zeichnung die Funktionsgleichung an.

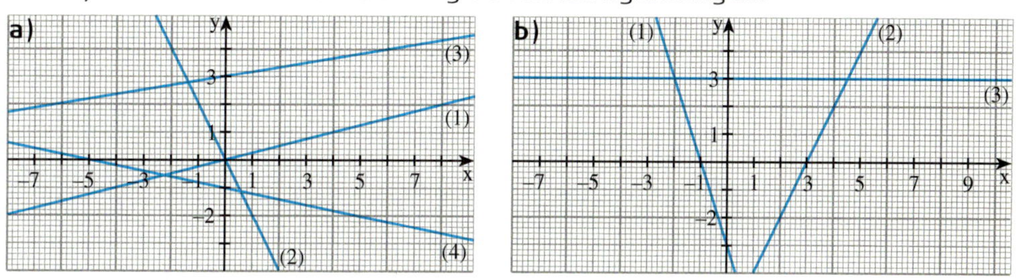

5. Welche der Punkte $P_1(1|-1)$; $P_2(9|-3)$; $P_3(-1|-5)$; $P_4(2{,}5|4)$ gehören zum Graphen der Funktion mit der angegebenen Gleichung?

a) $y = x - 2$ **b)** $y = 2x - 1$ **c)** $y = \frac{1}{3}x - 6$ **d)** $y = \frac{3}{x} - 2$

6. a) Berechne den Funktionswert an der Stelle 10; −10; 0; 1; −0,5; 0,25; −0,4.

(1) $y = 6x$ (2) $y = -x + \frac{1}{2}$ (3) $y = \frac{3}{4}x - 0{,}1$ (4) $y = 1 - \frac{x}{5}$

b) An welcher Stelle nimmt die Funktion den Wert 1; −1; 0; −2; 2,5; −0,75 an?

(1) $y = 2x - 5$ (2) $y = -2x + 5$ (3) $y = 0{,}8x + 0{,}2$

7. 3 kg Äpfel kosten 4,20 €.

a) Stelle für die Funktion *Gewicht (in kg) → Preis (in €)* eine Funktionsgleichung auf und zeichne den Graphen. Was gibt die Steigung des Graphen an?

b) Lies am Graphen ab, wie viel 4 kg; 3,5 kg; 1,5 kg; 4,5 kg; 2 kg Äpfel kosten.

8. Der Tank eines Autos fasst 50 Liter Benzin. Der Verbrauch beträgt durchschnittlich 7,5 *l* pro 100 km Fahrstrecke.

a) Der Tank ist zu Beginn der Fahrt vollständig gefüllt. Notiere die Gleichung für die Funktion *Fahrstrecke (in km) → Tankinhalt (in l)*. Zeichne den Graphen.

b) Welche Bedeutung hat die Steigung des Graphen?

c) Wie viel *l* Benzin befinden sich nach 200 km; 350 km; 550 km noch im Tank?

d) Nach wie viel km befinden sich noch 20 *l*; 10 *l*; 0 *l* Benzin im Tank?

PROJEKT: FUNKTIONEN – MESSEN UND DARSTELLEN

Funktion und Zuordnung sind zwar mathematische Fachbegriffe, aber Zuordnungen gibt es auch im täglichen Leben. Ihr wurdet zum Beispiel einer bestimmten Klasse zugeordnet. Die Telefongesellschaft hat jedem Telefonanschluss eine oder mehrere Telefonnummern zugeordnet. Wenn ihr den Tisch deckt, ordnet ihr jedem Gast einen Teller und ein Glas zu. Es ist jedem Auto genau ein Kennzeichen durch die Zulassungsbehörde zugeordnet. Man kann aber viele Zuordnungen auch mathematisch fassen und durch Funktionen beschreiben. So lässt sich leicht der Preis für einige Kugeln Eis bestimmen, wenn man den Preis für eine Kugel weiß. Oder es ist möglich, durch eine Zuordnungsvorschrift die Preisaufteilung bei einem Lottogewinn für die Tippgemeinschaft zu regeln.
Auch in den Naturwissenschaften und in der Technik werden Funktionen gebraucht, z. B. um Naturgesetze

Vorschlag 1: Schraubenfeder

Wisst ihr, was eine Schraubenfeder ist? Was passiert, wenn ihr an diese Schraubenfeder ein Gewichtsstück hängt? Was passiert, wenn ihr das Gewicht verdoppelt?
Legt eine Messtabelle an und übertragt das Ergebnis in ein Diagramm. Könnt ihr den Zusammenhang mathematisch beschreiben? Wiederholt den Versuch mit anderen dehnbaren Materialien.

Vorschlag 2: Lottogewinn und Spielplatzwippe

Könnt ihr euch vorstellen, was die Aufteilung des Gewinns bei einem Sechser im Lotto und das Spiel mit der Wippe auf dem Spielplatz gemeinsam haben? Vielleicht hilft euch die Antiproportionalität. Findet noch weitere Zuordnungen aus eurer Umgebung, die antiproportional sind, und stellt sie grafisch dar.

Vorschlag 3: Schaut euch um in eurer Umwelt!

Findet interessante Zuordnungen in eurer Umwelt. Was wird alles wem zugeordnet? Kann man alle Zuordnungen und Funktionen mathematisch beschreiben? Vielleicht findet ihr neue Zusammenhänge und ihr könnt diese mit einer Formel beschreiben. Ein einfaches Beispiel wären die Parkplatzpreise in einem Parkhaus. Oder Ihr bestimmt den Zusammenhang zwischen Fallzeit und Fallhöhe eines Gegenstandes.

zu beschreiben. Ihr seht, Funktionen und Zuordnungen können in eurem Leben eine große Rolle spielen. Es wäre schön, wenn ihr eure Funktions- und Messideen in einer kleinen Ausstellung im Schulgebäude den Mitschülern zeigt. Wenn ihr dazu ein kleines Quiz entwerft, habt ihr viele Zuschauer in eurer Ausstellung. Ihr könnt natürlich auch die Ergebnisse im Rahmen einer kleinen Vortragsrunde vor der Klasse präsentieren. Auch ein kleiner Artikel in der Lokalzeitung über besonders interessante Zuordnungen wie Vergleiche von Telefon- und Stromtarifen oder Parkplatzkosten ist denkbar. Hier hilft vielleicht eure Deutschlehrerin oder euer Deutschlehrer.
Wir haben hier für euch ein paar Ideen und Fragen rund um das Funktionenprojekt vorbereitet, die ihr aufgreifen könnt.
Im Internet findet ihr das Projekt unter: **www.mathematik-heute.de**

Vorschlag 4: Flächenmessung mit der Waage

Wisst ihr, wie man die Fläche von Grundstücken, Landkreisen, ja sogar von Bundesländern bestimmen kann? Wenn ihr eine genaue Karte von den Ländereien auftreiben könnt, sind dazu gar keine komplizierten mathematischen Formeln mehr nötig. Ihr braucht nur noch Papier, Schere und eine genaue Waage. Bestimmt z.B. das Gewicht von 10 cm^2 der Fläche und wiegt anschließend die gesamte Fläche. Habt ihr jetzt eine Idee, wie es weiter gehen könnte? Überprüft eure Ergebnisse durch offizielle Daten.

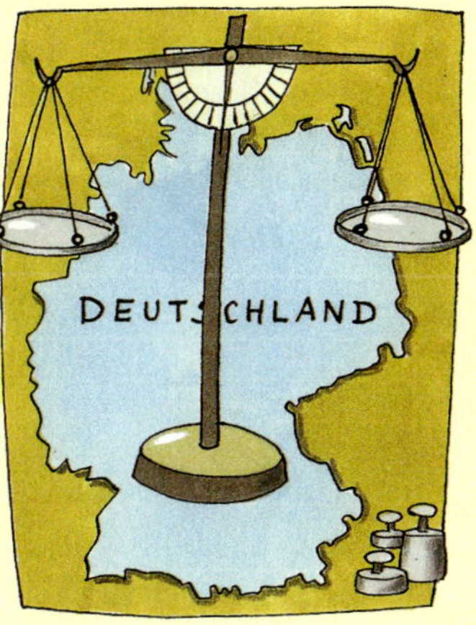

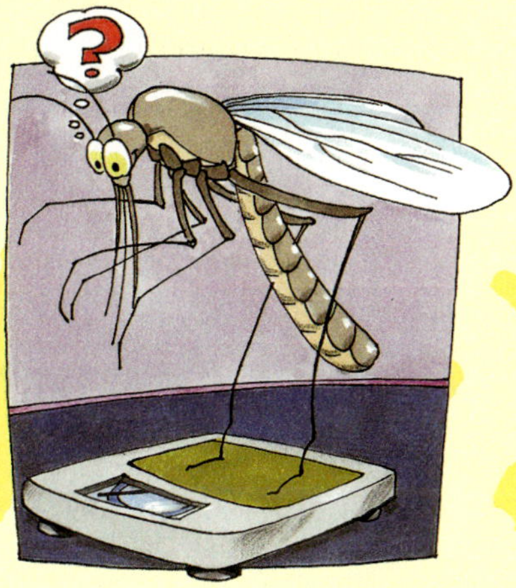

Vorschlag 5: Wisst ihr, wie viel Sternlein stehen?

Wie viele Sterne könnte man am Himmel sehen? Was wiegt eigentlich ein Reiskorn oder eine Fliege oder ein Sandkorn? Wie kann man ganz leichte Sachen mit einer großen Waage wiegen? Welches Zuordnungsprinzip steckt hinter all diesen Ideen? Könnt ihr noch andere ganz leichte Sachen wiegen?

Vorschlag 6: Tarife

Auch Preise gehorchen Zuordnungen. Untersucht doch einmal Telefonkosten bei Mobilfunkanbietern oder Stromtarife verschiedener Gesellschaften. Lassen sich die Preise grafisch darstellen? Welche Zuordnungsvorschriften gelten hier?

	A	B	C	D	E	F	G	H
1		Lösung eines linearen Gleichungssystems						
2								
3	I	6	x+	-3	y =	3	|*	=D4
4	II	2	x+	2	y =	10	|*	=D3

2 Lineare Gleichungssysteme

Vor dem Abschluss eines Handyvertrages sollte man sich einen Überblick über die Angebote und Tarife verschiedener Anbieter verschaffen und diese miteinander vergleichen. Viele Nutzer verwenden ihr Handy aber nicht nur zum Telefonieren, sondern auch zum Versenden von Kurznachrichten, sogenannten SMS.

SMS ⟨engl.⟩ short message service

Die verschiedenen Angebote und Tarife miteinander zu vergleichen, ist aber oft gar nicht so einfach.

Ein Anbieter wirbt mit dieser Anzeige für seinen Handytarif:

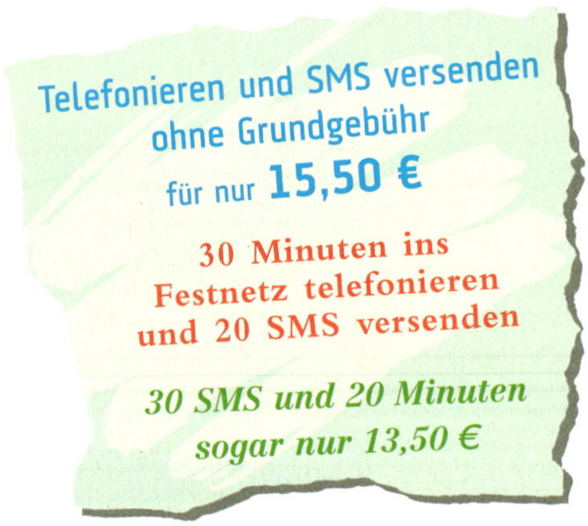

Ein anderer Anbieter wirbt mit folgender Anzeige.

→ Versuche durch Schätzen und Probieren für das erste Angebot den Minutenpreis für das Telefonieren ins Festnetz und den Preis für das Versenden einer SMS zu bestimmen.

→ Was kosten beim ersten Anbieter 30 Minuten Telefonieren ins Festnetz und das Versenden von 30 SMS?

→ Vergleiche beide Angebote.

→ Warum kannst du beim zweiten Angebot den Minutenpreis fürs Telefonieren ins Festnetz und die Kosten für das Versenden einer SMS nicht bestimmen?

In diesem Kapitel lernst du ...

... Aufgaben, in denen mehr als eine Größe gesucht wird, mithilfe von linearen Gleichungen systematisch zu lösen.

LINEARE GLEICHUNGEN MIT ZWEI VARIABLEN

Zahlenpaare als Lösungen

Einstieg

Jan will mit 10 m Maschendrahtzaun einen rechteckigen Auslauf für seine Kaninchen abgrenzen. Der Auslauf soll an das Haus grenzen. Eine Zaunseite soll in Verlängerung der Hauswand verlaufen.

→ Zeichnet mehrere Möglichkeiten. Was fällt euch auf?

→ Stellt eine Gleichung für die Breite auf. Was könnt ihr mithilfe dieser Gleichung ermitteln? Berichtet darüber.

Aufgabe

1. Ein Stück Draht mit einer Länge von 20 cm soll zu einem gleichschenkligen Dreieck gebogen werden. Dies kann auf verschiedene Weisen geschehen, da die *Länge y eines Schenkels (in cm)* und die *Länge x der Basis (in cm)* verändert werden können.

a) Welche Maße könnte das Dreieck besitzen?

b) Stelle mit der Maßzahl x für die Länge der Basis und der Maßzahl y für die Länge eines Schenkels eine Gleichung auf.
Welche der Zahlenpaare (2 | 9), (3 | 6), (7 | 6,5), (5,5 | 8) sind Lösungen dieser Gleichung?

c) Stelle den Zusammenhang zwischen x und y durch einen Graphen in einem Koordinatensystem dar. Lies am Graphen weitere Lösungen ab.
Überlege, ob sich mit den gefundenen Maßzahlen immer ein gleichschenkliges Dreieck formen lässt.

Lösung

a) Durch Probieren findet man verschiedene Möglichkeiten. Wir notieren sie in einer Tabelle.

Länge x der Basis	4 cm	5 cm	8 cm	1 cm
Länge y eines Schenkels	8 cm	7,5 cm	6 cm	9,5 cm

b) Den Umfang u des Dreiecks erhältst du durch Addieren der drei Seitenlängen des Dreiecks.

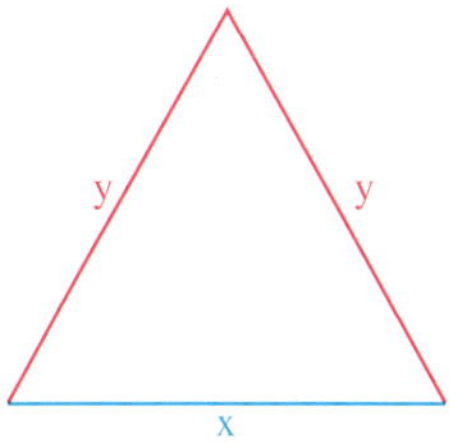

Es gilt:
$u = x + 2y$

Der Umfang u soll 20 cm betragen.
Gleichung (ohne Maßeinheiten):

$x + 2y = 20$

Wir prüfen nun, welche der gegebenen Zahlenpaare Lösungen der Gleichung $x + 2y = 20$ sind.

x	y	x + 2 y = 20	wahr / falsch	
2	9	$2 + 2 \cdot 9 = 20$	wahr	also ist (2|9) eine Lösung
3	6	$3 + 2 \cdot 6 = 20$	falsch	also ist (3|6) keine Lösung
7	6,5	$7 + 2 \cdot 6{,}5 = 20$	wahr	also ist (7|6,5) eine Lösung
5,5	8	$5{,}5 + 2 \cdot 8 = 20$	falsch	also ist (5,5|8) keine Lösung

c) Wir lösen die Gleichung $x + 2y = 20$ nach y auf:

$$x + 2y = 20 \quad | -x$$
$$2y = 20 - x \quad | :2$$
$$y = 10 - \frac{x}{2}$$
$$y = -\frac{1}{2}x + 10$$

Dies ist die Gleichung einer linearen Funktion. Ihr Graph ist eine *Gerade* mit der *Steigung* $m = -\frac{1}{2}$ und dem *y-Achsenabschnitt* $b = 10$.

Aus dem Graphen kannst du zum Beispiel die Lösungen (3|8,5), (7|6,5) und (12|4) ablesen.

Für das gleichschenklige Dreieck bedeutet dies:

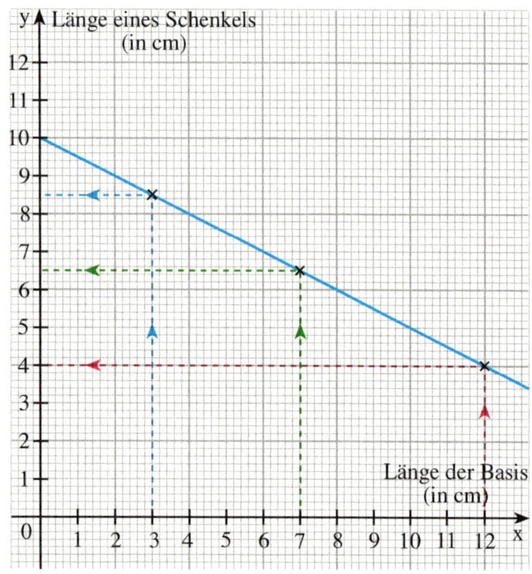

Länge x der Basis	3 cm	7 cm	12 cm
Länge y eines Schenkels	8,5 cm	6,5 cm	4 cm

Diese Werte ergeben kein Dreieck. Warum?

Zum Festigen und Weiterarbeiten

2. Löse die Gleichung nach y auf. Bestimme dann mithilfe einer Tabelle mindestens acht Lösungen. Beschreibe dein Vorgehen.

a) $y - 3x = -6$ **b)** $2x + 4y = 8$ **c)** $2x - 3y - 6 = 0$ **d)** $3x - \frac{1}{2}y = 1$

3. Welche der Zahlenpaare (4|4), (−1|1), (1|−6), (2|0), (−1|9), (0|$\frac{1}{4}$) sind Lösungen der Gleichung?

a) $x + y = 8$ **b)** $5y - 3x = 8$ **c)** $8y + 7x = 2$ **d)** $-2r + \frac{1}{3}s = -4$

4. Die Zahlenpaare (−2|□), (8|□), (□|−1), (□|2), (□|10) sollen Lösungen der Gleichung sein. Bestimme die fehlende Zahl. Beschreibe dein Vorgehen.

a) $2x + y = 6$ **b)** $3x - 4y = 12$ **c)** $3y - 2x = -6$ **d)** $\frac{1}{3}r + s = \frac{5}{6}$

5. Löse die Gleichung nach y auf. Zeichne den Graphen. Bestimme damit zeichnerisch mindestens vier Zahlenpaare als Lösungen der Gleichung. Prüfe durch Rechnung.

a) $4x + 2y = 10$ **c)** $3x - 5y = 20$ **e)** $5x = 6 - 3y$ **g)** $\frac{x}{3} + \frac{y}{4} = 1$

b) $\frac{x}{2} + y = -3{,}5$ **d)** $3x + 2y = -4$ **f)** $0 = 2x + 6 - 4y$ **h)** $\frac{x}{2} - \frac{y}{3} = 2$

6. Anne hat für ein Klassenfest Weizen- und Vollkornbrötchen eingekauft und insgesamt 24 € bezahlt.
Wie viele Brötchen könnte sie von jeder Sorte gekauft haben?
Notiere dazu eine Gleichung mit zwei Variablen und gib mehrere Lösungen an.

Information

(4|10) und (10|4) sind verschiedene Paare.

(1) Lineare Gleichungen mit zwei Variablen – Zahlenpaare als Lösungen

Gleichungen wie $3x + 2y = 32$, $y = -2x + 60$, $3x = 2y + 12$, $-2r + 3s = 6$ heißen **lineare Gleichungen mit zwei Variablen.**
Die Lösungen einer linearen Gleichung mit zwei Variablen sind nicht einzelne Zahlen, sondern *Zahlenpaare* $(x|y)$ bzw. $(r|s)$.

Beispiel:
Das Zahlenpaar $(4|10)$ ist eine Lösung der Gleichung $3x + 2y = 32$.
Probe durch Einsetzen: $3 \cdot 4 + 2 \cdot 10 = 32$ (wahr)
Das Zahlenpaar $(10|4)$ ist *keine* Lösung der Gleichung $3x + 2y = 32$.
Probe durch Einsetzen: $3 \cdot 10 + 2 \cdot 4 = 38$ (falsch)

(2) Graph einer Gleichung mit zwei Variablen

Die Lösungen einer Gleichung mit zwei Variablen können im Koordinatensystem durch Punkte dargestellt werden. Zu jeder Lösung gehört ein Punkt. Zur Lösung $(2|1)$ gehört der Punkt P mit dem Koordinatenpaar $(2|1)$.
Alle Punkte, die zur Lösungsmenge einer Gleichung mit zwei Variablen gehören, bilden zusammen den *Graphen der Gleichung.*
Der Graph einer linearen Gleichung mit zwei Variablen ist eine Gerade.

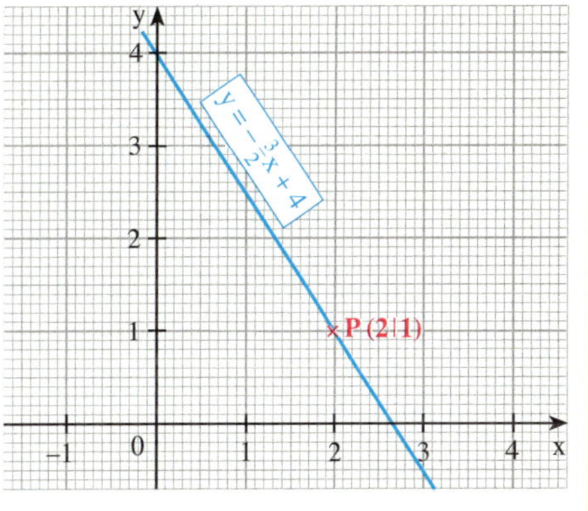

Eine lineare Gleichung mit zwei Variablen hat unendlich viele Lösungen.

Übungen

7. Löse die Gleichung nach y auf.
Bestimme dann mithilfe einer Tabelle mindestens fünf Lösungen.
Gib ebenso drei Zahlenpaare an, die nicht zur Lösungsmenge gehören.

a) $y - x = 4$ **c)** $3x + y = 5$ **e)** $3x + 3y = 9$ **g)** $5x + 2y = 4$
b) $y - 2x = 6$ **d)** $y + \frac{x}{2} = 2$ **f)** $x + \frac{y}{2} = 1$ **h)** $\frac{x}{5} + y = 4$

8. Welche der Zahlenpaare $(2|1)$, $(1|4)$, $(4|2)$, $(2|3)$, $(-2|-1)$, $(-8|10)$ sind Lösungen der Gleichung?

a) $2x + 3y = 14$ **b)** $5x - 3y = -7$ **c)** $\frac{a}{2} - b = 0$

9. Die Zahlenpaare sollen Lösungen der linearen Gleichung sein. Fülle die Lücken aus:
$(0|\square)$, $(\square|0)$, $(1|\square)$, $(\square|1)$, $(3|\square)$, $(\square|-5)$, $(-\frac{1}{2}|\square)$, $(\square|0{,}1)$

a) $x + y = 0$ **b)** $x - y = 1$ **c)** $3x + 2y = 6$ **d)** $\frac{3}{4}x - \frac{y}{2} = \frac{3}{8}$ **e)** $\frac{a}{7} - \frac{b}{3} + \frac{1}{4} = 0$

10. Welche der Punkte $P_1(1|1)$, $P_2(0{,}5|1)$, $P_3(1|-1)$, $P_4(-1|1)$, $P_5(-3|0)$, $P_6(0{,}2|3{,}2)$ und $P_7(3|6)$ gehören zum Graphen der linearen Gleichung?

a) $y - x = 3$ **b)** $2y + 9x = 11$ **c)** $\frac{x}{2} + 0{,}3y = \frac{1}{5}$ **d)** $\frac{2x - y}{7} = 0$

11. Löse die Gleichung nach y auf. Zeichne den Graphen der zugehörigen linearen Funktion. Lies mindestens vier Lösungen ab. Kontrolliere rechnerisch.

a) $3x + 2y = 3$ **c)** $2y - x = 2$ **e)** $x + 3y = -6$ **g)** $6x - 4y = 8$
b) $y - \frac{3}{4}x = -4$ **d)** $3x + 6y = 12$ **f)** $\frac{1}{4}x - y = 2$ **h)** $5y - 2x = -10$

12. Nenne drei Zahlenpaare, die Lösung der Gleichung $-2x + 5y = 3$ sind.
Nenne auch drei Zahlenpaare, die keine Lösung sind.

13. Ergänze die Koordinaten der Punkte $P_1(0|\square)$, $P_2(\square|0)$, $P_3(1|\square)$, $P_4(\square|6)$, $P_5(-0{,}2|\square)$ und $P_6(\square|-0{,}6)$ so, dass diese zum Graphen der angegebenen linearen Gleichung gehören.

a) $x + y = 1$ **b)** $2x - 5y = 0$ **c)** $\frac{x}{2} + \frac{y}{3} = 2$ **d)** $-1{,}2x + 0{,}4y = 4{,}8$

14. Lies am Graph drei Lösungen der zugehörigen Gleichung ab.
Kontrolliere rechnerisch.

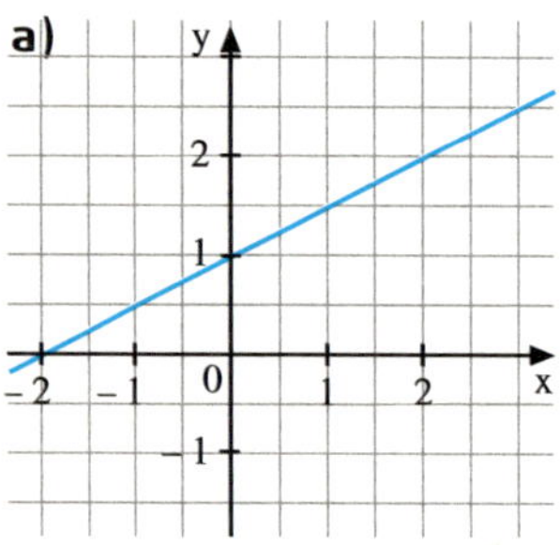

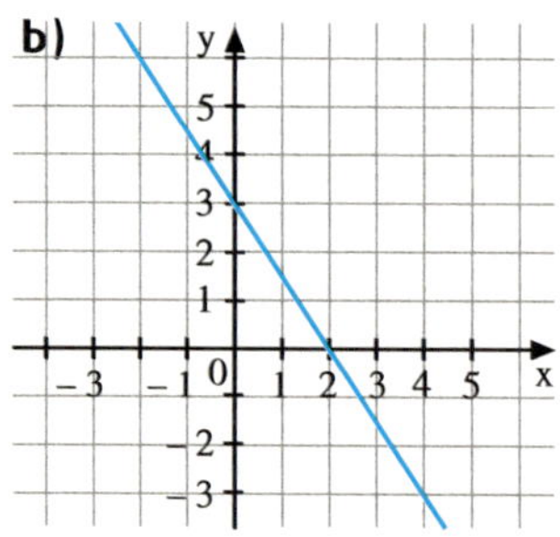

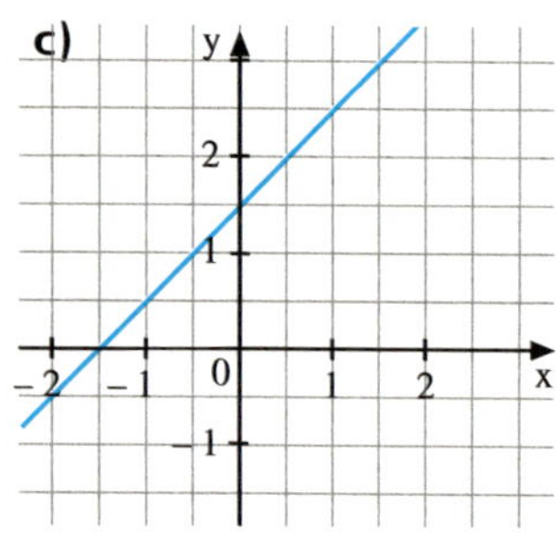

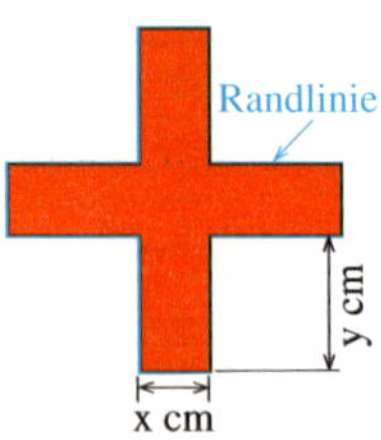

15. Ein Kreuz in der nebenstehenden (symmetrischen) Form soll gezeichnet werden. Dabei soll die gesamte Randlinie genau 40 cm lang sein. Sonst sind Länge und Breite der einzelnen Teile noch nicht festgelegt.

a) Gib die geforderte Bedingung für die Randlinie in Form einer Gleichung mit den beiden Variablen x und y an.

b) Welche der Zahlenpaare $(2|4)$, $(6|2)$, $(8|3)$, $(4{,}5|1)$, $(3|3{,}5)$, $(\frac{1}{2}|\frac{19}{4})$ sind Lösungen dieser Gleichung mit zwei Variablen?

c) Löse die Gleichung nach y auf. Zeichne den Graphen der zugehörigen Funktion.

d) Welcher Zahlenwert darf von x nicht überschritten [nicht unterschritten] werden; welcher y-Wert gehört dazu?
Welcher Zahlenwert darf von y nicht überschritten [nicht unterschritten] werden; welcher x-Wert gehört dazu?

16. Denke dir eine lineare Gleichung und nenne deinem Partner nur drei Lösungspaare der Gleichung. Er soll die Gleichung herausfinden.
Stimmt sie genau mit deiner Gleichung überein?

17. **a)** Nenne die fünf kleinsten Geldbeträge, die man mit 20-Euro-Scheinen und 50-Euro-Scheinen zahlen kann.

b) 430 € sollen mit 20-Euro-Scheinen und 50-Euro-Scheinen ausgezahlt werden. Erstelle eine Gleichung mit zwei Variablen, um alle Möglichkeiten zu finden.

c) Gibt es Lösungen der Gleichung aus Teilaufgabe b), die zu keinem Auszahlungsbetrag gehören?

18. Aus einem 60 cm langen Draht soll ein Rechteck gebogen werden.
Stelle für die Maßzahlen von Länge und Breite eine Gleichung mit zwei Variablen auf.
Notiere acht Lösungen. Gib dazu jeweils Länge und Breite eines Rechtecks an.
Gib auch mindestens eine Lösung der Gleichung an, die kein Rechteck ergibt.

19. Aus einem 80 cm langen Draht soll ein gleichschenkliges Dreieck gebogen werden.

	A	B
1	Gleichschenkliges Dreieck	
2		
3	Drahtlänge	80
4		
5	Basis a	Schenkel b
6	10	35
7	8	36

a) Stelle eine Gleichung für die Maßzahlen der Länge der Basis und der Schenkel auf.

b) Bestimme mit einem Tabellenkalkulationsprogramm verschiedene Lösungen. Welche Formeln wurden in den Zellen B6 und B7 verwendet?

c) Wähle auch andere Drahtlängen für das Dreieck.

d) Erstelle ein Tabellenblatt für ein Rechteck, das aus Draht gebogen werden soll.

20. Lena hat Äpfel und Birnen gekauft. Sie hat dafür insgesamt 7,50 € bezahlt.
Wie viel kg könnte sie von jeder Sorte gekauft haben?
Gib mehrere Möglichkeiten an.

21. Notiere eine Gleichung mit zwei Variablen. Gib vier Zahlenpaare an, die Lösung der Gleichung sind.

a) Die Differenz zweier Zahlen ist 8,5.

b) Die Summe zweier Zahlen ist -18.

c) Addiert man zum Doppelten einer Zahl eine zweite Zahl, so erhält man 9.

d) Subtrahiert man von einer Zahl die Hälfte einer zweiten Zahl, so erhält man 4.

22. Patrick hat die Lösungen einer linearen Gleichung grafisch ermittelt.
Kontrolliere seine Ergebnisse.

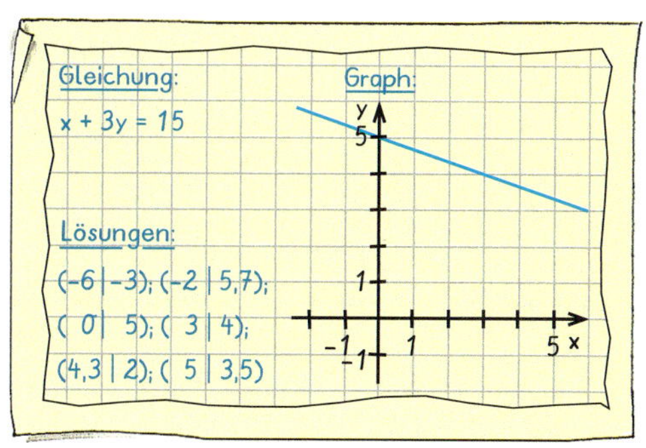

23. **a)** Das Zahlenpaar $(2|6)$ ist Lösung einer Gleichung mit zwei Variablen.
Wie könnte die Gleichung lauten?
Gib mindestens zwei Möglichkeiten an.

b) Das Zahlenpaar $(3|5)$ ist Lösung einer linearen Gleichung $ax + by = c$.
Bestimme a und b für (1) $c = 2$; (2) $c = 0$; (3) $c = 1{,}4$.
Gib mehrere Möglichkeiten an.

Sonderfälle bei linearen Gleichungen mit zwei Variablen

Einstieg

Die Geraden a und b sind die Graphen zweier linearer Gleichungen mit zwei Variablen.

→ Notiert mehrere Zahlenpaare, die jeweils Lösung der dargestellten linearen Gleichungen sind.
Was haben alle Zahlenpaare zu der Geraden a gemeinsam, was alle Zahlenpaare zu der Geraden b?

→ Versucht, zu den Geraden a und b jeweils eine lineare Gleichung mit zwei Variablen zu finden.

→ Berichtet über eure Ergebnisse.

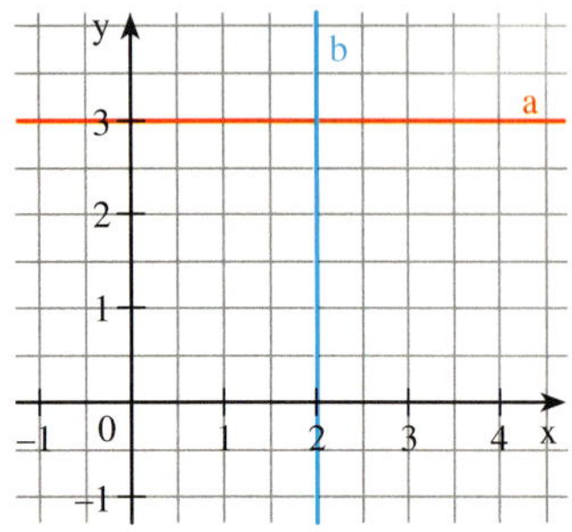

Aufgabe

1. Zeichne mithilfe einer Wertetabelle den Graphen der linearen Gleichung.

a) $0 \cdot x + 2y = 6$ **b)** $3x + 0 \cdot y = 12$

Nach welcher Variable kannst du die Gleichung auflösen?
Beschreibe den Graphen der linearen Gleichung.

Lösung

a) Die Gleichung lautet: $0 \cdot x + 2y = 6$
Auflösung nach y: $2y = 6$, also $\mathbf{y = 3}$

Ein Punkt gehört immer dann zum Graphen, wenn seine y-Koordinate 3 ist. Die x-Koordinate kann beliebig sein.
Der Graph ist eine Gerade.
Sie ist parallel zur x-Achse.
Sie schneidet die y-Achse an der Stelle 3.

x	y
– 2	3
– 1	3
0	3
1	3
2	3

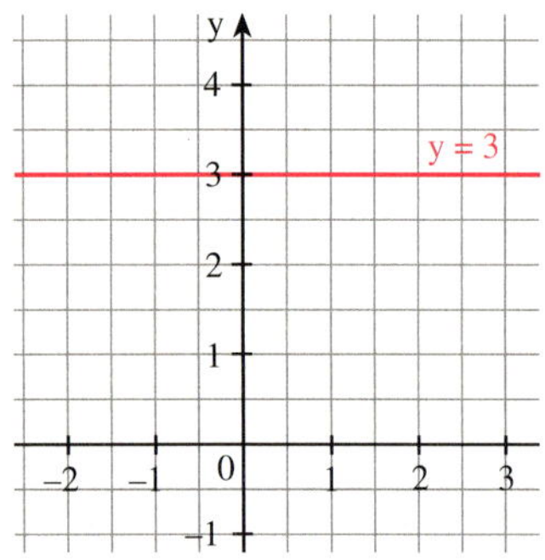

b) Die Gleichung lautet: $3x + 0 \cdot y = 12$
Auflösung wegen $0 \cdot y = 0$ nur nach x möglich:
$3x = 12$, also $\mathbf{x = 4}$

Ein Punkt gehört immer dann zum Graphen, wenn seine x-Koordinate 4 ist. Die y-Koordinate kann beliebig sein.
Der Graph ist eine Gerade.
Sie ist parallel zur y-Achse.
Sie schneidet die x-Achse an der Stelle 4.

x	y
4	– 2
4	– 1
4	0
4	1
4	2

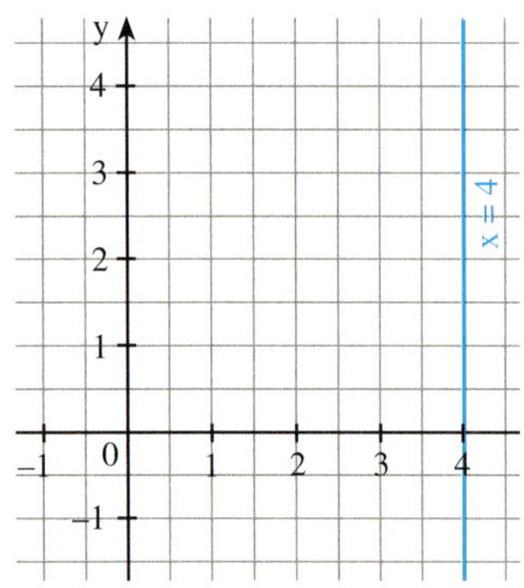

Information

(1) Vereinfachte Schreibweise einer linearen Gleichung, falls einer der Faktoren 0 ist.

Statt $0 \cdot x + 2y = 8$ schreibt man vereinfacht $2y = 8$.
Statt $3x + 0 \cdot y = 6$ schreibt man vereinfacht $3x = 6$.

Diese vereinfachte Schreibweise kann man nur verwenden, wenn klar ist, dass es sich um Gleichungen mit *zwei* Variablen handelt (jeweils mit Zahlenpaaren als Lösungen). $2y = 8$ und $3x = 6$ sind nämlich sonst Gleichungen mit *einer* Variablen (jeweils mit *einer* Zahl als Lösung).

(2) Graph einer Gleichung mit zwei Variablen in der Form y = b bzw. x = a

Der Graph der Gleichung $y = 2$ ist eine Parallele zur x-Achse. Er schneidet die y-Achse an der Stelle 2.

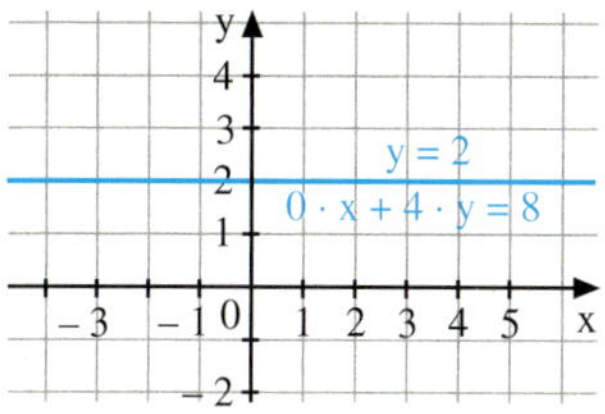

Der Graph der Gleichung $x = -2$ ist eine Parallele zur y-Achse. Er schneidet die x-Achse an der Stelle -2.

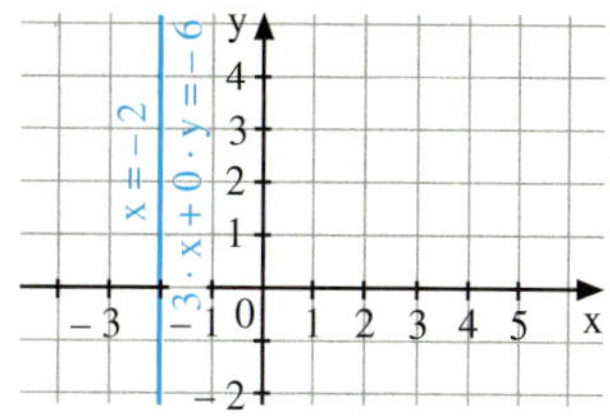

Zum Festigen und Weiterarbeiten

2. Zeichne den Graphen der linearen Gleichung. Notiere die Gleichung in vereinfachter Form.

a) $0x + 3y = 6$ **b)** $5x + 0y = -10$ **c)** $0x - 4y = 2$ **d)** $-\frac{x}{2} + 0y = 1$

3. Jede der beiden Koordinatenachsen kannst du als Graph einer linearen Gleichung mit zwei Variablen auffassen. Notiere
(1) für die x-Achse, (2) für die y-Achse eine passende lineare Gleichung mit zwei Variablen. Gib auch die vereinfachte Form an.

4. a) Zeichne eine Parallele zur x-Achse durch den Punkt P(2|3). Gib eine lineare Gleichung dafür an. Begründe.

b) Zeichne eine Parallele zur y-Achse durch den Punkt P(2|3). Gib eine lineare Gleichung dafür an. Begründe.

Übungen

5. Zeichne den Graphen der linearen Gleichung. Notiere die Gleichung auch vereinfacht.

a) $0x + 3y = 21$ **b)** $-2x + 0y = 10$ **c)** $4x + 0y = 8$ **d)** $0x - 5y = 2$

6. Notiere die gegebene Gleichung in ausführlicher Form, sodass beide Variablen x und y vorkommen. Zeichne auch die Gerade.
Gib jeweils drei Lösungen der linearen Gleichung mit zwei Variablen an.

a) $y = 6$ **b)** $y = -1{,}5$ **c)** $x = 2$ **d)** $x = -5{,}5$ **e)** $y = 0$

7.

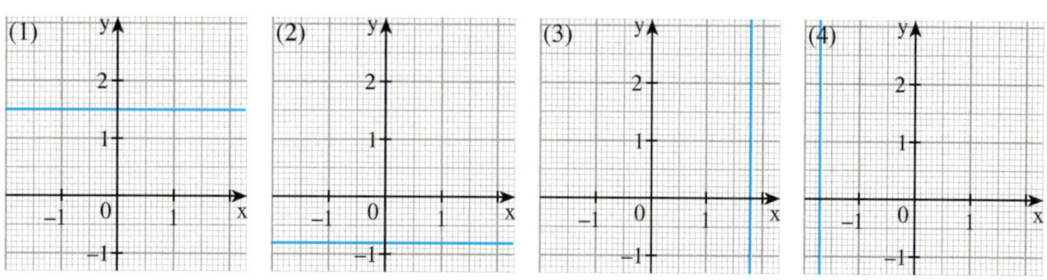

Gib zu jeder Geraden eine passende lineare Gleichung mit zwei Variablen an; notiere diese auch in der vereinfachten Form.

8. Stelle die Gleichung der Geraden auf, die durch den Punkt P(4|−7) [P(−1,9|5,3)] geht und (1) parallel zur x-Achse verläuft; (2) parallel zur y-Achse verläuft.

Mehrere Lösungen!

9. Notiere die Gleichungen einer Geraden, die von einer Koordinatenachse 4,2 Einheiten Abstand hat und **a)** parallel zur x-Achse ist; **b)** parallel zur y-Achse ist.

LINEARE GLEICHUNGSSYSTEME – GRAFISCHES LÖSEN

Einstieg

→ Wie viele Einzelzimmer und wie viele Doppelzimmer hat der Lindenhof?

→ Berichtet über euer Ergebnis und euren Lösungsweg.

Aufgabe

1. Ein Kleintransporter soll für einen Umzug einen Tag gemietet werden.
Die Miete setzt sich aus einer Grundgebühr pro Tag und den Kosten pro gefahrene Kilometer zusammen. Sie ist je nach Anbieter unterschiedlich.

	Autoverleih Riedt	Autovermietung Selbach
Grundgebühr pro Tag	15 €	27 €
Kosten pro gefahrene km	0,50 €	0,35 €

Vergleiche beide Angebote. Bei wie viel gefahrenen Kilometern sind beide Angebote gleich teuer? Wie hoch ist in diesem Fall der Mietpreis?

Lösung

Wir stellen zunächst die Gleichungen (Formeln) für den Mietpreis auf.

Anzahl der gefahrenen km: x

Gesamtpreis: y

Autoverleih Riedt

Gleichung: $15 + 0{,}50 \cdot x = y$

Autovermietung Selbach

Gleichung: $27 + 0{,}35 \cdot x = y$

Um die Angebote zu vergleichen, haben wir nun zwei Möglichkeiten:

(1) *Aufstellen der Wertetabellen*

gefahrene km	Mietpreis Riedt	Mietpreis Selbach
10	20,00	30,50
20	25,00	34,00
30	30,00	37,50
40	35,00	41,00
50	40,00	44,50
60	45,00	48,00
70	50,00	51,50
80	55,00	55,00
90	60,00	58,50
100	65,00	62,00

(2) *Zeichnen der Graphen*

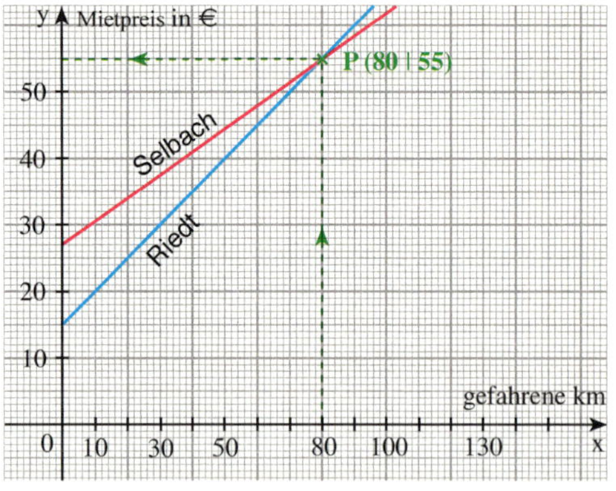

Mithilfe der Wertetabelle haben wir durch *systematisches Probieren* ermittelt:
Beide Firmen verlangen für 80 gefahrene km 55 €.
Das entnehmen wir auch den Graphen: P(80|55) ist der Schnittpunkt der Geraden.
Ferner entnehmen wir sowohl den Wertetabellen als auch der grafischen Darstellung:
Für Entfernungen, die unter 80 km liegen, ist Autoverleih Riedt günstiger, für Entfernungen über 80 km Autovermietung Selbach.

Information

*Bei einem Gleichungssystem sind beide Gleichungen durch **und** verbunden*

(1) Lineares Gleichungssystem – Lösung eines linearen Gleichungssystems

Zwei lineare Gleichungen bilden *zusammen* ein **lineares Gleichungssystem.**
Jedes Zahlenpaar, das *beide* Gleichungen erfüllt, ist Lösung dieses Gleichungssystems.
Beispiel: $x + y = 5$ *und* $2x - y = 13$. Wir schreiben übersichtlich: $\left| \begin{array}{l} x + y = 5 \\ 2x - y = 13 \end{array} \right|$
Dieses Gleichungssystem hat $(6|-1)$ als Lösung.
Probe durch Einsetzen:
1. Gleichung: $6 + (-1) = 5$ (wahr) 2. Gleichung: $2 \cdot 6 - (-1) = 13$ (wahr)

(2) Grafisches Lösen eines linearen Gleichungssystems

1. Schritt: Forme (wenn erforderlich) die Gleichungen nach y um.
2. Schritt: Zeichne die Graphen der beiden Gleichungen in ein gemeinsames Koordinatensystem.
3. Schritt: Bestimme (falls vorhanden) den Schnittpunkt beider Graphen.

Das Koordinatenpaar des Schnittpunktes ist die Lösung des Gleichungssystems.

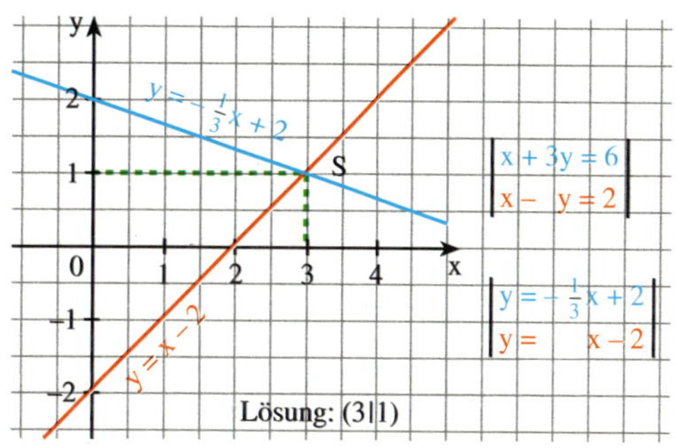

Hinweis: Sowohl beim Zeichnen der Geraden als auch beim Ablesen der Koordinaten des Schnittpunktes aus der Zeichnung können Ungenauigkeiten auftreten. Du weißt also nicht, ob du beim grafischen Verfahren eine genaue Lösung oder eine Näherungslösung erhalten hast. Mithilfe der Probe kannst du feststellen, ob die abgelesene Lösung wirklich genau ist.

Zum Festigen und Weiterarbeiten

Gaszähler

2. Ein Energieversorger bietet seinen Kunden zwei Tarife für Gas an. Der Gaspreis setzt sich aus dem *Grundpreis* und dem *Arbeitspreis* für das verbrauchte Gas zusammen. Vergleiche beide Tarife.

Tarif	*basis*	*spezial*
Monatlicher Grundpreis	5,50 €	11,00 €
Preis (je m³)	0,70 €	0,60 €

Bei welchem Gasverbrauch sind beide Tarife gleich teuer? Löse die Aufgabe sowohl mit Wertetabellen als auch mit Graphen. Vergleiche beide Lösungswege und bewerte sie.

3. Auf einem Parkplatz stehen insgesamt 33 Autos und Motorräder. Zusammen haben sie 124 Räder. Wie viele Autos, wie viele Motorräder stehen auf dem Parkplatz?

4.
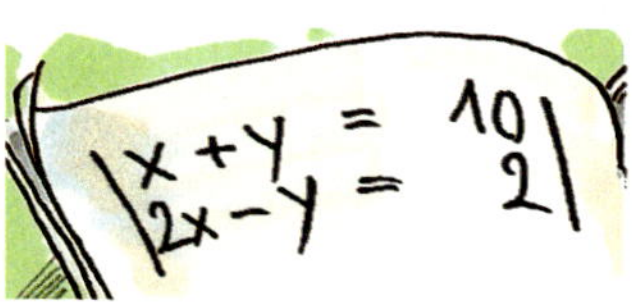

a) Gegeben ist ein lineares Gleichungssystem.
(1) Gib acht Lösungen der 1. Gleichung des linearen Gleichungssystems an.
(2) Gib acht Lösungen der 2. Gleichung des linearen Gleichungssystems an.

b) Versuche, ein Zahlenpaar zu finden, das beide Gleichungen aus Teilaufgabe a) erfüllt.

5. Welches der Zahlenpaare (1 | 2), (3 | 5), (0 | 1), (2 | 2), (4 | 0), (− 1 | 1) ist sowohl Lösung der Gleichung $2x + y = 6$ als auch der Gleichung $3x - y = 4$?

6. $\left| \begin{array}{l} y = -3x + 6 \\ y = x + 2 \end{array} \right|$

Rechts findest du die Graphen der beiden Gleichungen. Lies die Koordinaten des Schnittpunktes S ab. Kontrolliere rechnerisch, indem du die Probe durch Einsetzen durchführst.
Begründe: Das Zahlenpaar des Schnittpunktes ist Lösung des Gleichungssystems.

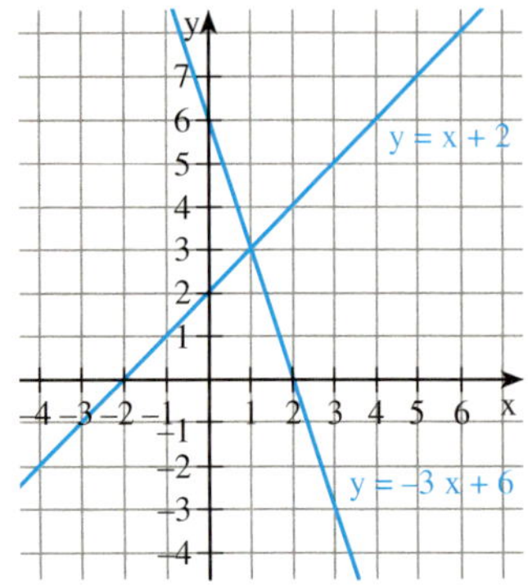

7. Ermittle wie in Aufgabe 4 grafisch die Lösungsmenge. Prüfe rechnerisch.

(1) $\left| \begin{array}{l} y = 2x - 5 \\ y = 4x - 11 \end{array} \right|$ (2) $\left| \begin{array}{r} 2x - y = 8 \\ x + y = 1 \end{array} \right|$ (3) $\left| \begin{array}{l} -x + 2y = 1 \\ 2x - y = 4 \end{array} \right|$

8. Bestimme die Lösungen folgender Gleichungssysteme grafisch. Was fällt dir auf?

(1) $\left| \begin{array}{l} 2x - 4y = -2 \\ 3x + y = 11 \end{array} \right|$ (2) $\left| \begin{array}{l} -x + 2y = 4 \\ 2x - 4y = 6 \end{array} \right|$ (3) $\left| \begin{array}{r} 2x + y = -4 \\ -6x - 3y = 12 \end{array} \right|$

Information

Verschiedene Lösungsfälle linearer Gleichungssysteme mit zwei Variablen

Bei den beiden Geraden eines linearen Gleichungssystems mit zwei Variablen liegt genau einer der folgenden drei Fälle vor:

1. Fall: Beide Geraden haben verschiedene Steigungen. Sie schneiden sich dann in einem Punkt. Das Gleichungssystem hat also *genau eine* Lösung. Die Lösungsmenge besteht aus einem einzigen Zahlenpaar.

Beispiel:

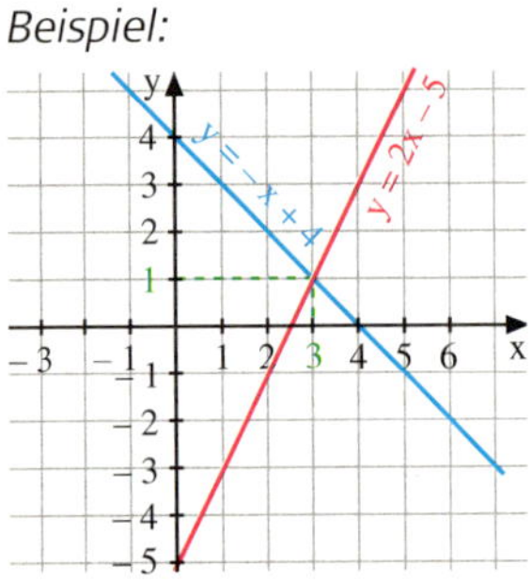

L = {(3 | 1)}

2. Fall: Beide Geraden haben die gleiche Steigung, aber verschiedene y-Achsenabschnitte. Beide Geraden sind dann parallel zueinander und schneiden sich nicht. Das Gleichungssystem hat also *keine* Lösung. Die Lösungsmenge ist leer.

Beispiel:

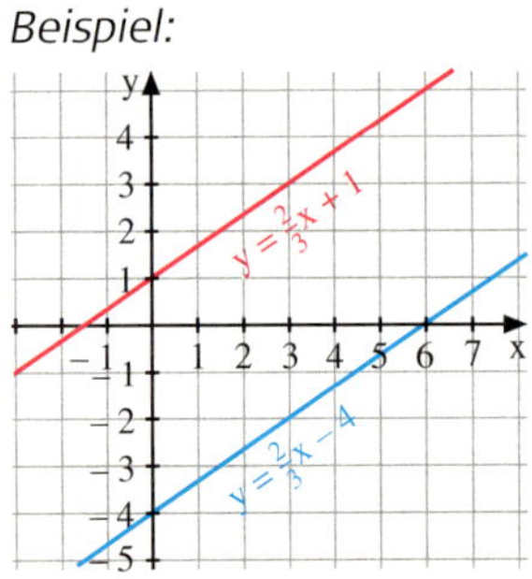

L = { }

3. Fall: Beide Geraden stimmen in der Steigung und im y-Achsenabschnitt überein. Sie fallen dann zusammen. Das Gleichungssystem hat *unendlich viele* Lösungen. Die Lösungsmenge besteht aus allen Zahlenpaaren, die diese Geradengleichung erfüllen.

Beispiel:

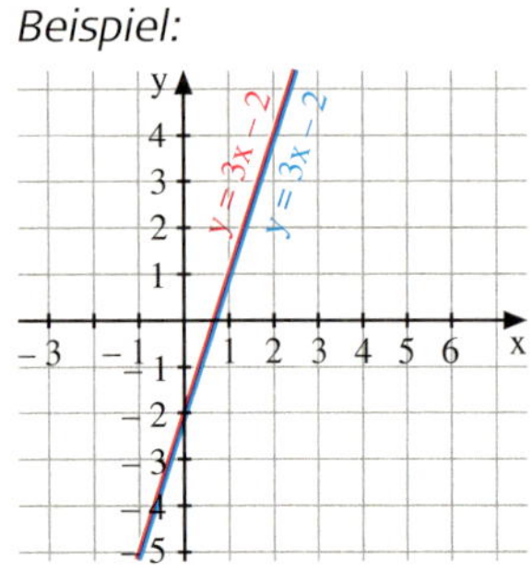

L = Menge aller Zahlenpaare (x | y) mit $y = 3x - 2$

Übungen

9. Welches der Zahlenpaare $(-2\,|\,1)$, $(0\,|\,2)$, $(3\,|\,2)$, $(1\,|\,-3)$, $(4\,|\,0)$ ist gemeinsame Lösung der Gleichungen $y + x = 5$ *und* $y - x = -1$?

10. Ermittle zeichnerisch die Lösungsmenge des Gleichungssystems. Mache eine Probe.

a) $\left| \begin{array}{r} x + y = 5 \\ -2x + y = -1 \end{array} \right|$ **b)** $\left| \begin{array}{r} 2x + y = 7 \\ 6x - 2y = 6 \end{array} \right|$ **c)** $\left| \begin{array}{r} 6r = 2s - 8 \\ 8s - 12 = 4r \end{array} \right|$

11. Bestimme zeichnerisch die Lösungsmenge der Gleichungssysteme. Gib an, welcher der drei Fälle vorliegt.

(1) $\left| \begin{array}{r} 2x + y = 6 \\ 3x + 2y = 8 \end{array} \right|$ (2) $\left| \begin{array}{r} 4x + 2y = 5 \\ -2x - y = -\frac{5}{2} \end{array} \right|$ (3) $\left| \begin{array}{r} 2r + 3s = 6 \\ 2r - 3s = 6 \end{array} \right|$ (4) $\left| \begin{array}{r} 3x - 6y = 9 \\ 4x - 8y = 12 \end{array} \right|$

TAB

12. **a)** Erstelle mit einem Kalkulationsprogramm eine Wertetabelle für die beiden Gleichungen des linearen Gleichungssystems. $\left| \begin{array}{l} y = 3x - 4 \\ y = -2x + 6 \end{array} \right|$

b) Zeichne die beiden Graphen in ein gemeinsames Diagramm. Lies den Schnittpunkt der Graphen ab. Kontrolliere anhand der Wertetabelle.

13. Gib jeweils das Gleichungssystem und seine Lösungsmenge an.

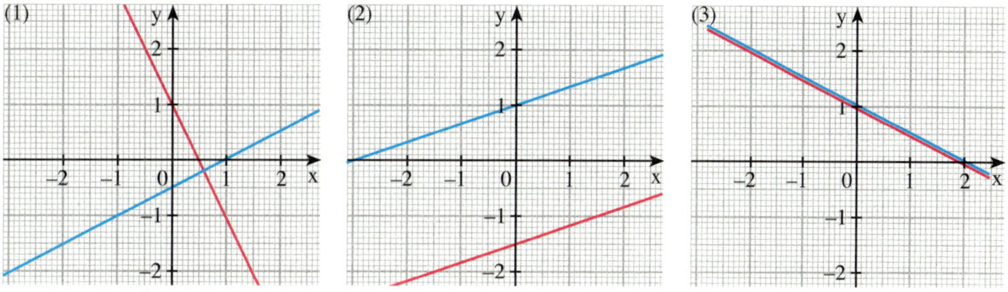

1+1=3

14. Kontrolliere Stefans Hausaufgaben.

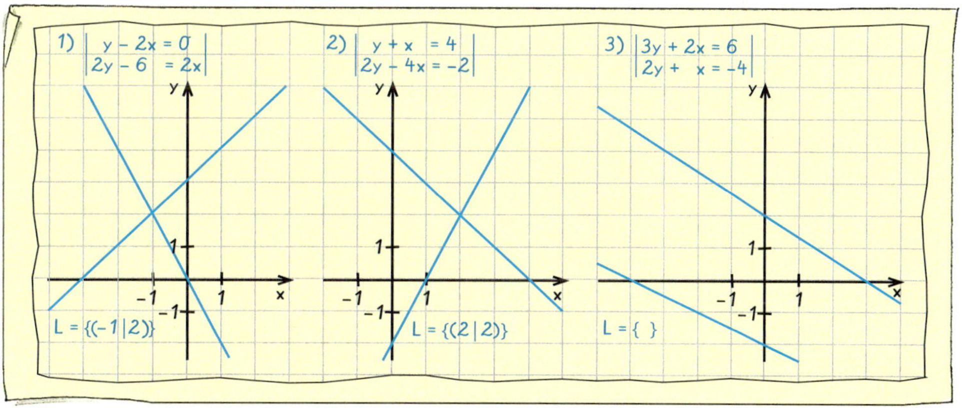

15. Im Jugendherbergsverzeichnis ist angegeben, dass in der Jugendherberge in Eulenburg 145 Jugendliche in 35 Zimmern übernachten können. Es gibt nur Dreibett- und Fünfbettzimmer.
Wie viele Dreibettzimmer und wie viele Fünfbettzimmer hat diese Jugendherberge?

16. Julia möchte für den Winter 6 kg Vogelfutter besorgen. Die Mitarbeiterin der Zoohandlung sagt: „Wenn wir 5 kg Erdnusskerne und 1 kg Sonnenblumenkerne mischen, musst du 16 € zahlen. Wenn wir von beiden 3 kg nehmen, macht das 12 €".
Was kostet jeweils 1 kg Erdnusskerne und 1 kg Sonnenblumenkerne?

LINEARE GLEICHUNGSSYSTEME – RECHNERISCHES LÖSEN

Die zeichnerische Bestimmung der Lösung eines linearen Gleichungssystems ist oft ungenau und bei großen Zahlen platzaufwendig oder gar nicht möglich. Daher befassen wir uns jetzt mit drei Verfahren zur rechnerischen Ermittlung der Lösung.

Gleichsetzungsverfahren

Aufgabe

1. 

a) Versuche, das Gleichungssystem grafisch zu lösen. Prüfe, ob deine Werte wirklich die Koordinaten des Schnittpunktes sind.

b) Löse das Gleichungssystem rechnerisch.

Lösung

a) *Zeichnerisches Vorgehen*
Rechts findest du die zugehörigen Geraden im Koordinatensystem. Es ist hier schwierig, die Koordinaten des Schnittpunktes genau abzulesen. Vielleicht hast du 1,7 für x und 2,3 für y gefunden.
Setze nun 1,7 für x in beide Ausgangsgleichungen ein. Prüfe, ob sich in beiden Fällen 2,3 für y ergibt.

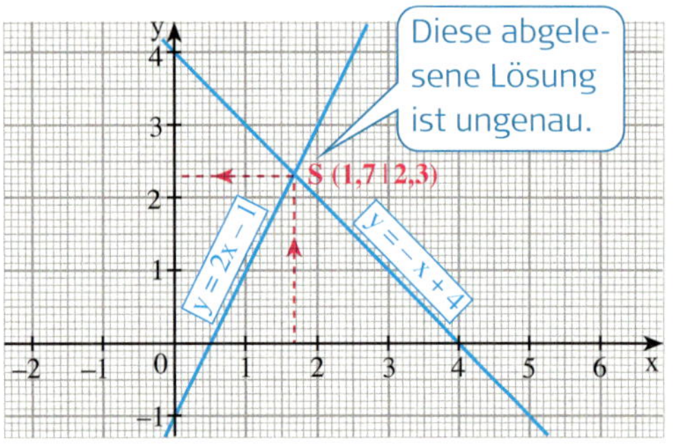

1. Gleichung: $2 \cdot 1{,}7 - 1 = 2{,}4$; *2. Gleichung:* $-1{,}7 + 4 = 2{,}3$.
Die abgelesenen Werte können nicht die Schnittpunktkoordinaten sein.

b) *Rechnerisches Vorgehen*
Wenn x die erste Koordinate des Schnittpunktes S angibt, dann bezeichnen die rechten Seiten der Gleichungen, also $2x - 1$ und $-x + 4$ dieselbe Zahl, nämlich den y-Wert bzw. die zweite Koordinate des Schnittpunktes S. Es muss also gelten:
$2x - 1 = -x + 4$
Damit hast du eine Gleichung mit nur *einer* Variablen x erhalten und kannst somit zunächst die x-Koordinate des Schnittpunktes berechnen.
Löse das Gleichungssystem in folgenden Schritten:

$$\left| \begin{array}{l} y = 2x - 1 \\ y = -x + 4 \end{array} \right|$$

1. Schritt: Setze die beiden rechten Seiten gleich; löse nach x auf:

$$2x - 1 = -x + 4$$
$$3x = 5$$
$$x = \frac{5}{3}$$

$$\left| \begin{array}{l} y = 2x - 1 \\ x = \frac{5}{3} \end{array} \right|$$

2. Schritt: Setze den Wert für x in eine der beiden Ausgangsgleichungen ein und bestimme den Wert von y:

$$y = 2 \cdot \frac{5}{3} - 1$$
$$y = \frac{7}{3}$$

$$\left| \begin{array}{l} y = \frac{7}{3} \\ x = \frac{5}{3} \end{array} \right|$$

3. Schritt: Probe: *1. Gleichung:* $\frac{7}{3} = 2 \cdot \frac{5}{3} - 1$ (wahr)
2. Gleichung: $\frac{7}{3} = -\frac{5}{3} + 4$ (wahr)

4. Schritt: Notiere die Lösungsmenge: $L = \left\{\left(\frac{5}{3} \,\middle|\, \frac{7}{3}\right)\right\}$

Zum Festigen und Weiterarbeiten

2. Löse das Gleichungssystem; stelle, falls nötig, die Gleichungen zunächst um.

a) $\left| \begin{array}{l} y = -3x + 16 \\ y = 2x - 4 \end{array} \right|$ **b)** $\left| \begin{array}{l} x = 4y - 8 \\ x = -y + 12 \end{array} \right|$ **c)** $\left| \begin{array}{l} 6x + 3y = 15 \\ y = 2x - 7 \end{array} \right|$ **d)** $\left| \begin{array}{l} 6y - x = 2 \\ x - 2y = -1 \end{array} \right|$

3. Die beiden Variablen in einem Gleichungssystem müssen nicht immer x und y heißen. Beim Aufschreiben des Lösungspaares wählt man wie bei (x|y) die Reihenfolge der Buchstaben im Alphabet. Löse das Gleichungssystem.

a) $\left| \begin{array}{l} p = 3q + 5 \\ p = 2q - 4 \end{array} \right|$ **b)** $\left| \begin{array}{l} r - s = 1 \\ r + s = -1 \end{array} \right|$ **c)** $\left| \begin{array}{l} u + 2v = 12 \\ 8 - u = v \end{array} \right|$ **d)** $\left| \begin{array}{l} b - \frac{1}{4}a = 2 \\ b - \frac{1}{3}a = 1 \end{array} \right|$

4. *Vielfache von y (oder von x) gleichsetzen*

a) Was zeigen die folgenden Rechnungen? Führe die beiden Wege zu Ende. Bewerte beide Lösungswege.

1. Weg:

$\left| \begin{array}{l} 3y = -2x + 22 \\ 3y = 17 - x \end{array} \right|$ Beide Gleichungen nach y auflösen

$\left| \begin{array}{l} y = -\frac{2}{3}x + \frac{22}{3} \\ y = \frac{17}{3} - \frac{1}{3}x \end{array} \right|$ Gleichsetzen

$-\frac{2}{3}x + \frac{22}{3} = \frac{17}{3} - \frac{1}{3}x$ Nach x auflösen

2. Weg:

$\left| \begin{array}{l} 3y = -2x + 22 \\ 3y = 17 - x \end{array} \right|$ Gleichsetzen

$-2x + 22 = 17 - x$ Nach x auflösen

b) Beim Gleichsetzungsverfahren ist es manchmal geschickter, Vielfache von y (oder von x) gleichzusetzen. Löse durch Gleichsetzen passender Vielfacher von y (oder von x). Führe die Probe durch.

(1) $\left| \begin{array}{l} 5y = 10x + 15 \\ 5y = 15x + 5 \end{array} \right|$ (2) $\left| \begin{array}{l} 4y = x - 4 \\ 20 - x = 4y \end{array} \right|$ (3) $\left| \begin{array}{l} 2x - y = 1 \\ 2x = 3y - 21 \end{array} \right|$

Information

Strategie beim Lösen eines linearen Gleichungssystems nach dem Gleichsetzungsverfahren

(1) Löse beide Gleichungen nach y oder einem anderen gemeinsamen Term (z. B. 4y, x, 5x) auf.
(2) Setze die rechten Seiten der erhaltenen Gleichungen einander gleich. Dadurch erhältst du *eine* Gleichung mit nur *einer* Variablen, z. B. x.
(3) Berechne aus dieser Gleichung den Wert für x. Das ist die erste Koordinate des Schnittpunktes beider Geraden.
(4) Setze den x-Wert in eine der Gleichungen des Gleichungssystems ein und berechne daraus den y-Wert. Das ist die zweite Koordinate des Schnittpunkts.
(5) Gib die Lösungsmenge an. Du kannst zur Kontrolle eine Probe durchführen.

Übungen

5. Löse das Gleichungssystem.

a) $\left| \begin{array}{l} y = 2x + 2 \\ y = 3x - 2 \end{array} \right|$ **b)** $\left| \begin{array}{l} y - 2x = 5 \\ y = x + 10 \end{array} \right|$ **c)** $\left| \begin{array}{l} x = y - 8 \\ x = 3y - 48 \end{array} \right|$ **d)** $\left| \begin{array}{l} y = x - 24 \\ 144 + y = 4x \end{array} \right|$

6. Löse die beiden Gleichungen des Gleichungssystems zunächst nach y (oder x) auf.

a) $\left| \begin{array}{l} y + 3x = 18 \\ 2x + y = 11 \end{array} \right|$ **b)** $\left| \begin{array}{l} x + y = 16 \\ x = 2y + 10 \end{array} \right|$ **c)** $\left| \begin{array}{l} 4x + y = 46 \\ y - x = 4 \end{array} \right|$ **d)** $\left| \begin{array}{l} x - 8y = 9 \\ 3y + x = 31 \end{array} \right|$

7. Löse das Gleichungssystem. Verfahre zweckmäßig. Führe zuletzt die Probe durch.

a) $\left| \begin{array}{l} 2y = x + 2 \\ 2y = 5x - 22 \end{array} \right|$ **b)** $\left| \begin{array}{l} 4p = 3q - 4 \\ 4p = 5q - 20 \end{array} \right|$ **c)** $\left| \begin{array}{l} 5y = 60 + 10x \\ 5y = 4x + 48 \end{array} \right|$ **d)** $\left| \begin{array}{l} 79 - u = 6v \\ 6v = 51 + 3u \end{array} \right|$

8. Kontrolliere Maries Hausaufgaben.

a) $\left| \begin{array}{r} 2x + 3 = 4y \\ 2x = 5y - 1 \end{array} \right|$

$4y + 3 = 5y - 1$
$-y = -4$
$y = 4$

$2x = 5 \cdot 4 - 1$
$2x = 19$
$x = 8{,}5$

$L = \{(8{,}5 \mid 4)\}$

b) $\left| \begin{array}{l} x = 0{,}2y - 2{,}1 \\ x = 0{,}5y - 3{,}45 \end{array} \right|$

$0{,}2y - 2{,}1 = 0{,}5y - 3{,}45$
$-0{,}3y = -1{,}35$
$y = 4{,}5$

$x = 0{,}2 \cdot 4{,}5 - 2{,}1$
$x = -1{,}2$

$L = \{(-1{,}2 \mid 4{,}5)\}$

c) $\left| \begin{array}{r} 26x - 75y = 29 \\ 50y = 154 - 26x \end{array} \right|$

$29 + 75y = 154 - 50y$
$125y = 125$
$y = 1$

$26x - 75 \cdot 1 = 29$
$26x = 104$
$x = 4$

$L = \{(4 \mid -1)\}$

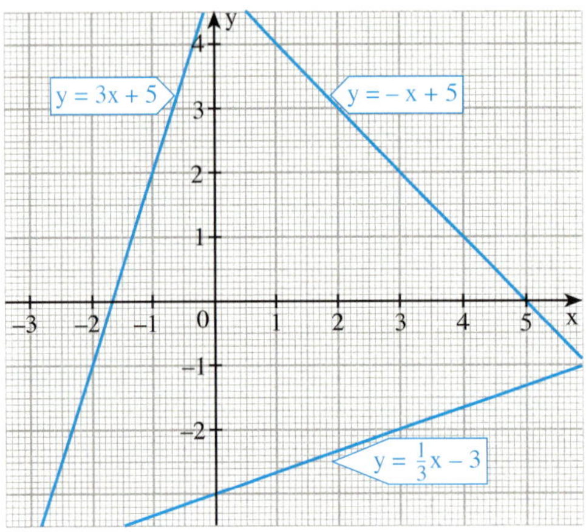

9. Die drei Geraden (Bild links) schneiden sich in drei Punkten A, B, C außerhalb des Zeichenblattes.
Berechne die Koordinaten dieser drei Punkte.

10. Berechne die Koordinaten des Geradenschnittpunktes.

a) $y = 2x - 10$
$y = x + 5$

b) $y = 2x + 5$
$y + 5 = 3x$

c) $y - 4x = 10$
$y = 7x - 5$

d) $3x - y + 1 = 0$
$y - 5x = -5$

e) $2x - y = 8$
$x = y - 2$

f) $y - 11 = x$
$y + 2x = 28$

Einsetzungsverfahren

Aufgabe

1. Betrachte das Gleichungssystem rechts. Du weißt, wie man ein solches Gleichungssystem mit dem Gleichsetzungsverfahren lösen kann.
Löse dieses Gleichungssystem einfacher, ohne das Gleichsetzungsverfahren zu benutzen.

Beachte: Wie beim Gleichsetzungsverfahren ist es auch hier das Ziel der ersten Umformungen, eine Gleichung mit nur einer Variablen zu erhalten.

Lösung

Die zweite Gleichung besagt:
Der Wert für y ist doppelt so groß wie der Wert für x.
Du kannst daher in der ersten Gleichung anstelle von y den Term 2 x *einsetzen*.
So erhältst du eine Gleichung mit nur einer Variablen, nämlich x.
Auf dieser Idee beruht das **Einsetzungsverfahren**.

1. Gleichung:	$4x + y = 18$
2. Gleichung:	$y = 2x$
Gleichung mit der einen Variablen x:	$4x + 2x = 18$

Löse das Gleichungssystem in folgenden Schritten:

$\left|\begin{array}{r} 4x + y = 18 \\ y = 2x \end{array}\right|$ *1. Schritt:* Setze 2 x anstelle von y in die erste Gleichung ein und löse nach x auf:

$4x + 2x = 18$
$6x = 18$
$x = 3$

$\left|\begin{array}{l} x = 3 \\ y = 2x \end{array}\right|$

2. Schritt: Setze den Wert für x in eine der beiden Ausgangsgleichungen ein und bestimme den Wert von y:

$y = 2 \cdot 3$
$y = 6$

$\left|\begin{array}{l} x = 3 \\ y = 6 \end{array}\right|$

3. Schritt: Führe die Probe durch:
1. Gleichung: $4 \cdot 3 + 6 = 18$ (wahr)
2. Gleichung: $6 = 2 \cdot 3$ (wahr)

4. Schritt: $L = \{(3 \mid 6)\}$

Zum Festigen und Weiterarbeiten

2. Löse das Gleichungssystem mit dem Einsetzungsverfahren.

1. Gleichung nach x auflösen

a) $\left|\begin{array}{l} 2x + 5y = 9 \\ y = 3x + 12 \end{array}\right|$ **b)** $\left|\begin{array}{l} 4y + x = 24 \\ y = 6 - 10x \end{array}\right|$ **c)** $\left|\begin{array}{l} 2y - 6 = x \\ -4x - 7y = 9 \end{array}\right|$ **d)** $\left|\begin{array}{l} x + 3y = 25 \\ 2x + y = 20 \end{array}\right|$

3. *Vielfache von y (oder von x) einsetzen*

Bei einigen Gleichungssystemen ist eine vorteilhafte Anwendung des Einsetzungsverfahrens auch dann möglich, wenn keine der beiden Gleichungen in x- oder y-Form vorliegt. Bei Teilaufgabe a) z. B. empfiehlt sich das Ersetzen von 2 y.

a) $\left|\begin{array}{l} 2y + 3 = 4x \\ 2y = 5x - 1 \end{array}\right|$ **b)** $\left|\begin{array}{l} 7y - 3x = 9 \\ 3x = -6y + 30 \end{array}\right|$ **c)** $\left|\begin{array}{l} 8x - 9y = 10 \\ 2x + 9y = 25 \end{array}\right|$ **d)** $\left|\begin{array}{l} 3y + 2x = \frac{5}{3} \\ 2x = -4y - 3 \end{array}\right|$

4. a) Löse das Gleichungssystem rechts mit dem Einsetzungsverfahren. Es gibt verschiedene Wege:
1. Weg: Löse die 1. Gleichung nach 3 x auf.
Setze den Term für 3 x in die 2. Gleichung ein.
2. Weg: Löse die 2. Gleichung nach 3 y auf.
Setze den Term für 3 y in die 1. Gleichung ein.
Findest du weitere Möglichkeiten?
Vergleiche die Lösungswerte und bewerte sie.

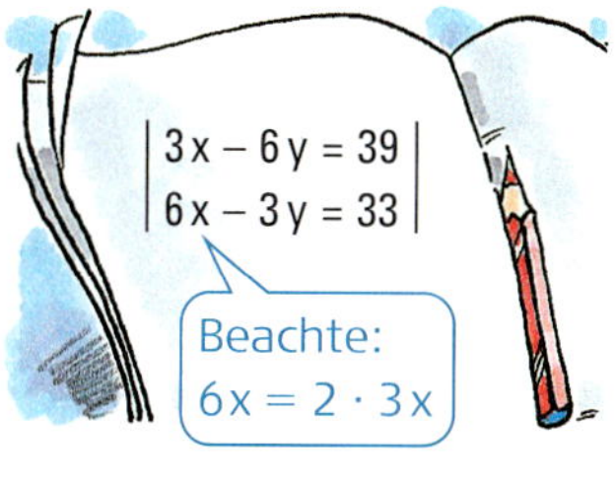

b) Bestimme die Lösungsmenge möglichst vorteilhaft mit dem Einsetzungsverfahren.

(1) $\left|\begin{array}{l} 6y + 30x = 102 \\ 2x + 3y = 12 \end{array}\right|$ (2) $\left|\begin{array}{r} 3x - 10y = 14 \\ 5y + x = 13 \end{array}\right|$ (3) $\left|\begin{array}{l} 8y - 4x = 48 \\ 2x + 10y = 74 \end{array}\right|$

5. Empfiehlt sich die Verwendung des Gleichsetzungsverfahrens oder die des Einsetzungsverfahrens? Begründe deine Wahl. Gib die Lösungsmenge an.
Erkläre: Das Gleichsetzungsverfahren ist ein Sonderfall des Einsetzungsverfahrens.

a) $\left| \begin{array}{l} x + 4y = -17 \\ 3x - 7y = 6 \end{array} \right|$ b) $\left| \begin{array}{l} x + 6y = -16 \\ -4 - y = 2x \end{array} \right|$ c) $\left| \begin{array}{l} 2x = y - 5 \\ \frac{1}{2}x = \frac{1}{2}y + 2 \end{array} \right|$ d) $\left| \begin{array}{l} \frac{1}{3}y = \frac{1}{2}x - 1 \\ \frac{2}{5}x = \frac{1}{3}y + 1 \end{array} \right|$

Information

Strategie beim Lösen eines linearen Gleichungssystems nach dem Einsetzungsverfahren

(1) Löse eine der beiden Gleichungen nach y (oder z. B. x, 2x, 5y) auf.
(2) Setze den erhaltenen Term, z. B. den Term für y, in die andere Gleichung ein. Du erhältst *eine* Gleichung, die nur *eine* Variable, z. B. x, enthält.
(3) Berechne mit dieser Gleichung den Wert für x.
(4) Setze den berechneten Wert für x in die andere Gleichung ein und berechne den Wert für y.
(5) Gib die Lösungsmenge an. Du kannst zur Kontrolle eine Probe durchführen.

Übungen

$-(a - b) = -a + b$

6. Bestimme die Lösung mit dem Einsetzungsverfahren. Führe die Probe durch.

a) $\left| \begin{array}{l} 5x + 2y = 13 \\ y = 5 - x \end{array} \right|$ b) $\left| \begin{array}{l} 6x + 3y = 42 \\ y = 3x - 1 \end{array} \right|$ c) $\left| \begin{array}{l} 2x + 4y = 22 \\ y = x - 5y \end{array} \right|$ d) $\left| \begin{array}{l} 5b - a = 38 \\ a = b + 2 \end{array} \right|$

7. a) $\left| \begin{array}{r} 9x - y = 41 \\ y = 3x - 11 \end{array} \right|$ c) $\left| \begin{array}{r} 11y - 15x = 4 \\ x = 3y - 15 \end{array} \right|$ e) $\left| \begin{array}{r} 11x - 3y = -7 \\ y = \frac{7}{2}x + 4 \end{array} \right|$

b) $\left| \begin{array}{r} 3x - 5y = 20 \\ x = -5y \end{array} \right|$ d) $\left| \begin{array}{r} p = 2q - 2 \\ 6p + 2q = 11 \end{array} \right|$ f) $\left| \begin{array}{r} 3x - 4y = 49 \\ y = -5(x - 1) \end{array} \right|$

8. Löse eine der beiden Gleichungen nach y oder x auf. Wende dann das Einsetzungsverfahren an.

a) $\left| \begin{array}{r} 4x - 4 = y \\ x + y = 6 \end{array} \right|$ b) $\left| \begin{array}{r} 4x + 5y = -1 \\ y - x = -11 \end{array} \right|$ c) $\left| \begin{array}{r} 8x + 4y = 64 \\ 6x + y = 40 \end{array} \right|$ d) $\left| \begin{array}{r} 9x - 2y = 19 \\ 3x + y = 2 \end{array} \right|$

9. Bestimme die Lösungsmenge. Setze dazu sinnvoll ein. Führe die Probe durch.

a) $\left| \begin{array}{r} 10x - 7y = 44 \\ 7y = 3x - 23 \end{array} \right|$ b) $\left| \begin{array}{r} 45u - 17v = 73 \\ 45u - 25v = 65 \end{array} \right|$ c) $\left| \begin{array}{r} 6x + 11y = 34 \\ 6x = 5y + 2 \end{array} \right|$

10. Kontrolliere Pauls Hausaufgaben.

1+1=3

a) $\left| \begin{array}{l} x + 4y = -3 \\ x - 5y = 24 \end{array} \right|$

$(24 + 5y) + 4y = -3$
$9y = -27$
$y = -3$

$x + 4 \cdot (-3) = -3$
$x = 9$

$L = \{(9 | -3)\}$

b) $\left| \begin{array}{r} 10x - 7y = 44 \\ 7y = 3x - 19 \end{array} \right|$

$10x - 3x - 19 = 44$
$7x = 63$
$x = 9$

$7y = 3 \cdot 9 - 19$
$7y = 8$
$y = \frac{8}{7}$

$L = \{(9 | \frac{8}{7})\}$

c) $\left| \begin{array}{r} 2y + 3 = 4x \\ 2y = 5x - 1 \end{array} \right|$

$(5x - 1) + 3 = 4x$
$2 = -x$
$x = -2$

$2y = 5 \cdot 2 - 1$
$2y = 9$
$y = 4,5$

$L = \{(2 | 4,5)\}$

Additionsverfahren

Aufgabe

1. Hannas Mutter hat für das Entwickeln von zwei Urlaubsfilmen und für die Abzüge von 34 Bildern 13 € bezahlt.
Tims Vater hat in demselben Foto-Shop auch zwei Filme entwickeln lassen, bei ihm sind 46 Bilder geglückt; er hat dafür 16 € bezahlt.
Wie viel Euro kostet das Entwickeln eines Filmes, wie viel Euro der Abzug eines Bildes?

Lösung

Man kann wie folgt überlegen:	Die nebenstehenden Überlegungen kann man nun mit Gleichungen aufschreiben:
	Preis für das Entwickeln je Film (in €): x Preis für den Abzug je Bild (in €): y
2 Entwicklungen und 46 Bilder kosten 16 €. 2 Entwicklungen und 34 Bilder kosten 13 €.	$\left\lvert \begin{array}{r} 2x + 46y = 16 \\ 2x + 34y = 13 \end{array} \right\rvert$ ⊖
Preisdifferenz: 12 Bilder kosten 3 €.	$\left\lvert \begin{array}{r} 12y = 3 \\ 2x + 34y = 13 \end{array} \right\rvert$
1 Bild kostet 3 € : 12 = 0,25 €.	$\left\lvert \begin{array}{r} y = 0{,}25 \\ 2x + 34 \cdot 0{,}25 = 13 \end{array} \right\rvert$
2 Entwicklungen kosten 13 € − 34 · 0,25 € = 4,50 €.	$\left\lvert \begin{array}{l} y = 0{,}25 \\ 2x = 13 - 34 \cdot 0{,}25 = 4{,}5 \end{array} \right\rvert$
1 Entwicklung kostet 4,50 € : 2 = 2,25 €.	$\left\lvert \begin{array}{l} y = 0{,}25 \\ x = 2{,}25 \end{array} \right\rvert$

Ergebnis: Das Entwickeln eines Filmes kostet 2,25 €, der Abzug eines Bildes 0,25 €.

Information

Hinführung zum Additionsverfahren

(1) Subtrahieren auf beiden Seiten – Subtraktionsverfahren

$$\left\lvert \begin{array}{l} 7x + 2y = 40 \\ 4x + 2y = 4 \end{array} \right\rvert \ominus \qquad \begin{array}{rcl} 7x + 2y &=& 40 \\ 4x + 2y &=& 4 \\ \hline (7x + 2y) - (4x + 2y) &=& 40 - 4 \\ 7x + 2y - 4x - 2y &=& 40 - 4 \end{array}$$

$$\left\lvert \begin{array}{l} 3x = 36 \\ 4x + 2y = 4 \end{array} \right\rvert \qquad \begin{array}{rcl} 3x &=& 36 \\ x &=& 12 \end{array}$$

$$\left\lvert \begin{array}{l} x = 12 \\ 4x + 2y = 4 \end{array} \right\rvert \qquad \begin{array}{rcl} 4 \cdot 12 + 2y &=& 4 \\ y &=& -22 \end{array}$$

$$\left\lvert \begin{array}{l} x = 12 \\ y = -22 \end{array} \right\rvert$$

$L = \{(12 \mid -22)\}$

Probe nicht vergessen

(2) Addieren auf beiden Seiten – Additionsverfahren

$$\left|\begin{array}{l} 7x + 2y = 40 \\ 4x + 2y = 4 \end{array}\right| \begin{array}{l} \\ \cdot(-1) \end{array}$$

Durch Addieren der *Gegenzahl* von 2 y lässt sich die Variable y ebenfalls beseitigen.
Wir multiplizieren also eine Gleichung mit der Zahl (– 1).

$$\left|\begin{array}{l} 7x + 2y = 40 \\ -4x - 2y = -4 \end{array}\right| \oplus$$

$$\begin{array}{rcr} 7x + 2y & = & 40 \\ -4x - 2y & = & -4 \end{array}$$

$$\begin{array}{rcrcrcr} 7x + 2y & + & (-4x - 2y) & = & 40 & + & (-4) \\ 7x + 2y & - & 4x - 2y & = & 40 & - & 4 \end{array}$$

$$\left|\begin{array}{l} 3x = 36 \\ -4x - 2y = -4 \end{array}\right| \qquad 3x = 36$$

$$\left|\begin{array}{l} x = 12 \\ -4x - 2y = -4 \end{array}\right| \qquad \begin{array}{rcl} x & = & 12 \\ -4 \cdot 12 - 2y & = & -4 \end{array}$$

$$\left|\begin{array}{l} x = 12 \\ y = -22 \end{array}\right| \qquad y = -22$$

$L = \{(12 \mid -22)\}$ — Probe nicht vergessen

Zum Festigen und Weiterarbeiten

2. Löse das Gleichungssystem durch Addieren. Führe die Probe durch.

a) $\left|\begin{array}{l} -7x + 4y = 1 \\ 2x - 4y = 14 \end{array}\right|$ **b)** $\left|\begin{array}{l} 2x + 5y = 11 \\ -2x - 7y = 21 \end{array}\right|$ **c)** $\left|\begin{array}{l} 6a - 8b = 3 \\ 12a + 8b = 42 \end{array}\right|$ **d)** $\left|\begin{array}{l} 8x - 6y = 14 \\ -4x + 6y = -4 \end{array}\right|$

3. Multipliziere zuerst eine Gleichung mit (– 1). Addiere dann.

a) $\left|\begin{array}{l} 4x + y = 8 \\ -3x + y = -6 \end{array}\right|$ **b)** $\left|\begin{array}{l} 7x + 2y = 34 \\ x + 2y = 22 \end{array}\right|$ **c)** $\left|\begin{array}{l} 3y + 3x = -36 \\ -y + 3x = -20 \end{array}\right|$ **d)** $\left|\begin{array}{l} 5u + 10v = 60 \\ 5u + 2v = 20 \end{array}\right|$

4. In vielen Fällen muss man ein lineares Gleichungssystem zunächst verändern, um das Additionsverfahren anzuwenden.

$$\left|\begin{array}{l} 4x + 2y = 28 \\ 3x + 4y = 36 \end{array}\right| \begin{array}{l} \cdot(-2) \\ \\ \end{array}$$

$$\left|\begin{array}{l} -8x - 4y = -56 \\ 3x + 4y = 36 \end{array}\right|$$

a) Erkläre das Beispiel rechts. Löse das Gleichungssystem.

b) Verfahre entsprechend:

(1) $\left|\begin{array}{l} 2x - 3y = 11 \\ 5x + 6y = 68 \end{array}\right|$ (2) $\left|\begin{array}{l} 3x - 2y = 26 \\ x + 3y = 27 \end{array}\right|$

5. a) Bei folgenden Gleichungssystemen muss man zunächst *beide* Gleichungen umformen, bevor man addiert. Rechne zu Ende.

(1) $\left|\begin{array}{l} 3x + 5y = 11 \\ 4x - 2y = -4 \end{array}\right| \begin{array}{l} \cdot 2 \\ \cdot 5 \end{array}$ (2) $\left|\begin{array}{l} 7x + 2y = 48 \\ 6x + 3y = 63 \end{array}\right| \begin{array}{l} \cdot 3 \\ \cdot(-2) \end{array}$

b) Löse das Gleichungssystem. Forme zunächst geeignet um.

(1) $\left|\begin{array}{l} 5x + 2y = 9 \\ 2x - 3y = -4 \end{array}\right|$ (2) $\left|\begin{array}{l} 9x + 5y = 28 \\ 4x + 7y = 22 \end{array}\right|$

Information

Strategie beim Lösen eines linearen Gleichungssystems nach dem Additionsverfahren

(1) Forme das Gleichungssystem durch beiderseitiges Multiplizieren mit einer von 0 verschiedenen Zahl so um, dass sich die Zahlfaktoren einer Variablen, z. B. x, in beiden Gleichungen auf derselben Seite nur im Vorzeichen unterscheiden.
(2) Addiere die rechten Seiten und addiere die linken Seiten beider Gleichungen. Du erhältst *eine* Gleichung mit nur *einer* Variablen, z. B. y.
(3) Berechne mit dieser Gleichung den Wert für y.
(4) Setze den berechneten Wert für y in eine der Ausgangsgleichungen ein und berechne den Wert für x.
(5) Gib die Lösungsmenge an. Du kannst zur Kontrolle eine Probe durchführen.

Übungen

6. Bestimme die Lösungsmenge. Führe die Probe durch.

a) $\begin{vmatrix} 2x + 5y = 23 \\ 2x - 3y = -1 \end{vmatrix}$ **c)** $\begin{vmatrix} -5x + 6y = 16 \\ -5x + y = -14 \end{vmatrix}$ **e)** $\begin{vmatrix} 4x - 5y = 37 \\ 4x + y = 7 \end{vmatrix}$

b) $\begin{vmatrix} 4x + 3y = 11 \\ 3x + 3y = 9 \end{vmatrix}$ **d)** $\begin{vmatrix} -5x + 8y = -21 \\ -9x + 8y = -25 \end{vmatrix}$ **f)** $\begin{vmatrix} 2{,}5x + 1{,}5y = 34 \\ 3{,}5x + 1{,}5y = 44 \end{vmatrix}$

7. a) $\begin{vmatrix} 2r + 3s = 20 \\ 5r - s = 33 \end{vmatrix}$ **b)** $\begin{vmatrix} 4x + 2y = 46 \\ 5x + 4y = 74 \end{vmatrix}$ **c)** $\begin{vmatrix} x - \frac{1}{4}y = 1 \\ -4x + 5y = 76 \end{vmatrix}$

8. a) $\begin{vmatrix} 4x + 3y = 36 \\ 5x - 2y = 22 \end{vmatrix}$ **b)** $\begin{vmatrix} 7x + 4y = 29 \\ 8x - 3y = 18 \end{vmatrix}$ **c)** $\begin{vmatrix} 10s + 7t = 26 \\ 4s + 3t = 26 \end{vmatrix}$

9. Kontrolliere Leas Hausaufgaben.

a) $\begin{vmatrix} 8e + 3f = 18 \\ 4e + 2f = 4 \end{vmatrix} \begin{matrix} \\ \cdot(-2) \end{matrix} \Big\} \oplus$

$f = 10$

$4e + 2 \cdot 10 = 4$
$4e = -16$
$e = -4$

$L = \{(-4 | 10)\}$

b) $\begin{vmatrix} 8r - 11s = 26 \\ 8r - 5s = 38 \end{vmatrix} \begin{matrix} \cdot(-1) \\ \\ \end{matrix} \Big\} \oplus$

$6s = 12$
$s = 2$

$8r - 11 \cdot 2 = 26$
$8r = 48$
$r = 6$

$L = \{(6 | 2)\}$

c) $\begin{vmatrix} 10x + 7y + 4 = 0 \\ 6x + 5y + 2 = 0 \end{vmatrix} \begin{matrix} \cdot(-3) \\ \cdot 5 \end{matrix}$

$\begin{vmatrix} -30x - 21y - 12 = 0 \\ 30x + 25y + 10 = 0 \end{vmatrix} \Big\} \oplus$

$4y - 2 = 0$
$y = 0{,}5$

$6x + 5 \cdot 0{,}5 + 2 = 0$
$6x = -4{,}5$
$x = -0{,}75$

$L = \{(0{,}5 | 0{,}75)\}$

10. Das Gleichungssystem $\begin{vmatrix} y + 2x = a + b \\ y - x = a - b \end{vmatrix}$ hat die Lösung $(3 | -2)$.
Bestimme a und b. Führe die Probe durch.

11. Die Lösung eines linearen Gleichungssystems ist $(-2 | -5)$.
Wie könnte das Gleichungssystem ausgesehen haben?

Sonderfälle beim rechnerischen Lösen

Aufgabe

1. Ermittle die Lösung des Gleichungssystems:

a) $\left|\begin{array}{l} 6x + 4y = 4 \\ 9x + 6y = 5 \end{array}\right|$

b) $\left|\begin{array}{l} 4x - 2y = 14 \\ 6x - 3y = 21 \end{array}\right|$

Lösung

Wir lösen beide Gleichungssysteme mit dem Additionsverfahren.

a)

(1) $\left|\begin{array}{r} 6x + 4y = 4 \\ 9x + 6y = 5 \end{array}\right| \begin{array}{l} \cdot 3 \\ \cdot (-2) \end{array}$

(2) $\left|\begin{array}{r} 18x + 12y = 12 \\ -18x - 12y = -10 \end{array}\right| \Big\} \oplus$

(3) $\left|\begin{array}{r} 0 = 2 \\ 9x + 6y = 5 \end{array}\right|$

Die erste Gleichung des Systems (3) ist eine falsche Aussage. Man kann also *kein* Zahlenpaar $(x|y)$ einsetzen, sodass die erste *und* die zweite Gleichung des Systems zu wahren Aussagen werden.

$L = \{\ \}$

b)

(1) $\left|\begin{array}{r} 4x - 2y = 14 \\ 6x - 3y = 21 \end{array}\right| \begin{array}{l} \cdot 3 \\ \cdot (-2) \end{array}$

(2) $\left|\begin{array}{r} 12x - 6y = 42 \\ -12x + 6y = -42 \end{array}\right| \Big\} \oplus$

(3) $\left|\begin{array}{r} 0 = 0 \\ 6x - 3y = 21 \end{array}\right|$

Die erste Gleichung des Systems (3) ist eine wahre Aussage. Bei der Einsetzung von *jedem* Zahlenpaar $(x|y)$, das die zweite Gleichung erfüllt, sind die erste *und* die zweite Gleichung des Systems wahre Aussagen.

L = Menge aller Zahlenpaare, für die gilt: $y = 2x - 7$

Übungen

2. Bestimme die Lösungsmenge der Gleichungssysteme. Zeichne zur Probe auch die zugehörigen Geraden.

(1) $\left|\begin{array}{r} 2y - 3x = 4 \\ -6y + 9x = 15 \end{array}\right|$ (2) $\left|\begin{array}{r} 2x - 4y = 6 \\ -3x + 6y = -9 \end{array}\right|$

3. Die Gleichungssysteme haben nicht genau eine Lösung. Löse mithilfe des Additionsverfahrens.

(1) $\left|\begin{array}{r} 2x - 4y = -1 \\ -4x + 8y = 2 \end{array}\right|$ (2) $\left|\begin{array}{r} 2x + 3y = 7 \\ -6x - 9y = 20 \end{array}\right|$ (3) $\left|\begin{array}{r} 4x - 6y = 5 \\ -3x + 4{,}5y = 2{,}5 \end{array}\right|$

4. Pascal hat Gleichungssysteme gelöst. Kontrolliere seine Aufgaben.

a) $\left|\begin{array}{r} 6x - 4y = -3 \\ -9x + 6y = 4{,}5 \end{array}\right| \begin{array}{l} \cdot 3 \\ \cdot 2 \end{array}$

$\left|\begin{array}{r} 0 = 0 \\ -9x + 6y = 4{,}5 \end{array}\right|$

$L = \{-9x + 6y = 4{,}5\}$

b) $\left|\begin{array}{r} 10x - 2y = 4 \\ 5x - y = -2 \end{array}\right| \cdot 2$

$\left|\begin{array}{l} 0 = 0 \\ y = 5x + 2 \end{array}\right|$

$L = \{(x|y) | 5x + 2\}$

c) $\left|\begin{array}{r} u + 2v = 0 \\ u - 3y = 0 \end{array}\right|$

$u + 2v \neq u - 3y$

also:

$L = \{\ \}$

5. Bestimme die Lösungsmenge. Gib nach möglichst wenigen Umformungsschritten an, ob das System eine, keine oder unendlich viele Lösungen hat.

a) $\left|\begin{array}{r} 2x - 3y = 15 \\ 3x - 2y = 15 \end{array}\right|$ **b)** $\left|\begin{array}{r} 2x + 3y = 5 \\ 6x + 9y = 17 \end{array}\right|$ **c)** $\left|\begin{array}{r} u + 2v = 3 \\ 5u + 10v = 15 \end{array}\right|$ **d)** $\left|\begin{array}{r} 7x + 10y = 25 \\ 2x + 5y = 5 \end{array}\right|$

Vermischte Übungen zu den Lösungsverfahren

Denkt an die Probe!

1.

Gib zu jedem Gleichungssystem ein günstiges Verfahren an und führe es aus. Erläutere.

2. **a)** Löse grafisch: (1) $\left|\begin{array}{l} 2x - 4y = -2 \\ 3x + y = 11 \end{array}\right|$ (2) $\left|\begin{array}{l} -x + 2y = 4 \\ 2x - 4y = 4 \end{array}\right|$ (3) $\left|\begin{array}{r} 2x + y = -4 \\ -6x - 3y = 12 \end{array}\right|$

b) Ändere in den Gleichungssystemen die Faktoren bei x und y so ab, dass die Lösungsmenge bei (2) nur aus einem Zahlenpaar besteht, bei (3) leer wird.

c) Ändere die Zahlen auf der rechten Seite bei den Gleichungen von (2) und (3) so ab, dass das System (2) unendlich viele Lösungen und das System (3) keine Lösungen hat.

3. Ermittle die Lösungsmenge nach einem möglichst günstigen Verfahren.

a) $\left|\begin{array}{l} y = -x + 8 \\ y = x - 2 \end{array}\right|$ **b)** $\left|\begin{array}{l} x = 0{,}2y - 2{,}1 \\ x = 0{,}5y - 3{,}45 \end{array}\right|$ **c)** $\left|\begin{array}{l} 6{,}9x = 9{,}9 - 1{,}5y \\ 4{,}5y = 2{,}1 + 6{,}9x \end{array}\right|$ **d)** $\left|\begin{array}{r} m = 23 - 4n \\ 3n = m - 12 \end{array}\right|$

4. Löse günstig.

a) $\left|\begin{array}{r} 9x - y = 41 \\ y = 4x - 11 \end{array}\right|$ **b)** $\left|\begin{array}{l} 3x + 2y = 2 \\ 2y = 3x + 2 \end{array}\right|$ **c)** $\left|\begin{array}{l} 4x + 2y = 26 \\ 3x - y = 7 \end{array}\right|$ **d)** $\left|\begin{array}{r} 2x - y = 2 \\ y - x = 14 \end{array}\right|$

5. Gib die Lösungsmenge an.

a) $\left|\begin{array}{l} x + 6y = 47 \\ x + 5y = 40 \end{array}\right|$ **c)** $\left|\begin{array}{r} 11y - 15x = 4 \\ x = 3y - 15 \end{array}\right|$ **e)** $\left|\begin{array}{l} 13f + 12i = 28{,}7 \\ 12f + 13i = 28{,}8 \end{array}\right|$

b) $\left|\begin{array}{r} x + 6y = -16 \\ -4 - 2y = 2x \end{array}\right|$ **d)** $\left|\begin{array}{l} y - 10x = 2 \\ 10x + y = 22 \end{array}\right|$ **f)** $\left|\begin{array}{r} 5u + 9v - 42 = 0 \\ 10u + 3v - 39 = 0 \end{array}\right|$

6. Gib je eine Gleichungssystem an, das sich besonders geschickt mit dem Gleichsetzungsverfahren, dem Einsetzungsverfahren, dem Subtraktionsverfahren und dem Additionsverfahren lösen lässt. Dein Partner löst die Gleichungssysteme.
Hat er das Verfahren gewählt, an das du gedacht hast?

7. Ermittle die Lösung mit einem möglichst günstigen Verfahren.

a) $\left|\begin{array}{r} 3x + 5y = 38 \\ y = 6x + 1 \end{array}\right|$ **c)** $\left|\begin{array}{r} x = 3y - 4 \\ 3x - 5y = -4 \end{array}\right|$ **e)** $\left|\begin{array}{l} y = 2x - 0{,}75 \\ y = 7x - 3{,}25 \end{array}\right|$

b) $\left|\begin{array}{l} 2x + 5y = 14 \\ 2x - 6y = -30 \end{array}\right|$ **d)** $\left|\begin{array}{r} 5x - 10y = 20 \\ -3x + 6y = -10 \end{array}\right|$ **f)** $\left|\begin{array}{r} x + 7y = -17 \\ 4x + y = 13 \end{array}\right|$

8. a) $\left|\begin{array}{l} y = -4x + 23 \\ y = 3x - 12 \end{array}\right|$ b) $\left|\begin{array}{l} 3x - 5y = -14 \\ x + y = 6 \end{array}\right|$ c) $\left|\begin{array}{r} 15y = 33 - 9x \\ 2x = 14y - 10 \end{array}\right|$

zu **9.**
{(7|2)} {(1|4)} {(2|−7)} {(8|−4,5)} {(−8|1)} {(x|y) mit 2x + 3y = 1} {(−9|2)}

9. a) $\left|\begin{array}{l} 0{,}6x + 3y = 10{,}2 \\ 3x - 10y = 1 \end{array}\right|$ c) $\left|\begin{array}{l} 2x + 1{,}8y = 9{,}2 \\ 5x - 0{,}9y = 1{,}4 \end{array}\right|$ e) $\left|\begin{array}{l} 2{,}5x - 2y = 29 \\ 4{,}5x + 8y = 0 \end{array}\right|$

b) $\left|\begin{array}{l} 2x + 3y = 1 \\ 3x + 4{,}5y = 1{,}5 \end{array}\right|$ d) $\left|\begin{array}{l} 0{,}2x + 3y = 1{,}4 \\ 0{,}3x + 4y = 1{,}6 \end{array}\right|$ f) $\left|\begin{array}{r} 0{,}2x + 2y - 2{,}2 = 0 \\ x + 0{,}7y + 7{,}6 = 0 \end{array}\right|$

10. a) $\left|\begin{array}{l} 11y - 15x = 4 \\ x = 3y - 15 \end{array}\right|$ c) $\left|\begin{array}{r} 15x + 7y = 2 \\ 3x - 21y = 90 \end{array}\right|$ e) $\left|\begin{array}{l} 7r = 71 + 2s \\ 59 - s = 7r \end{array}\right|$

b) $\left|\begin{array}{l} x + y = 25 \\ y + 2x = 45 \end{array}\right|$ d) $\left|\begin{array}{l} 2v + 2u = 11 \\ 2v - 3u = 0 \end{array}\right|$ f) $\left|\begin{array}{l} 4a + 2b = 22 \\ 9a - 3b = 12 \end{array}\right|$

11. Was meinst du dazu?

12. a) $\left|\begin{array}{l} 5y + x = 25 \\ x + 2y = 17 \end{array}\right|$ c) $\left|\begin{array}{l} y - x = 7 \\ y = 5x + 23 \end{array}\right|$ e) $\left|\begin{array}{l} 6{,}9x = 9{,}9 - 1{,}5y \\ 4{,}5y = -2{,}1 + 6{,}9x \end{array}\right|$

b) $\left|\begin{array}{r} 3x + 16 = 4y \\ 4y = 40 - 3x \end{array}\right|$ d) $\left|\begin{array}{l} 2x - y = 4 \\ 3x + 2y = -1 \end{array}\right|$ f) $\left|\begin{array}{l} x = 1{,}8y + 5{,}3 \\ x = 0{,}6y + 12{,}5 \end{array}\right|$

zu **13.**
{(2|1)} {(4|1)} {(−4|−9)} {(−2|−1)} {(6|1)}

13. a) $\left|\begin{array}{r} 26x - 75y = 29 \\ 25y = 77 - 13x \end{array}\right|$ c) $\left|\begin{array}{r} 0{,}7x + 2{,}5y = 3{,}9 \\ 0{,}35x = 4{,}8y - 4{,}1 \end{array}\right|$

b) $\left|\begin{array}{l} 3x - 5 = 2y + 1 \\ 2y + 1 = 4x - 1 \end{array}\right|$ d) $\left|\begin{array}{r} \frac{2}{3}x - 5y + 1 = 0 \\ \frac{1}{3}x = y + 1 \end{array}\right|$

14. a) $\left|\begin{array}{r} 5x - 2y = 15 \\ 15x = 85 + 2y \end{array}\right|$ b) $\left|\begin{array}{r} 8x + 4y + 56 = 0 \\ 5y + 14 = 4x \end{array}\right|$ c) $\left|\begin{array}{r} 10x + 13 = 3y \\ 16x - 3y + 10 = 0 \end{array}\right|$

15. a) $\left|\begin{array}{r} 3x + 4y = 16 \\ -6x + 4y = -28 \end{array}\right|$ c) $\left|\begin{array}{r} 7r = 1 + 2s \\ 59 - s = 7r \end{array}\right|$ e) $\left|\begin{array}{r} 3x - y = 6 \\ x - 3y = 6 \end{array}\right|$

b) $\left|\begin{array}{l} y + 3x = 20 \\ y - 2x = 10 \end{array}\right|$ d) $\left|\begin{array}{l} 3x + 4y = -8 \\ 2y + x = -2 \end{array}\right|$ f) $\left|\begin{array}{r} 10y = x + \frac{2}{3} \\ 15y - 2x = \frac{1}{2} \end{array}\right|$

TAB

16. Erstelle ein Tabellenblatt und zeichne die Graphen der Gleichungen in ein gemeinsames Diagramm. Lies den Schnittpunkt ab.

(1) $\left|\begin{array}{l} y = 2x - 2 \\ y = -2x + 8 \end{array}\right|$ (2) $\left|\begin{array}{l} y = 3x - 4 \\ y = -2x + 11 \end{array}\right|$ (3) $\left|\begin{array}{l} y = 1{,}5x - 3 \\ y = -2{,}5x + 3 \end{array}\right|$

17. Kontrolliere die Hausaufgaben.

a) $\left|\begin{array}{l} x + 3y = 1 \\ x - 4y = 6 \end{array}\right| \Big\} \ominus$

$-y = -5$

$y = 5$

$x + 3 \cdot 5 = 1$

$x = -14$

$L = \{(-14 \mid 5)\}$

b) $\left|\begin{array}{l} 3x = 4 - 2y \\ 2y = 2x + 6 \end{array}\right|$

$3x = 4 - 2x + 6$

$5x = 10$

$x = 2$

$2y = 2 \cdot 2 + 6$

$y = 5$

$L = \{(2 \mid 5)\}$

c) $\left|\begin{array}{l} x = 2y - 1 \\ 2x = 4y + 2 \end{array}\right| \; :2$

$\left|\begin{array}{l} x = 2y - 1 \\ x = 2y + 2 \end{array}\right|$

$2y - 1 = 2y + 2$

$-1 = 2$

$L = \{\ \}$

18. Forme die Gleichung so um, dass die Brüche verschwinden. Löse dann mit einem günstigen Verfahren.

a) $\left|\begin{array}{l} 2x + 3y = 9 \\ \frac{1}{3}x - \frac{1}{5}y = 12 \end{array}\right|$

b) $\left|\begin{array}{l} \frac{8}{11}x + \frac{3}{4}y = 14 \\ \frac{6}{11}x - \frac{1}{2}y = 2 \end{array}\right|$

c) $\left|\begin{array}{l} \frac{3}{2}u - 2v = 9 \\ \frac{2}{5}u + \frac{1}{3}v = 5 \end{array}\right|$

d) $\left|\begin{array}{l} \frac{3}{2}x + \frac{6}{7}y = 108 \\ \frac{1}{5}x - \frac{1}{8}y = 1 \end{array}\right|$

e) $\left|\begin{array}{l} \frac{2}{3}w + \frac{1}{6}z = \frac{5}{8} \\ 5w + z = 3 \end{array}\right|$

f) $\left|\begin{array}{l} \frac{2}{3}p - \frac{5}{7}q = \frac{2}{3} \\ p + q = 10\frac{2}{3} \end{array}\right|$

$\left|\begin{array}{l} \frac{1}{4}x + \frac{1}{3}y = 3 \\ \frac{1}{8}x + \frac{1}{6}y = \frac{1}{2} \end{array}\right|$

Multipliziere die erste Gleichung mit dem Hauptnenner 12 und die zweite Gleichung mit dem Hauptnenner 24.

$\left|\begin{array}{l} 3x + 4y = 36 \\ 3x + 4y = 12 \end{array}\right|$

19. Vereinfache und ermittle die Lösung.

a) $\left|\begin{array}{l} 4(3x + 4y) - 7(x + 2y) = 16 \\ 3(4x + y) - 2(3x + 2y) = 26 \end{array}\right|$

b) $\left|\begin{array}{l} 3(2x + 7y + 1) + 4(4x - 5y - 2) = 16 \\ 6(x + y - 5) - 5(3x + 2y - 8) = 5 \end{array}\right|$

20. Forme um und löse mit einem möglichst günstigen Verfahren.

a) $\left|\begin{array}{l} 2(x + 3) + 3(x - 2y) = 6 \\ 6(2y - x) - 4(x + 3) = 12 \end{array}\right|$

b) $\left|\begin{array}{l} 3(y - 4x) + 6(x - 4y) = 0 \\ 9(4x - y) + 18(4y - y) = 0 \end{array}\right|$

c) $\left|\begin{array}{l} 4(3x - 7y) + 5(x + 3y) = 28 \\ 7(4x + y) + 3(2x - 5y) = 38 \end{array}\right|$

d) $\left|\begin{array}{l} 5(x - 1) + 4(y + 1) = 15 \\ 3(x + 3) + (y - 12) = 8 \end{array}\right|$

21. Eine Gerade verläuft durch die Punkte A(− 2 | 0) und B(2 | 2). Bestimme ihre Funktionsgleichung
(1) grafisch;
(2) rechnerisch.

ANWENDEN VON LINEAREN GLEICHUNGSSYSTEMEN

Zahlenrätsel

Einstieg

Eine alte chinesische Aufgabe:
In einem Käfig befinden sich insgesamt 35 Hühner und Kaninchen. Zusammen haben sie 94 Beine.

➜ Wie viele Kaninchen, wie viele Hühner sind im Käfig?

Aufgabe

1. Linda hat sich ein Zahlenrätsel ausgedacht.
Löse das Zahlenrätsel mithilfe eines linearen Gleichungssystems.

Lösung

(1) *Festlegen der Variablen*
Lindas erste Zahl: x
Lindas zweite Zahl: y

(2) *Aufstellen eines Gleichungssystems*
1. Bedingung: Wenn ich das Doppelte der ersten Zahl zur zweiten Zahl addiere, so erhalte ich 17.
1. Gleichung: $2x + y = 17$

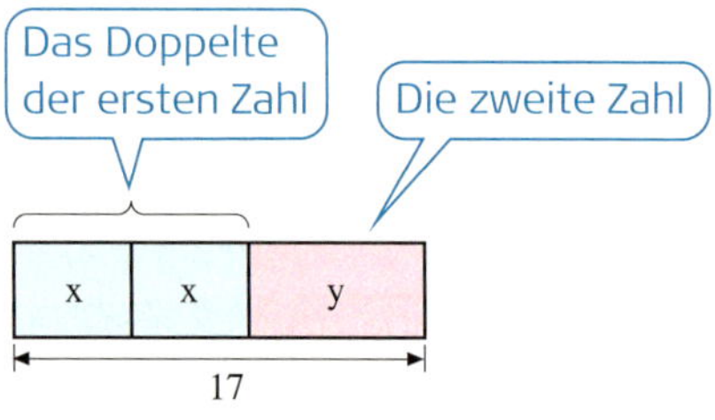

2. Bedingung: Wenn ich das Dreifache der ersten Zahl zum Doppelten der zweiten Zahl addiere, so erhalte ich 29.
2. Gleichung: $3x + 2y = 29$

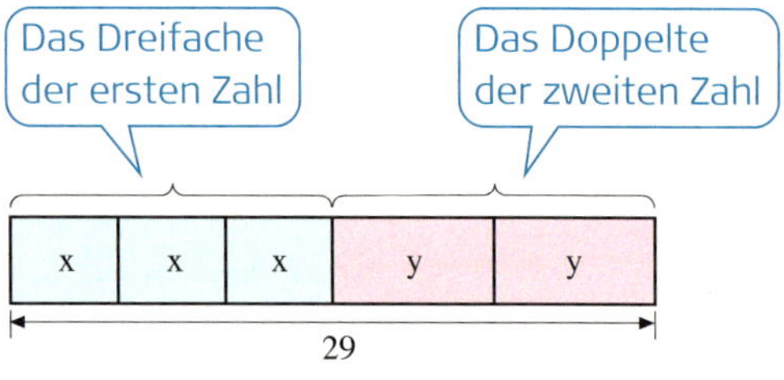

Damit erhalten wir das *Gleichungssystem*:

$$\left| \begin{array}{l} 2x + y = 17 \\ 3x + 2y = 29 \end{array} \right|$$

(3) *Lösen des Gleichungssystems:* Das Gleichungssystem hat die Lösung (5 | 7).

(4) *Probe am Aufgabentext:* Das Doppelte der ersten Zahl (2 · 5) und die zweite Zahl (7) ergeben zusammen 17. Das Dreifache der ersten Zahl (3 · 5) und das Doppelte der zweiten Zahl (2 · 7) ergeben zusammen 29.

(5) *Ergebnis:* Lindas erste Zahl ist 5, Lindas zweite Zahl ist 7.

Übungen

2. Löse das Zahlenrätsel. Stelle zunächst ein Gleichungssystem auf.

a) *Die Summe zweier Zahlen ist 46. Addiert man zum Doppelten der ersten Zahl das Dreifache der zweiten Zahl, so erhält man 106.*

b) *Addiert man zum Fünffachen einer Zahl eine zweite Zahl, so erhält man 25. Addiert man zum Dreifachen der ersten Zahl das Doppelte der zweiten Zahl, so erhält man 29.*

c) *Das Dreifache einer Zahl und das Sechsfache einer zweiten Zahl ergeben zusammen 27. Subtrahiert man vom Vierfachen der ersten Zahl das Doppelte der zweiten Zahl, so erhält man 16.*

d) *Die Differenz zweier Zahlen ist 20. Multipliziert man die erste Zahl mit 5 und die zweite Zahl mit 4, so erhält man zusammen 217.*

3. a) Lena und Lisa sind zusammen 34 Jahre alt. Lisa ist 6 Jahre jünger als Lena. Wie alt ist Lena, wie alt ist Lisa?

b) Maureen ist 24 Jahre älter als Jasmin. Sie ist $2\frac{1}{2}$mal so alt wie Jasmin. Wie alt ist Maureen, wie alt ist Jasmin?

4. a) Ein Vater und ein Sohn sind zusammen 62 Jahre alt. Vor sechs Jahren war der Vater viermal so alt wie der Sohn. Wie alt ist jeder?

b) Anne ist 4 Jahre jünger als Julia. In 9 Jahren werden beide zusammen 50 Jahre alt sein. Wie alt ist Anne, wie alt ist Julia?

5. Wie alt ist jeder?

Aufgaben aus der Geometrie

Einstieg

Tina hat das Kantenmodell eines Quaders angefertigt. Dafür hat sie 300 cm Draht gebraucht. Der Quader ist 15 cm hoch, seine Länge beträgt das Dreifache der Breite.

→ Berechne das Volumen des Quaders.

Aufgabe

1. Schlosser Weller hat den Auftrag, aus einem 180 cm langen Flachstahl einen rechteckigen Rahmen anzufertigen. Benachbarte Seiten des Rahmens sollen sich in der Länge um 20 cm unterscheiden.
Welche Seitenlängen für den Rahmen muss der Schlosser wählen?

Lösung

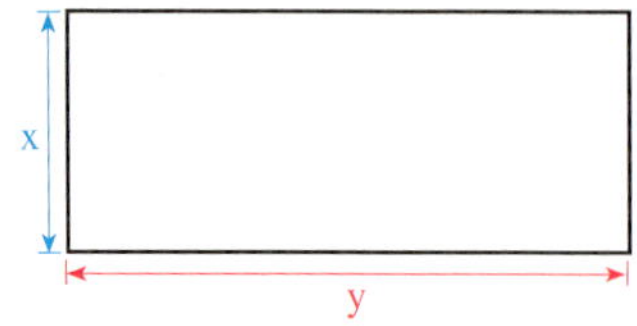

(1) *Skizze und Festlegen der Variablen*
Länge der kürzeren Seite (in cm): x
Länge der anderen Seite (in cm): y

(2) *Aufstellen eines Gleichungssystems*
1. Bedingung: Der Flachstahl ist 180 cm lang.
1. Gleichung: $2x + 2y = 180$
2. Bedingung: Die Länge benachbarter Seiten unterscheiden sich um 20 cm.
2. Gleichung: $y - x = 20$

Gleichungssystem: $\left|\begin{array}{l} 2x + 2y = 180 \\ \ \ y - \ \ x = 20 \end{array}\right|$

(3) *Lösen des Gleichungssystems:* Das Gleichungssystem hat die Lösung $(35\,|\,55)$.

(4) *Probe am Sachverhalt:*
Die Gesamtlänge des Flachstahls beträgt $2 \cdot 55$ cm $+ 2 \cdot 35$ cm $= 180$ cm.
Die Längen benachbarter Seiten unterscheiden sich um 55 cm $-$ 35 cm $=$ 20 cm.

(5) *Ergebnis:* Der Rahmen hat die Seitenlängen 35 cm und 55 cm.

Übungen

2. Ein Rechteck hat den Umfang 75 cm. Eine Seite ist 13 cm länger als die benachbarte Seite. Berechne die Seitenlängen. Gib auch den Flächeninhalt des Rechtecks an.

3. Bei einem Rechteck beträgt der Umfang 60 cm. Eine Seite ist
a) doppelt so lang, **b)** dreimal so lang, **c)** viermal so lang
wie die benachbarte Seite. Berechne die Seitenlängen des Rechtecks.

4.

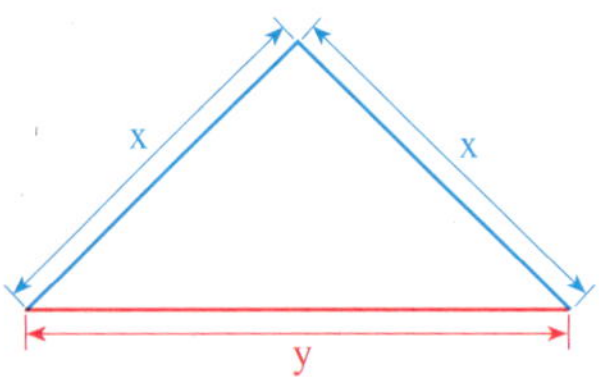

Ein gleichschenkliges Dreieck hat den Umfang 40 cm.
a) Jeder Schenkel ist 5 cm länger als die Basis.
b) Jeder Schenkel ist 6 cm kürzer als die Basis.
c) Jeder Schenkel ist doppelt so lang wie die Basis.
Berechne die Länge der Basis und die eines Schenkels.

5.

Beachte die Winkelsumme im Dreieck

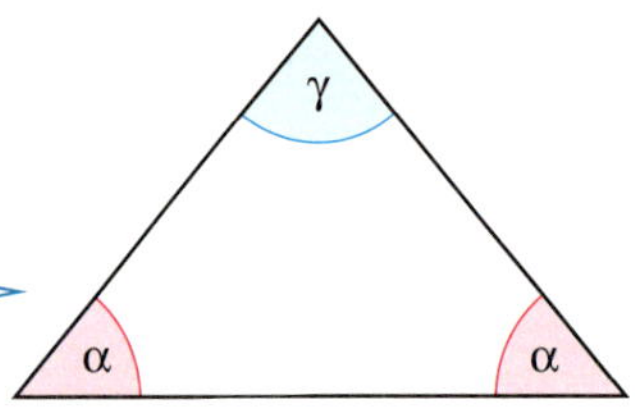

a) In einem gleichschenkligen Dreieck (Bild links) ist jeder Basiswinkel α um 24° größer als der Winkel γ. Wie groß ist jeder Winkel in dem Dreieck?
b) Wie groß ist jeder Winkel in dem gleichschenkligen Dreieck, wenn der Winkel γ halb so groß ist wie α?

6. Florian baut einen Drachen. In der Anleitung steht:

> Es ist günstig, die längere Diagonale $1\frac{1}{2}$mal so groß wie die kürzere zu wählen.

Florian verbraucht 180 cm Holzleiste für die beiden Diagonalen. Wie lang hat er die beiden Leisten gemacht?

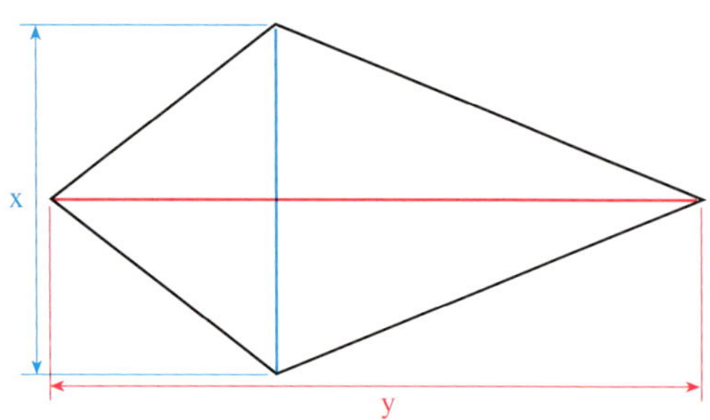

7.

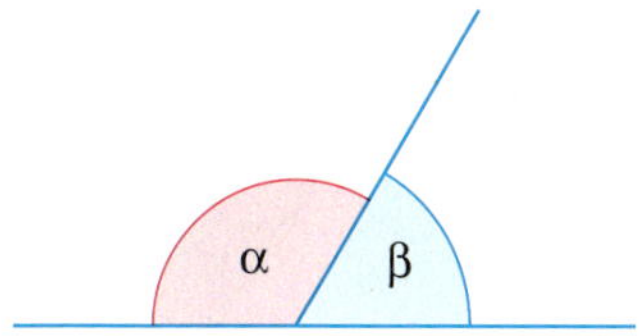

In der Zeichnung bilden die Winkel α und β zusammen einen gestreckten Winkel.

a) α ist um 15° größer als β.
Wie groß ist α, wie groß ist β?

b) α ist dreimal so groß wie β.

8. Carmen hat das Kantenmodell einer quadratischen Pyramide gebaut. Die Kantenlänge x ist 10 cm kürzer als die Kantenlänge y. Carmen hat für ihr Modell 200 cm Bambusstab verbraucht.
Wie lang sind die Stücke, in die sie den Stab zerschneiden musste?

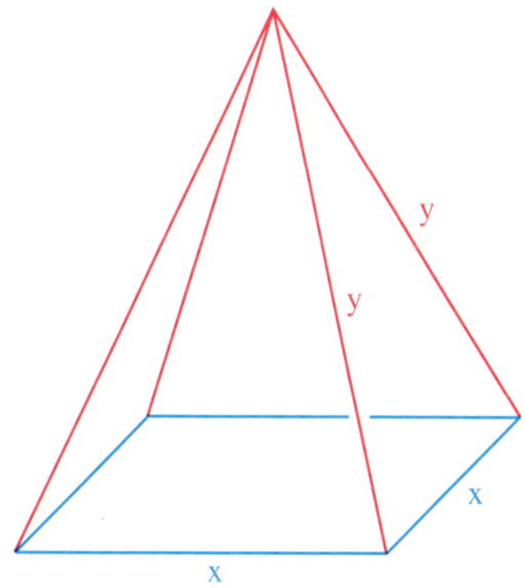

9. Ein Rechteck hat den Umfang 40 cm. Verdoppelt man die beiden längeren Seiten, so entsteht ein neues Rechteck mit dem Umfang 64 cm.
Berechne die Seitenlängen des alten Rechtecks. Du kannst eine Skizze anlegen.

10. Bei einem Rechteck mit dem Umfang 80 cm werden wie im Bild rechts die beiden längeren Seiten halbiert. Es entstehen zwei kleine Rechtecke mit jeweils einem Umfang von 56 cm.
Wie lang und wie breit war das ursprüngliche Rechteck?

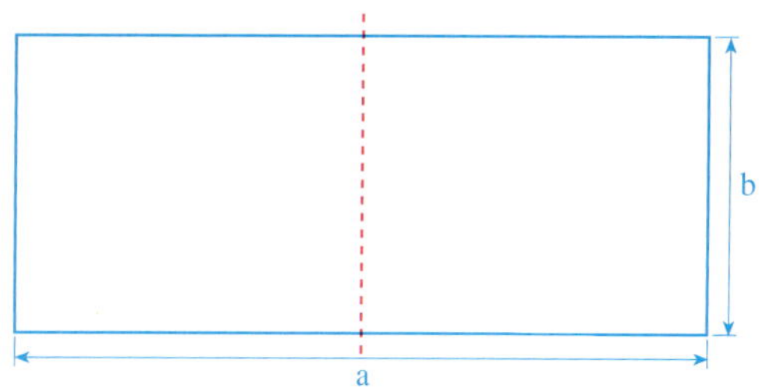

11. Die Summe aller Kantenlängen eines Quaders mit der Breite 9 cm beträgt 180 cm. Der Quader wird parallel zu einer Seitenfläche halbiert.
Die Summe aller Kantenlängen des grünen Teilquaders beträgt nun 140 cm. Berechne die Kantenlängen des ursprünglichen Quaders.

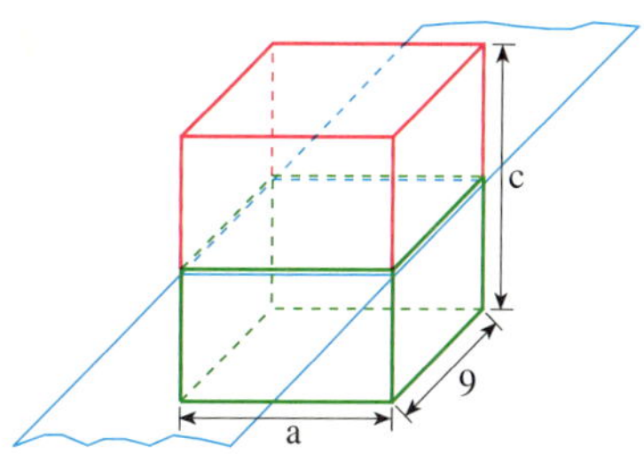

Aufgaben aus der Wirtschaft

Einstieg

Ein Erlebnisbad hat unterschiedliche Preise für Kinder und Erwachsene. 2 Erwachsene und 3 Kinder müssen insgesamt 31 € Eintritt zahlen.
Für einen Erwachsenen und 2 Kinder kostet der Eintritt insgesamt 18 €.

→ Wie teuer sind die Einzelpreise für Erwachsene bzw. Kinder?

Aufgabe

1. Sebastians Oma besitzt zwei Sparbücher. Auf beiden Sparbüchern sind zusammen 1 900 €.
Beim ersten Sparbuch beträgt der Zinssatz 2%.
Auf dem zweiten Sparbuch (Sparkassenbrief) hat sie ihr Geld für 4 Jahre fest angelegt und erhält 3%.
Nach Ablauf eines Jahres erhält sie insgesamt 49 € Zinsen.
Wie viel Euro waren am Jahresanfang auf jedem Sparbuch?

Lösung

(1) *Festlegen der Variablen*

1. Sparbuch: Guthaben (in €): x Zinsen: $\frac{2}{100} \cdot x = 0{,}02\,x$

2. Sparbuch: Guthaben (in €): y Zinsen: $\frac{3}{100} \cdot y = 0{,}03\,y$

(2) *Aufstellen des Gleichungssystems*

1. Bedingung: Das Gesamtguthaben auf beiden Sparbüchern beträgt 1 900 €.
1. Gleichung: $x + y = 1900$

2. Bedingung: Die Zinsen auf beiden Sparbüchern betragen zusammen 49 €.
2. Gleichung: $0{,}02\,x + 0{,}03\,y = 49$

Gleichungssystem: $\left| \begin{array}{r} x + y = 1900 \\ 0{,}02\,x + 0{,}03\,y = 49 \end{array} \right|$

(3) *Lösen des Gleichungssystems:* Das Gleichungssystem hat die Lösung (800 | 1 100).

(4) *Probe am Sachverhalt:* Das Gesamtguthaben ist 800 € + 1 100 € = 1 900 €.
Die Gesamtzinsen sind (2% von 800 €) + (3% von 1 100 €),
das sind 16 € + 33 € = 49 €.

(5) *Ergebnis:* Auf dem ersten Sparbuch sind 800 €, auf dem zweiten Sparbuch sind 1 100 €.

Übungen

2. Maria und Lisa sind begeisterte Blumenfreundinnen. Sie wollen ihre Blumenkästen neu bepflanzen. Maria kauft 6 Dahlien und 4 Sonnenblumen und zahlt dafür 31 €.
Lisa zahlt für 3 Dahlien und 5 Sonnenblumen in derselben Gärtnerei 28,40 €.
Wie teuer ist eine Dahlie?
Wie teuer ist eine Sonnenblume?

3. In einer Kasse liegen 20-€-Scheine und 50-€-Scheine im Wert von insgesamt 600 €. Es sind doppelt so viele 50-€-Scheine wie 20-€-Scheine.
Wie viele Scheine von jeder Sorte sind es?

4. Bei einem Fußballspiel wurden insgesamt 12 426 Karten verkauft. Neben dem normalen Eintrittspreis von 21 € gibt es noch einen ermäßigten Preis von 15 €. Es wurden insgesamt 241 260 € eingenommen.
Wie viele Karten wurden zum normalen Eintrittspreis und wie viele zum ermäßigten Preis verkauft?

5.

Internetnutzer, die sich nicht für einen Pauschalpreis (Flatrate) entschieden haben, zahlen eine monatliche Grundgebühr und die genutzten Onlineminuten.
Herr Neuhaus erhält für 1 405 Onlineminuten eine Rechnung über 11,63 €. Seine Nachbarin hat denselben Tarif gewählt. Sie hat 960 Minuten gesurft und muss 8,96 € zahlen.
Wie hoch sind Grundgebühr und Minutentarif des Anbieters?

6. Frau Sontheimer finanziert den Kauf einer Eigentumswohnung mit einem Bauspardarlehen und einem Bankdarlehen. Beide zusammen betragen 240 000 €. Das Bauspardarlehen ist mit 6%, das Bankdarlehen mit 8% zu verzinsen. Die Zinsen in einem Jahr betragen zusammen 16 000 €.
Wie hoch ist das Bauspardarlehen? Wie hoch ist das Bankdarlehen?

7. Spediteur Seibold hat zur Finanzierung seiner Fahrzeuge zwei Darlehen im Abstand von 2 Jahren aufgenommen. Sie betragen zusammen 150 000 €.
Das erste Darlehen ist mit 8%, das zweite mit 9% zu verzinsen. Die Zinsen belaufen sich in einem Jahr auf 12 500 €. Wie hoch ist jedes Darlehen?

8. Anne hat zwei Sparkonten. Auf dem ersten Konto hat sie 2 700 €, auf dem zweiten Konto hat sie 1 500 € Guthaben. Der Zinssatz auf dem zweiten Konto ist 2% höher als auf dem ersten Konto. Nach einem Jahr bekommt Anne auf beiden Konten zusammen 156 € Zinsen.
Berechne aus diesen Angaben, wie hoch der Zinssatz auf dem ersten und wie hoch er auf dem zweiten Konto ist.

9. Zweitaktmotoren fahren mit einem Gemisch aus Benzin und Öl. 1 *l* Benzin kostet 1,32 €. Öl und Benzin werden im Verhältnis 1 : 50 gemischt. Heiko zahlt für 5 *l* Gemisch 7,45 €. Was kostet 1 Liter Öl?

10. Paul ist mit der Jugendgruppe Skilaufen. Er überlegt: Gebe ich jeden Tag 12 € aus, dann habe ich 5 € zu wenig dabei. Wenn ich jeden Tag 11 € ausgebe, habe ich am Ende 2 € übrig.
Wie lange dauert der Skiurlaub von Paul? Wie viel Euro hat Paul dabei?

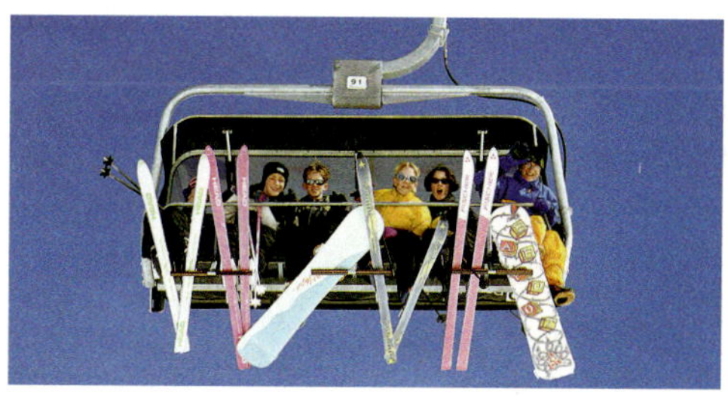

VERMISCHTE UND KOMPLEXE ÜBUNGEN

1. Ein Bauunternehmer stellt auf einer Baustelle drei Schutt-Container auf, den ersten 3 Tage, den zweiten 4 Tage und den dritten 6 Tage lang. Dafür zahlt er (Transportkosten sowie Tageskosten) insgesamt 270 €. Auf einer anderen Baustelle steht ein Container 6 Tage lang und verursacht Kosten von 115 €.
Wie hoch sind die Transportkosten, wie hoch die Tageskosten für jeweils einen Container?

2. Viertausend Jahre alt ist folgende Aufgabe aus Babylon:
„Ein Viertel der Breite und Länge zusammen sind 7 Handbreiten. Länge und Breite zusammen sind 10 Handbreiten."
Berechne Länge und Breite.

3. Griechisches Epigramm:

Schwer bepackt ein Eselchen ging und des Eseleins Mutter;
Und die Eselin seufzte sehr; da sagte das Söhnlein:
Mutter, was klagst du wie ein jammerndes Magdlein?
Gib ein Pfund mir ab, so trag ich doppelte Bürde;
Nimmst du es aber von mir, gleich viel dann haben wir beide.
Rechne mir aus, wenn du kannst, mein Bester, wie viel sie getragen.

4. Aus Adam Rieses Rechenbüchlein von 1524:
Einer spricht zu dem anderen: Gib mir 1 Pfennig, so habe ich so viel wie du.
Darauf spricht der andere zum ersten: Gib mir 1 Pfennig, so habe ich zweimal so viel als dir bleibt.
Ich möchte wissen, wie viel jeder gehabt hat.

5. Eine Autoverleihfirma berechnet die Kosten für einen Leihwagen aus einer Grundgebühr pro Tag und den Kosten für die gefahrenen Kilometer.
Herr Albert hat bei derselben Firma für drei Tage mit 650 km insgesamt 338 € gezahlt, Frau Baumann für nur zwei Tage, aber 850 km, insgesamt 392 €.
Wie hoch sind die Tagesgebühren und die Kosten für 1 km?

6. Frau Ude hat für einen Hauskauf eine Hypothek aufgenommen. Am Ende des ersten Jahres zahlt sie 5 000 € zurück sowie 3 600 € Zinsen. Am Ende des zweiten Jahres zahlt sie nur noch 3 555 € Zinsen.
Berechne den anfangs geliehenen Geldbetrag (Kredithöhe) und den Zinssatz.

7. Für Zweitaktmotoren muss Öl mit Benzin in einem bestimmten Verhältnis gemischt werden. 1 *l* Öl und 25 *l* Benzin kosten zusammen 36,30 €.
Für 1 *l* Öl und 1 *l* Benzin muss man 11,34 € bezahlen.
Wie teuer ist 1 *l* Öl, wie teuer 1 *l* Benzin?

BIST DU FIT?

1. Welche der Zahlenpaare (1 | 6), (5 | − 2), (− 4 | 0) sind Lösungen der Gleichung $2x + y = 8$?

2. Zeichne den Graphen der linearen Gleichung.
(1) Gib sechs Lösungen an.
(2) Gib die Koordinaten der gemeinsamen Punkte des Graphen mit den Koordinatenachsen an.

a) $y - 2x = 1$ **b)** $y + 2x = 1$ **c)** $3x - 2y = 6$ **d)** $5y + x = 0$

3. Stelle die Gleichung der Geraden auf, die durch den Punkt P(3 | − 2) verläuft und außerdem
a) parallel zur x-Achse ist; **b)** parallel zur y-Achse ist.

4. Bestimme zeichnerisch die Lösungsmenge des Gleichungssystems.

a) $\left|\begin{array}{l} 2x + y = 7 \\ 6x - 2y = 6 \end{array}\right|$ **b)** $\left|\begin{array}{l} 4x + 2y = 5 \\ -2x - y = -2{,}5 \end{array}\right|$ **c)** $\left|\begin{array}{l} 2x + y = 6 \\ 3x + 2y = 8 \end{array}\right|$

5. Löse rechnerisch mit einem möglichst günstigen Verfahren. Mache die Probe.

a) $\left|\begin{array}{l} 9x + 4y = 37 \\ y = 6x + 1 \end{array}\right|$ **d)** $\left|\begin{array}{l} 3x + 2y = 4 \\ 4x - 5y = -10 \end{array}\right|$ **g)** $\left|\begin{array}{l} 3x + 4{,}5y = 1{,}5 \\ -2x - 3y = -1 \end{array}\right|$

b) $\left|\begin{array}{l} 6x + 4y = 9 \\ 6x - 5y = -18 \end{array}\right|$ **e)** $\left|\begin{array}{l} 3r + 2s = 2 \\ 6r - 8s = -2 \end{array}\right|$ **h)** $\left|\begin{array}{l} y = 3x - 2 \\ 2y - 6x = -4 \end{array}\right|$

c) $\left|\begin{array}{l} x = 2y - 4 \\ 4x + 7y = -1 \end{array}\right|$ **f)** $\left|\begin{array}{l} 2p = 2q - 4 \\ 3p - 3q = -5 \end{array}\right|$ **i)** $\left|\begin{array}{l} \frac{1}{2}m + 2n = -\frac{3}{2} \\ \frac{1}{3}m - \frac{5}{3}n = 8 \end{array}\right|$

6. Wenn man zum Doppelten der ersten Zahl die zweite addiert, dann erhält man 22. Wenn man vom Vierfachen der ersten Zahl die zweite Zahl subtrahiert, so erhält man 14. Wie heißen die beiden Zahlen?

7. Nina ist 5 Jahre älter als Eva. Zusammen sind sie 39 Jahre alt.
Wie alt ist Nina, wie alt ist Eva?

8. Aus einem 2 m langen Flachstahl soll ein rechteckiger Rahmen hergestellt werden. Benachbarte Seiten des Rahmens sollen sich in der Länge um 30 cm unterscheiden.
Wie lang und wie breit wird der Rahmen?

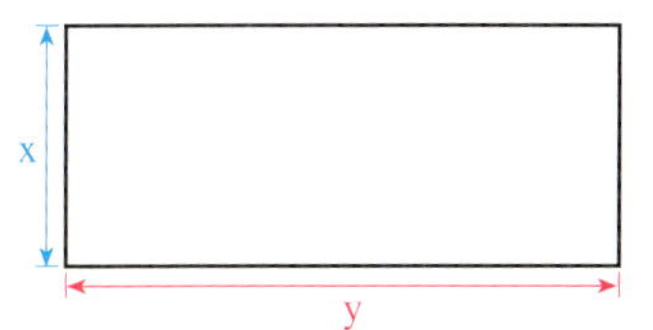

9. Martin kauft 6 Flaschen Limonade und 5 Flaschen Orangensaft für zusammen 10,50 €. Thomas zahlt für 3 Flaschen Limonade und 4 Flaschen Orangensaft in demselben Geschäft 7,50 €.
Wie teuer ist 1 Flasche Limonade, wie teuer 1 Flasche Orangensaft?

10. Der Internetanbieter *Surf-Online* fordert im Tarif *Free* für 23 Onlinestunden im Monat 28,44 € einschließlich Grundgebühr. Im selben Tarif verlangt der Anbieter für 68 Stunden Internetnutzung 77,04 €. Wie hat der Anbieter seinen Tarif *Free* gestaltet?
Gib die Höhe der Grundgebühr und den Minutenpreis an.

IM BLICKPUNKT: LÖSEN EINES LINEAREN GLEICHUNGSSYSTEMS MIT TABELLENKALKULATION

Die rechnerische Arbeit beim Lösen linearer Gleichungssysteme kann man auch von einem Tabellenkalkulationsprogramm ausführen lassen.
Wir stellen hierzu ein *interaktives Tabellenblatt* her, mit dem wir dann eine ganze Gruppe von Aufgaben lösen können. Dabei verwenden wir das bereits bekannte Additionsverfahren.

	A	B	C	D	E	F	G	H
1		**Lösung eines linearen Gleichungssystems**						
2								
3	I	6	x +	-3	y =	3	|*	2
4	II	2	x +	2	y =	10	|*	3
5								
6	I´	12	x +	-6	y =	6		
7	II´	6	x +	6	y =	30		
8								
9		**Additionsverfahren I´ + II´:**						
10		18	x		=	36	|:	18
11					x =	2		
12								
13		**Einsetzen in die Gleichung I**						
14		12	+	-3	y =	3	|-	12
15				-3	y =	-9	|:	-3
16					y =	3		

Beachte folgende Hinweise:

Durch Multiplikation wird das Gleichungssystem so umgeformt, dass sich die Faktoren vor der Variablen y nur im Vorzeichen unterscheiden.

Multipliziere dazu

- die erste Gleichung mit der Zahl aus der Zelle D4: Schreibe in Zelle H3 die Formel: **= D4**
- die zweite Gleichung mit der Zahl aus der Zelle D3 und mit (– 1): Schreibe in Zelle H4 die Formel: **= (–1) * D3**

Die umgeformten Gleichungen werden in den Zeilen 6 und 7 berechnet. In der Zelle B6 gibst du zum Beispiel die Formel **= B3 * H3** ein.

Durch Addition erhältst du in Zeile 10 eine Gleichung mit nur einer Variablen x. In der Zelle B10 gibst du dazu die Formel **= B6 + B7** ein.

Den Wert für x berechnest du in Zeile F11 mithilfe der Formel: **= F10/B10**

Den berechneten Wert für x setzt du in die Gleichung I ein: Benutze in der Zelle B14 die Formel **= F11 * B3**

Schließlich berechnest du in den Zeilen 15 und 16 den Wert für y.

Die Abbildung zeigt die verwendeten Formeln noch einmal in der Übersicht.

	A	B	C	D	E	F	G	H
1		**Lösung eines linearen Gleichungssystems**						
2								
3	I	6	x +	-3	y =	3	|*	=D4
4	II	2	x +	2	y =	10	|*	=(-1)*D3
5								
6	I´	=B3*H3	x +	=D3*H3	y =	=F3*H3		
7	II´	=B4*H4	x +	=D4*H4	y =	=F4*H4		
8								
9		**Additionsverfahren I´ + II´:**						
10		=B6+B7	x	=D6+D7	=	=F6+F7	|:	=B10
11					x =	=F10/B10		
12								
13		**Einsetzen in die Gleichung I**						
14		=F11*B3	+	=D3	y =	=F3	|-	=B14
15				=D14	y =	=F14-B14	|:	=D15
16					y =	=F15/D15		

1. Erstelle mit deinem Kalkulationsprogramm ein interaktives Tabellenblatt für lineare Gleichungssysteme.
Kontrolliere deine Tabelle und gib die Zahlen des abgebildeten Gleichungssystems ein.

2. Löse mit deinem interaktiven Tabellenblatt folgende Gleichungssysteme:

a) $\left| \begin{array}{r} -3x + 4y = 27{,}5 \\ 4x - 5y = -35{,}5 \end{array} \right|$ **b)** $\left| \begin{array}{r} 0{,}2x + 1{,}2y = 4{,}68 \\ -2{,}4x + 1{,}8y = 2{,}16 \end{array} \right|$ **c)** $\left| \begin{array}{r} 2{,}7x - 4{,}2y = -20{,}778 \\ -3{,}6x + 1{,}2y = 9{,}84 \end{array} \right|$

3. Lisa und ihr Freund Markus haben den gleichen Tarif eines Internetanbieters gewählt.
Lisa hat im letzten Monat für 864 Minuten Surfen 15,29 € bezahlt.
Markus musste im gleichen Zeitraum für 1 388 Minuten 21,84 € zahlen.
Berechne mithilfe deines interaktiven Tabellenblatts den monatlichen Grundpreis und den Minutenpreis.

4. Gib die Daten folgender Gleichungssysteme in dein interaktives Tabellenblatt ein.

a) $\left| \begin{array}{r} 3y = 6 \\ 2x + 6y = 8 \end{array} \right|$ **b)** $\left| \begin{array}{l} 3x \qquad = 6 \\ 6x + 2y = 8 \end{array} \right|$ **c)** $\left| \begin{array}{r} 2x - y = 2 \\ y - x = 14 \end{array} \right|$

Das Gleichungssystem in Teilaufgabe a) hat die Lösung $(-2|2)$.
Untersuche, warum Teilaufgabe b) mit der Tabelle nicht zu lösen ist.
Vergleiche beide Aufgabenteile und erstelle ein interaktives Tabellenblatt, das Gleichungssysteme wie in Teilaufgabe b) lösen kann.

13	**Einsetzen in die Gleichung I**						
14	6	+	0	y =	6	|-	6
15			0	y =	0	|:	0
16				y =	#DIV/0!		
17							

5. Es gibt zwei Sonderfälle bei der Lösung linearer Gleichungssysteme. Gib für jeden Sonderfall ein Beispiel in dein Tabellenblatt ein.
Untersuche, warum das interaktive Tabellenblatt diese Gleichungssysteme nicht lösen kann.

△ **6.** Julia und Florian haben in einer Formelsammlung eine Lösungsformel für lineare Gleichungssysteme gefunden:

> Ein lineares Gleichungssystem der Form $\left| \begin{array}{l} ax + by = e \\ cx + dy = f \end{array} \right|$
>
> hat die Lösung $x = \frac{e \cdot d - b \cdot f}{a \cdot d - b \cdot c}$ und $y = \frac{a \cdot f - c \cdot e}{a \cdot d - b \cdot c}$

a) Erstelle unter Benutzung dieser Formeln ein interaktives Tabellenblatt zur Lösung linearer Gleichungssysteme.

b) Gib die Beispiele für die zwei Sonderfälle aus Aufgabe 5 in das interaktive Tabellenblatt ein.

c) Benutze die Hilfe deines Kalkulationsprogramms.
Suche Informationen über die Verwendung und Schreibweise der **wenn( )-Funktion.**
Mithilfe dieser Funktion kannst du dein interaktives Tabellenblatt so gestalten, dass auch die Lösungen für die Sonderfälle berechnet werden können.

3 Wurzeln – Reelle Zahlen

Familie Müller und Familie Jess haben zwei Grundstücke, die an dieselbe Straße angrenzen. Am Jahresende bekommen beide Familien eine Rechnung von der Stadtverwaltung; die Kosten für Straßenreinigung sollen bezahlt werden.
Familie Jess wundert sich:
Obwohl ihr Grundstück kleiner ist als das der Familie Müller, soll sie einen höheren Betrag bezahlen!
Wie ist das zu erklären?

Die Stadtverwaltung berechnet die Kosten nach der Länge der Grundstücksseite, die an die Straße angrenzt, also nach der Länge der „Straßenfront".
Man nennt dieses Abrechnungsverfahren *„Straßenfront-Maßstab"*.
Im nächsten Jahr soll ein neues Berechnungsverfahren eingeführt werden, das für mehr Gerechtigkeit sorgen soll:
Man denkt sich jedes Grundstück in ein quadratisches Grundstück verwandelt, wobei der Flächeninhalt gleich bleiben soll.
Nach der Seitenlänge dieses quadratischen Grundstücks sollen dann die Gebühren berechnet werden.
Das neue Berechnungsverfahren heißt *„Quadratwurzel-Maßstab"*.

→ Welches der beiden Verfahren findest du gerechter?
Denke z. B. auch an Eckgrundstücke.

In diesem Kapitel lernst du ...

... was Quadrat- und Kubikwurzeln sind, wie man sie bestimmen kann und wie man dadurch zu einer neuen Art von Zahlen gelangt.

QUADRATWURZELN

Berechnen von Quadratwurzeln

Einstieg

Der USA-Staat Wyoming hat eine Größe von ca. 250 000 km². Seine Fläche kann näherungsweise als Quadrat betrachtet werden.

➜ Versucht, die Länge der Grenze von Wyoming möglichst genau zu bestimmen.

➜ Berichtet, wie ihr vorgegangen seid.

Aufgabe

1. Berechne die Seitenlänge a des quadratischen Grundstücks der Familie Müller aus dem Einführungsbeispiel auf Seite 68. Berechne anschließend auch die Seitenlänge b des entsprechenden quadratischen Grundstücks der Familie Jess.

Lösung

Wir rechnen nur mit Maßzahlen. Man erhält den Flächeninhalt eines Quadrats, indem man die Seitenlänge mit sich selbst multipliziert. Für die quadratischen Grundstücke der Familien Müller und Jess muss gelten:

Grundstück Familie Müller	*Grundstück Familie Jess*
$A_M = a \cdot a = 900$	$A_J = b \cdot b = 729$
Wir finden: $a = 30$, denn $30 \cdot 30 = 900$	Wir finden: $b = 27$, denn $27 \cdot 27 = 729$

Ergebnis: Das quadratische Grundstück von Familie Müller hat die Seitenlänge 30 m, das der Familie Jess 27 m.

Information

Radix ⟨lat.⟩
Wurzel, Basis

(1) Erklärung der Quadratwurzel

In der Lösung der Aufgabe 1 haben wir zu positiven Zahlen A positive Zahlen x gesucht, für die gilt: $x \cdot x = x^2 = A$.

Bei $x^2 = 900$ war $x = 30$. Die Zahl 30 nennt man *Quadratwurzel* aus 900.

Bei $x^2 = 729$ war $x = 27$. Die Zahl 27 nennt man *Quadratwurzel* aus 729.

Unter der **Quadratwurzel** aus einer positiven Zahl a versteht man diejenige positive Zahl, die mit sich selbst multipliziert a ergibt.

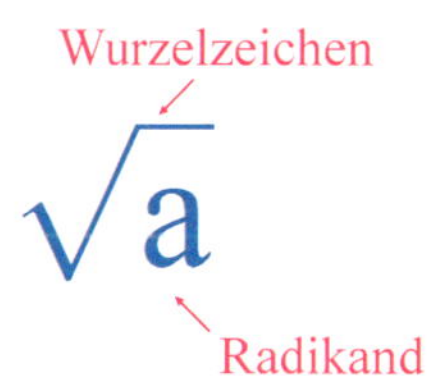

Für die Quadratwurzel aus a schreibt man kurz:
$\sqrt{a}$, gelesen: *Quadratwurzel aus a*, kurz: *Wurzel aus a.*

Beispiel: $\sqrt{900} = 30$, denn $30 \cdot 30 = 900$

Für den Sonderfall $a = 0$ gilt: $\sqrt{0} = 0$, denn $0 \cdot 0 = 0$

Die Zahl a unter dem Wurzelzeichen heißt *Radikand.* Das Bestimmen der Quadratwurzel heißt Wurzelziehen (*Radizieren*).

(2) Weitere Beispiele für Quadratwurzeln

$\sqrt{625} = 25$, denn $25^2 = 25 \cdot 25 = 625$; $\sqrt{0{,}64} = 0{,}8$, denn $0{,}8^2 = 0{,}8 \cdot 0{,}8 = 0{,}64$;

$\sqrt{\frac{1}{100}} = \frac{1}{10}$, denn $\left(\frac{1}{10}\right)^2 = \frac{1}{10} \cdot \frac{1}{10} = \frac{1}{100}$; $\sqrt{\frac{49}{9}} = \frac{7}{3}$, denn $\left(\frac{7}{3}\right)^2 = \frac{7}{3} \cdot \frac{7}{3} = \frac{49}{9}$;

$\sqrt{1} = 1$, denn $1^2 = 1 \cdot 1 = 1$.

Zum Bestimmen von Quadratwurzeln ist es nützlich, gewisse Quadratzahlen zu kennen. Präge dir die folgenden Quadratzahlen ein: $1^2 = 1$; $2^2 = 4$; $3^2 = 9$; …; $25^2 = 625$

Zum Festigen und Weiterarbeiten

$\sqrt{289}$?
Welche positive Zahl ergibt mit sich selbst multipliziert 289?

2. Bestimme die zugehörige Quadratzahl: 7; 15; 25; 40; $\frac{1}{2}$; $\frac{2}{3}$; 0,5; 2,1.

3. Bestimme die Quadratwurzel im Kopf: $\sqrt{25}$; $\sqrt{36}$; $\sqrt{121}$; $\sqrt{144}$; $\sqrt{400}$; $\sqrt{625}$.

4. **a)** Bestimme im Kopf: (1) $\sqrt{3\,600}$ (2) $\sqrt{2{,}89}$ (3) $\sqrt{0{,}04}$ (4) $\sqrt{\frac{4}{25}}$ (5) $\sqrt{\frac{625}{441}}$

b) Schreibe als Quadratwurzel aus einer Zahl:

(1) 7 (2) 23 (3) 0,3 (4) 0,16 (5) $\frac{16}{9}$

$9 = \sqrt{9 \cdot 9} = \sqrt{81}$

5. Bestimme die Seitenlänge eines Quadrates mit dem Flächeninhalt $576\ \text{m}^2$ [$2{,}25\ \text{m}^2$].

Übungen

6. Bestimme die zugehörige Quadratzahl.

a) 13 **b)** 21 **c)** 800 **d)** $\frac{1}{3}$ **e)** $\frac{9}{10}$ **f)** 0,1 **g)** 0,05 **h)** 1,5

7. Ziehe die Quadratwurzeln im Kopf.

a) $\sqrt{225}$ **b)** $\sqrt{324}$ **c)** $\sqrt{196}$ **d)** $\sqrt{169}$ **e)** $\sqrt{1\,600}$ **f)** $\sqrt{14\,400}$ **g)** $\sqrt{1\,000\,000}$

8. **a)** $\sqrt{\frac{1}{9}}$ **b)** $\sqrt{\frac{16}{100}}$ **c)** $\sqrt{\frac{25}{144}}$ **d)** $\sqrt{\frac{169}{196}}$ **e)** $\sqrt{\frac{361}{324}}$ **f)** $\sqrt{\frac{324}{121}}$ **g)** $\sqrt{\frac{484}{64}}$

9. **a)** $\sqrt{0{,}16}$ **b)** $\sqrt{0{,}01}$ **c)** $\sqrt{6{,}25}$ **d)** $\sqrt{3{,}24}$ **e)** $\sqrt{0{,}0049}$ **f)** $\sqrt{0{,}0289}$

10. **a)** $\sqrt{144}$; $\sqrt{14\,400}$; $\sqrt{1{,}44}$; $\sqrt{0{,}0144}$ **b)** $\sqrt{324}$; $\sqrt{3{,}24}$; $\sqrt{32\,400}$; $\sqrt{0{,}0324}$

11. Schreibe wie in Aufgabe 4 b) als Quadratwurzel aus einer Zahl.

a) 12 **b)** 17 **c)** 32 **d)** 300 **e)** 0,7 **f)** 3,5 **g)** 0,17 **h)** $\frac{5}{7}$ **i)** $\frac{13}{25}$ **j)** $\frac{1}{18}$

12. Kontrolliere die Lösung der Hausaufgaben:

a) $\sqrt{256} = 16$ b) $\sqrt{-1\,024} = 32$ c) $\sqrt{1\,024} = 32$ d) $\sqrt{1\,000} = 33{,}4$ e) $\sqrt{0{,}04} = -0{,}2$

13. Ein quadratischer Bauplatz ist $961\ \text{m}^2$ groß. Er soll mit einem Bauzaun umgeben werden. Für die Einfahrt sollen 4 m frei bleiben.
Wie viel m Zaun benötigt man?

14. Die Oberfläche eines Würfels ist $54\ \text{dm}^2$ [$294\ \text{cm}^2$] groß. Wie lang sind seine Kanten?

15. Richtig oder falsch? Begründe.

(1) $\sqrt{-36} = -6$ (2) $\sqrt{36} = -6$ (3) $\sqrt{-36} = 6$ (4) $\sqrt{36} = 6$

Zusammenhang von Wurzelziehen und Quadrieren

Einstieg

Marina hat einen längeren Term mit dem Taschenrechner berechnet. Nachdem das Ergebnis schon in der Anzeige erschienen war, ist sie versehentlich auf die x^2-Taste gekommen.

→ Muss sie den ganzen Term noch einmal neu berechnen?
Beschreibe dein Vorgehen und berichte darüber.

Aufgabe

1. a) Führe mit den Zahlen 9; 1,21; $\frac{1}{4}$; 0; -1; -4; $-\frac{25}{4}$ folgende Rechen-Anweisungen durch, sofern möglich.

(1) Ziehe zuerst die Wurzel aus der Zahl und quadriere dann das Ergebnis.

$9 \xrightarrow{\sqrt{\ }} \square \xrightarrow{\text{hoch 2}} \square$

(2) Quadriere zuerst die Zahl und ziehe dann die Wurzel aus dem Ergebnis.

$9 \xrightarrow{\text{hoch 2}} \square \xrightarrow{\sqrt{\ }} \square$

Notiere deine Ergebnisse jeweils in Form einer Tabelle.

b) Was fällt auf?
Formuliere sowohl für (1) als auch für (2) eine Regel.

Lösung

a) (1) $\sqrt{\ }$, hoch 2

a	$\sqrt{a}$	$(\sqrt{a})^2$
9	3	9
1,21	1,1	1,21
$\frac{1}{4}$	$\frac{1}{2}$	$\frac{1}{4}$
0	0	0
-1	nicht möglich	–
-4	nicht möglich	–
$-\frac{25}{4}$	nicht möglich	–

(2) hoch 2, $\sqrt{\ }$

a	a^2	$\sqrt{a^2}$
9	81	9
1,21	1,4641	1,21
$\frac{1}{4}$	$\frac{1}{16}$	$\frac{1}{4}$
0	0	0
-1	1	1
-4	16	4
$-\frac{25}{4}$	$\frac{625}{16}$	$\frac{25}{4}$

b) (1) Die Rechen-Anweisungen sind nur für positive Zahlen a und die Zahl 0 durchführbar. Sie liefern wieder die Ausgangszahl als Endergebnis.
Bei negativen Zahlen erhalten wir kein Ergebnis, da man aus negativen Zahlen keine Wurzeln ziehen kann.

(2) Die Rechen-Anweisungen sind auch für negative Zahlen a durchführbar. Für positive Zahlen und für die 0 liefern sie wieder die Ausgangszahl als Endergebnis.
Für negative Zahlen liefern sie deren Gegenzahl.

Betrachten wir nur die positiven Zahlen und die 0, so können wir sagen:
Wurzelziehen und Quadrieren heben sich gegenseitig auf.

Information

Zusammenhang zwischen Quadrieren und Wurzelziehen

Für alle Zahlen $a \geq 0$ gilt:

(1) Das Ziehen der Quadratwurzel wird durch das Quadrieren rückgängig gemacht.
$(\sqrt{a})^2 = a$

(2) Das Quadrieren wird durch das Ziehen der Quadratwurzel rückgängig gemacht.
$\sqrt{a^2} = a$

Beispiel:

$a \underset{\text{hoch 2}}{\overset{\sqrt{\ }}{\rightleftarrows}} \sqrt{a}$ $\quad 16 \underset{\text{hoch 2}}{\overset{\sqrt{\ }}{\rightleftarrows}} 4$

$a \underset{\sqrt{\ }}{\overset{\text{hoch 2}}{\rightleftarrows}} a^2$ $\quad 4 \underset{\sqrt{\ }}{\overset{\text{hoch 2}}{\rightleftarrows}} 16$

Zum Festigen und Weiterarbeiten

2. Bestimme. Begründe dein Vorgehen.

a) $(\sqrt{3})^2$ **b)** $(\sqrt{121})^2$ **c)** $\sqrt{5^2}$ **d)** $\sqrt{1{,}5^2}$ **e)** $\left(\sqrt{\frac{1}{81}}\right)^2$ **f)** $\sqrt{225^2}$

3. Berechnet, falls möglich, und vergleicht. Präsentiert eure Ergebnisse.

a) $(\sqrt{-4})^2$, $\sqrt{(-4)^2}$ und $\sqrt{-4^2}$ **b)** $(\sqrt{-0{,}25})^2$, $\sqrt{(-0{,}25)^2}$ und $\sqrt{-0{,}25^2}$

△ **4.** Berechne ohne Taschenrechner.

a) $\sqrt{\sqrt{625}}$ **b)** $\sqrt{\sqrt{1}}$ **c)** $\sqrt{\sqrt{0{,}0081}}$ **d)** $\sqrt{\sqrt{\frac{1}{16}}}$

Übungen

5. Übertrage in dein Heft und fülle die Lücke aus. Ist das immer möglich? Wenn ja, gibt es mehrere Möglichkeiten? Rechne im Kopf.

a) $14 \xrightarrow{\text{hoch 2}} \square$ **c)** $\square \xrightarrow{\text{hoch 2}} 36$ **e)** $-0{,}2 \xrightarrow{\text{hoch 2}} \square$ **g)** $\square \xrightarrow{\text{hoch 2}} -196$

b) $25 \xrightarrow{\sqrt{\ }} \square$ **d)** $\square \xrightarrow{\sqrt{\ }} 10$ **f)** $-\frac{1}{4} \xrightarrow{\sqrt{\ }} \square$ **h)** $\square \xrightarrow{\sqrt{\ }} -5$

6. Übertrage in dein Heft und fülle aus. Vergleiche jeweils die Zahl in der ersten Spalte mit der Zahl in der dritten Spalte.
Ist die Ausfüllung möglich? Wenn ja, gibt es mehrere Möglichkeiten? Rechne im Kopf.

a)

	$\xrightarrow{\sqrt{\ }}$	$\xrightarrow{\text{hoch 2}}$
16		
100		
– 256		
0,01		
	1	
	$-\frac{1}{3}$	
		– 0,25
		$\frac{4}{9}$

b)

	$\xrightarrow{\text{hoch 2}}$	$\xrightarrow{\sqrt{\ }}$
6		
– 9		
1,5		
– 2,2		
	– 625	
	1	
		$\frac{9}{16}$
		– 100

7. Tim behauptet: „Beim Quadrieren werden alle Zahlen vergrößert; beim Wurzelziehen werden die Zahlen verkleinert." Was meinst du dazu?

8. Bestimme ohne Taschenrechner.

a) $(\sqrt{125})^2$ e) $\left(\sqrt{\frac{1}{168}}\right)^2$ i) $\sqrt{\left(\frac{13}{99}\right)^2}$ m) $(\sqrt{2})^2$ △ q) $\sqrt{\sqrt{81}}$

b) $(\sqrt{0{,}0016})^2$ f) $\sqrt{325^2}$ j) $\sqrt{\left(-\frac{25}{144}\right)^2}$ n) $(\sqrt{2^2})^2$ △ r) $\sqrt{\sqrt{256}}$

c) $(-\sqrt{33})^2$ g) $\sqrt{17{,}5^2}$ k) $(2\sqrt{5})^2$ o) $(\sqrt{(-3)^2})^2$ △ s) $\sqrt{\sqrt{\frac{16}{625}}}$

d) $-(\sqrt{37})^2$ h) $-\sqrt{17{,}5^2}$ l) $(-3\sqrt{5})^2$ △ p) $\sqrt{\sqrt{16}}$ △ t) $\sqrt{\sqrt{2^2}}$

Näherungsweises Ermitteln von Quadratwurzeln

Einstieg

Zeichnet ein Quadrat mit der Seitenlänge 1 dm und um dieses Quadrat ein zweites Quadrat wie in der Abbildung rechts.

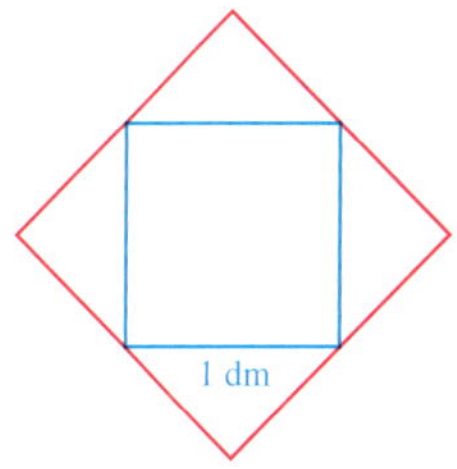

→ Vergleicht die Flächeninhalte; zeichnet gegebenenfalls Hilfslinien ein.

→ Was kann man über die Seitenlänge des äußeren Quadrats sagen?
Wie kann man diese Länge möglichst genau bestimmen?

→ Stellt eure Überlegungen und Ergebnisse vor.

Aufgabe

1.

Die Straßenreinigungsgebühren eines 660 m² großen Grundstücks sollen nach dem Quadratwurzelmaßstab berechnet werden (vgl. Seite 68).
Welche Seitenlänge hat ein 660 m² großes Quadrat?

Lösung

Wir suchen die Zahl $a = \sqrt{660}$, es muss also gelten: $a \cdot a = 660$.
Durch Probieren finden wir: Die gesuchte Länge a muss zwischen 25 m und 26 m liegen, denn $25^2 = 625 < 660$ und $26^2 = 676 > 660$.
Wir probieren es nun mit den Maßzahlen 25,1; 25,2; 25,3; 25,4; 25,5; 25,6 usw.:
$25{,}1^2 = 630{,}01$; $25{,}2^2 = 635{,}04$; $25{,}3^2 = 640{,}09$; $25{,}4^2 = 645{,}16$; $25{,}5^2 = 650{,}25$; $25{,}6^2 = 655{,}36$; $25{,}7^2 = 660{,}49$.
Also liegt die gesuchte Seitenlänge zwischen 25,6 m und 25,7 m.
Dies notieren wir in einer Tabelle und rechnen eine weitere Stelle aus.

Anzahl der Stellen nach dem Komma	untere Näherungszahl	Probe (hoch 2)				(hoch 2)	obere Näherungszahl
0	25	625	<	660	<	676	26
1	25,6	655,36	<	660	<	660,49	25,7
2	25,69	659,9761	<	660	<	660,4900	25,70

Die untere Näherungszahl wählen wir so groß wie möglich, die obere so klein wie möglich.
Das als quadratisch angenommene Grundstück würde eine Straßenfront zwischen 25,69 m und 25,70 m besitzen.

Ergebnis: Das quadratische Grundstück hat eine Seitenlänge von ca. 25,70 m.

Zum Festigen und Weiterarbeiten

2. Fülle die nächste Zeile der Tabelle von Aufgabe 1 aus (3 Stellen nach dem Komma).
Überlege vorher: Womit beginnt man am besten beim Ausprobieren?
Beachte: 660 liegt näher an $25{,}69^2$ als an $25{,}70^2$.

3. Zwischen welchen natürlichen Zahlen liegt:

a) $\sqrt{10}$ **c)** $\sqrt{60}$ **e)** $\sqrt{200}$
b) $\sqrt{40}$ **d)** $\sqrt{80}$ **f)** $\sqrt{1\,000}$

$4 < \sqrt{20} < 5$, denn
$4^2 < 20 < 5^2$

4. Bestimme wie in Aufgabe 1 durch Probieren auf zwei Stellen nach dem Komma.

a) $\sqrt{30}$ **b)** $\sqrt{5}$ **c)** $\sqrt{50}$ **d)** $\sqrt{500}$ **e)** $\sqrt{0{,}8}$

Information

(1) Bestimmen von Quadratwurzeln mit dem Taschenrechner

Es ist mühsam, durch Probieren eine Quadratwurzel zu bestimmen. Mit dem Taschenrechner kannst du Wurzeln schnell und recht genau bestimmen. Dies funktioniert von Taschenrechner zu Taschenrechner unterschiedlich. Erkundige dich, mit welcher Tastenfolge man auf deinem Taschenrechner die Quadratwurzel bestimmt oder schlage in der Gebrauchsanweisung nach.

(2) Wie genau kann man Wurzeln bestimmen?

Bei $\sqrt{729} = 27$ erhalten wir mit dem Taschenrechner ein genaues Ergebnis.
Bei $\sqrt{2}$ erhalten wir nur einen Näherungswert nämlich 1,414213562. Dies kann man nachprüfen, indem man 1,414213562 mit sich selbst multipliziert. Dabei reicht es, die letzte Stelle zu betrachten:

Man erhält einen Dezimalbruch mit 18 Stellen nach dem Komma, der als letzte Stelle eine 4 hat. Daher gilt: $1{,}414213562 \cdot 1{,}414213562 \neq 2$
Die Zahl 1,414213562 ist somit nur ein Näherungswert für $\sqrt{2}$.
Könnte ein Taschenrechner, der mehr als 10 Ziffern anzeigt, den genauen Wert für $\sqrt{2}$ angeben?
Wir überlegen: Als Endziffern eines abbrechenden Dezimalbruches kommen 1, 2, 3, 4, 5, 6, 7, 8, 9 in Frage; durch Quadrieren erhält man die Endziffern 1, 4, 9, 6, 5, 6, 9, 4, 1, also nie 0.
Ebenso erhalten wir bei $\sqrt{660}$ (vergleiche Seite 73) nur einen Näherungswert.
Wir stellen fest:
$\sqrt{2}$ und $\sqrt{660}$ kann man *nicht* durch einen abbrechenden Dezimalbruch darstellen.

(3) $\sqrt{2}$ ist keine rationale Zahl

Wir haben festgestellt:
$\sqrt{2}$ kann man nicht durch einen abbrechenden Dezimalbruch angeben.
Kann man $\sqrt{2}$ durch einen gewöhnlichen Bruch angeben?
Man kann zeigen:
Jede Bruchzahl $\frac{m}{n}$ ist ungleich $\sqrt{2}$. Dabei sind m und n natürliche Zahlen.
$\sqrt{2}$ ist daher nicht durch einen Bruch darstellbar, ist also keine rationale Zahl.

△ *Begründung*
△ Der Bruch $\frac{m}{n}$ soll vollständig gekürzt sein.
△ $\frac{m}{n} = \sqrt{2}$ würde bedeuten, dass $\frac{m}{n} \cdot \frac{m}{n} = 2$ und damit $\frac{m^2}{n^2} = 2$, also auch $m^2 = 2n^2$ ist.
△ Betrachte nun die Tabellen rechts. Darin sind nur die Endziffern notiert.
△ Die Zahlen m^2 und $2n^2$ können höchstens dann übereinstimmen, wenn beide als letzte Ziffer 0 haben.
△ Dann müsste aber m als letzte Ziffer 0 haben und zugleich n als letzte Ziffer 0 oder 5 haben; dann wäre aber der Bruch $\frac{m}{n}$ mit 5 kürzbar. Wir sind jedoch davon ausgegangen, dass $\frac{m}{n}$ vollständig gekürzt ist.
△ Folglich kann $\frac{m}{n}$ nicht genau $\sqrt{2}$ sein.

Letzte Ziffer	
von m	von m^2
0	0
1	1
2	4
3	9
4	6
5	5
6	6
7	9
8	4
9	1

Letzte Ziffer		
von n	von n^2	von $2n^2$
0	0	0
1	1	2
2	4	8
3	9	8
4	6	2
5	5	0
6	6	2
7	9	8
8	4	8
9	1	2

Es soll gelten: $m^2 = 2n^2$

Übungen

5. Welche der Wurzeln $\sqrt{100}$, $\sqrt{200}$, $\sqrt{300}$, ..., $\sqrt{1200}$ kannst du sofort angeben?
Grenze die anderen Wurzeln wie im Beispiel zwischen zwei aufeinanderfolgenden natürlichen Zahlen ein.

$\sqrt{100} = 10$
$14 < \sqrt{200} < 15$

6. Bestimme durch Probieren auf Hundertstel genau.
a) $\sqrt{6}$ **b)** $\sqrt{11}$ **c)** $\sqrt{17}$ **d)** $\sqrt{21}$ **e)** $\sqrt{71}$ **f)** $\sqrt{99}$

7. Bestimme mit dem Taschenrechner.
a) $\sqrt{1561}$ **b)** $\sqrt{10526}$ **c)** $\sqrt{85184}$ **d)** $\sqrt{1,525}$ **e)** $\sqrt{0,0938}$ **f)** $\sqrt{0,00195}$

8. Bestimme mit dem Taschenrechner und runde auf vier Stellen nach dem Komma.
a) $\sqrt{3}$ **c)** $\sqrt{30}$ **e)** $\sqrt{1025}$ **g)** $\sqrt{0,176}$
b) $\sqrt{13}$ **d)** $\sqrt{741}$ **f)** $\sqrt{20000}$ **h)** $\sqrt{0,00153}$

9. Ein rechteckiges Grundstück ist 35 m lang und 22 m breit. Es soll gegen ein gleich großes quadratisches Grundstück getauscht werden.
Bestimme die Seitenlänge des quadratischen Grundstücks.

10. a) Bestätige, dass nicht genau $\sqrt{3} = 1,732050808$ gilt.
b) Andere Rechner liefern für $\sqrt{3}$ den Wert 1,732050807569. Kann dies genau sein?
c) Vielleicht geht es mit mehr Stellen. Kann der genaue Wert von $\sqrt{3}$ ein Dezimalbruch mit 15 Stellen nach dem Komma oder mit 50 Stellen nach dem Komma sein?

IM BLICKPUNKT: DAS HERONVERFAHREN – WURZELBERECHNUNG MIT DEM COMPUTER

Um Näherungswerte für Wurzeln zu bestimmen verwenden Taschenrechner und Computer spezielle Rechenverfahren. Ein solches Rechenverfahren lernen wir jetzt kennen:
das Heron-Verfahren.

Es stammt aus der Zeit, als es noch keine Taschenrechner und Computer gab, und geht auf den griechischen Mathematiker *Heron von Alexandria* (ca. 60 n. Chr.) zurück.
Wir machen uns das Verfahren an einem Beispiel klar:

	rechnerisch	**geometrisch**
Problem	Gesucht ist ein Näherungswert für $\sqrt{6}$, also ein Dezimalbruch x, für den gilt: $x \cdot x = 6$	Wir suchen ein Quadrat mit dem Flächeninhalt 6 und der Seitenlänge x. 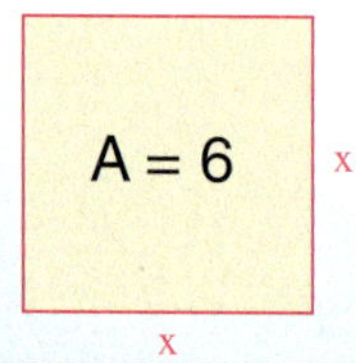
Idee	Wir nehmen zunächst zwei verschiedene Zahlen, deren Produkt 6 ergibt. Diese lassen sich leicht finden, z. B.: $3 \cdot 2 = 6$ Dann nähern wir die beiden Faktoren einander immer mehr an, bis sie fast gleich groß sind.	Wir nehmen zunächst ein Rechteck mit dem Flächeninhalt 6, z. B. mit den Seitenlängen 3 und 2. 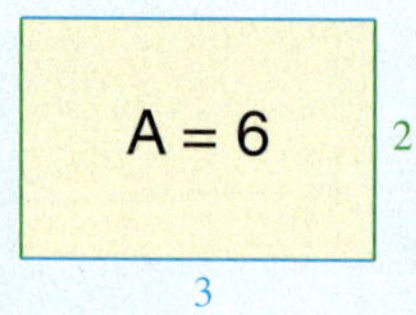 Wir verwandeln das Rechteck schrittweise immer mehr in ein Quadrat.

Systematische Durchführung des Verfahrens:

1. Schritt: (a) Wähle einen Startwert als ersten Faktor, z. B. $a_0 = 3$

(b) Berechne den zweiten Faktor: $b_0 = \frac{6}{a_0} = 2$

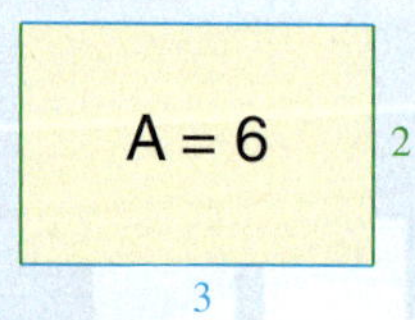

2. Schritt: (a) Wähle a_1 als Mittelwert von a_0 und b_0:

$$a_1 = \frac{(a_0 + b_0)}{2} = \frac{(3 + 2)}{2} = 2{,}5$$

(b) Berechne den zweiten Faktor: $b_1 = \frac{6}{a_1} = 2{,}4$

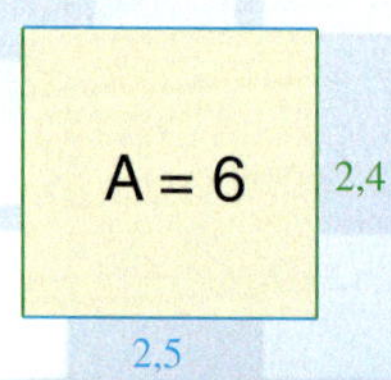

3. Schritt: (a) Wähle a_2 als Mittelwert von a_1 und b_1:

$$a_2 = \frac{(a_1 + b_1)}{2} = 2{,}45$$

(b) Berechne den zweiten Faktor: $b_2 = \frac{6}{a_2} \approx 2{,}448$

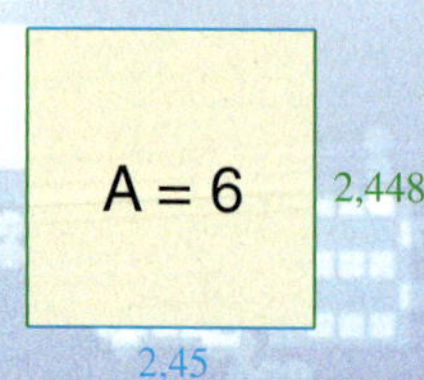

Mit jedem Schritt nähern sich die beiden Faktoren immer mehr einander an, ihre Differenz wird immer kleiner. Setzen wir das Verfahren fort, so erhalten wir immer bessere Näherungswerte für $\sqrt{6}$.

Die Ergebnisse unserer Rechnung fassen wir in einer Tabelle zusammen.

Faktor a	Faktor $b = \frac{6}{a}$	Mittelwert $m = \frac{a+b}{2}$	Kontrolle ($m^2 = 6$?)
3	2	2,5	6,2
2,5	2,4	2,45	6,0025
2,45	2,448979591 …	2,449489795	6,00000026
2,449489795	2,449489689 …	2,449489742 …	6,00000000 …

1. Führe die ersten drei Schritte des *Heron-Verfahrens* durch.
Prüfe den Näherungswert durch Quadrieren.

a) $\sqrt{30}$ (Startwert 5) **b)** $\sqrt{13}$ (Startwert 3).

Das *Heron-Verfahren* lässt sich leicht in ein Kalkulationsprogramm umsetzen.
Die Abbildung zeigt ein solches Programm am Beispiel der Berechnung von $\sqrt{10}$.

	A	B	C	D
1	Heron-Verfahren zur Wurzelberechnung			
2				
3		Radikand	10	
4		Startwert	3	
5	Faktor a	Faktor b	Mittelwert m	Kontrolle m²
6	3,0000000	3,3333333	3,1666667	10,0277778
7	3,1666667	3,1578947	3,1622807	10,0000192
8	3,1622807	3,1622746	3,1622777	10,0000000
9	3,1622777	3,1622777	3,1622777	10,0000000
10	3,1622777	3,1622777	3,1622777	10,0000000
11	3,1622777	3,1622777	3,1622777	10,0000000

In wenigen Schritten liefert das Verfahren einen sehr guten Näherungswert für $\sqrt{10}$.

Die Abbildung unten zeigt die Formeln, die in das Tabellenblatt eingegeben wurden. Vergleiche mit der Berechnung in der Abbildung links.

	A	B	C	D
1	Heron-Verfahren zur Wurzelberechnung			
2				
3		Radikand	10	
4		Startwert	3	
5	Faktor a	Faktor b	Mittelwert m	Kontrolle m²
6	=C4	=C3/A6	=(A6+B6)/2	=C6*C6
7	=C6	=C3/A7	=(A7+B7)/2	=C7*C7
8	=C7	=C3/A8	=(A8+B8)/2	=C8*C8
9	=C8	=C3/A9	=(A9+B9)/2	=C9*C9
10	=C9	=C3/A10	=(A10+B10)/2	=C10*C10
11	=C10	=C3/A11	=(A11+B11)/2	=C11*C11

Dividiere die Zahl aus Zelle C3 durch die Zahl aus Zelle A11

Berechne den Mittelwert der Zahlen aus den Zellen A11 und B11

2. a) Erstelle mit dem Kalkulationsprogramm ein Rechenblatt zur Berechnung von $\sqrt{10}$ mit dem Startwert 3.

b) Wähle weitere Startwerte (auch die Zahl 1 und die Zahl 2). Vergleiche.

3. Gib als Radikand 60 ein. Wähle als Startwert 6, dann 7, dann 8. Nach wie vielen Schritten stimmen die Faktoren a und b jeweils bis zur fünften Stelle nach dem Komma überein?

4. Gib verschiedene Radikanden ein. Untersuche, wie sich der Startwert auf die Schnelligkeit des Verfahrens auswirkt. Probiere verschiedene Startzahlen aus.
Wähle auch einen ganzzahligen Wert, der dicht am Wurzelwert liegt.

5. Vergleiche das *Heron-Verfahren* mit dem Näherungsverfahren auf Seite 11. Erstelle hierzu ein entsprechendes Tabellenblatt. Vergleiche beide Verfahren unter denselben Bedingungen.

REELLE ZAHLEN

Wir haben bereits gezeigt, dass $\sqrt{2}$ keine rationale Zahl ist (siehe Seite 75).
Allgemein kann man zeigen:

> Wenn a eine natürliche Zahl, aber keine Quadratzahl ist, dann ist $\sqrt{a}$ keine rationale Zahl.

Wir erhalten also beim Wurzelziehen auch Zahlen, die keine rationalen Zahlen sind. Daher müssen wir unseren Zahlbereich erweitern. Diesen neuen Zahlbereich lernen wir im Folgenden kennen. Wir betrachten jedoch zunächst noch einmal die Darstellung der Menge $\mathbb{Q}$ der rationalen Zahlen.

Rationale Zahlen und ihre Darstellung auf der Zahlengeraden

Einstieg

→ Was meint ihr dazu? Wer hat recht? Tragt eure Überlegungen vor.

Information

Die *rationalen* Zahlen kann man auf der *Zahlengeraden* darstellen. Das ist eine Gerade, auf der zwei Punkte als Darstellung der Zahlen 0 und 1 festgelegt sind. Meist zeichnet man die Zahlengerade waagerecht und so, dass 0 links von 1 liegt. Dann ist die Lage der weiteren Zahlen wie folgt festgelegt:
Um zum Beispiel die Zahl $\frac{8}{3}$ darzustellen, teilen wir die Strecke von 0 bis 1 in drei gleich lange Teilstrecken und tragen dann acht solcher Teilstrecken von 0 aus nach rechts ab.
Entsprechend kann man jede rationale Zahl $\frac{z}{n}$ darstellen (wobei z eine ganze Zahl und n eine natürliche Zahl ist). Hier ist das ausgeführt für $\frac{1}{3}$, $\frac{8}{3}$, $\frac{3}{2}$, $\frac{10}{7}$, $\frac{1}{5}$, $-\frac{5}{8}$, $-\frac{2}{1}$.

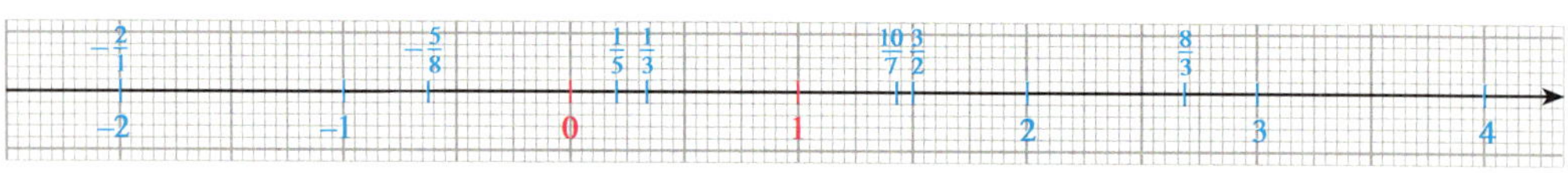

Aufgabe

1. a) Nenne eine rationale Zahl a, die zwischen $\frac{10}{7}$ und $\frac{3}{2}$ liegt.

b) Versuche eine rationale Zahl anzugeben, die *unmittelbar hinter* $\frac{10}{7}$ liegt, d. h. es soll keine andere Zahl dazwischen liegen.

Lösung

a) Wir können z. B. den Mittelwert der beiden Zahlen berechnen:

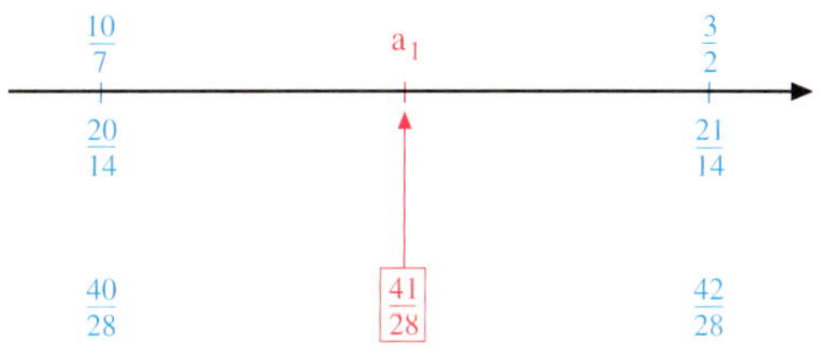

$$a_1 = \frac{1}{2}\left(\frac{10}{7} + \frac{3}{2}\right)$$
$$= \frac{1}{2}\left(\frac{20}{14} + \frac{21}{14}\right)$$
$$= \frac{1}{2} \cdot \frac{41}{14} = \frac{41}{28}$$
$$\frac{10}{7} = \frac{40}{28} < \frac{41}{28} < \frac{42}{28} = \frac{3}{2}$$

Ergebnis: $a_1 = \frac{41}{28}$

b) Kann $a_1 = \frac{41}{28}$ die gesuchte Zahl sein?
$\frac{41}{28}$ liegt nicht unmittelbar hinter $\frac{10}{7}$, denn man kann leicht eine weitere Zahl a_2 angeben, die zwischen $\frac{10}{7}$ und $\frac{41}{28}$ liegt, z. B. den Mittelwert dieser Zahlen:

$$a_2 = \frac{1}{2}\left(\frac{10}{7} + \frac{41}{28}\right)$$
$$= \frac{1}{2}\left(\frac{40}{28} + \frac{41}{28}\right)$$
$$= \frac{1}{2} \cdot \frac{81}{28} = \frac{81}{56}$$

Auch $\frac{81}{56}$ liegt nicht unmittelbar hinter $\frac{10}{7}$, denn man kann wiederum eine Zahl a_3 berechnen, die zwischen $\frac{10}{7}$ und a_2 liegt:
Man braucht nur wieder den Mittelwert zu bilden.
Auf diese Weise kann man zu jeder rationalen Zahl a hinter $\frac{10}{7}$ eine andere rationale Zahl finden, die noch zwischen $\frac{10}{7}$ und a liegt.
Daher gibt es keine Zahl, die unmittelbar hinter $\frac{10}{7}$ liegt.

Zum Festigen und Weiterarbeiten

2. a) Nenne eine rationale Zahl zwischen $\frac{80}{56}$ und $\frac{81}{56}$. Begründe dein Ergebnis.

b) *Begründe:*
Zwischen $\frac{80}{56}$ und $\frac{81}{56}$ liegen unendlich viele rationale Zahlen.
Beschreibe, wie man nacheinander immer neue Zahlen mit dieser Eigenschaft finden kann.

Information

Jede rationale Zahl lässt sich als Punkt der Zahlengeraden darstellen.
Zu einer rationalen Zahl gibt es *keine Zahl, die unmittelbar nachfolgt.*
Vielmehr liegen zwischen zwei rationalen Zahlen auf der Zahlengeraden immer noch weitere, ja sogar unendlich viele rationale Zahlen.
Man sagt:
Die rationalen Zahlen liegen *dicht* auf der Zahlengeraden.

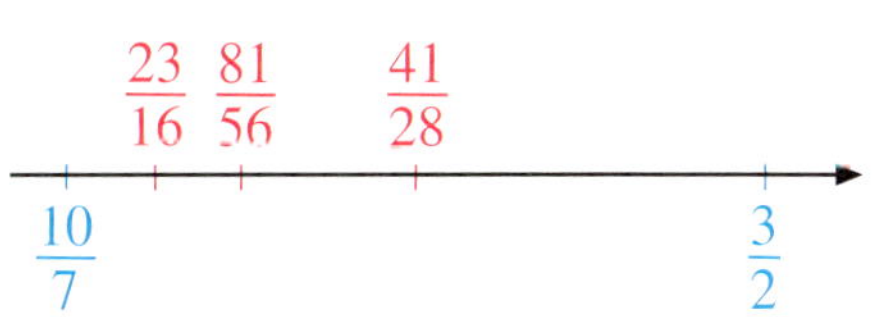

Übungen

3. Stelle die Zahlen $\frac{1}{2}$, $-\frac{1}{4}$, $\frac{5}{8}$ auf einer Zahlengeraden dar, ohne die Skala des Lineals zu benutzen.
Wähle die Einheitsstrecke von 0 bis 1 nicht zu klein (etwa halbe Blattbreite).
Beschreibe die ausgeführten geometrischen Konstruktionen.

4. Gib jeweils drei rationale Zahlen an zwischen

a) $\frac{7}{10}$ und $\frac{8}{10}$; **c)** $-\frac{3}{2}$ und $-\frac{10}{7}$;

b) 1 und 0,9; **d)** 1,414 und $\sqrt{2}$.

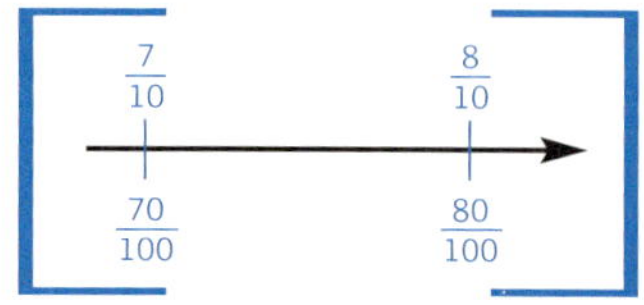

5. Durch $\frac{1}{2}$, $\frac{2}{3}$, $\frac{3}{4}$, $\frac{4}{5}$, $\frac{5}{6}$, ... sind unendlich viele rationale Zahlen zwischen 0 und 1 gegeben.
Gib unendlich viele rationale Zahlen an zwischen

a) 1 und 2; **b)** 0 und 0,01; **c)** 1 und 1,01; **d)** 0,99 und 1.

Irrationale Zahlen und ihre Darstellung auf der Zahlengeraden

Einstieg

→ Wer hat recht? Nehmt Stellung zu den Schüleräußerungen.

Aufgabe

1. a) Begründe, dass das Quadrat im Bild rechts den Flächeninhalt 2 cm^2 hat.

b) Welche Zahl liegt auf der Zahlengeraden an der Stelle x?
Ist es eine rationale Zahl?
Begründe dein Ergebnis.

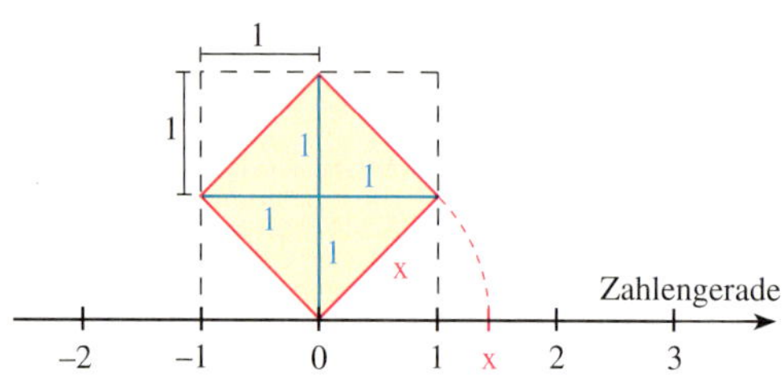

Lösung

a) Jedes der vier rechtwinkligen Dreiecke hat den Flächeninhalt
$\frac{1}{2} \cdot 1\text{ cm} \cdot 1\text{ cm} = \frac{1}{2}\text{ cm}^2$.
Alle vier zusammen haben den Flächeninhalt 2 cm^2.

b) x ist die Maßzahl der Seitenlänge des Quadrates, also ist
$x^2 = 2$, d.h. $x = \sqrt{2}$.
Da $\sqrt{2}$ irrational ist, liegt an dieser Stelle keine rationale Zahl.

Zum Festigen und Weiterarbeiten

2. Konstruiere auf der Zahlengeraden die Punkte für:

(1) $1 + \sqrt{2}$ (3) $1 - \sqrt{2}$ (5) $-\sqrt{2}$ (7) $-2 \cdot \sqrt{2}$

(2) $2 + \sqrt{2}$ (4) $2 - \sqrt{2}$ (6) $2 \cdot \sqrt{2}$ (8) $3 \cdot \sqrt{2}$

Beschreibe dein Vorgehen.

3.

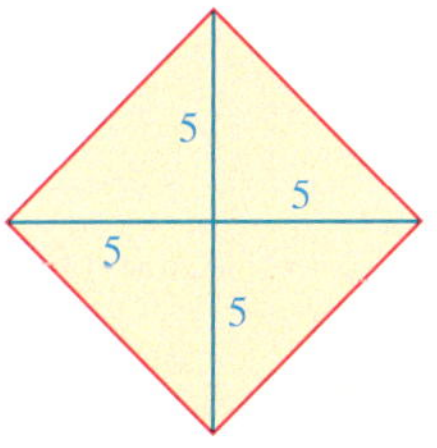

Zeige, dass man mit der Figur links $\sqrt{50}$ konstruieren kann.
Konstruiere ebenso:

(1) $\sqrt{8}$ (2) $\sqrt{32}$ (3) $\sqrt{72}$

Information

(1) Punkte auf der Zahlengeraden, die keine rationalen Zahlen darstellen

Durch Addieren, Subtrahieren oder Multiplizieren wie in Aufgabe 2 kann man beliebig viele Punkte finden, die nicht zu einer rationalen Zahl gehören.
Obwohl die rationalen Zahlen dicht liegen, gibt es noch unendlich viele andere Punkte dazwischen.

Auf der Zahlengeraden gibt es unendlich viele Punkte, die keine rationale Zahl darstellen.

(2) Zahlengerade und reelle Zahlen – Irrationale Zahlen

Will man jeden Punkt der Zahlengeraden durch eine Zahl erfassen, so benötigt man also die Menge $\mathbb{Q}$ der rationalen Zahlen und zusätzlich noch die Menge der nichtrationalen Zahlen. Beide zusammen bezeichnet man als die Menge $\mathbb{R}$ der **reellen Zahlen**.

Jeder Punkt der Zahlengeraden stellt eine **reelle Zahl** dar. Umgekehrt gehört zu jeder reellen Zahl ein Punkt der Zahlengeraden.
Die Menge der reellen Zahlen besteht aus rationalen Zahlen und irrationalen Zahlen.

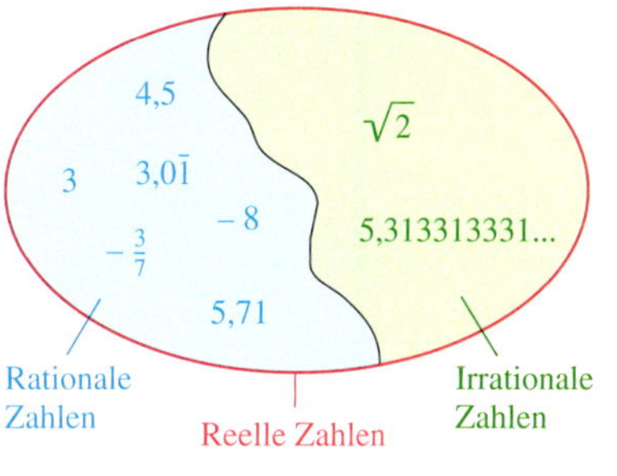

Übungen

4. Bestimme durch Konstruktion auf der Zahlengeraden $\sqrt{0{,}5}$.
Orientiere dich bei der Konstruktion an der Aufgabe 1.

5. Der Punkt für $\sqrt{0{,}5}$ liegt auf der Zahlengeraden in der Mitte zwischen 0 und $\sqrt{2}$.
Begründe anhand der Konstruktion, dass $\sqrt{0{,}5} = \frac{1}{2} \cdot \sqrt{2}$ ist.

6. Konstruiere auf der Zahlengeraden die Punkte für:

(1) $1 + \sqrt{0{,}5}$ (2) $2 - \sqrt{0{,}5}$ (3) $2\sqrt{0{,}5}$ (4) $-\sqrt{0{,}5}$ (5) $3 + 2\sqrt{0{,}5}$

Beschreibung reeller Zahlen durch Dezimalbrüche – Rechnen mit reellen Zahlen

Einstieg

- → Formuliert eine Anweisung zur Fortsetzung der Ziffernfolge, sodass eine rationale Zahl entsteht.
- → Gebt eine Anweisung zur Fortsetzung an, sodass eine irrationale Zahl entsteht.
- → Formuliert weitere Anweisungen zur Fortsetzung.
  Begründet jeweils, ob dabei eine rationale oder eine irrationale Zahl entsteht.
- → Präsentiert eure Ergebnisse.

Information

(1) Beschreibung rationaler Zahlen durch abbrechende oder periodische Dezimalbrüche

Jeden Bruch $\frac{m}{n}$ (Zähler und Nenner sollen verschiedene natürliche Zahlen sein, Nenner ungleich 0) kann man in einen abbrechenden oder einen periodischen Dezimalbruch verwandeln. Dazu führt man die schriftliche Division m : n aus.

Beispiele:

(1) 53 : 40 = 1,325
40
130
120
100
80
200
200
0 Der Rest ist Null.

Ergebnis: $\frac{53}{40} = 1{,}325$.

Dies ist ein **abbrechender** Dezimalbruch.

(2) 13 : 55 = 0,236
00
130
110
200
165
350
330
20

Der Rest 20 wiederholt sich. Folglich wiederholt sich auch die Rechnung in dem roten Feld und damit die Ziffernfolge 36 ohne Ende.

Ergebnis: $\frac{13}{55} = 0{,}2\overline{36}$.

Dies ist ein **periodischer** Dezimalbruch (nicht abbrechend).

Das gilt auch für Brüche der Form $\frac{m}{1}$, also für natürliche Zahlen.
Dann bricht der Dezimalbruch gleich hinter dem Komma ab: $\frac{17}{1} = 17 : 1 = 17{,}0$.
Bei negativen Brüchen steht vor dem Dezimalbruch ein Minuszeichen.
Es gilt auch umgekehrt:
Jeder abbrechende oder periodische Dezimalbruch lässt sich in einen gewöhnlichen Bruch zurückverwandeln.

> Jede *rationale Zahl* kann durch einen abbrechenden oder periodischen Dezimalbruch beschrieben werden.
> *Beispiele:* $\frac{1}{2} = 0{,}5$; $-\frac{9}{8} = -1{,}125$; $-\frac{1}{9} = -0{,}\overline{1}$; $\frac{4}{3} = 1{,}\overline{3}$

(2) Beschreibung irrationaler Zahlen durch nichtabbrechende, nichtperiodische Dezimalbrüche

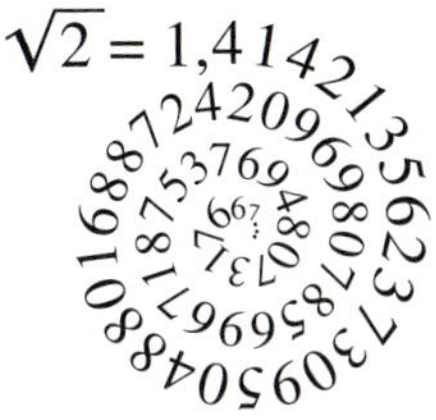

Kann man auch irrationale Zahlen durch einen Dezimalbruch beschreiben?
Wir wissen: Irrationale Zahlen lassen sich durch keinen gewöhnlichen Bruch und somit weder durch einen abbrechenden noch durch einen periodischen Dezimalbruch beschreiben. Dennoch haben sie einen Platz auf der Zahlengeraden und sind dort durch einen bestimmten Punkt festgelegt.
Wir wollen zeigen, wie man auch zu den irrationalen Zahlen einen Dezimalbruch finden kann.
Der Punkt P soll eine irrationale Zahl x darstellen. Um zum Punkt P einen Dezimalbruch zu finden, gehen wir wie folgt vor:

Wir bestimmen durch immer engere Eingrenzungen Näherungswerte für x:

Anzahl der Stellen nach dem Komma	untere Näherungszahl				obere Näherungszahl
0	0	<	x	<	1
1	0,4	<	x	<	0,5
2	0,41	<	x	<	0,42
3	0,414	<	x	<	0,415

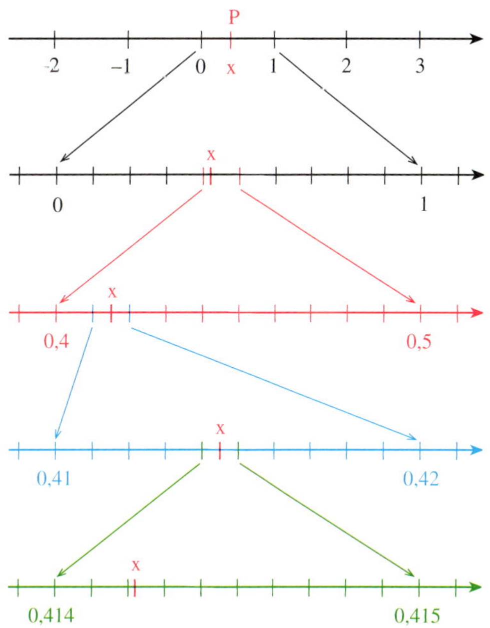

Wir denken uns dieses Verfahren weiter fortgesetzt. Es kann niemals abbrechen, denn dann wäre x ein abbrechender Dezimalbruch, also nicht irrational.
Der entstehende Dezimalbruch 0,414 … kann auch nicht periodisch sein, denn sonst wäre x ebenfalls eine rationale Zahl.

> Jede *irrationale Zahl* kann durch einen nichtabbrechenden und nichtperiodischen Dezimalbruch beschrieben werden.

Übungen

1. Schreibe als Dezimalbruch.

a) $\frac{3}{5}$ **b)** $\frac{7}{20}$ **c)** $\frac{19}{40}$ **d)** $\frac{1}{6}$ **e)** $\frac{2}{9}$ **f)** $\frac{3}{11}$

2. Schreibe als gewöhnlichen Bruch. Kürze soweit wie möglich.

a) 0,85 **b)** 0,0002 **c)** 0,125 **d)** 2,675 **e)** 1,0080 **f)** 10,1010

3. Bei dem folgenden Dezimalbruch sind hinter dem Komma die natürlichen Zahlen der Reihe nach hintereinandergeschrieben worden: 0,12345678910111213141516 …

a) Begründe, weshalb dieser Dezimalbruch eine irrationale Zahl darstellt.

b) Gib selbst einen ähnlichen Dezimalbruch an, der eine irrationale Zahl darstellt.

4. Berechne mit dem Taschenrechner. Runde auf vier Stellen nach dem Komma.

a) $1 + \sqrt{2}$ **c)** $\sqrt{5} - \sqrt{3}$ **e)** $2 \cdot \sqrt{10}$ **g)** $\sqrt{3} \cdot \sqrt{12}$ **i)** $\sqrt{18} : \sqrt{2}$

b) $\sqrt{3} - 0{,}8$ **d)** $\sqrt{5} + \sqrt{6}$ **f)** $3 \cdot \sqrt{8} + 2$ **h)** $\sqrt{12} : \sqrt{3}$ **j)** $\sqrt{7} - \sqrt{5} : 2$

UMFORMEN VON QUADRATWURZELN

Teilweises Wurzelziehen

Einstieg

→ Sind die Umformungen richtig oder falsch? Überprüfe mit deinem Taschenrechner.

Aufgabe

1. Du weißt $\sqrt{2} \approx 1{,}41$. Berechne hieraus einen Näherungswert für $\sqrt{200}$.

Lösung

Es gilt: $\sqrt{200} = \sqrt{100 \cdot 2} = 10 \cdot \sqrt{2} \approx 14{,}1$.

Begründung: $\sqrt{200}$ ist diejenige positive Zahl x, für die gilt: $x^2 = 200$.
$10 \cdot \sqrt{2}$ ist aber auch gleich dieser Zahl x, denn es gilt:
$(10 \cdot \sqrt{2})^2 = 10 \cdot \sqrt{2} \cdot 10 \cdot \sqrt{2} = 10 \cdot 10 \cdot \sqrt{2} \cdot \sqrt{2} = 100 \cdot 2 = 200$
Also folgt: $\sqrt{200} = 10 \cdot \sqrt{2}$

Information

Teilweises Wurzelziehen

Das Ergebnis der Aufgabe 1 können wir für $a \geq 0$, $b \geq 0$ verallgemeinern: $\sqrt{a^2 \cdot b} = a \cdot \sqrt{b}$

Begründung: $\sqrt{a^2 \cdot b}$ ist diejenige positive Zahl x, für die gilt: $x^2 = a^2 \cdot b$.
$a \cdot \sqrt{b}$ ist aber auch gleich dieser Zahl x, weil gilt:
$(a \cdot \sqrt{b})^2 = a \cdot \sqrt{b} \cdot a \cdot \sqrt{b} = a^2 \cdot (\sqrt{b})^2 = a^2 \cdot b$
Es gilt also: $\sqrt{a^2 \cdot b} = a \cdot \sqrt{b}$

Regeln für teilweises Wurzelziehen

(1) $\sqrt{\mathbf{a^2 b}} = \mathbf{a \cdot \sqrt{b}}$ (für $a \geq 0$; $b \geq 0$)

Beispiel:
$\sqrt{45} = \sqrt{9 \cdot 5} = \sqrt{3^2 \cdot 5} = 3\sqrt{5}$

(2) $\sqrt{\frac{a}{b^2}} = \frac{\sqrt{a}}{b} = \frac{1}{b} \cdot \sqrt{a}$ (für $a \geq 0$; $b > 0$)

Beispiel:
$\sqrt{0{,}23} = \sqrt{\frac{23}{100}} = \frac{\sqrt{23}}{\sqrt{10^2}} = \frac{\sqrt{23}}{10} = \frac{1}{10} \cdot \sqrt{23}$

Zum Festigen und Weiterarbeiten

2. a) Begründe die Formel (2) für das teilweise Wurzelziehen bei Quotienten.

b) Vereinfache durch teilweises Wurzelziehen.

(1) $\sqrt{\frac{3}{4}}$ (2) $\sqrt{\frac{5}{9}}$ (3) $\sqrt{\frac{15}{64}}$ (4) $\sqrt{\frac{19}{144}}$ (5) $\sqrt{\frac{16}{36}}$

3. Wende die Regel über teilweises Wurzelziehen an. Gegeben ist $\sqrt{2} \approx 1{,}4$.
Überschlage:

a) $\sqrt{8}$ **b)** $\sqrt{50}$ **c)** $\sqrt{200}$ **d)** $\sqrt{\frac{2}{4}}$ **e)** $\sqrt{\frac{2}{49}}$ **f)** $\sqrt{0{,}02}$

△ **4.** Vereinfache. Gib die einschränkende Bedingung an.

a) $\sqrt{625\,c}$ **b)** $\sqrt{s\,t^2}$ **c)** $\sqrt{0{,}81\,b^2 c}$ **d)** $\sqrt{a^2 b^2 c}$ **e)** $\sqrt{\frac{17}{a^2}}$ **f)** $\sqrt{\frac{c}{900}}$ **g)** $\sqrt{\frac{bc}{0{,}25}}$

△ **5.** Hier ist teilweise die Wurzel gezogen worden. Schreibe das Produkt wieder als Wurzel.

a) $2 \cdot \sqrt{5}$ **c)** $2 \cdot \sqrt{1{,}25}$ **e)** $\frac{1}{5} \cdot \sqrt{75}$

b) $3 \cdot \sqrt{3}$ **d)** $\frac{1}{2} \cdot \sqrt{12}$ **f)** $\frac{1}{3} \cdot \sqrt{0{,}45}$

$2 \cdot \sqrt{3} = \sqrt{4} \cdot \sqrt{3}$
$= \sqrt{12}$

Übungen

△ **6.** Vereinfache durch teilweises Wurzelziehen.

a) $\sqrt{12}$ **b)** $\sqrt{72}$ **c)** $\sqrt{125}$ **d)** $\sqrt{525}$ **e)** $\sqrt{720}$ **f)** $\sqrt{\frac{7}{25}}$ **g)** $\sqrt{\frac{3}{400}}$

△ **7.** Vereinfache durch teilweises Wurzelziehen.
Gib – falls nötig – auch die einschränkende Bedingung an.

a) $\sqrt{7\,a^2}$ **b)** $\sqrt{36\,a}$ **c)** $\sqrt{x^2 y}$ **d)** $\sqrt{3\,a^2 b^4}$ **e)** $\sqrt{0{,}81\,x\,z^3}$ **f)** $\sqrt{\frac{a}{49}}$

△ **8.** **a)** $\sqrt{\frac{3}{4}}$ **b)** $\sqrt{\frac{15}{64}}$ **c)** $\sqrt{\frac{50}{81}}$ **d)** $\sqrt{\frac{5x^2}{y^2}}$ **e)** $\sqrt{\frac{49x}{y^2}}$ **f)** $\frac{\sqrt{36a}}{\sqrt{b^2}}$ **g)** $\frac{\sqrt{x}}{\sqrt{27y^2}}$

△ **9.** Schreibe das Produkt als Wurzel.

a) $2 \cdot \sqrt{17}$ **b)** $2{,}5 \cdot \sqrt{\frac{1}{50}}$ **c)** $a \cdot \sqrt{b}$ **d)** $2c \cdot \sqrt{d^2}$ **e)** $uv \cdot \sqrt{\frac{u}{v}}$

△ **10.** Gegeben: $\sqrt{160} \approx 12{,}649$. Bestimme: **a)** $\sqrt{16\,000}$ **b)** $\sqrt{1\,600\,000}$ **c)** $\sqrt{1{,}6}$ **d)** $\sqrt{0{,}016}$

△ Wurzelgesetze für Produkte und Quotienten von Wurzeln

Einstieg

→ Berechne die Terme und vergleiche. Was fällt auf?

→ Welche Rechenregel könnte man vermuten?
Überprüfe deine Vermutung anhand von anderen Zahlenbeispielen.

Aufgabe

△ **1.** **a)** Berechne und vergleiche:

(1) $\sqrt{16} \cdot \sqrt{9}$ und $\sqrt{16 \cdot 9}$ (3) $\sqrt{16} + \sqrt{9}$ und $\sqrt{16 + 9}$

(2) $\sqrt{25} \cdot \sqrt{4}$ und $\sqrt{25 \cdot 4}$ (4) $\sqrt{25} + \sqrt{4}$ und $\sqrt{25 + 4}$

Beachte die unterschiedlichen Rechenarten. Was fällt dir auf?
Stelle Vermutungen auf.

b) Berechne und vergleiche:

(5) $\frac{\sqrt{64}}{\sqrt{16}}$ und $\sqrt{\frac{64}{16}}$ (7) $\sqrt{64} - \sqrt{16}$ und $\sqrt{64 - 16}$

(6) $\frac{\sqrt{144}}{\sqrt{4}}$ und $\sqrt{\frac{144}{4}}$ (8) $\sqrt{144} - \sqrt{4}$ und $\sqrt{144 - 4}$

Beachte die unterschiedlichen Rechenarten. Was fällt dir auf?
Stelle auch hier Vermutungen auf.

Lösung

a) (1) $\sqrt{16} \cdot \sqrt{9} = 4 \cdot 3 = \mathbf{12}$ und $\sqrt{16 \cdot 9} = \sqrt{144} = \mathbf{12}$

(2) $\sqrt{25} \cdot \sqrt{4} = 5 \cdot 2 = \mathbf{10}$ und $\sqrt{25 \cdot 4} = \sqrt{100} = \mathbf{10}$

Bei den Aufgaben (1) und (2) geht es um Produkte.
Hier führen beide Terme zum gleichen Ergebnis.

Vermutung: Es ist gleichgültig, ob wir zuerst die Wurzel ziehen und dann multiplizieren, oder ob wir zuerst multiplizieren und dann die Wurzel ziehen.

(3) $\sqrt{16} + \sqrt{9} = 4 + 3 = \mathbf{7}$ und $\sqrt{16 + 9} = \sqrt{25} = \mathbf{5}$

(4) $\sqrt{25} + \sqrt{4} = 5 + 2 = \mathbf{7}$ und $\sqrt{25 + 4} = \sqrt{29} \approx \mathbf{5{,}39}$

Bei den Aufgaben (3) und (4) geht es um Summen.
Hier führen beide Terme zu unterschiedlichen Ergebnissen.

Wir stellen fest: Es ist *nicht gleichgültig,* ob wir zuerst die Wurzel ziehen und dann addieren, oder ob wir zuerst addieren und dann die Wurzel ziehen.

b) (5) $\frac{\sqrt{64}}{\sqrt{16}} = \frac{8}{4} = \mathbf{2}$ und $\sqrt{\frac{64}{16}} = \sqrt{4} = \mathbf{2}$

(6) $\frac{\sqrt{144}}{\sqrt{4}} = \frac{12}{2} = \mathbf{6}$ und $\sqrt{\frac{144}{4}} = \sqrt{36} = \mathbf{6}$

Bei den Aufgaben (5) und (6) handelt es sich um Quotienten.
Hier führen beide Terme wieder zum gleichen Ergebnis.

Vermutung: Es ist gleichgültig, ob wir zuerst die Wurzel ziehen und dann dividieren, oder ob wir zuerst dividieren und dann die Wurzel ziehen.

(7) $\sqrt{64} - \sqrt{16} = 8 - 4 = \mathbf{4}$ und $\sqrt{64 - 16} = \sqrt{48} \approx \mathbf{6{,}9}$

(8) $\sqrt{144} - \sqrt{4} = 12 - 2 = \mathbf{10}$ und $\sqrt{144 - 4} = \sqrt{140} \approx \mathbf{11{,}8}$

Bei den Aufgaben (7) und (8) handelt es sich um Differenzen.
Hier führen beide Terme zu unterschiedlichen Ergebnissen.

Wir stellen fest: Es ist *nicht gleichgültig,* ob wir zuerst die Wurzel ziehen und dann subtrahieren, oder ob wir zuerst subtrahieren und dann die Wurzel ziehen.

Information

Wurzelgesetze für Produkte und Quotienten

Die Vermutungen aus Aufgabe 1 lassen sich durch weitere Beispiele bestätigen:

$\sqrt{225} \cdot \sqrt{9} = 15 \cdot 3 = 45$ und $\sqrt{225 \cdot 9} = \sqrt{2\,025} = 45$

$\frac{\sqrt{225}}{\sqrt{9}} = \frac{15}{3} = 5$ und $\sqrt{\frac{225}{9}} = \sqrt{25} = 5$

Die Vermutungen führen uns zu Wurzelgesetzen für Produkte und Quotienten.

Für Summen und Differenzen gibt es keine entsprechenden Wurzelgesetze.

Man multipliziert (dividiert) zwei Quadratwurzeln, indem man die Radikanden multipliziert (dividiert) und dann die Quadratwurzel zieht.

(W1) Für alle $a \geq 0$, $b \geq 0$ gilt: $\sqrt{\mathbf{a}} \cdot \sqrt{\mathbf{b}} = \sqrt{\mathbf{a} \cdot \mathbf{b}}$

Beispiel: $\sqrt{18} \cdot \sqrt{2} = \sqrt{18 \cdot 2} = \sqrt{36} = 6$

(W2) Für alle $a \geq 0$, $b > 0$ gilt: $\sqrt{\mathbf{a}} : \sqrt{\mathbf{b}} = \frac{\sqrt{\mathbf{a}}}{\sqrt{\mathbf{b}}} = \sqrt{\frac{\mathbf{a}}{\mathbf{b}}}$

Beispiel: $\sqrt{18} : \sqrt{2} = \sqrt{\frac{18}{2}} = \sqrt{9} = 3$

Zum Festigen und Weiterarbeiten

△ **2.** **a)** Berechne möglichst einfach:

$\sqrt{28} \cdot \sqrt{7} = \sqrt{196} = 14$

(1) $\sqrt{8} \cdot \sqrt{12{,}5}$ und $\dfrac{\sqrt{18}}{\sqrt{0{,}5}}$; (2) $\sqrt{5} \cdot \sqrt{45}$ und $\sqrt{243} : \sqrt{3}$

b) Berechne möglichst einfach: $\sqrt{1\,225}\ (= \sqrt{25 \cdot 49})$ und $\sqrt{1{,}96}\ \left(= \sqrt{\frac{196}{100}} = \sqrt{\frac{49}{25}}\right)$.
Lies dazu die Gesetze (W1), (W2) von rechts nach links; formuliere sie in Worten.

△ **3.** Vereinfache. Gib für die Variablen die einschränkende Bedingung an.

a) $\sqrt{b} \cdot \sqrt{b^3}$ **d)** $\sqrt{0{,}36\,p^6}$ **g)** $\sqrt{\frac{a}{b}} : \sqrt{\frac{b}{a}}$

b) $\sqrt{3a^3} \cdot \sqrt{\dfrac{12}{a}}$ **e)** $\dfrac{\sqrt{x^7}}{\sqrt{x^5}}$ **h)** $\sqrt{\dfrac{36\,k^4}{25\,n^2}}$

c) $\sqrt{\dfrac{m}{nt}} \cdot \sqrt{\dfrac{nt}{m}}$ **f)** $\dfrac{\sqrt{c^3}}{\sqrt{0{,}25\,c}}$ **i)** $\sqrt{\dfrac{r^2 s^4}{2{,}25\,t^6}}$

$\sqrt{3x} \cdot \sqrt{12x} = \sqrt{36x^2}$
$= \sqrt{36} \cdot \sqrt{x^2}$
$= 6 \cdot x$
(für $x \geq 0$)

Übungen

△ **4.** Berechne ohne Taschenrechner durch Anwenden des Wurzelgesetzes (W1):

a) $\sqrt{8} \cdot \sqrt{18}$ **c)** $\sqrt{27} \cdot \sqrt{3}$ **e)** $\sqrt{5} \cdot \sqrt{20}$ **g)** $\sqrt{8} \cdot \sqrt{32}$
b) $\sqrt{2} \cdot \sqrt{32}$ **d)** $\sqrt{12} \cdot \sqrt{3}$ **f)** $\sqrt{7} \cdot \sqrt{28}$ **h)** $\sqrt{6} \cdot \sqrt{54}$

$\sqrt{3} \cdot \sqrt{27} = \sqrt{3 \cdot 27}$
$= \sqrt{81}$
$= 9$

△ **5.** Rechne wie in Aufgabe 4.

a) $\sqrt{10} \cdot \sqrt{16{,}9}$ **c)** $\sqrt{0{,}8} \cdot \sqrt{180}$ **e)** $\sqrt{2{,}4} \cdot \sqrt{0{,}6}$ **g)** $\sqrt{\frac{1}{3}} \cdot \sqrt{48}$ **i)** $\sqrt{40} \cdot \sqrt{3} \cdot \sqrt{2{,}7}$
b) $\sqrt{1{,}6} \cdot \sqrt{1\,000}$ **d)** $\sqrt{0{,}3} \cdot \sqrt{1{,}2}$ **f)** $\sqrt{1{,}1} \cdot \sqrt{4{,}4}$ **h)** $\sqrt{\frac{4}{5}} \cdot \sqrt{80}$ **j)** $\sqrt{3{,}2} \cdot \sqrt{30} \cdot \sqrt{6}$

△ **6.** Schreibe ins Heft und fülle die Lücken aus. Wie heißt das Lösungswort?

a) $\sqrt{12} \cdot \sqrt{\square} = 6$ **c)** $\sqrt{\square} \cdot \sqrt{25} = 15$ **e)** $\sqrt{45} \cdot \sqrt{\square} = 15$
b) $\sqrt{\square} \cdot \sqrt{54} = 18$ **d)** $\sqrt{36} \cdot \sqrt{\square} = 12$ **f)** $\sqrt{100} \cdot \sqrt{\square} = 50$

△ **7.** **a)** $\sqrt{25 \cdot 9}$ **d)** $\sqrt{0{,}16 \cdot 49}$ **g)** $\sqrt{1{,}44 \cdot 2{,}25}$
b) $\sqrt{36 \cdot 16}$ **e)** $\sqrt{0{,}81 \cdot 121}$ **h)** $\sqrt{(-4) \cdot (-16)}$
c) $\sqrt{169 \cdot 144}$ **f)** $\sqrt{0{,}09 \cdot 1{,}44}$ **i)** $\sqrt{(-36) \cdot (-81)}$

$\sqrt{49 \cdot 81} = \sqrt{49} \cdot \sqrt{81}$
$= 7 \cdot 9 = 63$

△ **8.** Aus großen Quadratzahlen kann man oft die Wurzel ziehen, indem man sie in kleinere Quadratzahlen zerlegt. Erinnere dich an die Teilbarkeitsregeln für 4, 9, 25.

a) $\sqrt{484}$ **b)** $\sqrt{576}$ **c)** $\sqrt{676}$ **d)** $\sqrt{1\,296}$ **e)** $\sqrt{1\,521}$

$\sqrt{784} = \sqrt{4 \cdot 196}$
$= \sqrt{4} \cdot \sqrt{196}$
$= 2 \cdot 14$
$= 28$

△ **9.** Löse das Rechenpuzzle mit den Wurzelkärtchen.

KUBIKWURZELN

Einstieg

Aufgabe

1. Eine würfelförmige Kerze soll aus 125 ml Wachs gegossen werden.
Welche Kantenlänge muss die Form haben, wenn sie bis zum Rand mit Wachs gefüllt werden soll?

Lösung

Die würfelförmige Kerze hat ein Volumen von 125 cm^3 (1 ml = 1 cm^3).
Man erhält das Volumen V eines Würfels, indem man die Kantenlänge a mit 3 potenziert:
$V = a^3$
Hier ist das Volumen gegeben, gesucht ist die Kantenlänge.
Wir suchen also eine Maßzahl x, für die gilt:
$x^3 = x \cdot x \cdot x = 125$
Wir finden 5, denn $5^3 = 5 \cdot 5 \cdot 5 = 125$.
Ergebnis: Die gesuchte Kantenlänge beträgt 5 cm.

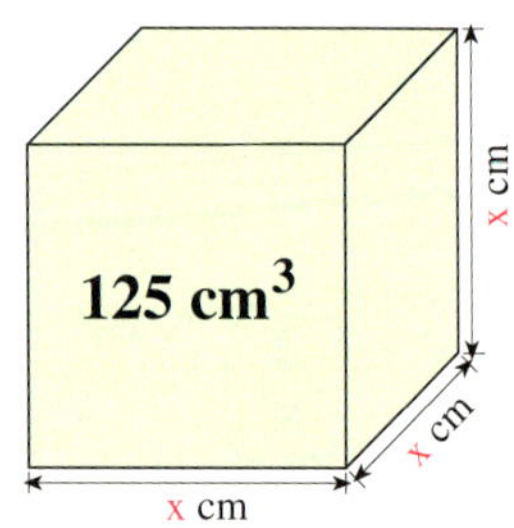

Zahlen wie
$1^3 = 1$
$2^3 = 8$
$3^3 = 27$
...
nennt man Kubikzahlen.

Information

In Aufgabe 1 haben wir eine positive Zahl x gesucht, die mit 3 potenziert 125 ergibt:
$x^3 = 125$
Diese Zahl x nennt man die *dritte Wurzel* aus 125, geschrieben: $\sqrt[3]{125} = 5$.
Entsprechend ist:

$\sqrt[3]{216} = 6$, denn $6^3 = 6 \cdot 6 \cdot 6 = 216$
$\sqrt[3]{1} = 1$, denn $1^3 = 1 \cdot 1 \cdot 1 = 1$
$\sqrt[3]{1\,000} = 10$, denn $10^3 = 10 \cdot 10 \cdot 10 = 1\,000$
$\sqrt[3]{0} = 0$, denn $0^3 = 0 \cdot 0 \cdot 0 = 0$
$\sqrt[3]{\frac{8}{27}} = \frac{2}{3}$, denn $\left(\frac{2}{3}\right)^3 = \frac{2}{3} \cdot \frac{2}{3} \cdot \frac{2}{3} = \frac{8}{27}$
$\sqrt[3]{0{,}008} = 0{,}2$, denn $0{,}2 \cdot 0{,}2 \cdot 0{,}2 = 0{,}008$

Unter der **3. Wurzel** (*Kubikwurzel*) aus einer positiven Zahl a versteht man diejenige positive Zahl, die mit 3 potenziert die Zahl a ergibt.
Für 3. Wurzel aus a schreibt man kurz: $\sqrt[3]{a}$
Die Zahl a, aus der man die Wurzel zieht, heißt *Radikand.*
Für den Sonderfall a = 0 gilt: $\sqrt[3]{0} = 0$

Wurzelexponent
$\sqrt[3]{125} = 5$
Radikand — Wert der 3. Wurzel

Beachte: Die dritte Wurzel aus einer negativen Zahl, z. B. $\sqrt[3]{-8}$, ist nicht erklärt.

Zum Festigen und Weiterarbeiten

2. Berechne im Kopf:

a) $\sqrt[3]{8}$ **b)** $\sqrt[3]{27}$ **c)** $\sqrt[3]{1\,000}$ **d)** $\sqrt[3]{27\,000}$ **e)** $\sqrt[3]{0{,}001}$

3. *Wurzelziehen und Potenzieren heben sich gegenseitig auf*

a) Ziehe die 3. Wurzel aus:
64; 216; 512; 729; 1331.
Potenziere dann jedes Ergebnis mit 3:

3. Wurzel → hoch 3 →

64	4	64

b) Potenziere mit 3:
5; 6; 12; 30.
Ziehe dann die 3. Wurzel.

hoch 3 → 3. Wurzel →

5	125	5

Vervollständige die Tabelle. Vergleiche die erste mit der dritten Spalte.

c) Vereinfache: $\left(\sqrt[3]{125}\right)^3$; $\left(\sqrt[3]{4\,913}\right)^3$; $\left(\sqrt[3]{7}\right)^3$; $\sqrt[3]{2^3}$; $\sqrt[3]{19^3}$; $\sqrt[3]{0{,}74^3}$.

(1) Das Ziehen der dritten Wurzel wird durch das Potenzieren mit 3 rückgängig gemacht.
Für alle a ≥ 0 gilt: $\mathbf{\left(\sqrt[3]{a}\right)^3 = a}$.
Beispiel: $\left(\sqrt[3]{125}\right)^3 = 125$

125 —3. Wurzel aus→ 5 ; 5 —hoch 3→ 125

(2) Das Potenzieren mit 3 wird durch das Ziehen der dritten Wurzel rückgängig gemacht.
Für alle a ≥ 0 gilt: $\mathbf{\sqrt[3]{a^3} = a}$.
Beispiel: $\sqrt[3]{5^3} = 5$

5 —hoch 3→ 125 ; 125 —3. Wurzel aus→ 5

4. Berechne mit dem Taschenrechner.

a) $\sqrt[3]{20}$ **c)** $\sqrt[3]{64}$ **e)** $\sqrt[3]{520}$ **g)** $\sqrt[3]{0{,}74}$ **i)** $\sqrt[3]{17{,}4}$ **k)** $\sqrt[3]{\frac{5}{8}}$

b) $\sqrt[3]{19}$ **d)** $\sqrt[3]{135}$ **f)** $\sqrt[3]{756}$ **h)** $\sqrt[3]{0{,}058}$ **j)** $\sqrt[3]{\frac{3}{4}}$ **l)** $\sqrt[3]{\frac{2}{3}}$

5. a) Für $\sqrt[3]{13}$ findest du keinen abbrechenden Dezimalbruch, dessen Potenz *genau* 13 ergibt. Wir wollen den Wert für $\sqrt[3]{13}$ näherungsweise bestimmen.
Setze dazu die Tabelle fort, bis die untere Näherungszahl und die obere Näherungszahl in den ersten zwei Stellen hinter dem Komma übereinstimmen.
Notiere dann den Wert für $\sqrt[3]{13}$ auf zwei Stellen nach dem Komma genau.

Nachkomma-Stellenzahl	untere Näherungszahl	hoch 3 → Probe ← hoch 3					obere Näherungszahl
0	2	8	<	13	<	27	3
1	2,3	12,167	<	13	<	13,824	2,4
2	2,35	12,977875	<	13	<	13,144256	2,36

b) Verfahre entsprechend mit $\sqrt[3]{7}$.

Übungen

6. Bestimme das Volumen eines Würfels mit der angegebenen Kantenlänge.

a) 11 cm **b)** 15 cm **c)** 20 cm **d)** 4,2 cm **e)** 42 cm **f)** 420 cm

7. Bestimme die Kantenlänge eines Würfels mit dem angegebenen Volumen.

a) 8 cm^3 **b)** 27 cm^3 **c)** 343 cm^3 **d)** 3 375 cm^3 **e)** 8 000 cm^3 **f)** 74 088 cm^3

8. Gib den Wert der dritten Wurzel an.

a) $\sqrt[3]{1\,000}$ **b)** $\sqrt[3]{512}$ **c)** $\sqrt[3]{64\,000}$ **d)** $\sqrt[3]{8\,000\,000}$ **e)** $\sqrt[3]{1\,000\,000\,000}$ **f)** $\sqrt[3]{0{,}512}$ **g)** $\sqrt[3]{0{,}027}$ **h)** $\sqrt[3]{4{,}096}$ **i)** $\sqrt[3]{0{,}000001}$ **j)** $\sqrt[3]{0{,}003375}$ **k)** $\sqrt[3]{\frac{1}{8}}$ **l)** $\sqrt[3]{\frac{27}{8}}$ **m)** $\sqrt[3]{\frac{64}{125}}$ **n)** $\sqrt[3]{\frac{2\,197}{1\,000}}$ **o)** $\sqrt[3]{\frac{1\,000}{4\,096}}$

9. Prüfe durch Potenzieren, ob die Aussage wahr ist.

a) $\sqrt[3]{2\,744} = 14$ **b)** $\sqrt[3]{27{,}44} = 1{,}4$ **c)** $\sqrt[3]{2{,}744} = 1{,}4$ **d)** $\sqrt[3]{0{,}003} = 0{,}1$ **e)** $\sqrt[3]{8\,000\,000} = 200$ **f)** $\sqrt[3]{27\,000\,000} = 300$ **g)** $\sqrt[3]{\frac{8}{125}} = \frac{2}{125}$ **h)** $\sqrt[3]{\frac{16}{54}} = \frac{2}{3}$

△ **10.** Berechne:

a) $2 \cdot \sqrt[3]{64}$ **b)** $5 + \sqrt[3]{216}$ **c)** $\sqrt[3]{20 + 7}$ **d)** $\sqrt[3]{100 - 36}$ **e)** $\sqrt[3]{1} + \sqrt[3]{1\,000}$ **f)** $\sqrt[3]{3{,}375} + \sqrt[3]{0{,}125}$ **g)** $5 \cdot \sqrt[3]{8} + 4 \cdot \sqrt[3]{27}$ **h)** $\frac{1}{7} \cdot \sqrt[3]{343} - \frac{1}{8} \cdot \sqrt[3]{512}$

11. **a)** $\left(\sqrt[3]{1\,000}\right)^3$ **b)** $\left(\sqrt[3]{2\,197}\right)^3$ **c)** $\left(\sqrt[3]{215}\right)^3$ **d)** $\left(\sqrt[3]{0{,}001}\right)^3$ **e)** $\left(\sqrt[3]{0{,}004}\right)^3$ **f)** $\sqrt[3]{8}$ **g)** $\sqrt[3]{14^3}$ **h)** $\sqrt[3]{0{,}2^3}$ **i)** $\sqrt[3]{2^3 + 19}$ **j)** $\sqrt[3]{(15 + 11)^3}$ **k)** $\left(\sqrt[3]{27}\right)^2$ **l)** $\sqrt[3]{8^2}$ **m)** $\left(\sqrt{64}\right)^3$ **n)** $\sqrt{25^3}$ **o)** $\sqrt[3]{(-8)^2}$

12. Berechne:

a) $\sqrt{64}$; $\sqrt[3]{64}$ **b)** $\sqrt{0}$; $\sqrt[3]{0}$ **c)** $\sqrt{1}$; $\sqrt[3]{1}$ **d)** $\sqrt{16}$; $\sqrt[3]{16}$ **e)** $\sqrt{20}$; $\sqrt[3]{20}$

13. Korrigiere die Fehler.

a) $\sqrt[3]{64} = 8$ b) $\sqrt[3]{-8} = -2$ c) $\sqrt[3]{(-3)^3} = -3$ d) $\left(-\sqrt[3]{125}\right)^2 = 125$

14. Zwischen welchen aufeinanderfolgenden natürlichen Zahlen liegt der Wert der dritten Wurzel?

a) $\sqrt[3]{10}$ **b)** $\sqrt[3]{100}$ **c)** $\sqrt[3]{480}$ **d)** $\sqrt[3]{2\,000}$ **e)** $\sqrt[3]{0{,}5}$

15. Auf 8 Stellen nach dem Komma gerundet, ergibt $\sqrt[3]{100}$ den Wert 4,64158883.
Notiere nun auf 4 Stellen nach dem Komma gerundet den Wert für die Wurzel:

a) $\sqrt[3]{100}$ **b)** $\sqrt[3]{100\,000}$ **c)** $\sqrt[3]{100\,000\,000}$ **d)** $\sqrt[3]{0{,}1}$ **e)** $\sqrt[3]{0{,}0001}$

16. **a)** Zwischen welchen aufeinanderfolgenden natürlichen Zahlen liegt der Wert von $\sqrt[3]{50}$?

b) Erstelle eine Tabelle und bestimme Näherungswerte für $\sqrt[3]{50}$ mit
(1) 1 Nachkommastelle, (2) 2 Nachkommastellen, (3) 3 Nachkommastellen.

BIST DU FIT?

1. Bestimme die Quadratwurzel im Kopf.

a) $\sqrt{64}$ **b)** $\sqrt{169}$ **c)** $\sqrt{625}$ **d)** $\sqrt{2\,500}$ **e)** $\sqrt{0{,}16}$ **f)** $\sqrt{0{,}01}$ **g)** $\sqrt{2{,}25}$ **h)** $\sqrt{\frac{4}{9}}$ **i)** $\sqrt{\frac{49}{81}}$ **j)** $\sqrt{\frac{121}{441}}$

2. Schreibe als Quadratwurzel aus einer Zahl.

a) 8 **b)** 21 **c)** 100 **d)** 0,2 **e)** 2,5 **f)** $\frac{3}{4}$ **g)** $\frac{3}{16}$ **h)** 0,011

3. Berechne möglichst im Kopf.

a) $\sqrt{4\,900}$ **b)** $\sqrt[3]{27\,000}$ **c)** $\sqrt{8\,100}$ **d)** $\sqrt[3]{125\,000}$ **e)** $\sqrt{0{,}25}$ **f)** $\sqrt[3]{0{,}027}$ **g)** $\sqrt{0{,}0081}$ **h)** $\sqrt[3]{0{,}000125}$ **i)** $\sqrt{\frac{121}{169}}$ **j)** $\sqrt[3]{\frac{8}{125}}$

4. Ein quadratisches Grundstück ist 841 m^2 groß. Es soll eingezäunt werden. Dabei soll Platz für ein 3,50 m breites Tor gelassen werden.
Wie viel m Zaun werden benötigt?

5. Berechne mit dem Taschenrechner und runde auf Tausendstel.

a) $\sqrt{5}$ **b)** $\sqrt{751}$ **c)** $\sqrt{2\,501}$ **d)** $\sqrt{1{,}21}$ **e)** $\sqrt[3]{0{,}135}$ **f)** $\sqrt[3]{84}$ **g)** $\sqrt[3]{4\,751}$

6. Ein rechteckiges Grundstück ist 24 m lang und 39 m breit. Es soll gegen ein gleich großes quadratisches Grundstück getauscht werden.
Berechne die Seitenlänge des quadratischen Grundstücks.

7. Der Oberflächeninhalt eines Würfels ist 672 cm^2 groß. Berechne die Kantenlänge des Würfels.

8. Zwischen welchen aufeinanderfolgenden natürlichen Zahlen liegt die Wurzel?

(1) $\sqrt{50}$ (2) $\sqrt{128}$ (3) $\sqrt[3]{25}$ (4) $\sqrt[3]{200}$

1+1=3

9. Wo steckt der Fehler?

(1) $\sqrt{16} + \sqrt{9} = \sqrt{25} = 5$

(2) $\sqrt{64 + 36} = \sqrt{64} + \sqrt{36} = 8 + 6 = 14$

(3) $\sqrt{-8 \cdot 2} = \sqrt{-16} = -4$

(4) $\sqrt[3]{(-2)^3} = -2$

△ **10.** Ziehe teilweise die Wurzel.

a) $\sqrt{45}$ **b)** $\sqrt{98}$ **c)** $\sqrt{252}$ **d)** $\sqrt{363}$ **e)** $\sqrt{405}$ **f)** $\sqrt{675}$ **g)** $\sqrt{\frac{3}{25}}$ **h)** $\sqrt{\frac{7}{36}}$ **i)** $\sqrt{\frac{3}{64}}$ **j)** $\sqrt{\frac{17}{81}}$ **k)** $\sqrt{\frac{99}{121}}$ **l)** $\sqrt{\frac{11}{400}}$

△ **11.** Vereinfache.

a) $\sqrt{9a}$ **b)** $\sqrt{xy^2}$ **c)** $\sqrt{2t^2s^2}$ **d)** $\sqrt{10u^3v^2}$ **e)** $\sqrt{50wz^4}$ **f)** $\sqrt{0{,}25d^2e}$ **g)** $\sqrt{\frac{17}{m^2}}$ **h)** $\sqrt{\frac{8c}{n^4}}$ **i)** $\sqrt{\frac{a}{16b^2}}$ **j)** $\sqrt{\frac{81x^2}{y}}$

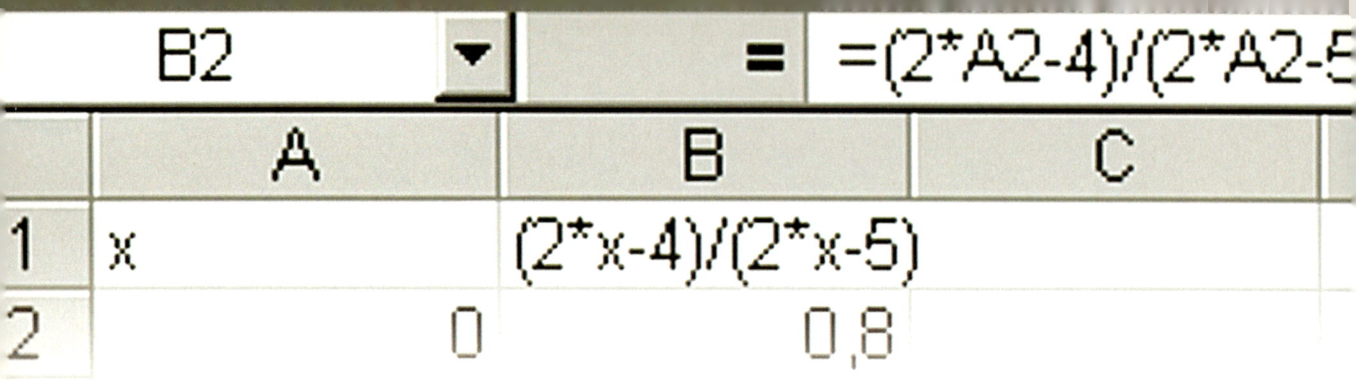

4 Formeln – Verhältnisgleichungen

In den Klassen 7 und 8 hast du das Aufstellen und Umformen von Termen mit einer oder mehreren Variablen geübt. Du kennst auch schon Formeln zur Berechnung von Größen aus der Geometrie und der Physik, die von mehreren Variablen abhängen. Variable können auch im Nenner vorkommen.

→ Kannst du die Bedeutung der Formeln und der Variablen in ihnen erklären?

In diesem Kapitel lernst du ...

... mit solchen Formeln umzugehen.

UMFORMEN VON FORMELN

Einstieg

Lena möchte ein Kantenmodell eines Quaders mit quadratischer Grundfläche herstellen. Die Drahtlänge soll insgesamt d = 80 cm betragen, die quadratische Grundfläche soll die Seitenlänge a = 4,5 cm haben.
In die Tabelle rechts hat Lena die Drahtlänge d und die Seitenlänge a eingegeben. Die Höhe h des Quaders soll vom Programm berechnet werden.

	A	B
1	Kantenmodell Quader	
2		
3	Drahtlänge	80 cm
4	Seitenlänge	4,5 cm
5		
6	Höhe h	
7		
8		
9		

→ Welche Formel muss in der Zelle B6 eingegeben werden?
→ Erstelle die abgebildete Tabelle mit deinem Kalkulationsprogramm.
→ Finde mehrere Möglichkeiten, wie man aus 80 cm Draht einen quadratischen Quader bauen kann. Gib einige dieser Möglichkeiten an.

Aufgabe

1. a) Von drei Rechtecken sind jeweils der Umfang u und die Seitenlänge b gegeben (Maße in cm):
(1) u = 17; b = 4
(2) u = 37,8; b = 9,5
(3) u = 20,3; b = 5,2.
Berechne jeweils die Seitenlänge a.

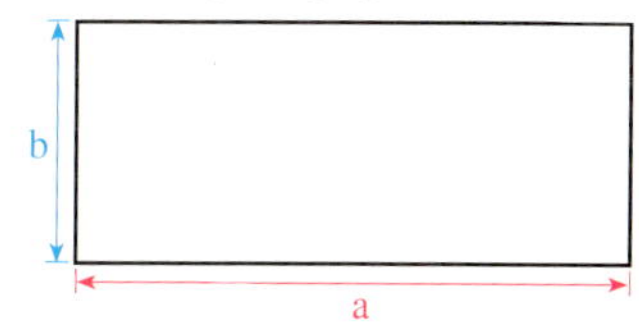

b) Wie könnte man die Berechnung in Teilaufgabe a) durchführen, ohne jedes Mal eine Gleichung zu lösen?

c) Für den Flächeninhalt eines Dreiecks gilt die Formel $A = \frac{g \cdot h}{2}$.
Bekannt sind:
Flächeninhalt: $A = 9\ \text{cm}^2$
Höhe h: $h = 3$ cm.
Berechne die Seitenlänge g, isoliere zunächst g in der Formel.

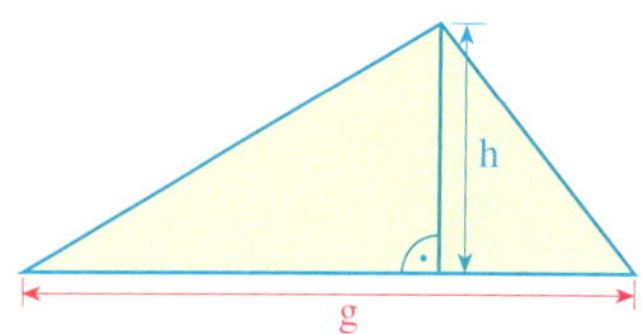

Lösung

a) Wir setzen die gegebenen Werte in $u = 2 \cdot a + 2 \cdot b$ ein und berechnen dann a.

(1)	(2)	(3)
$17 = 2 \cdot a + 2 \cdot 4$	$37{,}8 = 2 \cdot a + 2 \cdot 9{,}5$	$20{,}3 = 2 \cdot a + 2 \cdot 5{,}2$
$17 = 2a + 8$	$37{,}8 = 2a + 19$	$20{,}3 = 2a + 10{,}4$
$2a = 9$	$2a = 18{,}8$	$2a = 9{,}9$
$a = 4{,}5$	$a = 9{,}4$	$a = 4{,}95$

Ergebnis: Die Seite a des Rechtecks (1) ist 4,5 cm, die des Rechtecks (2) ist 9,4 cm und die des Rechtecks (3) ist 4,95 cm lang.

Der Bruchstrich bedeutet dasselbe wie das Divisionszeichen.

b)
$$2a + 2b = u \quad | -2b$$
$$2a = u - 2b \quad | :2$$
$$a = \frac{u - 2b}{2}$$

In jeder Gleichung musste die Variable a isoliert werden. Anstatt das dreimal durchzuführen, ist es günstiger, in der Formel $u = 2a + 2b$ die Lösungsvariable a zu isolieren und dann die Werte einzusetzen.

Obige Maße für u und b (in cm) eingesetzt:

(1) u = 17; b = 4
$$a = \frac{17 - 2 \cdot 4}{2} = \frac{9}{2} = 4{,}5$$

(2) u = 37,8; b = 9,5
$$a = \frac{37{,}8 - 2 \cdot 9{,}5}{2} = \frac{18{,}8}{2} = 9{,}4$$

(3) u = 20,3; b = 5,2
$$a = \frac{20{,}3 - 2 \cdot 5{,}2}{2} = \frac{9{,}9}{2} = 4{,}95$$

Die Multiplikations- und Divisionsregel für Gleichungen gilt nur für Zahlen ungleich 0.

c) Durch Anwenden der Umformungsregeln für Gleichungen isolieren wir in der Formel $A = \frac{g \cdot h}{2}$ die Variable g (z. B. auf der linken Seite).

$\frac{g \cdot h}{2} = A \quad | \cdot 2$ Zunächst vertauschen wir beide Seiten.

$2 \cdot \frac{g \cdot h}{2} = 2 \cdot A$

$gh = 2A \quad | : h$ Die Division durch h auf beiden Seiten der Gleichung ist eine erlaubte Umformung, da h als Höhe ungleich 0 ist.

$\frac{gh}{h} = \frac{2A}{h}$

$g = \frac{2A}{h}$

Einsetzen der gegebenen Größen für A und h ergibt:

$g = \frac{2 \cdot 9}{3} = \frac{18}{3} = 6$

Ergebnis: Die Seitenlänge g beträgt 6 cm.

Zum Festigen und Weiterarbeiten

2. a) Erkläre die Umformungen deinem Nachbarn.

(1) $4 \cdot a = u$, $a = \frac{u}{4}$

(2) $A = a \cdot b$, $\frac{A}{a} = b$

(3) $u = a + b + c$, $c = u - a - b$

(4) $u = a + 2b + c$, $a = u - (2b + c)$

b) Auf welche Figuren könnten sich die Formeln aus Teilaufgabe a) beziehen? Begründet. Sucht mehrere Figuren. Präsentiert sie.

3. a) Für den Umfang eines Parallelogramms gilt: $u = 2a + 2b$.
Isoliere die Variable b.

b) Für den Flächeninhalt des Parallelogramms gilt: $A = a \cdot h$.
Isoliere (1) die Variable a;
(2) die Variable h.
Warum liegt eine erlaubte Umformung vor?

c) Rechts wurde falsch umgeformt.
Berichtige.

4. Die Formel für den Flächeninhalt eines Dreiecks lässt sich auch so schreiben:
$A = \frac{1}{2} g \cdot h$
Begründe dies durch Anwenden der Regel über die Multiplikation von Brüchen.
Isoliere (1) die Variable g, (2) die Variable h auf der linken Seite der Gleichung.

5. a) Stelle Formeln für den Umfang und den Flächeninhalt der Dreiecke auf. Benutze die angegebenen Variablen.

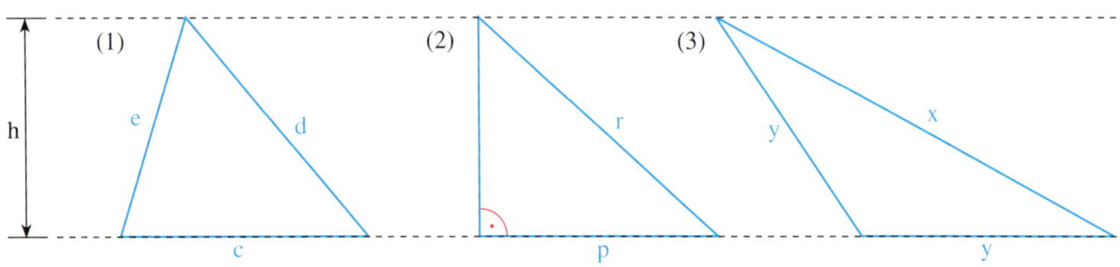

b) Isoliere jede Variable in den Formeln aus Teilaufgabe a). Beschreibe dein Vorgehen.

6. a) Die Formel für den Flächeninhalt des Trapezes lautet:

$A = \frac{(a + c) \cdot h}{2}$

Sie lässt sich auch so schreiben:

$A = \frac{a + c}{2} \cdot h$. Begründe dies.

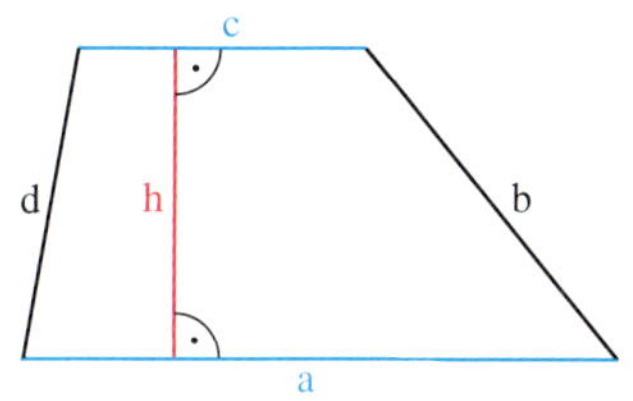

b) Erkläre die folgenden Rechnungen.
Was ist gegeben? Was ist jeweils gesucht?
Warum liegt eine erlaubte Umformung vor?

$$\frac{(a + c) \cdot h}{2} = A \quad | \cdot 2$$
$$2 \cdot \frac{(a + c) \cdot h}{2} = 2 \cdot A$$
$$(a + c) \cdot h = 2A \quad | : h$$
$$a + c = \frac{2A}{h} \quad | - c$$
$$a = \frac{2A}{h} - c$$

$$\frac{(a + c) \cdot h}{2} = A \quad | \cdot 2$$
$$2 \cdot \frac{(a + c) \cdot h}{2} = 2 \cdot A$$
$$(a + c) \cdot h = 2A \quad | : (a + c)$$
$$\frac{(a + c) \cdot h}{a + c} = \frac{2A}{a + c}$$
$$h = \frac{2A}{a + c}$$

c) Stelle nach der Variablen c um.

Übungen

7. Stelle Formeln für den Umfang und den Flächeninhalt der Parallelogramme auf. Benutze die angegebenen Variablen. Forme anschließend nach jeder auftretenden Variablen um.

a)

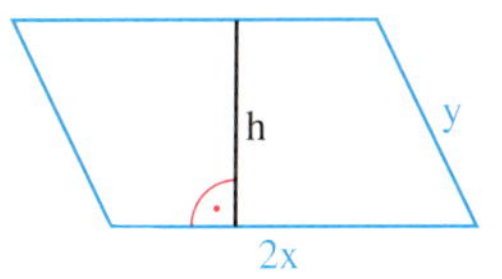

b)

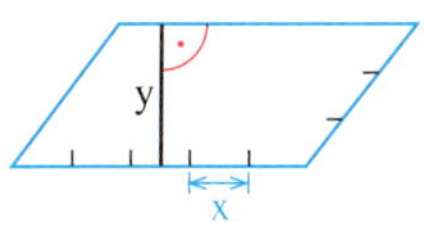

c)

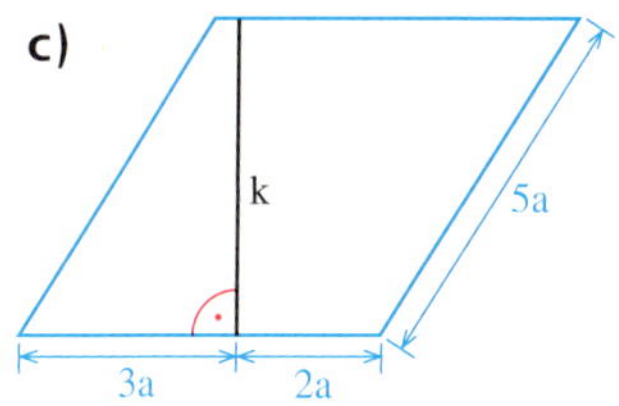

8. Stelle eine Formel für den Flächeninhalt der Figur auf.
Isoliere anschließend jede Variable.

a)

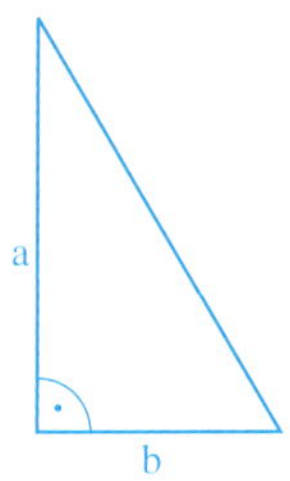

b)

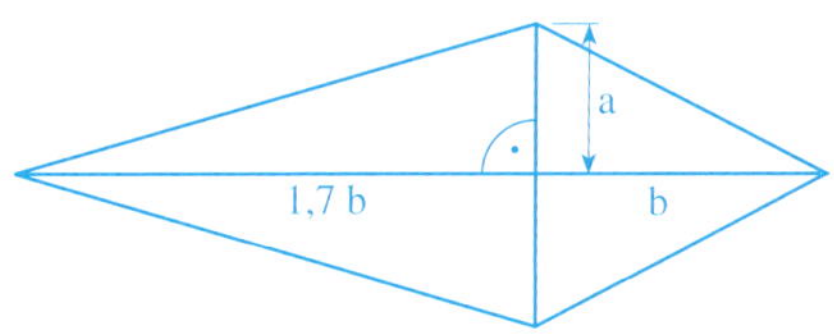

c)

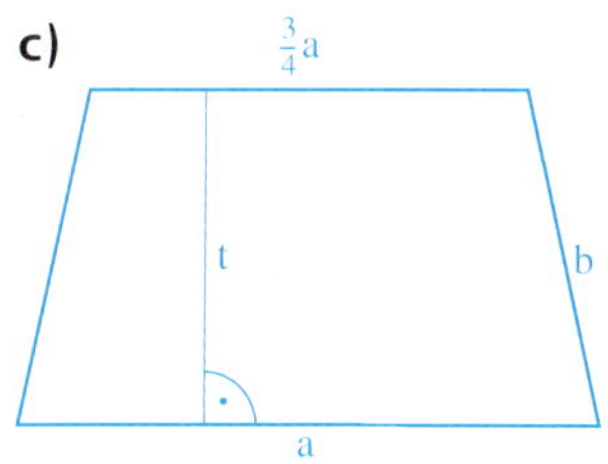

9. Die Formel für die gesamte Kantenlänge k eines Quaders lautet: $k = 4 \cdot a + 4 \cdot b + 4 \cdot c$.

a) Begründe die Formel.

b) Isoliere in der Formel die Variable a [die Variable b; die Variable c] auf einer Seite. Bilde selbst Zahlenbeispiele.

10. Wo ist der Fehler?
Wie stellt man die Formel richtig nach t um?

$$\frac{s}{t} = v \quad | : s$$
$$t = \frac{v}{s}$$

11. Für das Volumen des abgebildeten Prismas gilt:

(1) $V = \frac{c \cdot h_c}{2} \cdot h$

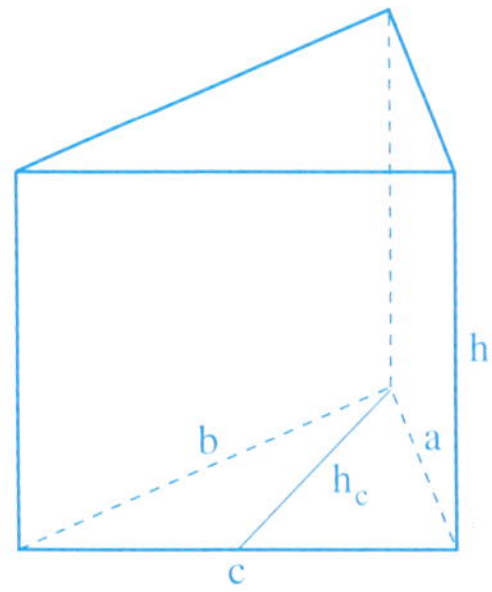

(2) $V = \frac{(a + c) \cdot h_a}{2} \cdot h$

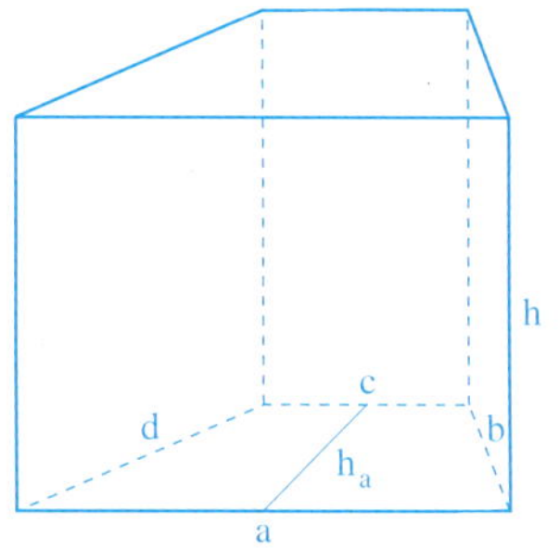

a) Begründe die Formeln.

b) Isoliere in der Formel jede Variable.

c) Berechne
(1) die Höhe h für $V = 20\text{ cm}^3$, $c = 4$ cm und $h_c = 2$ cm;
(2) die Kantenlänge c für $V = 96\text{ cm}^3$, $a = 5$ cm, $h_a = 4$ cm und $h = 6$ cm.

d) Stelle für Prisma (1) [Prisma (2)] eine Formel für den Oberflächeninhalt O auf und löse nach jeder Variablen auf.

e) Berechne
(1) die Kantenlänge b für $a = 4$ cm, $c = 8$ cm, $h_c = 2$ cm, $h = 6$ cm, $O = 118\text{ cm}^2$;
(2) die Kantenlänge a für $b = 3{,}2$ cm, $c = 2{,}5$ cm, $d = 3{,}6$ cm, $h_a = 2{,}5$ cm, $h = 3{,}4$ cm, $O = 79{,}17\text{ cm}^2$.

12. Aus dem Pfeilschema erkennt man $G \cdot p\% = P_w$.

$G \xrightarrow{\cdot\, p\%} P_w$

a) Welche Bedeutung haben die Buchstaben?

b) In Formelsammlungen findet man auch:
(1) $P_w = \frac{p}{100} \cdot G$ (2) $P_w = \frac{p \cdot G}{100}$ (3) $\frac{G}{100} \cdot p = P_w$
Wie kommt man zu den Formeln?

c) Löse jede der Formeln aus Teilaufgabe b) nach der Variablen p und nach der Variablen G auf.

d) Fülle die Tabelle aus. Verwende bei der Rechnung die Formeln.

	a)	b)	c)	d)	e)	f)	g)	h)	i)
Grundwert G	280 €		24 m		67 m²	90 *l*		15 m²	1 h
Prozentsatz p%	4 %	8 %		15 %	31 %		2,5 %	$66\frac{2}{3}$ %	
Prozentwert P_w		8 kg	18 m	35 g		67,5 *l*	1 €		10 min

13. Forme nach jeder Variablen um.

a) $y = mx$ **c)** $e = -x + q$ **e)** $s = -mx - n$

b) $y = x - b$ **d)** $z = kx - l$ **f)** $y = t(a + b) - r$

14. Betrachte die Formeln aus der Physik.

(1) $s = v \cdot t$ (2) $F = D \cdot s$ (3) $F_1 \cdot l_1 = F_2 \cdot l_2$

Isoliere in den Formeln jede auftretende Variable.

VERHÄLTNISGLEICHUNGEN

Unterschied und Verhältnis als Hilfsmittel beim Vergleich zweier Größen – Verhältnisgleichung

Einstieg

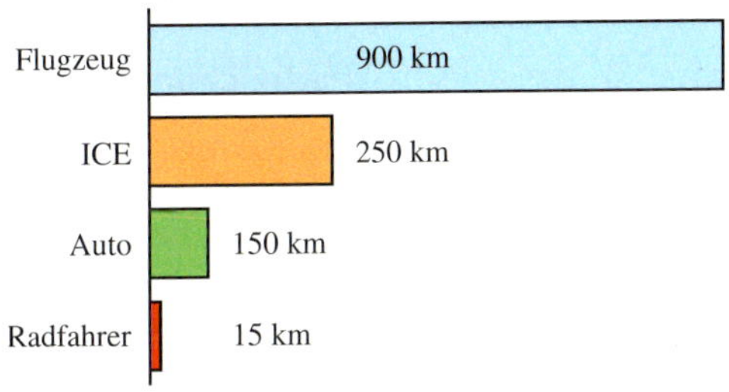

Links sind Entfernungen angegeben, die in einer Stunde zurückgelegt werden können.

→ Vergleicht die Angaben auf unterschiedliche Weise.

→ Präsentiert eure Ergebnisse.

Aufgabe

1 DM ≈ 0,51 €

1. Im Jahre 1960 kostete eine Eintrittskarte in einem bestimmten Kino 1,60 DM.
Im Jahre 2000 musste man an derselben Kinokasse 11,60 DM für eine Eintrittskarte bezahlen. Vergleiche die Preise.

Lösung

1. Möglichkeit

Wir berechnen den Preisunterschied (die Preisdifferenz):
11,60 DM – 1,60 DM = 10,00 DM

Ergebnis: Der Preis erhöhte sich um 10 DM.

2. Möglichkeit

Wir berechnen, in welchem Verhältnis die Preise zueinander stehen.
Wir schätzen: Der Preis hat sich ungefähr versiebenfacht.
Das kann man genauer berechnen:

$$x = \frac{11{,}60\text{ DM}}{1{,}60\text{ DM}} = \frac{1\,160}{160} = \frac{29}{4} = 7\tfrac{1}{4}$$

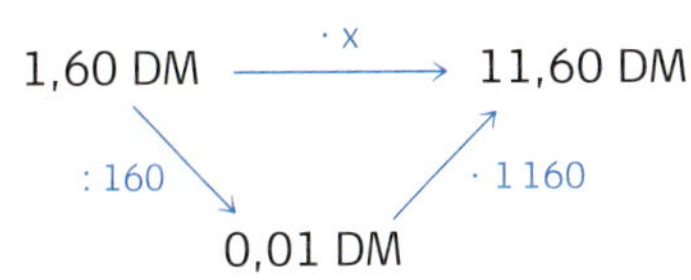

Ergebnis: Der Preis im Jahre 2000 ist das $7\frac{1}{4}$fache (das $\frac{29}{4}$fache) des Preises von 1960.
Man sagt auch:
Das Verhältnis des Preises von 2000 zum Preis von 1960 ist $7\frac{1}{4}$ (bzw. $\frac{29}{4}$) oder
Der Preis von 2000 verhält sich zum Preis von 1960 wie 29 zu 4.

Man schreibt:

Preis von 2000 : Preis von 1960 = 29 : 4 oder $\frac{\text{Preis von 2000}}{\text{Preis von 1960}} = \frac{29}{4}$

Information

(1) Verhältnis zweier Größen bzw. Zahlen

Beim Vergleich zweier Größen a und b bezeichnet man den Quotienten a : b bzw. den Bruch $\frac{a}{b}$ auch als **Verhältnis**.
Den Term a : b bzw. $\frac{a}{b}$ liest man dann *a zu b*.

(2) Verhältnisgleichung

Beim Lösen der Aufgabe 1 auf Seite 97 (2. Möglichkeit) erhalten wir zwei gleich große Verhältnisse, nämlich $\frac{11{,}60\text{ DM}}{1{,}60\text{ DM}}$ und $\frac{29}{4}$ (bzw. 11,60 DM zu 1,60 DM und 29 zu 4).

Es gilt: $\frac{11{,}60\text{ DM}}{1{,}60\text{ DM}} = \frac{29}{4}$. Eine solche Gleichung heißt *Verhältnisgleichung* (*Proportion*).

> Eine Gleichung der Form $\frac{a}{b} = \frac{c}{d}$ heißt **Verhältnisgleichung** (*Proportion*).
> Man schreibt auch: $a : b = c : d$ und liest: *a verhält sich zu b wie c zu d.*

Zum Festigen und Weiterarbeiten

2. a) Mark rechnet das Verhältnis der Preise einer Kinokarte aus Aufgabe 1 von Seite 97 auf folgende Weise aus:

> Das Siebenfache des Preises von 1960 ergibt 11,20 DM. Es bleiben 40 Pf (0,40 DM) Differenz zu 11,60 DM. 0,40 DM ist $\frac{1}{4}$ von 1,60 DM.
> Das ergibt zusammen: 11,60 DM ist das $7\frac{1}{4}$fache von 1,60 DM.

Vergleiche die Lösungswege aus Aufgabe 1 und Aufgabe 2.
Bewerte die Lösungswege.

b) Im Jahre 1999 kostete 1 Liter Superbenzin an einer bestimmten Tankstelle 1,65 DM. Gib das Verhältnis dieses Preises zum Preis von 1963 (45 Pf) an.

c) (1) Gib den Preisunterschied in Prozent des Preises von 1963 an.
(2) Gib das Verhältnis der Preise von 1999 und von 1963 in Prozent an.

3. Welche der folgenden Gleichungen sind Verhältnisgleichungen? Lies diese auch laut.

(1) $\frac{3}{4} = \frac{x}{5}$ (2) $\frac{x-2}{x+1} = \frac{2}{x+2}$ (3) $\frac{x}{y} + \frac{y}{x} = 1$ (4) $\frac{3}{4} = \frac{15}{20}$ (5) $\frac{3}{4} \cdot \frac{2}{3} = \frac{3}{10}$

4. Welche der Verhältnisgleichungen sind wahre Aussagen?
Korrigiere gegebenenfalls die rechte Seite der Gleichung.

a) $\frac{60\text{ Cent}}{80\text{ Cent}} = \frac{3}{4}$ b) $\frac{120\text{ km}}{720\text{ km}} = \frac{1}{6}$ c) $\frac{2}{7} = \frac{120\text{ kg}}{300\text{ kg}}$ d) $\frac{7}{5} = \frac{126}{85}$ e) $\frac{4}{3} = \frac{5}{4}$

Übungen

5. Vergleiche den Anstieg der Geldwerte (alte Bundesländer) auf zwei Weisen.

a) Durchschnittlicher Bruttostundenlohn eines Arbeiters
1960: 2,90 DM
2000: 28,99 DM

b) 1 Liter Normalbenzin
1960: 0,60 DM
2000: 1,96 DM

c) 1 Liter Vollmilch
1960: 0,66 DM
2000: 1,22 DM

d) 1 Kilogramm Roggenbrot
1960: 0,77 DM
2000: 4,31 DM

6. Eine Straße steigt auf 75 m waagerecht um 5,70 m an. An der Straße steht das abgebildete Schild.
Stimmt die Angabe?

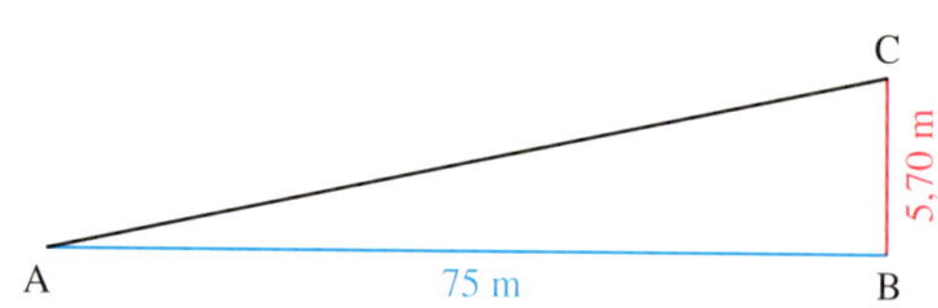

$\frac{a}{b} \times \frac{c}{d}$
„über Kreuz multiplizieren“

7. Gegeben ist die Verhältnisgleichung $\frac{a}{b} = \frac{c}{d}$.
Zeige, dass man „über Kreuz“ multiplizieren darf: $a \cdot d = b \cdot c$.
Das heißt: Aus $\frac{a}{b} = \frac{c}{d}$ folgt $a \cdot d = b \cdot c$ für $b \neq 0,\ d \neq 0$.

Anwenden von Verhältnissen und Verhältnisgleichungen

Einstieg

Lara hat einen Roller. Sie braucht dafür ein Gemisch 1 : 50 (Öl- zu Benzinvolumen).

→ Sie tankt 3,4 *l* Benzin.
Wie viel Öl muss zugegeben werden?

→ Ein anderes Mal kauft sie eine Dose mit 60 ml Öl.
Wie viel *l* Benzin muss sie tanken?

→ Berichtet über euer Vorgehen.

Aufgabe

1. Zwei Nachbarn, Andreas und Bernd, spielen gemeinsam Lotto. Andreas zahlt 3 €, Bernd 5 € ein. Sie gewinnen zusammen 720 €.
Wie viel erhält jeder, wenn der Gewinn im Verhältnis der Einsätze verteilt wird?
Rechne auf zwei Wegen.

Lösung

1. Weg

Weil Andreas 3 € und Bernd 5 € eingezahlt haben, muss der Gewinn im Verhältnis 3 : 5 verteilt werden.
Andreas erhält also 3 Teile, Bernd 5 Teile des Gewinns. Das sind zusammen 8 Teile, die verteilt werden müssen. Auf jeden Teil entfallen: 720 € : 8 = 90 €
Andreas erhält: 90 € · 3 = 270 €
Bernd erhält: 90 € · 5 = 450 €

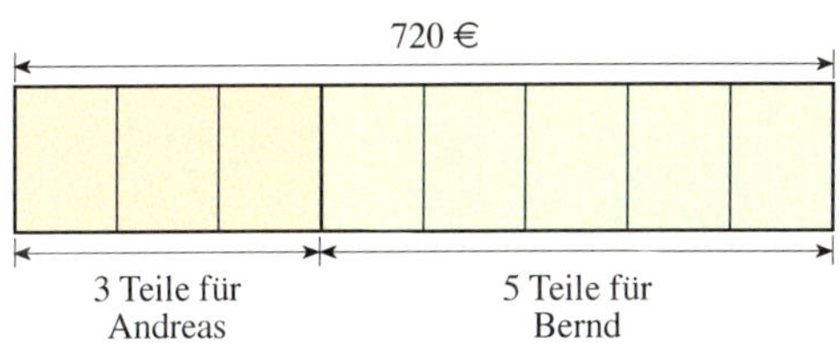

2. Weg

(1) *Aufstellen einer Verhältnisgleichung*

Andreas, der 3 € eingezahlt hat, erhält x €. Dann erhält Bernd (720 – x) €.

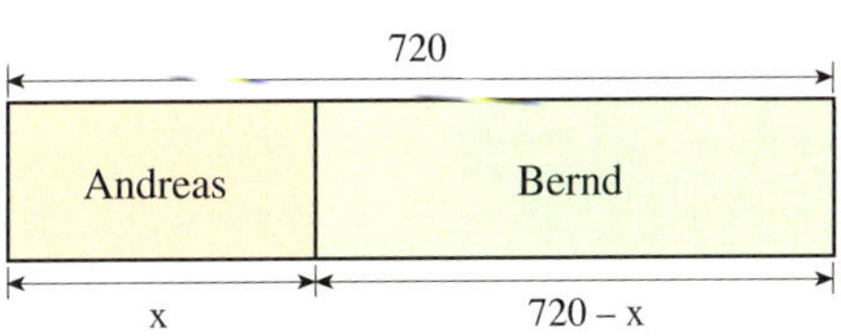

Es gilt: $\frac{720 - x}{x} = \frac{5}{3}$

(2) *Bestimmen der Lösung*

$D = \mathbb{Q} \setminus \{0\}$

0 musst du für x ausschließen, da du sonst durch 0 dividieren würdest.

Wir formen nun für $x \neq 0$:

$$\frac{720 - x}{x} = \frac{5}{3} \quad | \cdot x$$
$$\frac{720 - x}{x} \cdot x = \frac{5}{3} \cdot x \quad | \cdot 3$$
$$(720 - x) \cdot 3 = 5 \cdot x$$
$$2\,160 - 3x = 5x$$
$$-8x = -2\,160$$
$$x = 270$$

Bernd erhält dann: (720 – 270) € = 450 €

(3) *Ergebnis:* Andreas erhält 270 €, Bernd 450 €.

Zum Festigen und Weiterarbeiten

2. **a)** Zwei Personen A und B teilen sich einen Gewinn von 1 200 € im Verhältnis 2 : 3. Wie viel Euro erhält jede Person? Beschreibe dein Vorgehen.

b) Eine Erbschaft von 1 800 € wird unter zwei Geschwistern im Verhältnis 5 : 7 verteilt. Wie viel Euro erhält jeder von der Erbschaft? Beschreibe dein Vorgehen.

Übungen

Vergiss die Probe nicht.

3. Bestimme die Lösungsmenge. Gib auch die Definitionsmenge an.

a) $\frac{3}{2} = \frac{x}{4}$ **c)** $\frac{16}{7} = \frac{8}{x}$ **e)** $\frac{x-9}{8} = \frac{5}{2}$ **g)** $\frac{12x}{9} = \frac{28-x}{12}$ **i)** $\frac{17}{24} = \frac{49+a}{36a}$

b) $\frac{2}{x} = \frac{5}{11}$ **d)** $\frac{x+2}{4} = \frac{3}{5}$ **f)** $\frac{6}{x+2} = \frac{4}{9}$ **h)** $\frac{2}{5} = \frac{4x}{6+x}$ **j)** $\frac{\frac{1}{2}y+1}{-2y} = \frac{3}{4}$

4. Die Kosten für einen Zivilprozess betragen 665 €. Sie werden von den streitenden Parteien im Verhältnis 4 : 3 getragen. Wie viel Euro hat jede Partei zu zahlen?

5. In einem Zweifamilienhaus betrugen in einem Jahr die Kosten für die gemeinsame Ölheizung 1 026 €. Die Heizkosten der Familien werden nach der Größe der Wohnungen (80 m^2 bzw. 110 m^2) berechnet.
Wie viel Euro muss jede Familie für die Heizung bezahlen?

6. Die Kühlflüssigkeit des Kühlsystems eines Pkw besteht bei Frostsicherheit bis −27° aus 2 Teilen Frostschutzmittel und 3 Teilen Wasser. Das Kühlsystem fasst 7,5 *l*.
Wie viel *l* Frostschutzmittel und wie viel *l* Wasser braucht man?

7. *Verhältnis von drei bzw. vier Größen*

a) Ein Gewinn von 13 500 € wird unter drei Personen A, B, C im Verhältnis 4 : 3 : 2 verteilt.
Wie viele Teile erhält jeder?
Welche Anteile am Gewinn sind das?
Wie viel Euro erhält jeder?

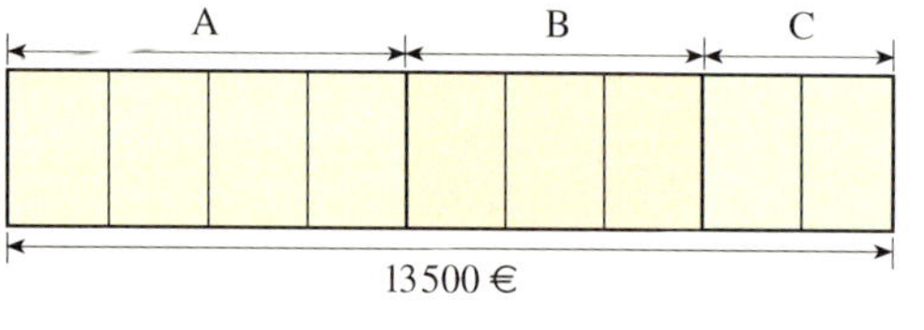

Anleitung: Entnimm der Zeichnung, in wie viele gleich große Teile man sich den Gewinn aufgeteilt denken kann.

b) Ein Gewinn von 8 700 € wird im Verhältnis 1 : 2 : 3 : 4 verteilt.

8.

Durch Anzupfen einer Saite kann man einen Ton erzeugen. Verkürzt man die Saite (z. B. durch Fingerdruck), so erhält man einen höheren Ton. Grundton und höhere Töne bilden zusammen ein Tonintervall. Bestimmte Tonintervalle haben eigene Namen:
Sekunde (10 : 9), Terz (5 : 4), Quarte (4 : 3), Quinte (3 : 2), Sexte (5 : 3), Septime (15 : 8), Oktave (2 : 1) usw.
In Klammern steht jeweils das Längenverhältnis der langen zur verkürzten Saite.

a) Eine Saite ist 60 cm lang. Wie lang muss jeweils die verkürzte Saite sein, damit man die einzelnen Intervalle erhält?

b) Die verkürzte Saite ist 36 cm lang. Wie lang muss die längere Saite sein, damit man die angegebenen Intervalle erhält?

BIST DU FIT?

1. Die Oberfläche der abgebildeten quadratischen Pyramide besteht aus 4 Dreiecken und der quadratischen Grundfläche.

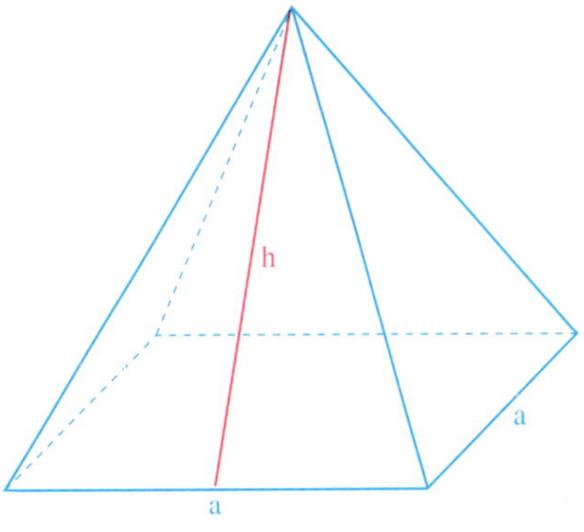

a) Begründe die Formel für den Oberflächeninhalt der Pyramide.
$O = a^2 + 4 \cdot \frac{a \cdot h}{2}$

b) Isoliere die Variable h.

c) Berechne h für $O = 72\ \text{cm}^2$ und $a = 4$ cm.

2. Isoliere nacheinander jede vorkommende Variable.

a) $u = a + b + 2s$ **b)** $y = 3(a - b)$ **c)** $4x + 7z = k$ **d)** $l = \frac{4k}{s}$ **e)** $w = xyz$ **f)** $x = \frac{(a + b)c}{d}$

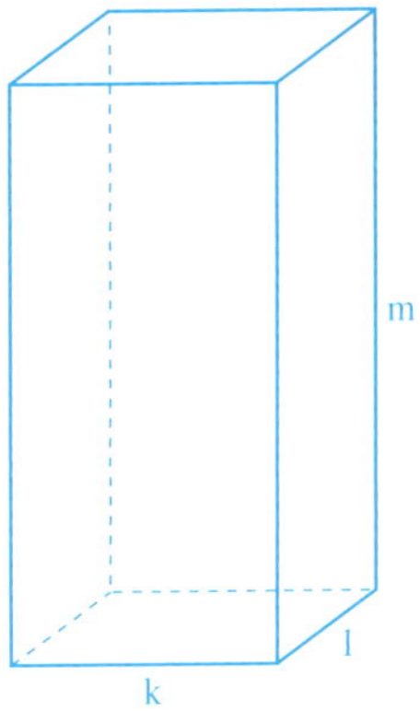

3. a) Stelle eine Formel für die gesamte Kantenlänge des Quaders auf.

b) Isoliere jede Variable.

c) Isoliere in den Formeln jede Variable.
(1) $y = -7x + 3$ (3) $a \cdot (b - 4) = c$
(2) $2x = 3y + 4z$ (4) $2(x - 3y) + 4z = -6x$

4. Vergleiche auf zwei Weisen.

Gewicht eines Elefanten: 7,5 t

Gewicht eines Mittelklasse-Pkw: 1 500 kg

5. a) Zwei Personen teilen sich einen Gewinn von 2 500 € im Verhältnis 2 : 3.
Wie viel Euro erhält jede Person?

b) In einem Zweifamilienhaus betrugen die Kosten für die Umgestaltung der gemeinsamen Gartenanlage 720 €. Die beiden Familien einigen sich darauf, die Kosten nach der Anzahl der jeweiligen Familienmitglieder zu berechnen (3 Personen bzw. 5 Personen).

6. Flüssigblumendünger soll mit Wasser im Verhältnis 1 : 50 gemischt werden.

a) Wie viel ml Dünger muss man in eine Gießkanne (10 *l* Inhalt) geben?

b) In der Düngerflasche befinden sich noch 125 ml Flüssigdünger.
Wie viel Wasser wird zum Mischen benötigt?

5 Ähnlichkeit

Nicole will im Unterricht ein Referat über Zerlegungen eines Quadrates in Quadrate halten. Als Vorlage dient ihr eine Briefmarke, die 1998 zum Internationalen Mathematikerkongress in Berlin von der Deutschen Post ausgegeben wurde. Nicole zeichnet die Zerlegung des Quadrats mit einem Geometrieprogramm ab.

Bei der Projektion der Zeichnung mithilfe eines Beamers erhält Nicole zunächst das linke Bild. Nachdem sie den Beamer anders aufgestellt hat, erhält sie das Bild rechts.

- → Was hat Nicole bei der linken Projektion falsch gemacht?
- → Vergleiche die Zerlegung des Quadrats in der Zeichnung rechts oben mit den Projektionen auf der Wand.

Das projizierte Bild rechts ist eine maßstäbliche Vergrößerung der Zeichnung oben rechts. Man sagt dann auch: Beide Bilder sind *ähnlich* zueinander.

In diesem Kapitel lernst du ...

... wie du zueinander ähnliche Figuren konstruieren und wie du ihre Eigenschaften in Sachsituationen anwenden kannst.

MASSSTÄBLICHES VERGRÖSSERN UND VERKLEINERN

Einstieg

Digitalkameras nehmen Bilder im Format 27 mm × 36 mm auf. Das Bild rechts soll in einem Buch auf volle Textbreite (144 mm) unverzerrt abgebildet werden.

➜ Wie hoch wird das Bild?
Präsentiere dein Ergebnis.

Aufgabe

1. Kleinbildkameras liefern Bilder (so genannte Negative) der Größe 24 mm mal 36 mm. Es werden maßstäblich vergrößerte Abzüge hergestellt. Die größere Seite ist 18 cm lang. Wie lang ist dann die andere Seite?

Lösung

Beim maßstäblichen Vergrößern werden beide Seiten des Negativs mit demselben Faktor k vergrößert.
Für die längere Seite des Abzugs gilt: $k \cdot 36\text{ mm} = 180\text{ mm}$
Der Vergrößerungsfaktor ist 5, denn $5 \cdot 36\text{ mm} = 180\text{ mm} = 18\text{ cm}$.
Für die kürzere Seite des Abzugs gilt dann entsprechend:
$5 \cdot 24\text{ mm} = 120\text{ mm} = 12\text{ cm}$

Ergebnis: Die kürzere Seite des Abzugs ist 12 cm lang.

Zum Festigen und Weiterarbeiten

2. *Verkleinern einer Figur*
Tanjas Eltern wollen eine neue Wohnung beziehen. Dort erhält Tanja ein Zimmer, das 4,50 m lang und 3,50 m breit ist. Um die Aufstellung ihrer Möbel zu planen, zeichnet sie ein Rechteck für den Grundriss des Zimmers. Für die Länge wählt sie 9 cm.
Gib den Verkleinerungsfaktor an.
Finde selbst weitere geeignete Möglichkeiten, den Grundriss maßstäblich verkleinert zu zeichnen. Gib jeweils auch den Verkleinerungsfaktor an. Präsentiere dein Ergebnis.

$: 4$ bedeutet dasselbe wie $\cdot \frac{1}{4}$

3. Vergrößere die Figur mit dem Faktor 2 durch
(1) Verdopplung der Anzahl der Karos; (2) Verdopplung der Seitenlänge eines Karos.

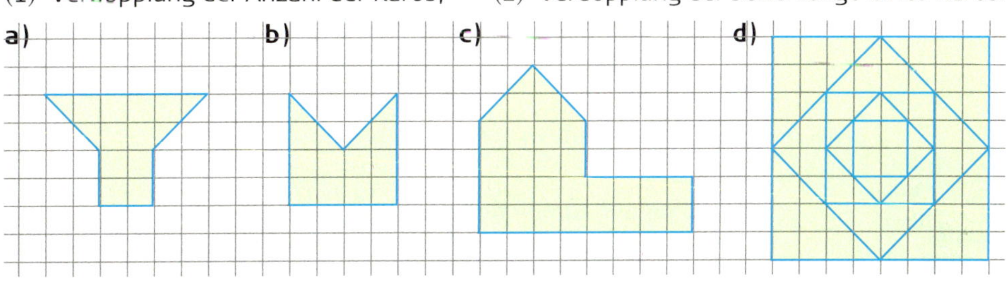

4. Wähle eine Figur aus Aufgabe 3. Verkleinere sie mit dem Faktor $\frac{1}{2}$.

Information

Ein Beamer vergrößert; ebenso kann man mit einem Fotokopiergerät vergrößern, aber auch verkleinern.

Beim **maßstäblichen Vergrößern** einer Figur ist der Faktor k größer als 1, beim **maßstäblichen Verkleinern** liegt der Faktor zwischen 0 und 1.

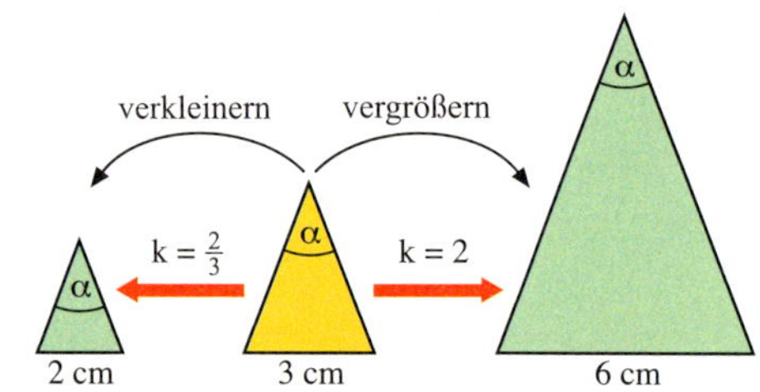

Das maßstäbliche Vergrößern bzw. Verkleinern bedeutet:

- Die Größen entsprechender Winkel bleiben erhalten.
- Die Längen von Strecken werden mit *demselben* positiven Faktor multipliziert.

Man sagt: Originalfigur und maßstäbliche Vergrößerung bzw. Verkleinerung sind **ähnlich** zueinander. Den Vergrößerungs- bzw. Verkleinerungsfaktor nennt man auch einheitlich **Ähnlichkeitsfaktor**.

Übungen

5.

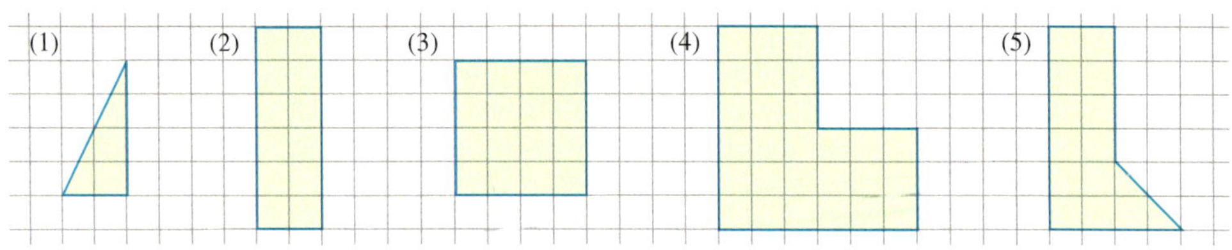

Vergrößere bzw. verkleinere die Figur maßstäblich mit dem angegebenen Faktor:

a) $k = 2$ **b)** $k = 1,5$ **c)** $k = 0,5$ **d)** $k = 2,5$

6. Konstruiere zunächst die Figur. Vergrößere bzw. verkleinere dann die Figur maßstäblich mit dem Faktor: (1) 2; (2) 0,5; (3) 2,5; (4) $\frac{1}{4}$; (5) 0,8.
Untersuche auch, ob die Symmetrie der Figur erhalten bleibt. Erkläre.

a) Rechteck ABCD mit den Seitenlängen $a = 6$ cm und $b = 4$ cm

b) Quadrat ABCD mit der Seitenlänge $a = 4$ cm

c) Raute ABCD mit $a = 4,4$ cm und $\alpha = 30°$

d) Parallelogramm ABCD mit $a = 6$ cm, $b = 4$ cm und $\beta = 125°$

e) Gleichseitiges Dreieck ABC mit der Seitenlänge $a = 4,8$ cm

f) Gleichschenkliges Dreieck ABC mit der Basis $\overline{AB} = 5,3$ cm und $\alpha = 65°$.

7. Um eine Figur abzuzeichnen, kann man sie mit einem Quadratraster „überziehen".
Vergrößere die Figur mit dem Faktor

a) 1,5; **b)** 2.

Beschreibe dein Vorgehen.

8. *Erkundet eure Umwelt:* Sucht Geräte in eurer Umgebung, die ähnliche Bilder erzeugen. Beschreibt die Geräte und ihre Funktionsweise. Präsentiert eure Ergebnisse.

ÄHNLICHE VIELECKE – EIGENSCHAFTEN

Zueinander ähnliche Vielecke – Längenverhältnisse

Einstieg

Fotogeschäfte bieten für die Abzüge von Negativen verschiedene Größen an.

→ Ist auf den Abzügen der vollständige Inhalt des Negativs (24 mm × 36 mm) wiedergegeben?
Begründet.

→ Ändert gegebenenfalls die Maße der Abzüge so, dass alles darauf passt.

Bearbeitet die Aufgabenstellungen arbeitsteilig und berichtet darüber.

SPARBILD

FORMAT	PREIS	FORMAT	PREIS
9 × 13 cm	0,15 €	18 × 27 cm	0,99 €
10 × 15 cm	0,25 €	21 × 30 cm	1,79 €
13 × 18 cm	0,39 €	20 × 25 cm	1,79 €
15 × 21 cm	0,79 €	25 × 38 cm	1,99 €

SONDERGRÖSSEN APS.

10 × 18 cm (H-FORMAT)	0,29 €
10 × 25 cm (P-FORMAT)	0,39 €

Aufgabe

1. Das Bild des Künstlers ist eingerahmt worden. Das Bild allein ist ein Rechteck, das 55 cm lang und 40 cm breit ist. Ebenso ist das Bild zusammen mit dem Rahmen ein Rechteck mit den Maßen 65 cm und 50 cm.
Vergleiche beide Rechtecke.
Welche Bedingung muss erfüllt sein, damit das eine Rechteck eine maßstäbliche Vergrößerung des anderen Rechtecks ist?

Lösung

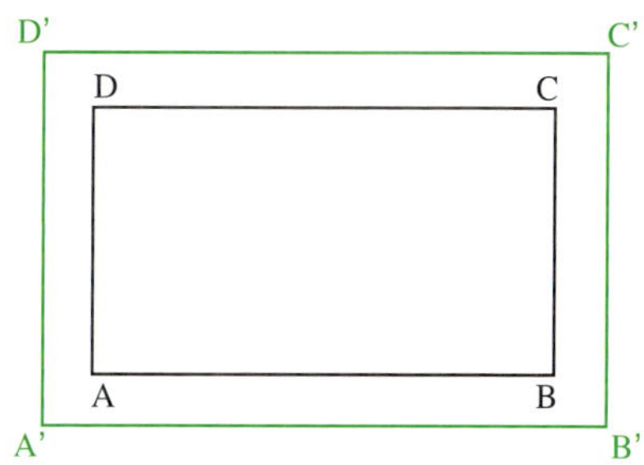

Wenn das Bild zusammen mit dem Rahmen (Rechteck A'B'C'D') eine maßstäbliche Vergrößerung des Bildes (Rechteck ABCD) sein soll, so muss sowohl die Seitenlänge $\overline{AB}$ als auch die Seitenlänge $\overline{BC}$ mit *demselben* Faktor vergrößert werden.

Es muss also gelten:

$k \cdot \overline{AB} = \overline{A'B'}$ und $k \cdot \overline{BC} = \overline{B'C'}$

also:

$k = \frac{\overline{A'B'}}{\overline{AB}}$ *und* $k = \frac{\overline{B'C'}}{\overline{BC}}$

Für die Maße der beiden Rechtecke gilt:

$\overline{A'B'} = 65$ cm; $\overline{B'C'} = 50$ cm; $\overline{AB} = 55$ cm; $\overline{BC} = 40$ cm

Damit erhält man:

$\frac{\overline{A'B'}}{\overline{AB}} = \frac{65\text{ cm}}{55\text{ cm}} = 1\frac{2}{11}$ und $\frac{\overline{B'C'}}{\overline{BC}} = \frac{50\text{ cm}}{40\text{ cm}} = 1\frac{1}{4}$

Die beiden Quotienten stimmen wegen $1\frac{2}{11} \neq 1\frac{1}{4}$ nicht überein.

Ergebnis: Das eine Rechteck ist *nicht* die maßstäbliche Vergrößerung des anderen.

Information

(1) Verhältnisse zweier Längen

In Aufgabe 1 haben wir zur Bestimmung des Vergrößerungs- bzw. Verkleinerungsfaktors Längen verglichen und dabei den Quotienten der Längen gebildet.

Beim Vergleich zweier Längen a und b bezeichnet man den Bruch $\frac{a}{b}$ bzw. den Quotienten a : b auch als **Längenverhältnis** oder kurz als **Verhältnis**.
Den Bruch $\frac{a}{b}$ bzw. den Quotienten a : b liest man dann: *a (verhält sich) zu b.*

Beispiel:
$\overline{AB} = 0{,}9$ cm und $\overline{CD} = 1{,}5$ cm. Dann gilt:

$\frac{\overline{AB}}{\overline{CD}} = \frac{0{,}9\text{ cm}}{1{,}5\text{ cm}} = \frac{9}{15} = \frac{3}{5} = 0{,}6$ bzw. anders geschrieben:

$\overline{AB} : \overline{CD} = 0{,}9 : 1{,}5 = 9 : 15 = 3 : 5 = 0{,}6$

Das bedeutet auch: Die Strecke $\overline{AB}$ ist 0,6-mal so lang wie die Strecke $\overline{CD}$.

Eine Gleichung wie a : b = 3 : 5 (*Verhältnisgleichung* oder *Proportion* genannt) liest man auch: *a (verhält sich) zu b wie 3 zu 5.*

Beachte: Das Verhältnis zweier Längen ist eine Zahl.

Proportion (lat.) entsprechendes Verhältnis

(2) Ähnliche Vielecke – Längenverhältnis entsprechender Seiten

Die Einstiegsaufgabe zeigt uns, dass beim Vergrößern mit demselben Faktor k das Längenverhältnis entsprechender Seiten erhalten bleibt. Dies macht noch einmal das folgende Beispiel deutlich:

Das Rechteck A′B′C′D′ ist das mit dem Faktor k vergrößerte Bild des Rechtecks ABCD, also:

$k = \frac{\overline{A'B'}}{\overline{AB}} = \frac{\overline{B'C'}}{\overline{BC}}$

d. h., die Längenverhältnisse entsprechender Seiten stimmen überein.
Entsprechendes gilt auch für das maßstäbliche Verkleinern.

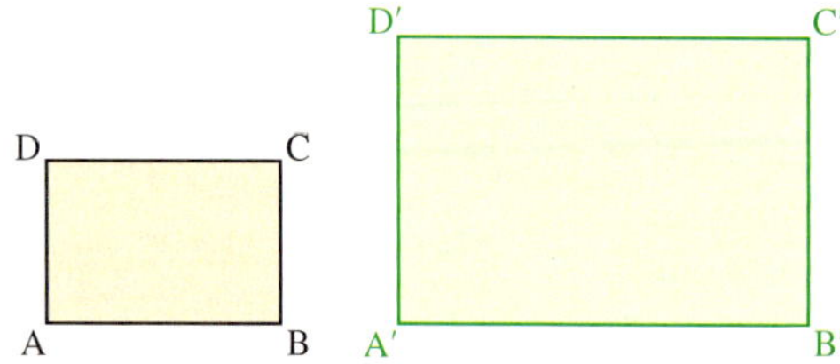

Beim maßstäblichen Vergrößern bzw. Verkleinern wird die Größe von Winkeln *nicht* verändert (siehe dazu auch das Beispiel in der Information auf Seite 104).

Originalfigur und maßstäbliche Vergrößerung bzw. Verkleinerung heißen **ähnlich zueinander**.
Den Vergrößerungs- bzw. Verkleinerungsfaktor nennt man auch einheitlich **Ähnlichkeitsfaktor**.
Zwei Vielecke F und G sind genau dann ähnlich zueinander, wenn
(1) die Längenverhältnisse einander entsprechender Seiten der Vielecke übereinstimmen und
(2) entsprechende Winkel gleich groß sind.
Das gemeinsame Längenverhältnis ist der Ähnlichkeitsfaktor k.

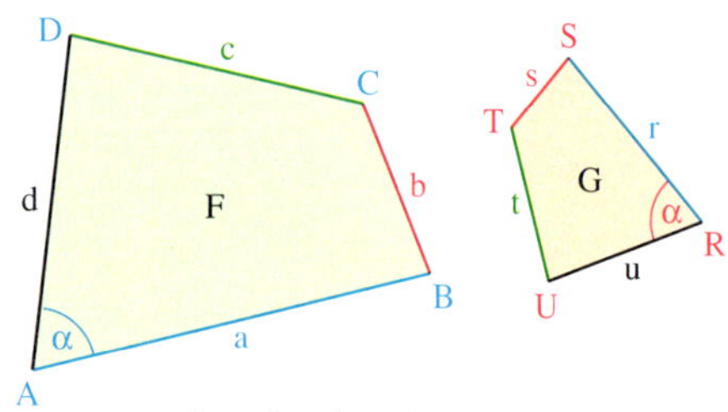

$\frac{r}{a} = \frac{s}{b} = \frac{t}{c} = \frac{u}{d} = k$

bzw. $r : a = s : b = t : c = u : d = k$

Zum Festigen und Weiterarbeiten

2. a) Zeichne auf zwei verschiedene Weisen zwei Streckenpaare $\overline{AB}$ und $\overline{CD}$ mit dem Längenverhältnis:

(1) $\frac{\overline{AB}}{\overline{CD}} = \frac{3}{2}$ (2) $\frac{\overline{AB}}{\overline{CD}} = 2$ (3) $\frac{\overline{AB}}{\overline{CD}} = 0{,}4$ (4) $\frac{\overline{AB}}{\overline{CD}} = 1{,}2$

b) Das Verhältnis $\overline{PQ} : \overline{RS}$ beträgt 3 : 4 [4 : 3]. Bestimme die fehlende Länge.

(1) $\overline{RS} = 120$ cm (2) $\overline{RS} = 72$ mm (3) $\overline{PQ} = 84$ mm (4) $\overline{PQ} = 48$ mm

3. Die Rechtecke ABCD und A′B′C′D′ sollen ähnlich zueinander sein. Es gilt dann nach der Information auf Seite 106:

$$\frac{\overline{A'B'}}{\overline{AB}} = \frac{\overline{B'C'}}{\overline{BC}}$$

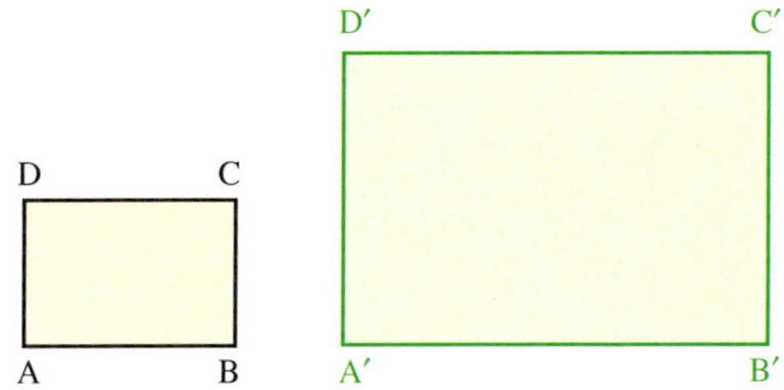

Zeige durch Umformen:

Das Verhältnis der Seiten $\overline{A'B'}$ und $\overline{B'C'}$ des Rechtecks A′B′C′D′ stimmt mit dem Verhältnis der Seiten $\overline{AB}$ und $\overline{BC}$ des Rechtecks ABCD überein, also:

$$\frac{\overline{A'B'}}{\overline{B'C'}} = \frac{\overline{AB}}{\overline{BC}}$$

Längenverhältnisse zweier Seiten derselben Figur bei zueinander ähnlichen Vielecken

Zwei Vielecke F und G sind genau dann zueinander ähnlich, wenn

(1) das Längenverhältnis je zweier Seiten des Vielecks F und das Längenverhältnis der entsprechenden Seiten des Vielecks G übereinstimmen sowie

(2) entsprechende Winkel gleich groß sind.

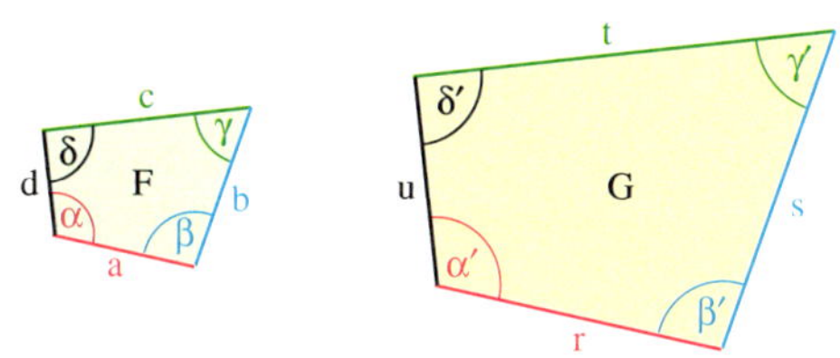

z. B.: $\frac{b}{a} = \frac{s}{r}$; $\frac{a}{c} = \frac{r}{t}$; $\frac{c}{b} = \frac{t}{s}$; $\alpha = \alpha'$

4. *Prüfen auf Ähnlichkeit*

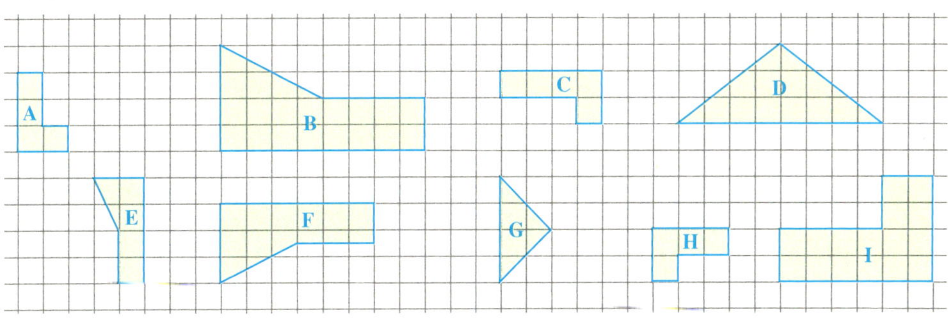

a) Übertrage die Figuren ins Heft. Welche Punkte, welche Winkel, welche Strecken entsprechen einander? Markiere farbig im Heft.
Welche der Figuren sind jeweils ähnlich zueinander?
Beschreibe dein Vorgehen.

b) Betrachte jeweils zwei zueinander ähnliche Figuren aus Teilaufgabe a).
Mit welchem Faktor muss man die Länge einer Seite der kleineren [größeren] Figur multiplizieren, um die Länge der entsprechenden Seite der anderen Figur zu erhalten?

5. Auf dem Foto links siehst du eine Mutter mit ihrer Tochter.
Man sagt im Alltag: Beide sehen sich ähnlich.
Vergleiche diesen Begriff „ähnlich" mit dem aus der Mathematik.

6. Begründe: Wenn zwei Vielecke kongruent zueinander sind, dann sind sie auch ähnlich zueinander. Wie lautet in diesem Fall der Ähnlichkeitsfaktor?

7. Der **Maßstab** bei einer Zeichnung oder Landkarte im Atlas gibt das Längenverhältnis einer Strecke in der Zeichnung zu der Strecke in der Wirklichkeit an.

a) Auf einer Landkarte mit dem Maßstab 1 : 25 000 ist der Wanderweg zwischen zwei Burgen 32 cm lang. Wie lang ist der Wanderweg in der Wirklichkeit?

b) Auf einer Hinweistafel wird ein Rundwanderweg mit 12,5 km angegeben.
Wie lang ist er auf der Wanderkarte mit dem Maßstab 1 : 50 000?

Information

Der Ähnlichkeitsfaktor k ist das Verhältnis aus der Länge einer Strecke des verkleinerten bzw. vergrößerten Bildes und der Länge der zugehörigen Originalstrecke.
Man nennt den Ähnlichkeitsfaktor auch **Ähnlichkeitsmaßstab** (kurz **Maßstab**) und schreibt ihn häufig in der Form 1 : x bzw. x : 1.

Beispiele: $k = \frac{2}{10} = 1 : 5$ $\quad k = 3 = 3 : 1$

Übungen

8. Entnimm der Zeichnung das Verhältnis $\frac{\overline{PQ}}{\overline{UV}}$ ohne zu messen. Kürze so weit wie möglich.

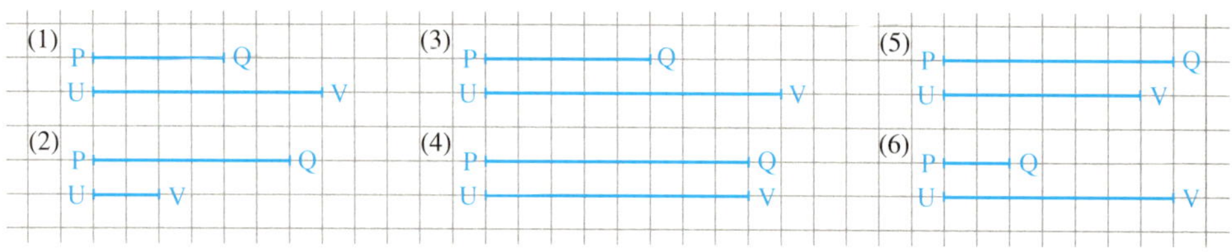

9. Berechne die Längenverhältnisse $\frac{a}{b}$ und $\frac{b}{a}$. Kürze so weit wie möglich.

a) a = 72 cm, b = 90 cm **b)** a = 30 m, b = 75 m **c)** a = 6 cm, b = 2,9 cm **d)** a = 36 mm, b = 4 cm **e)** a = 240 dm, b = 1,5 m

10. Das Längenverhältnis $\overline{UV} : \overline{XY}$ beträgt 2 : 3 [3 : 2].
Berechne die fehlende Länge: **a)** $\overline{XY}$ = 18 cm **b)** $\overline{UV}$ = 42 cm

11. Zeichne zwei Strecken $\overline{AB}$ und $\overline{CD}$ mit dem Längenverhältnis:

a) $\overline{AB} : \overline{CD} = 3 : 4$ **b)** $\overline{AB} : \overline{CD} = 3 : 2$ **c)** $\overline{AB} : \overline{CD} = 2 : 5$

Schreibe $\overline{AB}$ als Vielfaches von $\overline{CD}$, ebenso $\overline{CD}$ als Vielfaches von $\overline{AB}$.

12. Bestimme das Längenverhältnis der Strecke $\overline{AB}$ zur Strecke $\overline{CD}$.

a) $\overline{AB} = \frac{5}{2} \cdot \overline{CD}$ **b)** $2 \cdot \overline{CD} = 5 \cdot \overline{AB}$ **c)** $\overline{AB} = \overline{CD}$ **d)** $10 \cdot \overline{AB} = 7 \cdot \overline{CD}$

13. Das Längenverhältnis $\overline{UV} : \overline{XY}$ zweier Strecken beträgt:
(1) 4 : 5 (2) 1 : 3 (3) 3 : 1 (4) $1 : \sqrt{3}$ (5) $\sqrt{2} : \sqrt{3}$
Berechne die fehlende Länge.

a) $\overline{UV}$ = 1,2 m **b)** $\overline{XY}$ = 16 cm **c)** $\overline{UV}$ = 36 m **d)** $\overline{XY}$ = 15 cm

14. **a)** Gib fünf selbstgewählte Streckenpaare an, die im Längenverhältnis 4 : 5 stehen.

b) Was besagt die Verhältnisangabe 1 : 1?

15. Für ein Rechteck ABCD mit den Seitenlängen a und b gilt: $a = 6\text{ cm}$ und $\frac{b}{a} = \frac{2}{3}$.
Zeichne das Rechteck.

16. Neuere Fernseh- und Videogeräte verfügen über eine Umschaltmöglichkeit von 4 : 3 auf 16 : 9. Erkläre.
Was bedeutet das für das Bild, wenn die Bildröhre ursprünglich für das 4 : 3-Format ausgelegt ist?

17. Prüfe, ob die beiden Vielecke ähnlich zueinander sind.
Gib gegebenenfalls den Maßstab an.

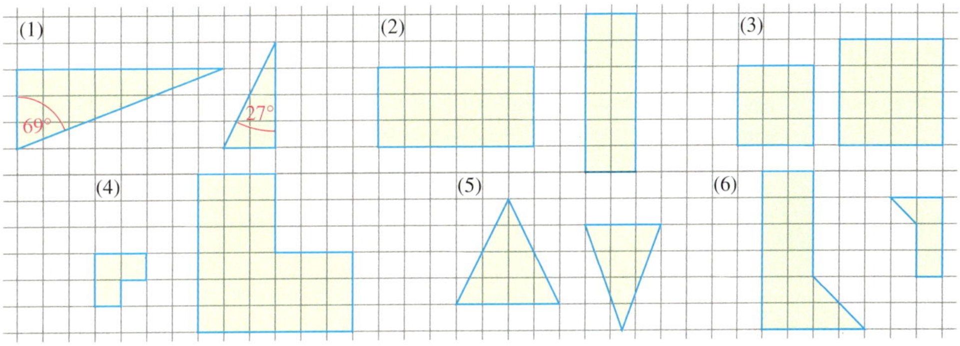

18. Gegeben ist ein Rechteck mit den Seitenlängen 4 cm und 6 cm.
Zeichne ein dazu ähnliches Rechteck, dessen eine Seitenlänge

a) 12 cm, **b)** 2 cm, **c)** 5 cm, **d)** 3,6 cm beträgt.

19. Digitalfotos können folgende Auflösungen haben:

160 × 120 Pixel	1 360 × 1 020 Pixel	2 112 × 1 584 Pixel
320 × 240 Pixel	1 783 × 1 314 Pixel	2 670 × 2 346 Pixel
640 × 480 Pixel	2 048 × 1 536 Pixel	4 082 × 2 718 Pixel

a) Welche dieser Auflösungen können verlustfrei auf Fotopapier mit dem Format 10 cm × 15 cm belichtet werden?

b) Wie viele verschiedene Längenverhältnisse kannst du feststellen?

c) Welche Formate könnten Fotopapiere entsprechender Größe wie die in Teilaufgabe a) haben, die für die anderen Längenverhältnisse geeignet sind?

d) Berechne die Gesamtzahl der Bildpunkte der einzelnen Digitalfotos.
Überlege: Was bedeutet 160 × 120 Pixel?

e) Untersuche die linke Spalte bezüglich folgender Fragen:
- Mit welchem Faktor verändern sich die Pixelzahlen von Auflösung zu Auflösung?
- Mit welchem Faktor verändern sich die Gesamtzahlen der Bildpunkte von Auflösung zu Auflösung?

Begründe jeweils deine Antworten.

20. Zeichne (1) zwei Parallelogramme, (2) zwei Rauten, die nicht zueinander ähnlich sind. Begründe.

21. ABC und A′B′C′ sind zwei zueinander ähnliche Dreiecke. Bestimme die fehlenden Seitenlängen.

a)	b)	c)	d)
a = 3 cm	a = 4 cm	a = 5,0 cm	a = 6,0 cm
b = 4 cm	b = 6 cm	b = 7,0 cm	a′ = 4,5 cm
c = 6 cm	c = 8 cm	c = 9,0 cm	b′ = 6,0 cm
a′ = 9 cm	c′ = 2 cm	a′ = 7,5 cm	c′ = 9,0 cm

22. Fenja hat eine Aufgabe zu zwei zueinander ähnlichen Dreiecken ABC und DEF bearbeitet. Kontrolliere.

$\frac{4\text{ cm}}{d} = \frac{5\text{ cm}}{6\text{ cm}}$

$d = \frac{5\text{ cm} \cdot 4\text{ cm}}{6\text{ cm}}$

$d = 3\frac{1}{3}\text{ cm}$

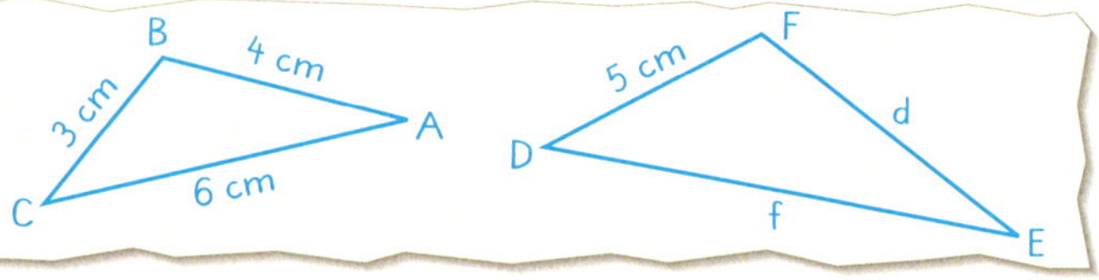

23. Der Kölner Dom ist 157 m hoch, der Eiffelturm in Paris 320 m.
Welchen Maßstab musst du jeweils wählen, damit du diese Gebäude in dein Heft (DIN A5) zeichnen kannst?

24. **a)** Auf einer Wanderkarte mit dem Maßstab 1 : 35 000 beträgt die Entfernung zweier Kirchen 6 cm.
Wie groß ist die wirkliche Entfernung (Luftlinie)?

b) Auf einer Landkarte beträgt die Entfernung zweier Orte 5 cm; in der Wirklichkeit liegen sie 12,5 km voneinander entfernt.
Welchen Maßstab hat die Karte?

25. Der Kartenausschnitt ist im Maßstab 1 : 5 000 000 gezeichnet. Gib die Luftlinienentfernung der beiden Orte an.

a) Aachen – Dortmund
b) Duisburg – Bielefeld
c) Siegen – Essen
d) Köln – Düsseldorf
e) Münster – Paderborn

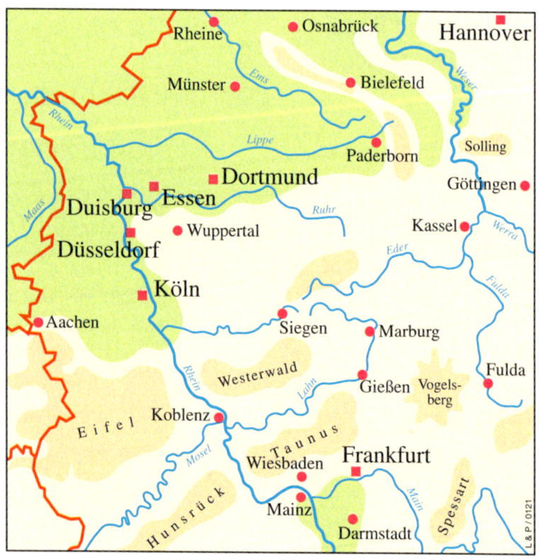

26. **a)** Ein rechteckiges Grundstück ist 23,90 m breit und 29,60 m lang.
Zeichne das Grundstück im Maßstab 1 : 300.

b) Ein Verkehrskreisel hat den Durchmesser d = 53 m. Die Straße ist 12 m breit.
Zeichne den Verkehrskreisel im Maßstab 1 : 2 000.

27. **a)** Messt euren Schulhof aus und zeichnet den Grundriss des Schulhofs. Wählt einen geeigneten Maßstab. Präsentiert euer Ergebnis.

b) *Erkundigt euch:* In welchen Berufen verwendet man maßstäbliche Vergrößerungen oder Verkleinerungen? Berichtet darüber in einem kleinen Vortrag.

28.

Spur	Maßstab
H0	1 : 87
N	1 : 160
Z	1 : 220

a) Das Modell eines ICE-Wagens für die Spur H0 hat eine Länge von 285 mm. Wie lang ist der Wagen in der Wirklichkeit?

b) Berechne die Länge des ICE-Wagens für die Spur N [für die Spur Z].

c) Eine Tür des ICE-Wagens ist 1 050 mm breit. Berechne das Maß im Modell für Spur N [Spur H0; Spur Z].

d) Das Modell des Endwagens eines ICE 3 hat bei der Spur H0 die Länge 295 mm. Berechne die Länge eines entsprechenden Endwagens bei der Spur N [Spur Z].

Flächeninhalt bei zueinander ähnlichen Vielecken

Einstieg

Im Juli 2003 kostete 1 t Rohkaffee 1 250 US-Dollar, im Juli 2005 doppelt so viel.
Ein Grafiker hat diese Preisentwicklung durch nebenstehende Grafik veranschaulicht.

➜ Beurteilt die Darstellung. Was meint ihr dazu?

2003

2005

Aufgabe

1.

a) Von einem Fotonegativ soll ein Poster hergestellt werden. Ein Fotolabor hat nebenstehendes Angebot. Bei dem größeren Poster benötigt man mehr Material.
Ist der Preis für das größere Poster gegenüber dem kleineren Poster durch den erhöhten Materialverbrauch gerechtfertigt?

b) Gegeben ist ein Rechteck ABCD mit den Seitenlängen a und b. Das Rechteck A′B′C′D′ entsteht aus ABCD durch maßstäbliches Vergrößern bzw. Verkleinern mit dem Faktor k.
Welche Beziehung besteht zwischen dem Flächeninhalt des Rechtecks ABCD und dem Flächeninhalt des Rechtecks A′B′C′D′?

Lösung

a) Länge und Breite des größeren Posters sind jeweils doppelt so groß wie beim kleineren. Wir vergleichen zunächst den Materialverbrauch für das Fotopapier.
Das 20 cm × 30 cm große Poster ist 600 cm^2 groß, das 40 cm × 60 cm große Poster 2 400 cm^2, d. h. der Materialverbrauch beim größeren Poster ist viermal so groß.
Wir vergleichen nun die Preise der beiden Poster:
Der Preis für das größere Poster ist aber nur etwa dreimal so hoch, genauer: etwa 2,9-mal so hoch.

Ergebnis: Berücksichtigt man nur den Materialverbrauch, so ist der Preis für das größere Poster eher zu niedrig.

b) Das Rechteck ABCD besitzt den Flächeninhalt $A_R = a \cdot b$. Es gilt:
$a' = k \cdot a$ und $b' = k \cdot b$

Für den Flächeninhalt des Bildrechtecks A′B′C′D′ gilt:
$A_{R'} = a' \cdot b'$
$A_{R'} = k \cdot a \cdot k \cdot b$
$A_{R'} = k^2 \cdot a \cdot b$
$A_{R'} = k^2 \cdot A_R$

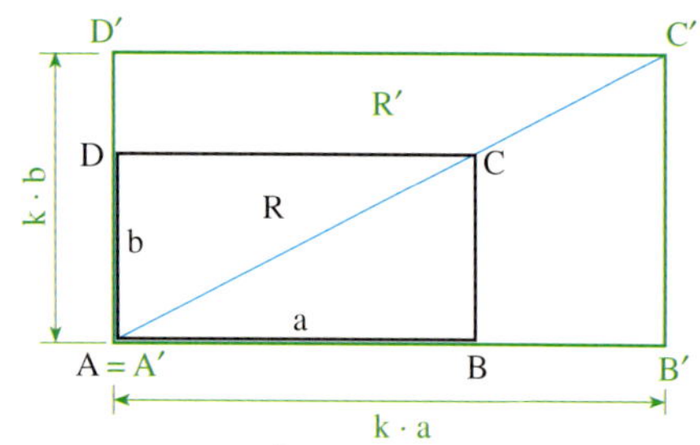

Ergebnis: Der Flächeninhalt des Rechtecks A′B′C′D′ ist k^2-mal so groß wie der Flächeninhalt des Rechtecks ABCD.

Zum Festigen und Weiterarbeiten

2. a) Vergleiche in Aufgabe 1 a), Seite 111, den Umfang des größeren Posters mit dem Umfang des kleineren Posters.

b) Begründe: Wird ein Rechteck ABCD mit dem Ähnlichkeitsfaktor k vergrößert oder verkleinert, so ist der Umfang des Rechtecks A′B′C′D′ k-mal so groß wie der Umfang des Rechtecks ABCD.

3. Das rechtwinklige Dreieck A′B′C′ soll zum Dreieck ABC ähnlich sein. Der Ähnlichkeitsfaktor soll k sein.

a) Begründe: Der Flächeninhalt des Dreiecks A′B′C′ ist k^2-mal so groß wie der des gegebenen Dreiecks ABC.

b) Leite einen entsprechenden Satz über den Umfang beider Dreiecke her.

△ **4.** Jedes Vieleck kann man in rechtwinklige Teildreiecke zerlegen. Was kann man daraus über den Flächeninhalt des Bildvielecks eines beliebigen Vielecks bei einer maßstäblichen Vergrößerung bzw. Verkleinerung folgern?

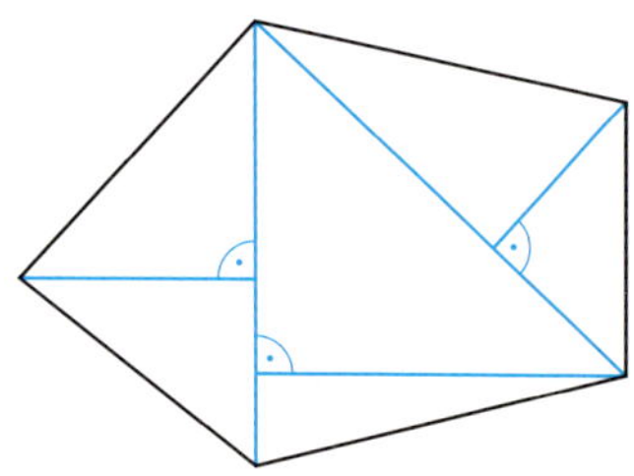

Information

Ist das Vieleck F ähnlich zum Vieleck G und entsteht G aus F durch Vergrößern oder Verkleinern mit dem Ähnlichkeitsfaktor k, so ist der Flächeninhalt A_G des Vielecks G genau k^2-mal so groß wie der Flächeninhalt A_F des Vielecks F: $\mathbf{A_G = k^2 \cdot A_F}$

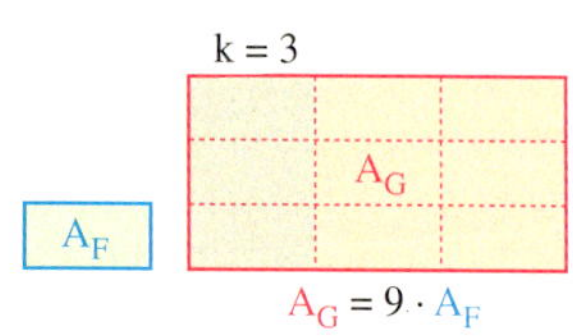

Längenverhältnis k,
Flächeninhaltsverhältnis k^2

Übungen

5. Ein Fotogeschäft bietet nebenstehende Vergrößerungen von Negativen zu den angegebenen Preisen an.

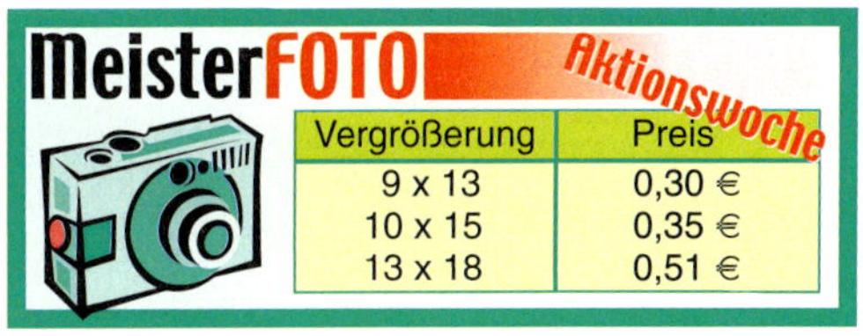

6. Das Rechteck ABCD besitzt die Seitenlängen a = 6,6 cm und b = 3,9 cm. Ein dazu ähnliches Rechteck A'B'C'D' entsteht aus ABCD mit dem Ähnlichkeitsfaktor

a) $k = 4$; **b)** $k = \frac{1}{2}$; **c)** $k = \frac{2}{3}$; **d)** $k = \frac{3}{2}$.

Berechne auf zweierlei Weise

(1) den Flächeninhalt, (2) den Umfang des Rechtecks A'B'C'D'.

7. In einem Dreieck ABC ist c = 6 cm und die zu $\overline{AB}$ gehörende Höhe $h_c = 4$ cm. Das dazu ähnliche Dreieck A'B'C' entsteht aus ABC durch den Ähnlichkeitsfaktor k. Berechne auf zweierlei Weise den Flächeninhalt des Dreiecks A'B'C'.

a) $k = 2$ **b)** $k = \frac{1}{2}$ **c)** $k = \frac{3}{4}$ **d)** $k = \frac{5}{2}$

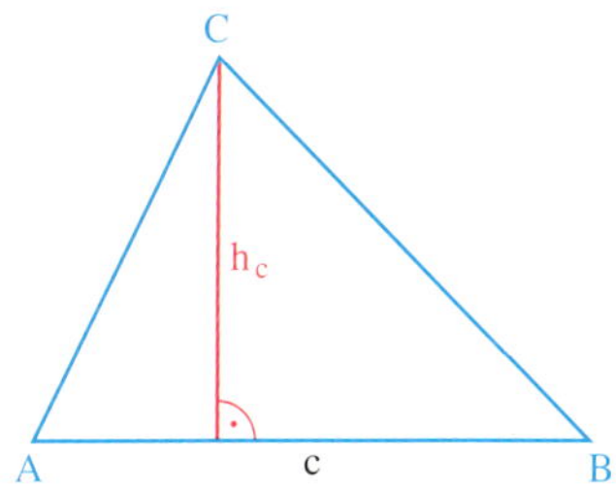

8. Das rechtwinklige Dreieck ABC mit $\gamma = 90°$ besitzt folgende Seitenlängen: a = 4,5 cm, b = 6 cm.
Von einem ähnlichen Dreieck A'B'C' kennt man a' = 3,6 cm.
Berechne auf zweierlei Weise den Flächeninhalt des Dreiecks A'B'C'.

9. Ein Viereck ABCD hat den Flächeninhalt 60 cm². Berechne den Flächeninhalt eines dazu ähnlichen Vierecks A'B'C'D' mit dem Ähnlichkeitsfaktor k.

a) $k = 3$ **b)** $k = \frac{5}{2}$ **c)** $k = \frac{4}{5}$ **d)** $k = \frac{9}{4}$ **e)** $k = \sqrt{3}$ **f)** $k = 2\sqrt{7}$

10. Ein Quadrat ABCD besitzt den Flächeninhalt 144 cm². Ein dazu ähnliches Quadrat hat den angegebenen Flächeninhalt. Berechne den Ähnlichkeitsfaktor.

a) 81 cm² **b)** 64 cm² **c)** 36 cm² **d)** 576 cm² **e)** 289 cm² **f)** 49 cm²

11. Die Quadrate ABCD und A'B'C'D' sind ähnlich zueinander; der Ähnlichkeitsfaktor beträgt k = 2. Das Quadrat A'B'C'D' besitzt den Flächeninhalt 484 cm².
Welchen Flächeninhalt besitzt das Quadrat ABCD?

12. a) Stadtpläne sind in „Planquadrate" eingeteilt. Der Stadtplan von Bonn ist im Maßstab 1 : 19 000 gezeichnet. Auf dem Plan beträgt die Seitenlänge eines solchen Quadrates 4,1 cm.
Wie groß ist die Seitenlänge des Planquadrates in der Wirklichkeit?

b) Nimm einen Plan deiner Heimatgemeinde oder deiner Heimatstadt. Wie groß ist ein Planquadrat?

13. a) Die Seitenlängen eines Rechtecks werden um 20% verlängert.
Um wie viel Prozent vergrößert sich sein Flächeninhalt?

b) Der Flächeninhalt eines Rechtecks soll verdoppelt [halbiert] werden.
Welcher Ähnlichkeitsfaktor ist zu wählen?

14. Papierformate sind genormt. Bei den Schulheften kennst du die Formate DIN A4 (großes Schulheft), DIN A5 (kleines Schulheft) und DIN A 6 (Vokabelheft).
Für die DIN-A-Formate gelten folgende Bedingungen:
(1) Die Rechtecke sind ähnlich zueinander.
(2) Durch Halbieren der längeren Seite eines Rechtecks erhält man das nächstkleinere DIN A-Format, z. B. aus DIN A4 entsteht DIN A5.
(3) Ein Rechteck des Formats DIN A0 ist 1 m^2 groß.

a) In der Tabelle unten fehlen einige Werte. Versuche, sie wieder herzustellen. Du kannst unterschiedlich rechnen.

b) Beschreibe dein Vorgehen.

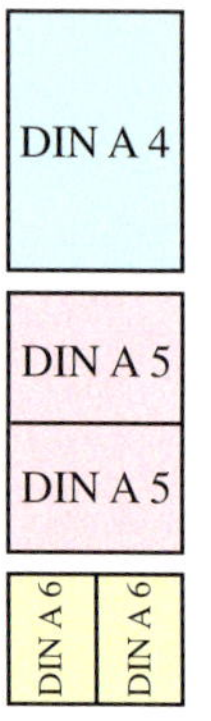

DIN A-Reihe			
Name	**Bezeichnung**	**Format**	**Fläche [m^2]**
DIN A0	Vierfachbogen	1 189 × 841 mm	1,000
DIN A1	Doppelbogen	■ × 594 mm	0,500
DIN A2	Bogen	594 × 420 mm	0,250
DIN A3	Halbbogen	420 × ■ mm	0,125
DIN A4	Viertelbogen/Brief	297 × 210 mm	0,063
DIN A5	Achtelbogen/Blatt	210 × 148 mm	0,032
DIN A6	Halbblatt/Postkarte	148 × ■ mm	0,016
DIN A7	Viertelblatt	105 × 74 mm	0,008
DIN A8	Achtelblatt	74 × 52 mm	0,004
DIN A9		■ × 52 mm	0,002
DIN A10		26 × 37 mm	0,001

15. Mit einem Fotokopiergerät kann man von Bildvorlagen verschiedene Vergrößerungen und Verkleinerungen herstellen. Dazu gibt man den gewünschten Vergrößerungs- bzw. Verkleinerungsfaktor k für die Seitenlängen auf dem Tastenfeld in Prozent ein.
Ein Quadrat mit der Seitenlänge a = 8 cm wird mit dem Faktor 141% [64%; 71%; 200%] kopiert.

a) Berechne die neue Seitenlänge des Quadrates.

b) Um welchen Faktor wird der Flächeninhalt des Quadrates vergrößert bzw. verkleinert?

c) Eine DIN-A4-Vorlage soll im DIN-A5-Format erscheinen.
Welcher Faktor (in %) ist zu wählen?

IM BLICKPUNKT: VOLUMEN BEI ZUEINANDER ÄHNLICHEN QUADERN

Nicht nur ebene Figuren, sondern auch Körper kann man maßstäblich vergrößern oder verkleinern. Wir wollen untersuchen, wie sich hierdurch Volumen und Oberflächeninhalt eines Quaders verändern.

1. **a)** Zeichne das Schrägbild des Quaders und bestimme das Volumen.

b) Verdopple nun die Kantenlängen des Quaders. Zeichne das Schrägbild.
Wievielmal lässt sich der Ausgangsquader in den vergrößerten Quader zeichnen?

c) Vergleiche das Volumen des Quaders, den du in Teilaufgabe a) dargestellt hast, mit dem Volumen in der Teilaufgabe b).

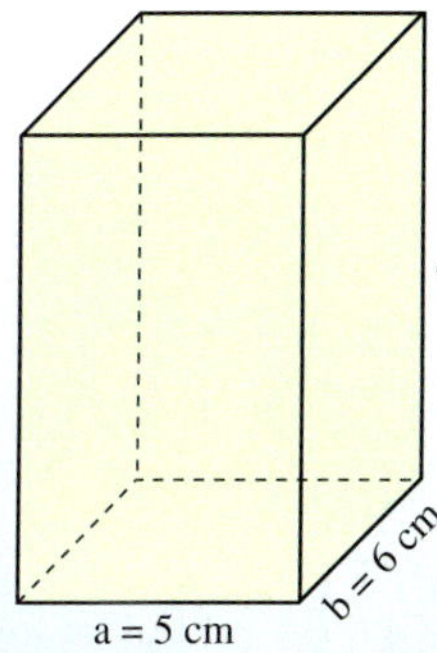

2. Max: „Wenn ich die Kantenlängen verdreifache, dann verdreifacht sich auch das Volumen des Quaders".
Lena: „Das stimmt nicht! Das Volumen wird neunmal so groß."
Nimm Stellung und begründe deine Antwort.

3. Wie ändert sich das Volumen eines Quaders beim maßstäblichen Vergrößern und Verkleinern mit dem Ähnlichkeitsfaktor k? Stelle eine Formel auf.

4.

a) Die Baufirma *Haus hoch* hat im Jahre 2006 den Bau von Häusern im Bungalowstil gegenüber dem Vorjahr verdoppelt. In der Zeitung einer Bausparkasse wird der Zuwachs wie im Bild rechts dargestellt.
Wird die Verdopplung der gebauten Häuser in der Abbildung richtig dargestellt?

b) Eine andere Baufirma erzielt beim Bau von Häusern eine Steigerung von 64%. Erstellt eine Werbeprospektseite, die die Steigerung richtig wiedergibt.

c) Sucht nach grafischen Darstellungen in Zeitungen oder Prospekten, in denen Größenverhältnisse durch ähnliche Körper dargestellt werden.
Überprüft, ob die Größenverhältnisse „richtig" sind.

5. Ein Tetrapack der Firma *Glückskuh* fasst 1 Liter Milch. Das Unternehmen möchte eine Kleinpackung auf den Markt bringen. Die Kleinpackung soll 0,5 Liter Milch fassen und dem Literpack ähnlich sehen.
Wie könnten die Abmessungen von Literpack und Kleinpackung gewählt werden?
Diskutiert in der Gruppe über sinnvolle Maße.

ÄHNLICHKEITSSATZ FÜR DREIECKE – KONSTRUKTIONEN

Ähnlichkeitssatz für Dreiecke

Einstieg

Will man die Ähnlichkeit zweier Dreiecke ABC und A*B*C* nachweisen, so muss man 6 Bedingungen nachprüfen (s. S. 106):

(1) Entsprechende Winkel sind gleich groß:
$\alpha = \alpha^*$, $\beta = \beta^*$ und $\gamma = \gamma^*$

(2) Die Längenverhältnisse einander entsprechender Seiten sind gleich: $\frac{\overline{A^*B^*}}{\overline{AB}} = \frac{\overline{A^*C^*}}{\overline{AC}} = \frac{\overline{B^*C^*}}{\overline{BC}}$

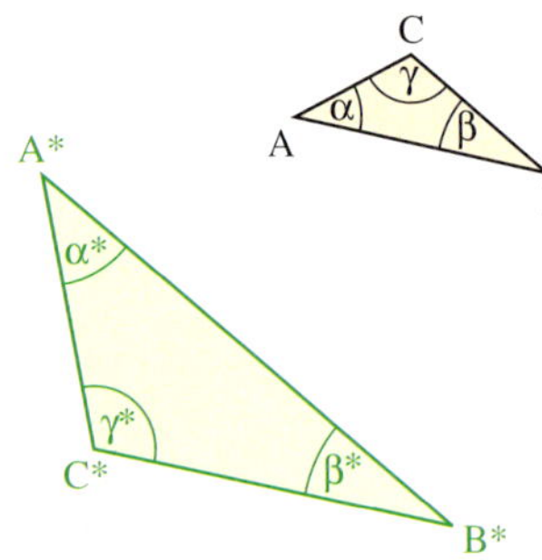

Wir wollen nun untersuchen, ob man mit weniger Bedingungen auskommt.

→ Arbeitet in Gruppen. Jede Gruppe wählt sich zwei Winkel, deren Summe kleiner als 180° ist. Jeder in der Gruppe zeichnet ein Dreieck mit diesen zwei Winkeln. Prüft, ob eure Dreiecke schon ähnlich zueinander sind.

Information

Ähnlichkeitssatz für Dreiecke

Zwei Dreiecke sind schon ähnlich zueinander, wenn sie paarweise in zwei entsprechenden Winkeln übereinstimmen.
Sie stimmen dann auch paarweise in den Längenverhältnissen entsprechender Seiten überein.

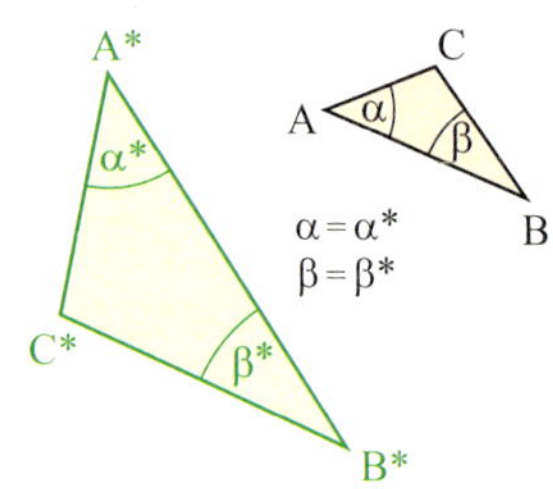

Übungen

1. Gegeben sind zwei Dreiecke ABC und A*B*C*.
Entscheide aufgrund der angegebenen Winkelgrößen, ob die Dreiecke zueinander ähnlich sind. Falls das zutrifft, stelle Gleichungen für die Längenverhältnisse entsprechender Seiten auf.

a) $\alpha = 8°$; $\beta = 35°$; $\alpha^* = 48°$; $\gamma^* = 97°$
b) $\alpha = 37°$; $\beta = 110°$; $\alpha^* = 110°$; $\beta^* = 33°$
c) $\alpha = 65°$; $\gamma = 39°$; $\beta^* = 41°$; $\gamma^* = 74°$
d) $\alpha = 19°$; $\beta = 107°$; $\beta^* = 54°$; $\gamma^* = 107°$
e) $\alpha = 91°$; $\gamma = 35°$; $\alpha^* = 91°$; $\beta^* = 46°$
f) $\beta = 103°$; $\gamma = 29°$; $\alpha^* = 29°$; $\gamma^* = 48°$

2. Ein 1,80 m großer Mann wirft einen 1,35 m langen Schatten.
Zu gleicher Zeit wirft ein Baum einen 12,60 m langen Schatten.
Wie hoch ist der Baum?

△ **3.** Untersuche jeweils, ob die Dreiecke ABC und A*B*C* ähnlich zueinander sind.

(1) Gegeben sind zwei Dreiecke ABC und A*B*C*, welche in den Längenverhältnissen je zweier Seiten übereinstimmen (z. B. $a = 3$ cm, $b = 5$ cm, $c = 6$ cm und $a^* = 6$ cm, $b^* = 10$ cm, $c^* = 12$ cm).

(2) Gegeben sind zwei Dreiecke ABC und A*B*C*, welche in dem Längenverhältnis von zwei Seiten und der Größe des eingeschlossenen Winkels übereinstimmen (z. B. $b = 4$ cm, $\alpha = 55°$, $c = 6$ cm und $b^* = 2$ cm, $\alpha^* = 55°$, $c^* = 3$ cm).

(3) Gegeben sind zwei Dreiecke ABC und A*B*C*, welche in dem Längenverhältnis von zwei Seiten und der Größe des der längeren Seite gegenüberliegenden Winkels übereinstimmen (z. B. $a = 5$ cm, $b = 3$ cm, $\alpha = 75°$ und $a^* = 4$ cm, $b^* = 2{,}4$ cm, $\alpha^* = 75°$).

△ Konstruktionen mithilfe der Ähnlichkeit

Einstieg

△ Konstruiere, ohne zu rechnen, ein Dreieck ABC aus $\alpha = 75°$, $\beta = 37°$ und $h_c = 4{,}3$ cm.
△ Beschreibe dein Vorgehen.

Aufgabe

△ **1.** Konstruiere ein Dreieck ABC aus $\alpha = 100°$, $c = 4{,}6$ cm und $c : a = 2 : 3$.

Planfigur:

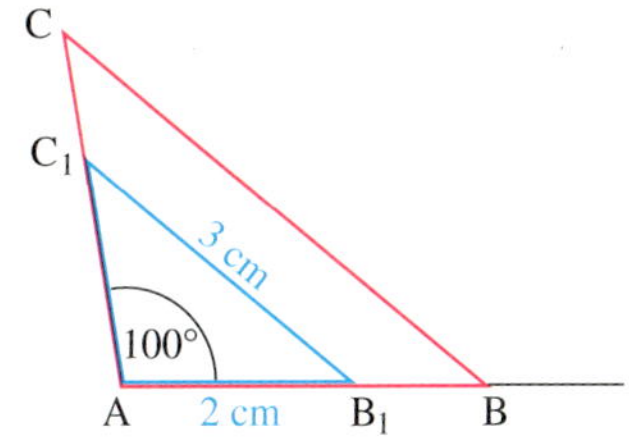

Lösung

Vorüberlegung:
Wir konstruieren zunächst ein Dreieck AB_1C_1 aus $\alpha = 100°$, $c_1 = 2$ cm, $a_1 = 3$ cm (Konstruktionsfall Ssw).
Für dieses Dreieck AB_1C_1 gilt: $c_1 : a_1 = 2 : 3$.
Wir konstruieren dann ein zu AB_1C_1 ähnliches Dreieck ABC mit $c = 4{,}6$ cm.

Konstruktion:

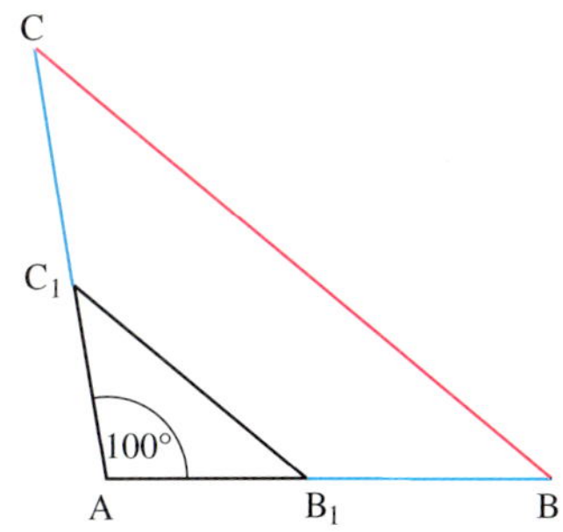

Konstruktionsbeschreibung:
(1) Wir konstruieren ein Dreieck AB_1C_1 aus $\alpha = 100°$, $c = 2$ cm, $a = 3$ cm (Kongruenzsatz Ssw).
(2) Wir verlängern die Strecke $\overline{AB_1}$ über B_1 hinaus bis B, sodass $\overline{AB} = 4{,}6$ cm.
(3) Wir zeichnen die Parallele zu B_1C_1 durch B. Sie schneidet den Schenkel $\overleftarrow{AC_1}$ von α im Punkt C.

ABC ist das gesuchte Dreieck, denn es gilt:
$\left.\begin{array}{l}\beta = \beta_1 \\ \gamma = \gamma_1\end{array}\right\}$ Stufenwinkelsatz (an geschnittenen Parallelen)
$\alpha = \alpha_1$ nach Konstruktion.
Nach dem Ähnlichkeitssatz ist $ABC \sim A_1B_1C_1$ und somit $c : a = 2 : 3$.

Übungen

△ **2.** Konstruiere, ohne zu rechnen, ein Dreieck ABC aus:

a) $\alpha = 65°$; $a = 3$ cm; $b : c = 3 : 2$
b) $\alpha = 125°$; $\gamma = 37°$; $c = 6{,}4$ cm
c) $b : c = 9 : 7$; $\alpha = 128°$; $h_b = 3$ cm
d) $\alpha = 125°$; $\gamma = 37°$; $h_b = 5$ cm

△ **3.** **a)** Konstruiere ein rechtwinkliges Dreieck ABC ($\gamma = 90°$) mit $a : b = 2 : 3$; $h_c = 2{,}5$ cm.
b) Konstruiere ein gleichschenkliges Dreieck ABC ($a = b$) aus $a : c = 5 : 3$; $h_c = 3$ cm.

IM BLICKPUNKT: ÄHNLICHKEIT – MIT MAUS UND MONITOR

Mit Geometrieprogrammen kannst du auch Figuren vergrößern und verkleinern. Im Unterschied zur Bleistiftzeichnung im Heft kann man Computerfiguren auch *nach* der Konstruktion noch verändern.

1. Vergrößere ein Rechteck (Seitenlängen a = 3 cm und b = 4 cm) mit dem Ähnlichkeitsfaktor 1,5.
Führe dazu folgende Einzelschritte aus.

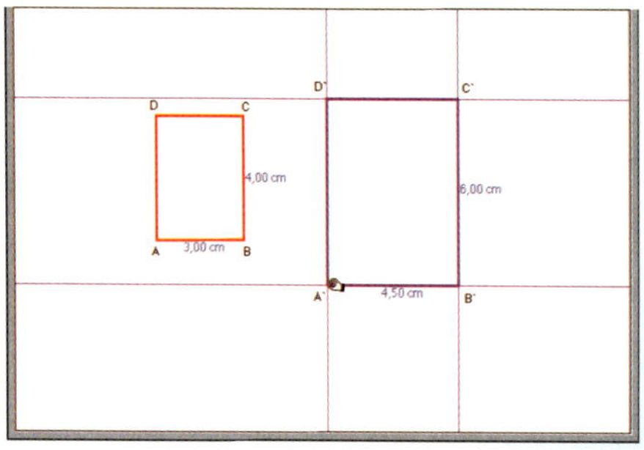

(1) Zeichne das Rechteck mit den angegebenen Seitenlängen.

(2) Zeichne zu jeder Rechteckseite eine Parallele; du erhältst ein neues Rechteck. Benenne dessen Eckpunkte mit A′, B′, C′ und D′.

(3) Verschiebe nun die Punkte A′ bis D′ so, dass das neu entstandene Rechteck die Seitenlängen a′ = 4,5 cm und b′ = 6 cm erhält.

Du kannst überprüfen, ob die beiden Rechtecke in Aufgabe 1 ähnlich zueinander sind. Vergleiche dazu die Seitenlängen und Winkelgrößen des roten Rechtecks mit denen des violetten Rechtecks.

2. Zeichne ein Dreieck ABC und vergrößere es mit dem Ähnlichkeitsfaktor 2.

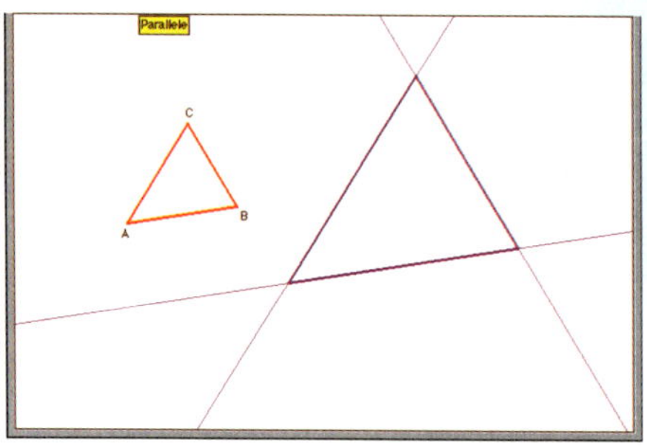

a) Gehe bei der Vergrößerung wie in Aufgabe 1 vor.
Tipp: Zeichne das vergrößerte Dreieck in einer anderen Farbe.

b) Miss die Seitenlängen und die Winkelgrößen des Dreiecks ABC sowie die des Dreiecks A′B′C′.
Vergleiche.

c) Wähle einen anderen Ähnlichkeitsfaktor und bearbeite damit nochmals die Teilaufgaben a) und b).

3. Zeichne ein rechtwinkliges Dreieck. Bestimme die Seitenlängen und die Winkelgrößen.

a) Vergrößere die Figur mit dem Ähnlichkeitsfaktor k = 3.
Wie verändern sich die Winkelgrößen, wie der Umfang und wie der Flächeninhalt?
Stelle Vermutungen auf und prüfe sie.

b) Verändere nun die Ausgangsfigur.
Überprüfe deine Vermutungen aus Teilaufgabe a).

c) Stimmen deine Vermutungen auch dann noch, wenn du einen anderen Ähnlichkeitsfaktor wählst?
Zeichne.

4. Erstelle am Computer ein ähnliches Bild wie in der Zeichnung rechts.
Ergänze die dargestellte Figur zu einer Strahlensatzfigur.

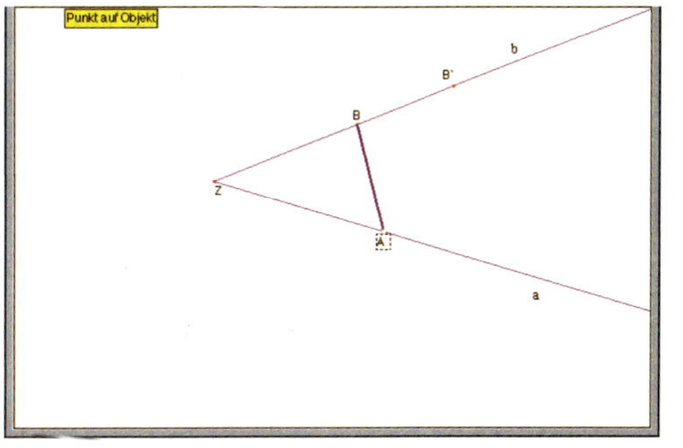

a) Zeige durch Messen, dass die Strahlensätze erfüllt sind.

b) Bewege nun den Punkt B auf der Halbgeraden b.
Zeige durch Messen, dass die Strahlensätze nur gelten, wenn $\overline{AB}$ und $\overline{A'B'}$ parallel zueinander sind.

c) Verlängere die Halbgeraden zu Geraden. Die Strecken $\overline{AB}$ und $\overline{A'B'}$ sollen nun auf unterschiedlichen Seiten von Z liegen. Bearbeite die Teilaufgaben a) und b) mit der neuen Figur.

5. Zeichne ein Dreieck ABC mit den Seitenlängen $a = 3$ cm, $b = 4$ cm und $c = 5$ cm.
Vergrößere nun das Dreieck von A aus mit einem geeigneten Ähnlichkeitsfaktor k, sodass der Umfang des entstandenen Dreiecks A'B'C' 30 cm beträgt.
Wie groß muss k gewählt werden?

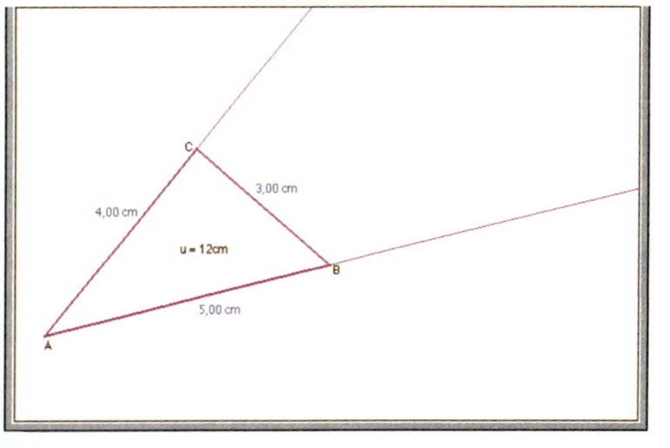

6. **a)** Zeichne eine Strecke $\overline{AB} = 6$ cm, ferner eine Strecke $\overline{A'B'}$, die parallel zu $\overline{AB}$ verläuft und länger als diese ist.
Lege nun einen beliebigen Punkt T auf $\overline{AB}$ fest.
Ergänze die Figur wie rechts dargestellt.
Du findest damit den Punkt T'.

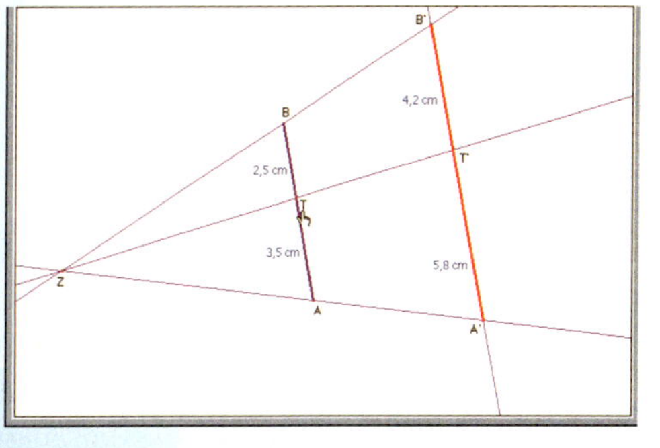

b) Miss folgende Streckenlängen:
$\overline{AT}$, $\overline{BT}$, $\overline{A'T'}$, $\overline{B'T'}$
Bilde Längenverhältnisse, die gleich groß sind.

c) Bewege nun den Punkt T so, dass er genau zwischen den Punkten A und B liegt.
Welchen Wert nehmen die Verhältnisse an, die du in Teilaufgabe b) gebildet hast?

d) Verfahre wie in Teilaufgabe c).
(1) T soll dreimal so weit vom Punkt A entfernt sein wie vom Punkt B.
(2) T' soll 1 cm vom Punkt B' entfernt sein.
(3) T soll vom Punkt A 2 cm weiter entfernt sein als vom Punkt B.

ANWENDEN DER ÄHNLICHKEIT IN EBENEN UND RÄUMLICHEN FIGUREN

Einstieg

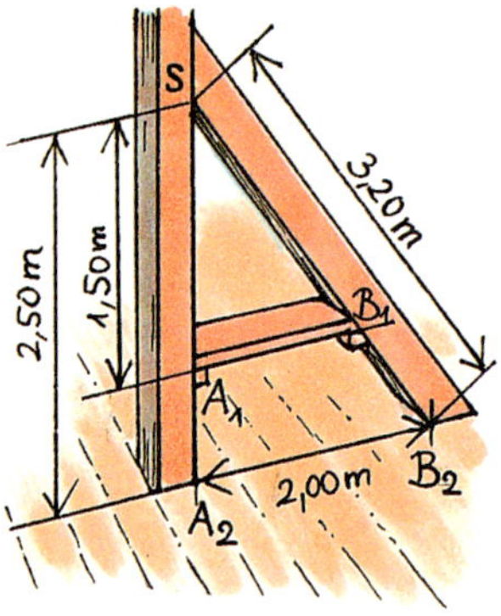

Zwischen zwei Balken auf einem Dachboden soll ein Ablagebrett im Abstand von 1,50 m von der Spitze S angebracht werden. Es steht keine Wasserwaage zur Verfügung.

→ An welcher Stelle des schrägen Balkens muss das Brett befestigt werden?
Berechnet den Abstand der Spitze S von dem Auflagepunkt B_1 des Brettes.
Stellt zunächst eine Gleichung auf.

→ Wie lang muss das Brett sein?

→ Berichtet über euer Vorgehen und eure Ergebnisse.

Aufgabe

1. Bei Sonnenschein kann man mithilfe eines Stabes und eines Meßbandes die Höhe eines freistehenden Turmes bestimmen.

a) Erläutere dieses Verfahren anhand der Zeichnung rechts.

b) Berechne die Höhe des Turmes für folgende Angaben:
Länge des Schattens des Turmes:
d = 28,85 m
Länge des Schattens des Stabes:
b = 3,61 m
Länge des Stabes: s = 2,00 m

Lösung

a) Der Stab wird senkrecht so aufgestellt, dass das Ende seines Schattens mit dem Ende des Turmschattens zusammenfällt. Die Längen d, b und s werden gemessen.
Die Dreiecke SA_1B_1 und SA_2B_2 sind ähnlich zueinander, denn sie stimmen in dem Winkel bei S und in dem rechten Winkel bei A_1 und A_2 überein. Damit gilt für die Längenverhältnisse entsprechender Seiten:

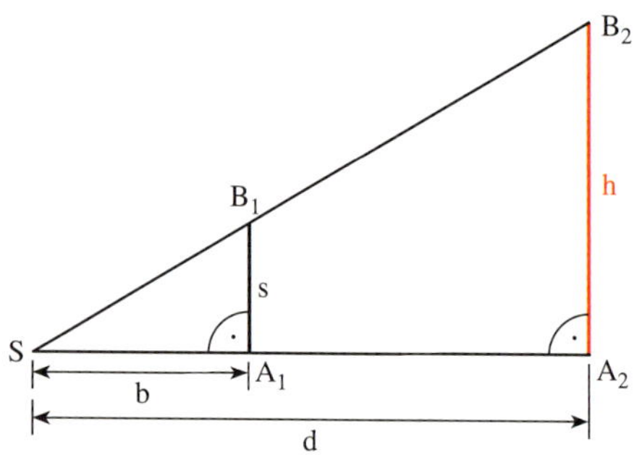

$$\frac{h}{d} = \frac{s}{b}$$

Durch Multiplikation auf beiden Seiten mit d ergibt sich: $h = \frac{s}{b} \cdot d$

b) Wir setzen die gemessenen Größen ein: $h = \frac{2{,}00\ \text{m}}{3{,}61\ \text{m}} \cdot 28{,}85\ \text{m} \approx 15{,}98\ \text{m}$

Ergebnis: Der Turm ist ungefähr 16 m hoch.

Aufgabe

2. Es soll die Entfernung zwischen den beiden Punkten A und B bestimmt werden. Zwischen ihnen liegt jedoch ein See. Dazu werden bei den Punkten A, B, C, D und E Fluchtstäbe so aufgestellt, dass BC parallel zu DE ist.
Es wird gemessen:
$\overline{AC} = 63$ m; $\overline{CE} = 14$ m; $\overline{BD} = 10$ m.
Ermittle die Entfernung von A und B.

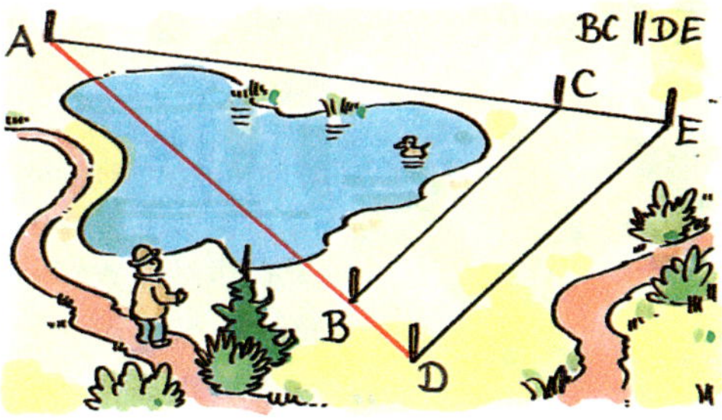

Lösung

Die Dreiecke ABC und ADE sind ähnlich zueinander. Also gilt:

$$\frac{x}{\overline{AC}} = \frac{\overline{AD}}{\overline{AE}}$$

$$\frac{x}{63} = \frac{x+10}{63+14} \quad \text{(ohne Einheiten)}$$

$$\frac{x}{63} = \frac{x+10}{77} \quad | \cdot 63 \cdot 77$$

$$77x = 63(x+10)$$
$$77x = 63x + 630$$
$$14x = 630$$
$$x = 45$$

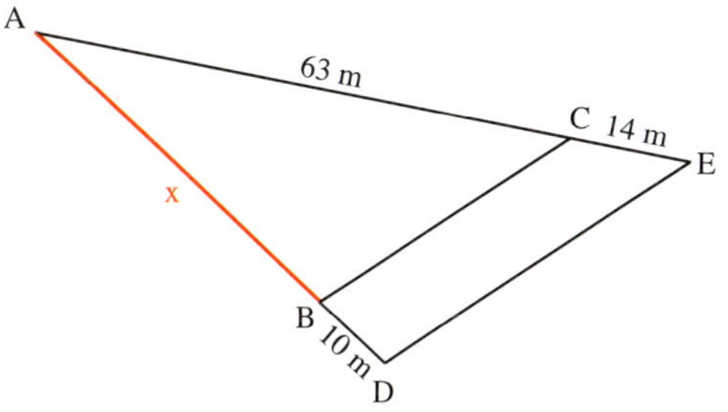

Ergebnis: Die Entfernung der Punkte A und B beträgt 45 m.

Zum Festigen und Weiterarbeiten

3. a) Um die Breite x eines Flusses zu bestimmen, werden bei A, B, C, D und E Fluchtstäbe gesteckt und folgende Strecken gemessen:
$\overline{BC} = 39$ m; $\overline{AB} = 56$ m; $\overline{CD} = 27$ m.
Bestimme die Breite x.

b) Warum ist es günstig, die Fluchtstäbe so zu stecken, dass zum Beispiel $\overline{BC} : \overline{CD} = 1 : 1$ [1 : 2] gilt?

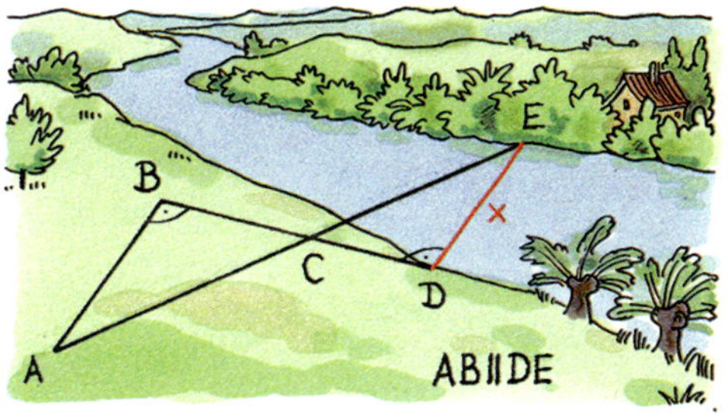

Information

Längenberechnungen in zueinander ähnlichen Dreiecken

Bei Längenberechnungen in ebenen und räumlichen Figuren mithilfe der Ähnlichkeit findet man häufig folgende Grundfiguren oder man zeichnet sie ein:

(1)

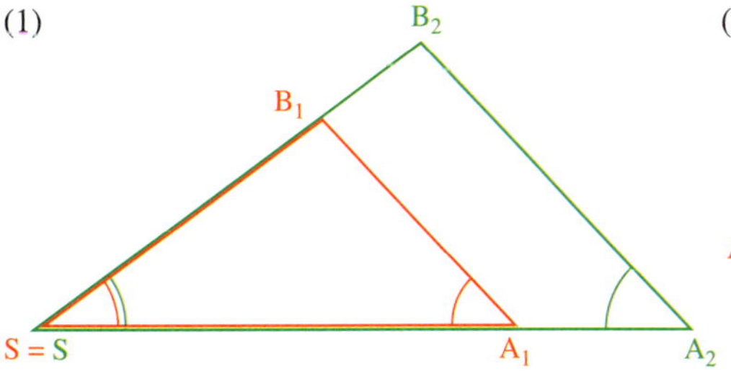

$A_1B_1 \parallel A_2B_2$

(2)

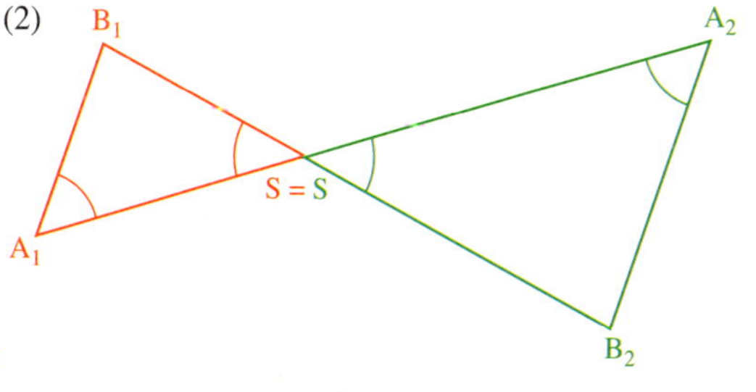

$A_1B_1 \parallel A_2B_2$

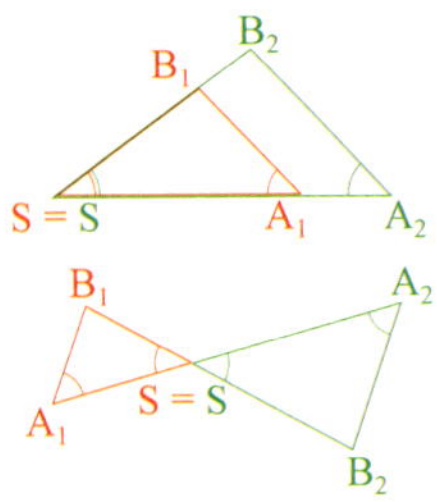

In beiden Figuren auf Seite 121 sind die Dreiecke SA_1B_1 und SA_2B_2 ähnlich zueinander, denn,

(a) in Figur (1) stimmen beide Dreiecke in dem Winkel bei S sowie wegen des Stufenwinkelsatzes ($A_1B_1 \| A_2B_2$) in den einander entsprechenden Winkeln bei A_1 und A_2 überein.

(b) in Figur (2) stimmen beide Dreiecke wegen des Scheitelwinkelsatzes in den beiden Winkeln bei S und wegen des Wechselwinkelsatzes ($A_1B_1 \| A_2B_2$) in den einander entsprechenden Winkeln bei A_1 und A_2 überein.

Mithilfe der Längenverhältnisse bei zueinander ähnlichen Figuren (siehe Seite 106 und 107) kann man dann eine Verhältnisgleichung aufstellen.

Übungen

4. Ein senkrecht aufgestellter Stab von 2 m Länge wirft einen 95 cm langen Schatten. Zur gleichen Zeit wirft ein Turm einen Schatten von 10 m Länge.
Wie hoch ist der Turm?

5. An den Stellen A und B eines Sees befinden sich Anlegestellen für Tretboote. Um die Entfernung von A und B zu bestimmen, wurden die Längen $\overline{PE} = 96$ m, $\overline{EA} = 58$ m und $\overline{EF} = 66$ m gemessen.
Berechne die Entfernung der Anlegestellen A und B.

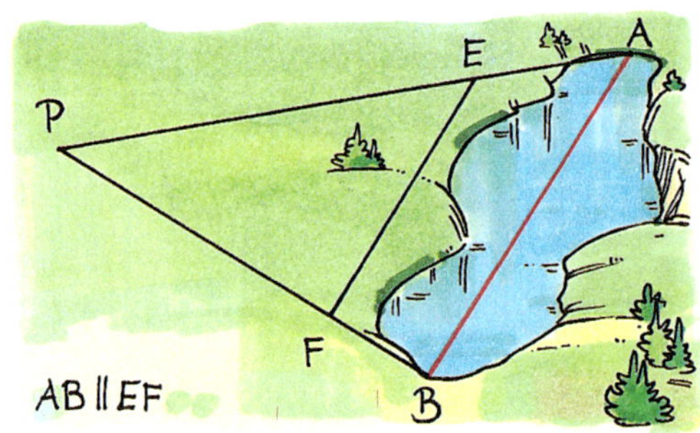

6. Auf einer Insel in einem See steht ein Turm T. Es soll die Entfernung des Turmes von einem Punkt C des Ufers bestimmt werden.
Dazu werden die Längen $\overline{RS} = 36$ m, $\overline{RC} = 40$ m und $\overline{CD} = 24$ m gemessen.
Berechne die Entfernung der beiden Punkte C und T.

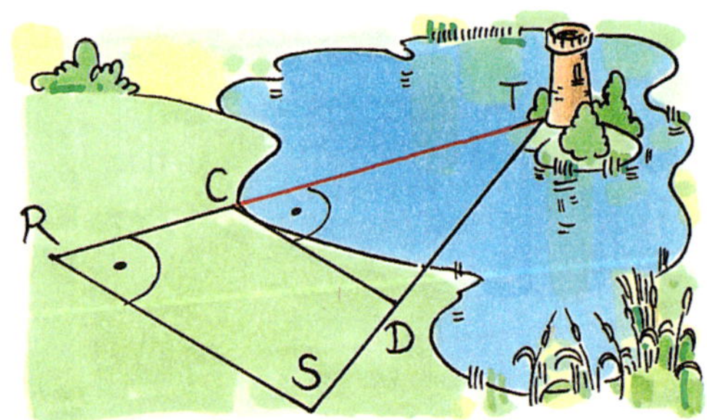

7. Schon im Altertum hat man die Höhen von Pyramiden durch Messen der Schattenlänge eines Stabes bestimmt.
Berechne die Pyramidenhöhe h für folgende Angaben:

Länge der Grundseite:
$a = 230$ m

Entfernung des Stabes von der Pyramide:
$d = 125$ m

Höhe des Stabes:
$h^* = 3$ m

Länge des Schattens des Stabes:
$s = 5$ m

Theodolit
Winkelmessgerät

8. Eine Schülergruppe soll während eines Landschulheim-Aufenthaltes die Breite eines Flusses bestimmen. Sie haben weder ein Messband noch einen Theodoliten zur Verfügung. Die Schüler(innen) stellen bei den Punkten A, B, C und D Stäbe auf (siehe Zeichnung). Dazu peilen sie einen Baum am Flussufer an; ferner visieren sie einen sehr weit entfernten, markanten Punkt im Gelände an, um BC || AD zu erreichen.
Die Entfernungen a, b und d ermitteln sie durch Abschreiten:
a = d = 20 Schritte; b = 28 Schritte.
Bestimme die Breite des Flusses in Metern. Äußere dich zur Genauigkeit.

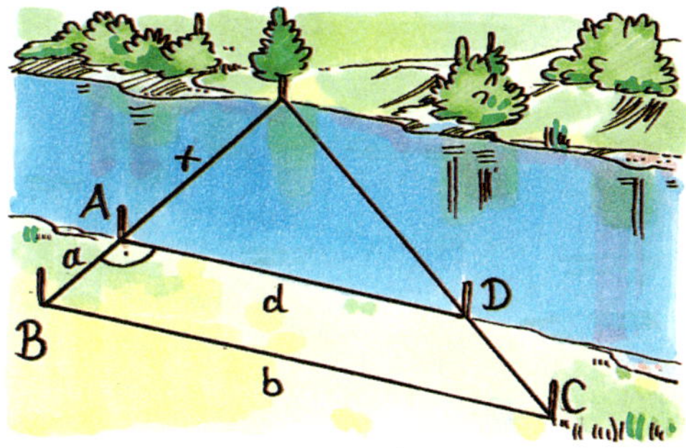

9. Ein Waldarbeiter bestimmt mithilfe eines *Försterdreiecks* die Höhe eines Baumes.

a) Erläutere die Funktion des Försterdreiecks.
Warum wurde ein Winkel von 45° gewählt?

b) Die Entfernung zum Baum beträgt 21 m.
Wie hoch ist der Baum ungefähr?

10. In einem 1,20 m hohen Dachstuhl soll eine 80 cm hohe Stütze aufgestellt werden.
In welchem Abstand vom Dachstuhlende E ist diese Stütze einzufügen?

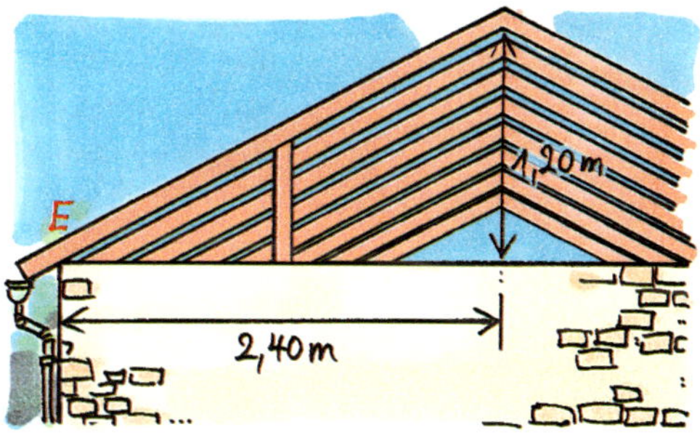

11. Die Lochkamera ist ein geschlossener Kasten mit einer kleinen Öffnung. Ein Gegenstand, hier eine Kerze, steht vor dem Kasten.
Von dem Gegenstand gehen Lichtstrahlen aus und fallen durch die kleine Öffnung in den Kasten. Auf der Rückwand des Kastens wird ein (umgekehrtes) Bild der Kerze erzeugt.
Die Kerze ist 12 cm groß und steht 30 cm vor der Kamera. Die Rückwand ist 20 cm von der gegenüberliegenden Öffnung entfernt.
Wie groß ist das Bild? Die nebenstehende Skizze hilft dir.

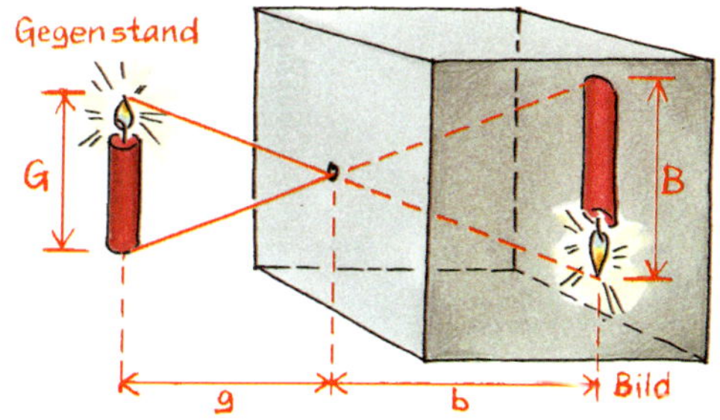

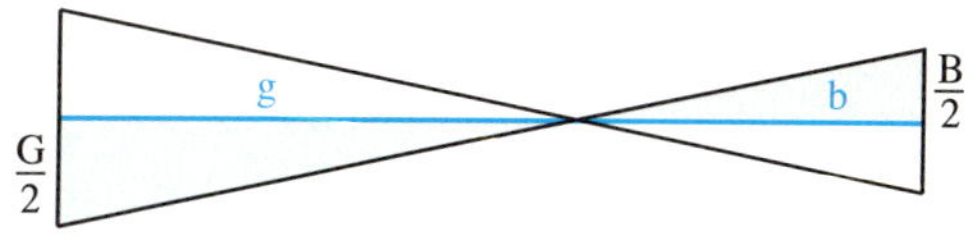

12. Der Mond ist 60 Erdradien (R = 6 370 km) von der Erde entfernt. Würde man einen Bleistift (Durchmesser 7 mm) im Abstand von etwa 77 cm vor das Auge halten, so ist der Mond gerade verdeckt.
Welchen Durchmesser hat der Mond etwa? Lege eine Zeichnung an.

13. Zur Messung einer kleinen Öffnung (z. B. einer Flasche oder des inneren Durchmessers eines Ringes) und zur Messung z. B. einer dünnen Holzplatte verwendet man einen *Messkeil* bzw. einen *Keilausschnitt.*
Berechne jeweils die Länge x. Erläutere die Wirkungsweise der Instrumente.

(1)

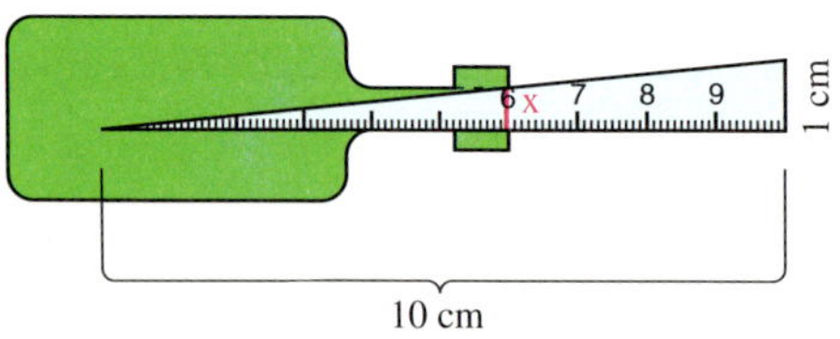

(2)

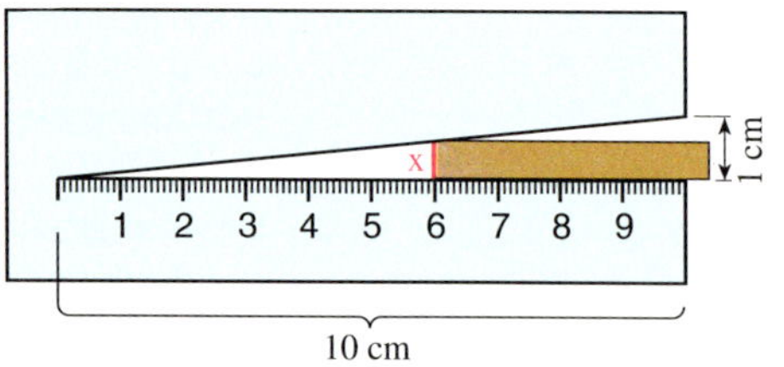

14. Um die Höhe eines Turmes zu bestimmen, werden ein 1,60 m langer Stab $\overline{AD}$ und ein 2,40 m langer Stab $\overline{BF}$ so aufgestellt, dass man über sie den oberen Rand G des Turmes anpeilen kann. Man misst dann den Abstand der beiden Stäbe $\overline{AD}$ und $\overline{BE}$ und den Abstand des längeren Stabes $\overline{BE}$ vom Turm $\overline{CG}$ und erhält:
$\overline{AB}$ = 1,60 m und $\overline{BC}$ = 98 m.
Berechne die Höhe des Turmes.

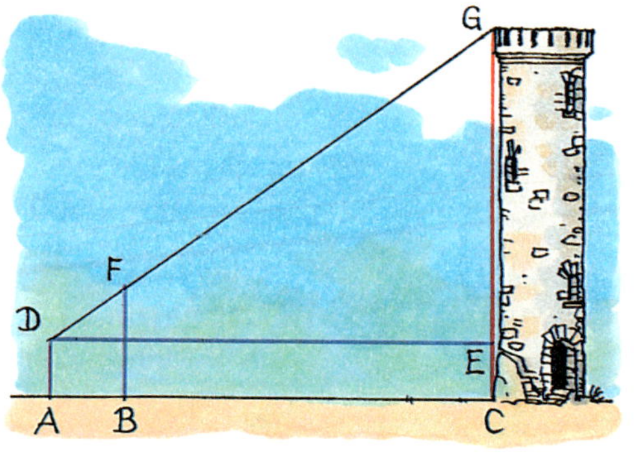

15. Die Abbildung zeigt einen Proportionalzirkel. Er wird zum Verkleinern oder Vergrößern einer Strecke verwendet.
Erläutere seine Wirkungsweise.

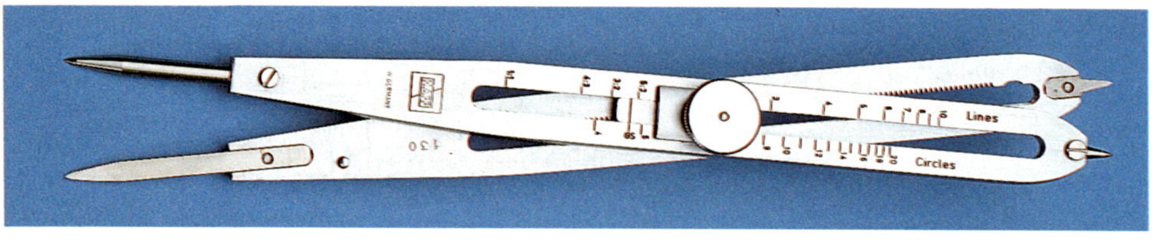

16. Ihr könnt die Höhe eines Flachbaus (eure Schule, Sporthalle, ...) selbst bestimmen.
Baut euch dazu das rechts abgebildete Gerät (Instrument) oder benutzt ein Försterdreieck wie in Aufgabe 9 auf Seite 123.

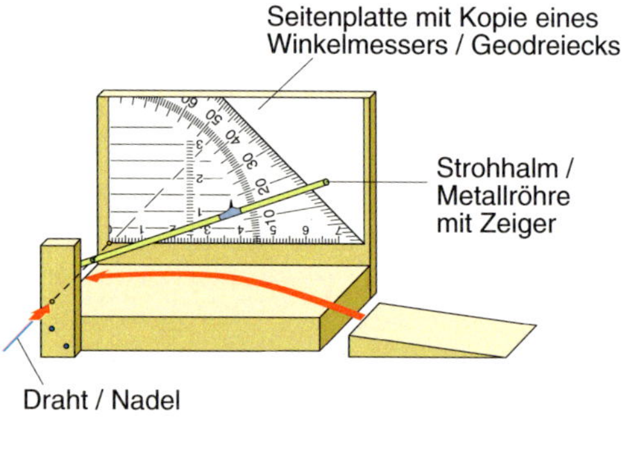

VERMISCHTE UND KOMPLEXE ÜBUNGEN

1. Zeichne zwei Strecken $\overline{AB}$ und $\overline{CD}$, für deren Längenverhältnis $\frac{\overline{AB}}{\overline{CD}}$ gilt:

a) 4 : 3 **b)** 3 : 5

2. Gegeben ist ein Parallelogramm ABCD aus a = 3,6 cm, d = 2,4 cm, $\alpha = 55°$.
Konstruiere ein dazu ähnliches Parallelogramm, dessen längere Seite
(1) 7,2 cm, (2) 4,2 cm beträgt.

3. Gegeben ist ein Dreieck ABC mit a = 4 cm, b = 3 cm und c = 5,5 cm. Ein zu ABC ähnliches Dreieck A'B'C' hat den Umfang u' = 25 cm.
Wie lang sind die Seiten von A'B'C'?
Gib auch das Verhältnis der Flächeninhalte der Dreiecke ABC und A'B'C' an.

4. Die Flächeninhalte zweier zueinander ähnlicher Vielecke verhalten sich wie

a) 4 : 1; **b)** 16 : 9; **c)** 4 : 5.

In welchem Verhältnis stehen die Seiten zueinander?

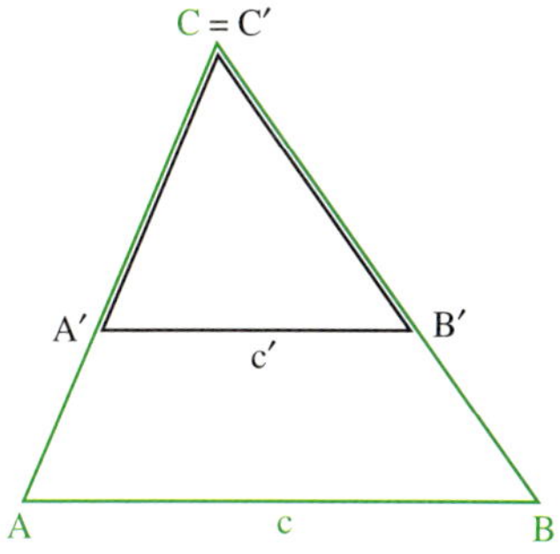

△ **5.** Die Seite $\overline{AB}$ des Dreiecks ABC ist 6 cm lang, die Seite $\overline{A'B'}$ von Dreieck A'B'C' 4 cm. Der Flächeninhalt des Dreiecks A'B'C' beträgt 12 cm^2.
Wie groß ist der Flächeninhalt des Dreiecks ABC?

6. Je nach Verwendungszweck wählt man bei der Herstellung von Zeichnungen oder Karten einen geeigneten Maßstab (siehe Tabelle).

Maßstab	Verwendung
1 : 10	Möbelzeichnung
1 : 100	Bauplan
1 : 2500	Flurkarte
1 : 10000	Stadtplan
1 : 25000	Wanderkarte
1 : 35000	Wanderkarte
1 : 100000	Fahrradkarte
1 : 200000	Autokarte

a) Auf einer Autokarte beträgt die Entfernung zwischen Rheinberg und Kalkar 17 cm.
Wie groß ist diese Entfernung auf eurer Fahrradkarte?

b) Der Grundriss eines Hauses ist auf einem Bauplan 17,4 cm lang und 10,5 cm breit. Welche Maße hat das Haus auf einer Flurkarte?

c) Stelle selbst geeignete Aufgaben und löse sie.

7.

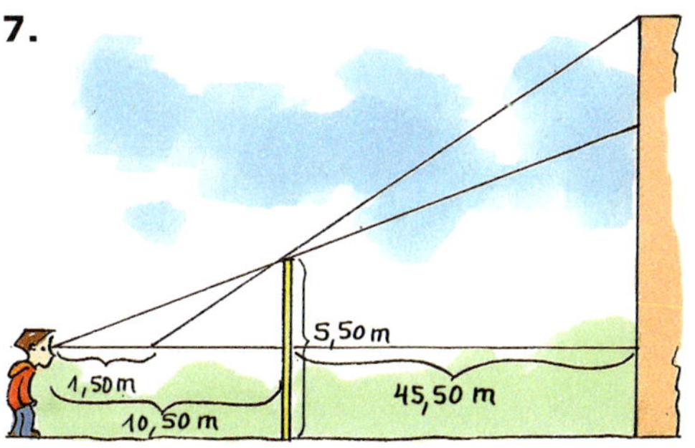

Ein im Bau befindliches Hochhaus ist von einem 5,50 m hohen Bretterzaun umgeben. Dieser ist 45,50 m vom Bauwerk entfernt. Alex steht 10,50 m vor dem Zaun und sieht die oberen vier Etagen. Wenn er 1,50 m näher an den Zaun rückt sieht er nur noch die oberen drei Etagen des Hochhauses. Alex Augenhöhe beträgt 1,70 m.
Wie hoch ist das Hochhaus?

8. Strecke einen Arm aus und visiere den Daumen zunächst mit dem linken Auge, dann mit dem rechten Auge an. Du bemerkst, dass der Daumen einen „Sprung" macht. Diese Tatsache benutzt man, um Entfernungen in der Landschaft zu schätzen (*Daumensprungmethode*).
Verwende in den folgenden Aufgaben als Armlänge a = 64 cm und als Pupillenabstand p = 6 cm.

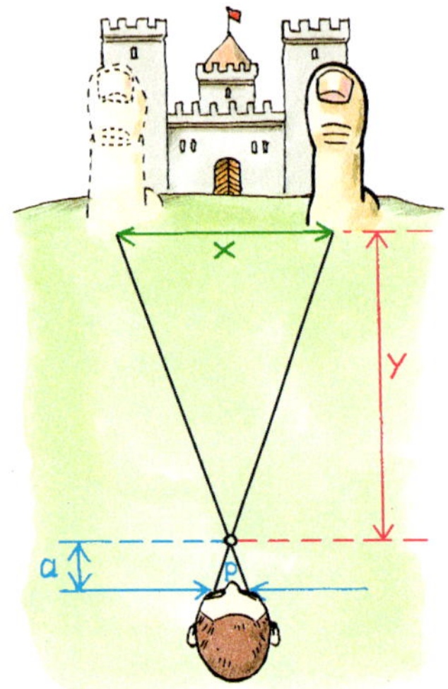

a) Ein Wanderer sieht ein Schloss. Er weiß, es ist 65 m breit. Der Daumen springt gerade von einer zur anderen Seite. Wie weit ist er vom Schloss entfernt?

b) Eine Wanderin sieht in der Ferne zwei Burgen, die auf gleicher Höhe liegen. Sie ist von der einen Burg 15 km entfernt. Der Daumen springt gerade von der einen zur anderen Burg.
Wie weit liegen beide Burgen auseinander?

c) Sucht Gebäude o. Ä. in eurer Umgebung und bestimmt mit der Daumensprungmethode die Entfernungen. Berichtet über eure Ergebnisse.

9. Tanjas Daumen ist 2 cm breit. Hält sie den Daumen 45 cm von einem Auge entfernt (das andere Auge geschlossen), so ist gerade ein Fußballtor (7,32 m breit) verdeckt.
Wie weit ist Tanja vom Tor entfernt? Zeichne.

10.

Paul möchte die Höhe eines unzugänglichen Wasserschlosses bestimmen. Dazu stellt er einen 3,50 m langen Stab so auf, dass die Schattenspitzen des Turms und die des Stabes zusammenfallen (siehe Skizze). Er misst die einzige Strecke, die zugänglich ist und trägt sie in seiner Planfigur ein.
Beim Nachdenken über eine mögliche Lösung wandert der Schatten des Schlosses. Plötzlich fällt er genau auf den Punkt, an dem der Stab im Boden steckt. Paul muss nun den Stab genau um 12,30 m versetzen, um die ursprüngliche Situation wiederzuerhalten. (Beide Schatten fallen aufeinander.)

a) Zeichne eine Planfigur, die diesen Sachverhalt beschreibt und trage alle bekannten Streckenlängen ein.

b) In welcher Tageshälfte hat Paul seine Messungen vorgenommen?
Wie musste Paul vorgehen, wenn er das Problem in der anderen Tageshälfte lösen wollte?

c) Berechne die Höhe des Wasserschlosses.

11. Das gleichschenklige Trapez ABCD hat die folgenden Maße:
$\overline{AB} = 4{,}5$ cm; $\overline{AM} = 2{,}8$ cm; $\overline{DM} = 1{,}6$ cm.

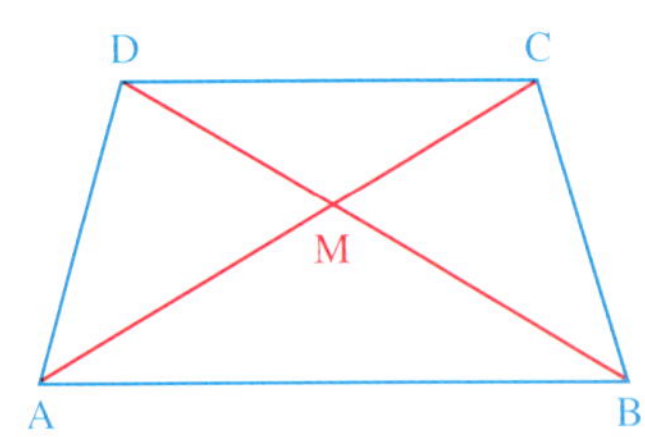

a) Berechne die Seitenlänge $\overline{DC}$.

b) Zeichne die Höhe des Trapezes durch den Punkt M ein.
In welchem Verhältnis teilt M diese Höhe?

BIST DU FIT?

1. Gib die Luftlinienentfernung der beiden Orte an (Maßstab 1 : 17 500 000).

a) Hannover – Köln
b) Brüssel – Bremen
c) Wien – Berlin
d) Frankfurt/Main – Straßburg
e) Bonn – Berlin
f) Dortmund – Stettin
g) Köln – Zürich
h) Stuttgart – Dresden
i) München – Prag

2. Untersuche, ob die Figuren F und G ähnlich zueinander sind. Gib gegebenenfalls den Ähnlichkeitsfaktor an.

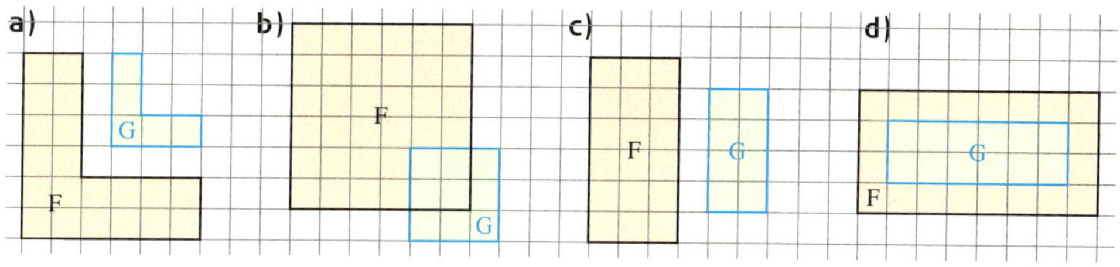

3. Gegeben ist ein Dreieck ABC. Konstruiere ein dazu ähnliches Dreieck A'B'C' mit a = 6 cm. Gib auch den Ähnlichkeitsfaktor an.

a) $\beta = 25°$, $\gamma = 70°$, a = 5 cm
b) a = 7 cm, b = 5 cm, c = 4 cm
c) a = 4 cm, c = 6 cm, $\beta = 75°$
d) a = 5 cm, b = 3 cm, $\alpha = 39°$

4. Von zwei zueinander ähnlichen Dreiecken ABC und A'B'C' sind die Seitenlängen c = 4 cm und c' = 6 cm bekannt. Der Flächeninhalt von Dreieck A'B'C' beträgt 36 cm^2.
Wie groß ist der Flächeninhalt des Dreiecks ABC?

5. Ein Quader hat die Kantenlängen a = 8,5 cm, b = 5,3 cm und c = 4,1 cm. Berechne das Volumen des dazu ähnlichen Quaders mit dem Ähnlichkeitsfaktor k = 2,5.

6. Der Schatten eines 1,30 m hohen senkrecht aufgestellten Stabes ist 1,56 m lang. Ein Baum wirft zu derselben Zeit einen 12,75 m langen Schatten.
Wie hoch ist der Baum?

7. Um die Breite $\overline{DE}$ eines Flusses zu bestimmen, werden die Punkte D, C, A und B wie im Bild abgesteckt. Es wird gemessen:
$\overline{DC}$ = 25 m, $\overline{AB}$ = 35 m und $\overline{AD}$ = 21 m.
Wie breit ist der Fluss?

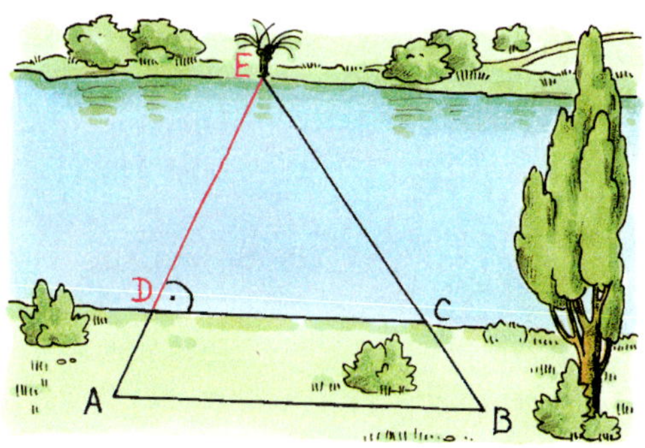

6 Rechtwinklige Dreiecke

Rechte Winkel oder rechtwinklige Dreiecke im Heft zu zeichnen, ist nicht schwer, wenn man ein Geodreieck hat. Aber auch überall in unserer Umgebung werden rechte Winkel benötigt und dort ist es oft nicht so einfach, sie herzustellen.

Handwerker verwenden dazu keine Geodreiecke.
Wie erzeugen sie rechte Winkel, zum Beispiel
- bei den Wänden eines Neubaus?
- beim Fliesen in einem Badezimmer?
- bei den Balken eines Daches?

Links siehst du einen Fliesenleger mit drei Leisten, die 30 cm, 40 cm und 50 cm lang sind.

➜ Zeichne ein solches Dreieck im Maßstab 1 : 10. Was stellst du fest?

Man nimmt an, dass auch schon im alten Ägypten eine Lösung für solche Aufgaben bekannt war: Seilspanner benutzten 12-Knoten-Seile, um rechtwinklige Dreiecke aufzuspannen. Diese wurden unter anderem bei der Ausrichtung von Altären und Bauwerken benutzt.

➜ Ihr könnt die Methode überprüfen, indem ihr auf einem langen Seil 12 gleich große Abschnitte markiert. Ein Schüler hält Anfang und Ende zusammen, zwei andere versuchen, die Markierungen zu finden, mit denen sich ein rechtwinkliges Dreieck aufspannen lässt. Im Kleinen lässt sich das auch mit Streichhölzern nachvollziehen.
Wie viele Streichhölzer müssen auf die Dreiecksseiten verteilt werden?

Pythagoras von Samos, um 600 v. Chr.

Das Erzeugen eines rechten Winkels hat etwas zu tun mit einem mathematischen Satz über rechtwinklige Dreiecke, den du in diesem Kapitel kennen lernst. Er ist nach Pythagoras benannt, der ein bedeutender Philosoph, Mathematiker und Naturwissenschaftler im alten Griechenland war. Gefunden oder bewiesen hat Pythagoras ihn aber nicht. Der *Satz des Pythagoras* war vermutlich schon lange zuvor in Babylon und Indien bekannt.
Mehr über Pythagoras und den nach ihm benannten Satz findest du im Internet.

www

In diesem Kapitel lernst du ...

... Längen und Winkelgrößen im rechtwinkligen Dreieck zu berechnen. Dabei wirst du u.a. auch den Satz des Pythagoras verwenden.

SATZ DES PYTHAGORAS

Einstieg

Die Briefmarke wurde 1955 anläßlich eines Kongresses zum Gedenken an Pythagoras in Griechenland veröffentlicht.

- Beschreibt die Figur auf der Briefmarke.
- Vergleicht die beiden kleinen Quadrate über den Dreiecksseiten mit dem großen Quadrat.
  Was stellt ihr fest?
- Überprüft eure Ergebnisse an anderen Dreiecken.
- Präsentiert eure Ergebnisse.

Aufgabe

1.

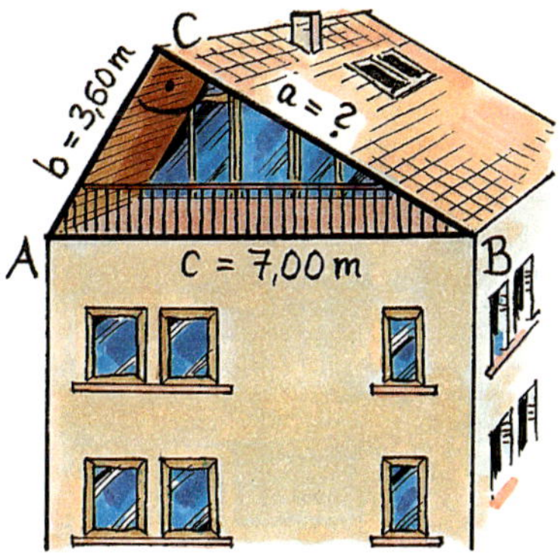

Der Querschnitt des Daches links ist ein rechtwinkliges Dreieck. Das Haus soll 7,00 m breit sein. Die linken Dachsparren sind jeweils 3,60 m lang.
Wie lang sind jeweils die rechten Dachsparren?

Lösung

Wir wollen diese Aufgabe zunächst wie bisher zeichnerisch lösen und dann nach einem rechnerischen Weg suchen.

(1) Zeichnerische Lösung

Von dem Dreieck ABC sind der rechte Winkel und zwei Seiten gegeben, wobei die längere Seite dem rechten Winkel gegenüberliegt. Nach dem Konstruktionsfall Ssw ist dieses Dreieck also eindeutig konstruierbar.

Wir zeichnen das rechtwinklige Dreieck ABC mit $\gamma = 90°$ im Maßstab 1 : 200, also ist b = 1,8 cm und c = 3,5 cm.
Durch Messen der Strecke $\overline{BC}$ erhalten wir:

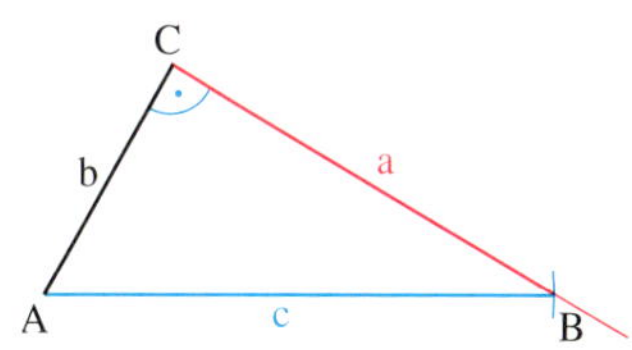

$a \approx 3$ cm

Wir berechnen nun mithilfe des Maßstabs die Länge der rechten Dachsparren.
Ergebnis: Die Dachsparren müssen etwa 6 m lang sein.

(2) Rechnerische Lösung

Wir wollen eine Formel aufstellen, mit der man aus den gegebenen Längen b und c des rechtwinkligen Dreiecks ABC mit $\gamma = 90°$ die gesuchte Seitenlänge a berechnen kann.

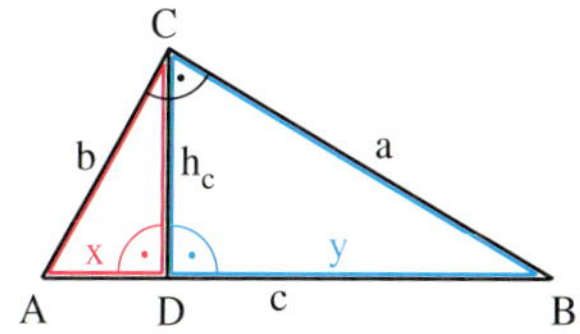

1. Schritt: Zerlegen des Dreiecks ABC in Teildreiecke
Wir zerlegen das Dreieck ABC durch die Höhe h_c in zwei rechtwinklige Dreiecke, nämlich ADC und DBC.

2. Schritt: Vergleich des Dreiecks ABC mit dem Teildreieck ADC

Wir vermuten: Das Dreieck ABC ist ähnlich zum Dreieck ADC.
Zur Begründung der Ähnlichkeit suchen wir gleich große Winkel.

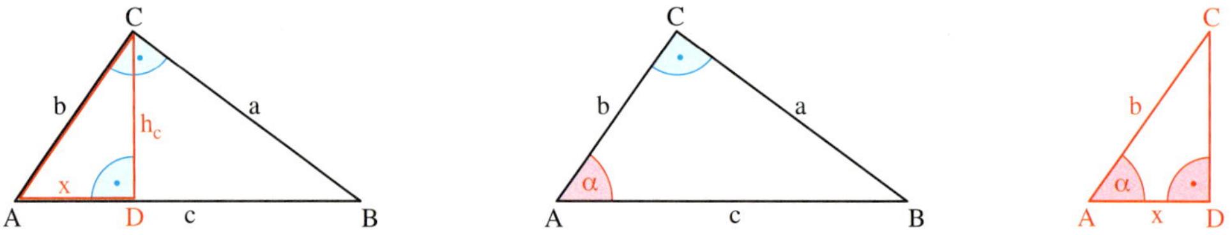

Die beiden Dreiecke ABC und ADC stimmen in dem Winkel α und den rechten Winkeln bei C bzw. D überein. Nach dem Ähnlichkeitssatz für Dreiecke sind beide Dreiecke also ähnlich zueinander. Somit gilt für die Längenverhältnisse:

$\frac{b}{c} = \frac{x}{b}$ bzw. $\frac{x}{b} = \frac{b}{c}$, also $x = \frac{b^2}{c}$

Einander entsprechende Seiten

△ ABC	△ ADC
$\overline{AC} = b$	$\overline{AD} = x$
$\overline{AB} = c$	$\overline{AC} = b$

3. Schritt: Vergleich des Dreiecks ABC mit dem Teildreieck DBC

Wir vermuten weiterhin: Das Dreieck ABC ist ähnlich zum Dreieck DBC.

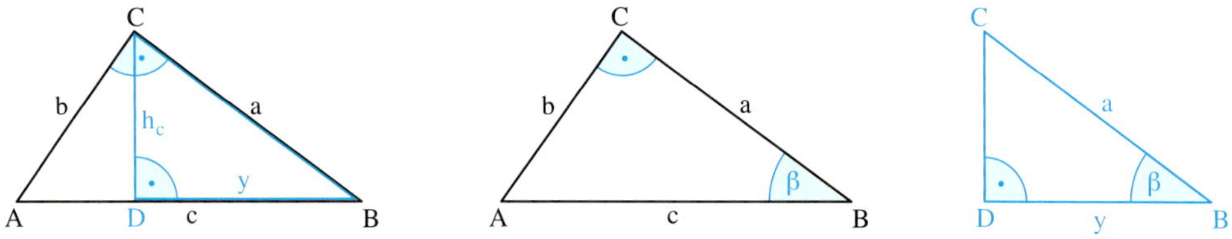

Die beiden Dreiecke ABC und DBC stimmen in dem Winkel β bei B und den rechten Winkeln bei C bzw. D überein. Nach dem Ähnlichkeitssatz für Dreiecke sind dann beide Dreiecke ABC und DBC ähnlich zueinander. Also gilt für die Längenverhältnisse:

$\frac{a}{c} = \frac{y}{a}$ bzw. $\frac{y}{a} = \frac{a}{c}$, also $y = \frac{a^2}{c}$

Einander entsprechende Seiten

△ ABC	△ DBC
$\overline{CB} = a$	$\overline{DB} = y$
$\overline{AB} = c$	$\overline{CB} = a$

4. Schritt: Berechnen der Seitenlänge a im Dreieck ABC

Da $c = x + y$ ergibt sich durch Einsetzen $c = \frac{b^2}{c} + \frac{a^2}{c}$ bzw. $c = \frac{a^2}{c} + \frac{b^2}{c}$

Durch Multiplizieren beider Seiten mit c entsteht die Gleichung:

$c^2 = a^2 + b^2$

Wir lösen diese Formel nach der Variablen a auf:

$a^2 = c^2 - b^2$ | Wurzelziehen auf beiden Seiten

$a = \sqrt{c^2 - b^2}$

Durch Einsetzen erhalten wir:

$a = \sqrt{(7{,}00\text{ m})^2 - (3{,}60\text{ m})^2}$

$a = \sqrt{49{,}00\text{ m}^2 - 12{,}96\text{ m}^2}$

$a = \sqrt{36{,}04\text{ m}^2}$

$a \approx 6{,}00\text{ m}$

Ergebnis: Die rechten Dachsparren müssen jeweils ungefähr 6,00 m lang sein.

Information

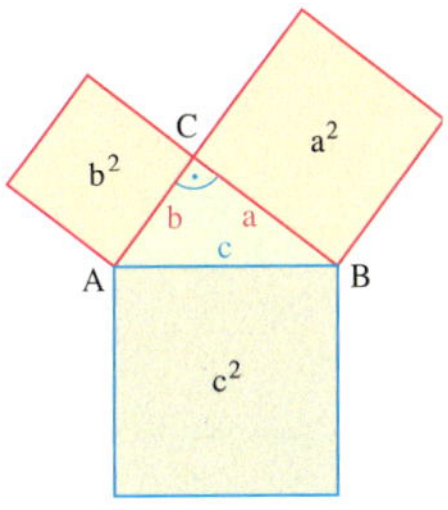

(1) Eine Formel für das rechtwinklige Dreieck – Geometrische Deutung

Bei der vorangegangenen Berechnung der Länge der Dachsparren haben wir für das rechtwinklige Dreieck ABC mit $\gamma = 90°$ für die Seitenlängen a, b und c die Formel $c^2 = a^2 + b^2$ gewonnen.
Die Figur links zeigt uns eine geometrische Deutung dieser Formel.

> Für jedes *rechtwinklige* Dreieck gilt:
> Das Quadrat über der längsten Seite ist genauso groß wie die beiden Quadrate über den anderen Seiten zusammen.

Hypotenuse ⟨griech.⟩
hypo – unten
teinein – spannen
Kathete ⟨griech.⟩
Kathetos – Senkblei

(2) Bezeichnungen im rechtwinkligen Dreieck

Bevor wir den Satz endgültig formulieren, führen wir einige Begriffe am rechtwinkligen Dreieck ein.

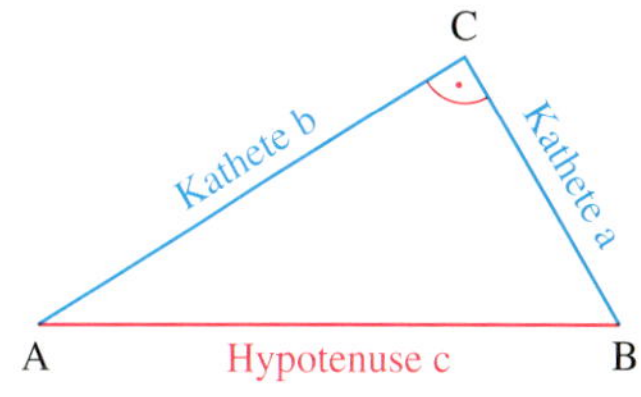

In einem *rechtwinkligen Dreieck* nennt man die dem rechten Winkel gegenüberliegende Seite die **Hypotenuse,** die dem rechten Winkel anliegenden Seiten die **Katheten** des rechtwinkligen Dreiecks.
Die Hypotenuse ist stets die längste Seite.

(3) Satz des Pythagoras und seine Bedeutung

Die in Aufgabe 1 gefundene Gesetzmäßigkeit $c^2 = a^2 + b^2$ für rechtwinklige Dreiecke trägt den Namen des Pythagoras. Zur Formulierung dieses Satzes verwenden wir die Wenn-dann-Form.

Unter dem Suchwort „Satz des Pythagoras" findest du im Internet weitere Herleitungen.

> **Satz des Pythagoras**
> Wenn das Dreieck ABC *rechtwinklig* ist, dann ist der Flächeninhalt des Hypotenusenquadrates gleich der Summe der Flächeninhalte der beiden Kathetenquadrate:
> $\mathbf{c^2 = a^2 + b^2}$ (für $\gamma = 90°$)

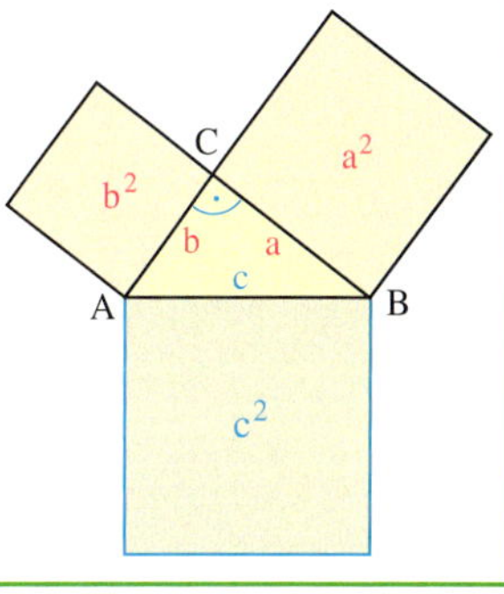

Bisher konnten wir Längen in einem Dreieck nur zeichnerisch ermitteln.
Der Satz des Pythagoras ermöglicht es nun, bei einem *rechtwinkligen* Dreieck aus zwei Seitenlängen die dritte Seitenlänge zu berechnen.

Zum Festigen und Weiterarbeiten

2. Skizziere die Dreiecke, färbe die Katheten blau, die Hypotenusen rot. Gib dann für die rechtwinkligen Dreiecke jeweils die Gleichung nach dem Satz des Pythagoras an.

(1)
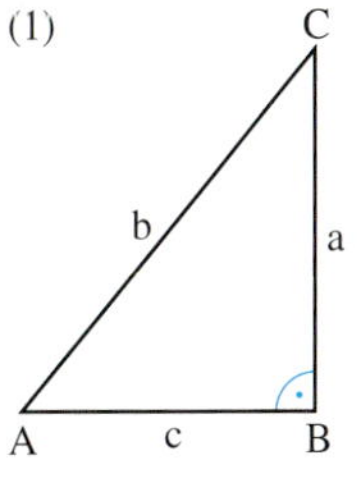

(2)
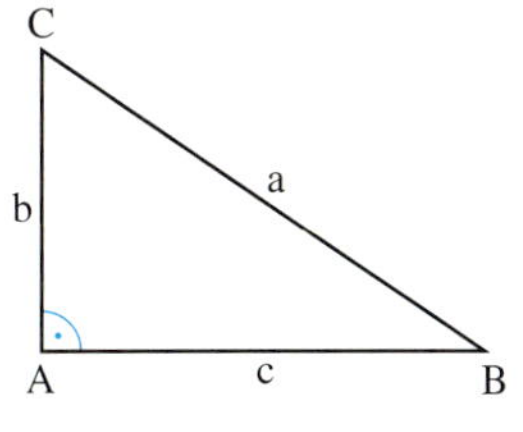

(3)
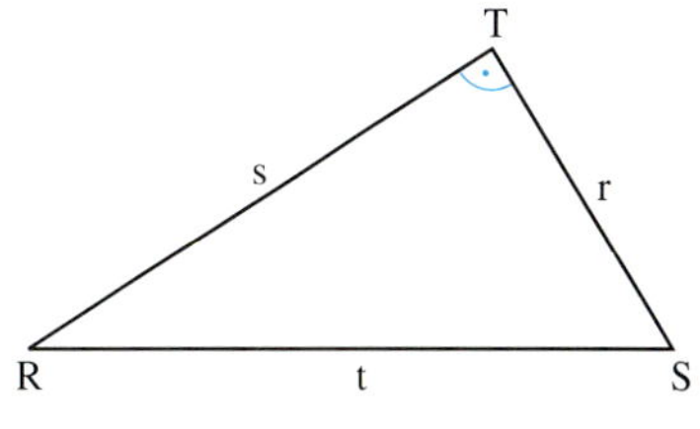

3. Gegeben ist ein rechtwinkliges Dreieck ABC. Skizziere zunächst eine Planfigur und markiere farbig die Strecke, deren Länge gesucht ist. Stelle dann mithilfe des Satzes des Pythagoras eine Gleichung für die gesuchte Länge auf.
Berechne nun die Länge der dritten Seite.

(1) a = 3 cm, b = 8 cm; $\gamma = 90°$
(2) a = 3 cm, b = 8 cm; $\beta = 90°$
(3) a = 6 cm, c = 7 cm; $\beta = 90°$
(4) a = 6 cm, c = 7 cm; $\gamma = 90°$
(5) b = 6 cm, c = 8 cm; $\alpha = 90°$
(6) b = 6 cm, c = 8 cm; $\gamma = 90°$

4. Zeichne mit einem dynamischen Geometrie-System ein rechtwinkliges Dreieck. Konstruiere dann an jeder Dreiecksseite ein Quadrat. Lasse auch den Flächeninhalt dieser Quadrate berechnen. Verändere die Form des Dreiecks und beobachte dabei die Flächeninhalte. Was stellst du fest?

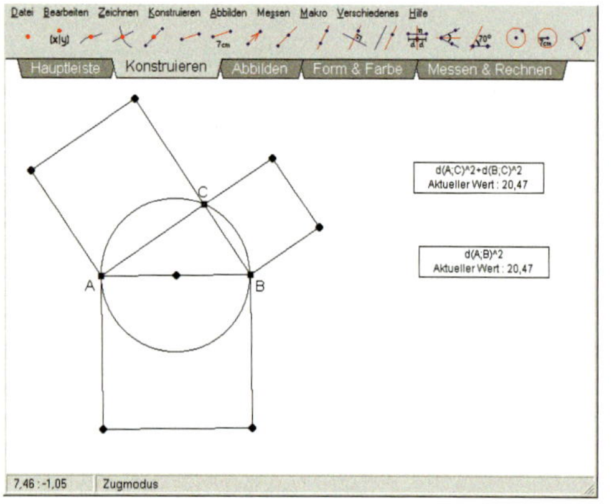

Übungen

5. a)

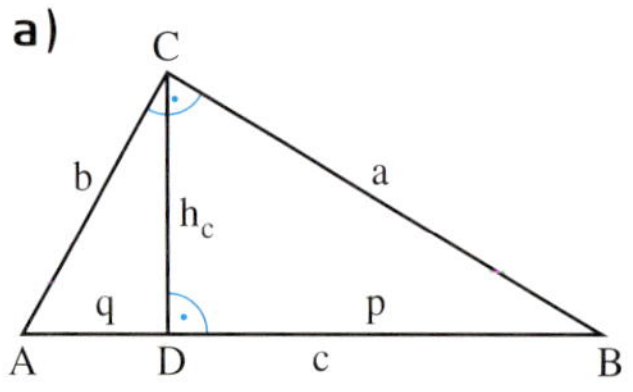

b)

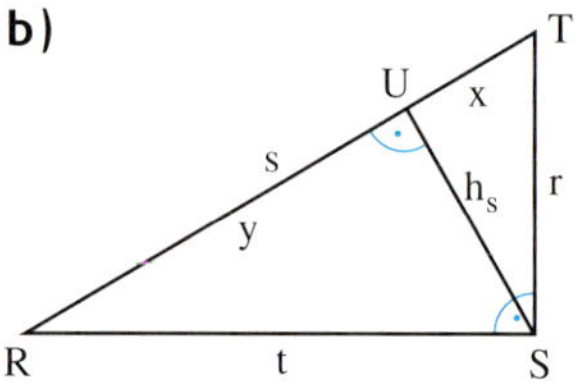

c)

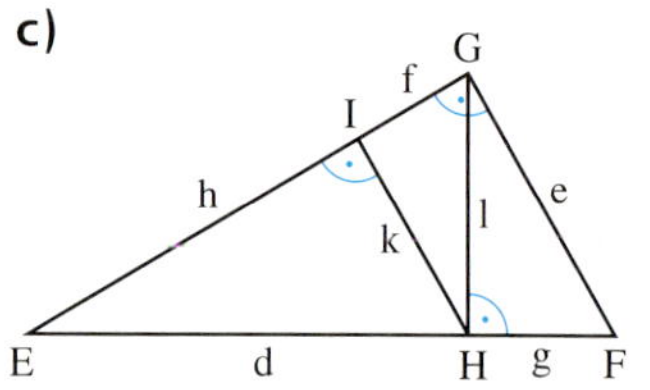

In der Figur findest du mehrere rechtwinklige Dreiecke. Notiere sie und gib jeweils die Gleichung nach dem Satz des Pythagoras an.

6. Berechne die Länge x der roten Strecke (Maße in cm).

a)

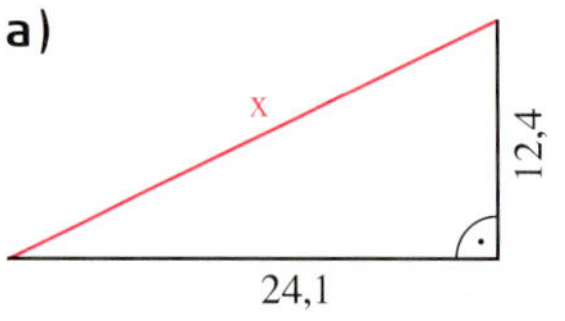

b)

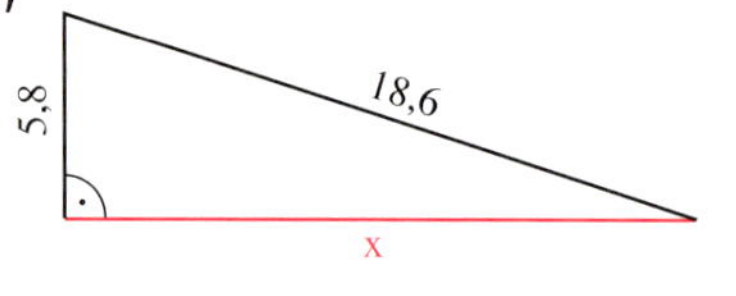

c)

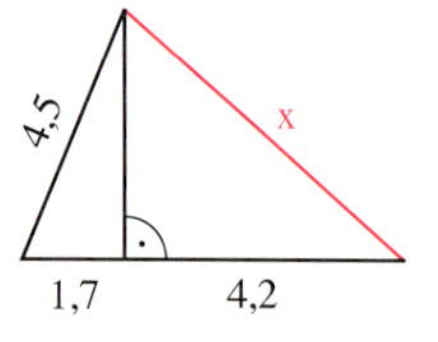

7. Kontrolliere die angegebenen Gleichungen. Berichtige gegebenenfalls.

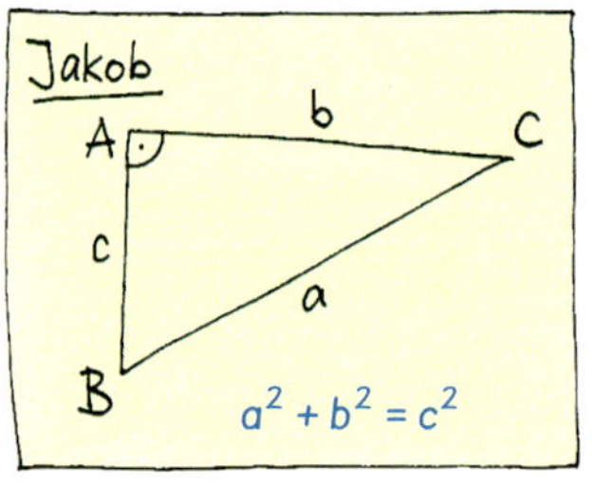

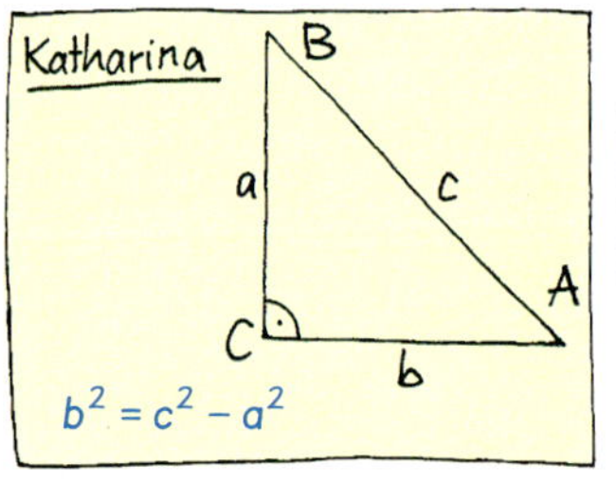

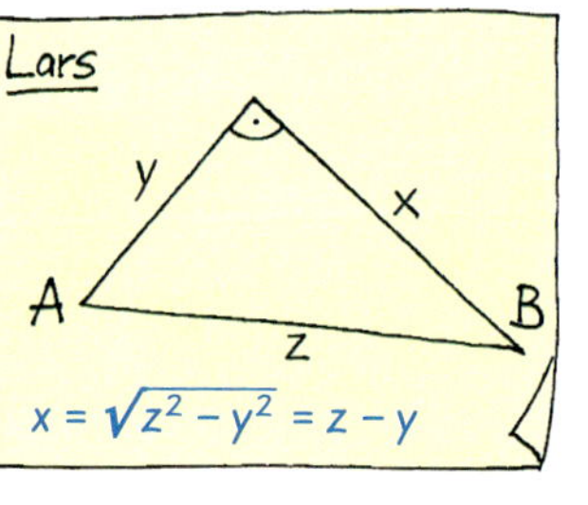

8. In einem rechtwinkligen Dreieck ABC mit $\gamma = 90°$ sind gegeben:

a) $a = 8$ cm, $b = 6$ cm **b)** $a = 12$ cm, $b = 5$ cm **c)** $c = 17$ cm, $a = 8$ cm **d)** $b = 12$ cm, $c = 15$ cm **e)** $a = 16$ cm, $c = 20$ cm

Berechne im Kopf die Länge der dritten Dreiecksseite.

9. In einem rechtwinkligen Dreieck ABC sind gegeben:

a) $a = 7$ cm, $b = 3$ cm, $\gamma = 90°$ **b)** $a = 10$ dm, $c = 6$ dm, $\alpha = 90°$ **c)** $b = 4{,}1$ km, $c = 3{,}5$ km, $\alpha = 90°$ **d)** $a = 8$ mm, $b = 12$ mm, $\beta = 90°$ **e)** $a = 3{,}4$ cm, $c = 5{,}1$ cm, $\beta = 90°$

Berechne die Länge der dritten Dreiecksseite. Ermittle auch den Umfang und den Flächeninhalt des Dreiecks.

10. Von A nach B führt eine schmale, meist stark befahrene Straße.
Um wie viel Prozent ist der Umweg von A nach B über C länger als die Abkürzung $\overline{AB}$?

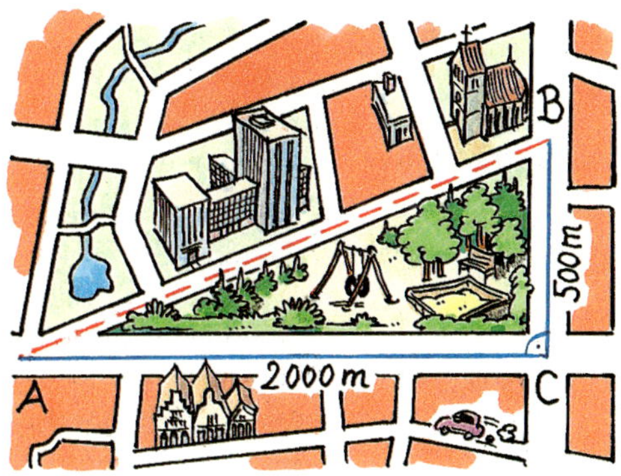

11. Durch einen Sturm ist eine 40 m hohe Fichte in 8,75 m Höhe abgeknickt.
Wie weit liegt die Spitze etwa vom Stamm entfernt?

12. **a)** Markiere jeweils in einem Koordinatensystem (Einheit 1 cm) die beiden Punkte A und C.
Berechne die Entfernung dieser Punkte.

(1) $A(-3|1)$, $C(3|4)$ (4) $A(-4|-6)$, $C(7|4)$

(2) $A(2|7)$, $C(7|4)$ (5) $A(-7|-3)$, $C(-2|-1)$

(3) $A(1{,}3|7{,}8)$, $C(8{,}6|2{,}4)$ (6) $A(-4{,}1|-2{,}3)$, $C(5{,}4|-1{,}8)$

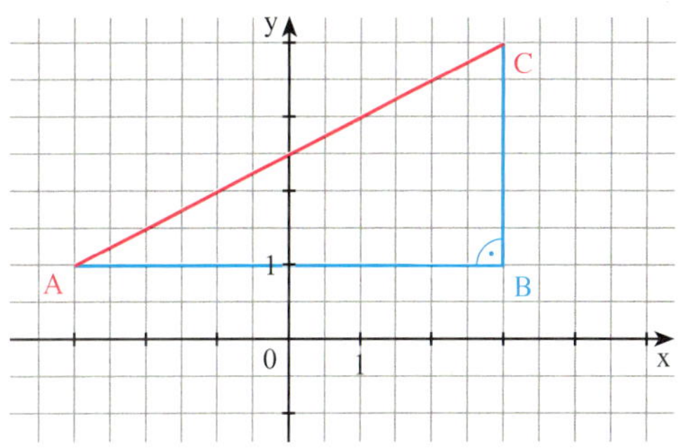

b) Welchen Abstand haben die Punkte $A(3|4)$, $B(7|9)$, $C(-1|5)$, $D(2|-4)$, $E(-3|-1)$ jeweils vom Koordinatenursprung (Einheit 1 cm)?

13. Im Koordinatensystem (Einheit 1 cm) sind die Punkte A, B und C gegeben. Berechne den Umfang und den Flächeninhalt des Dreiecks ABC.

a) $A(1|2)$; $B(6|4)$; $C(4|7)$ **b)** $A(-4|-2)$; $B(5|-4)$; $C(0|3)$

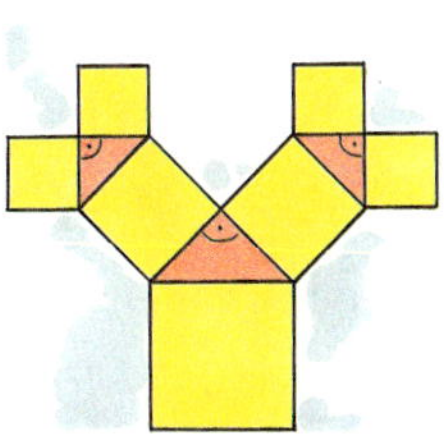

14. **a)** Zeichne ein rechtwinklig-gleichschenkliges Dreieck mit der Basis $c = 4$ cm. Konstruiere das Hypotenusenquadrat und die beiden Kathetenquadrate.
Ergänze die Figur wie im Bild links.

b) Setze die in Teilaufgabe a) erhaltene Figur um eine weitere Stufe fort.
Wie groß sind alle Quadrate zusammen? Berechne auch den Umfang der Gesamtfigur.

c) Du kannst die Figur weiter fortsetzen. Was vermutest du über den Flächeninhalt und den Umfang der Gesamtfigur?

KONSTRUIEREN RECHTWINKLIGER DREIECKE MITHILFE VON PYTHAGORAS UND THALES

Umkehrung des Satzes des Pythagoras

Einstieg

Beim Bau eines Hauses sollen die Grundmauern senkrecht aufeinander treffen. Dazu stecken zwei Auszubildende ein Dreieck mit 3 m, 4 m und 5 m langen Seilen ein Dreieck ab. Für das Dreieck gilt:

$(3\text{ m})^2 + (4\text{ m})^2 = (5\text{ m})^2$

→ Man behauptet: Das abgesteckte Dreieck ist rechtwinklig. Stimmt das?

Information

(1) Umkehrung des Satzes des Pythagoras

Bisher wissen wir nur: Geht man nach dem Satz des Pythagoras von einem rechtwinkligen Dreieck ABC mit $\gamma = 90°$ aus, so gilt für die Seitenlängen $a^2 + b^2 = c^2$.

Die Auszubildenden und auch der Fliesenleger (siehe Seite 128) gehen *umgekehrt* vor: Sie legen ein Dreieck ABC, für dessen Seitenlängen $a^2 + b^2 = c^2$ gilt. Ihr Dreieck ist dann rechtwinklig.

Maurer und Fliesenleger verwenden also die *Umkehrung* des Satzes des Pythagoras:

Umkehrung des Satzes des Pythagoras

Wenn für die Seitenlängen eines Dreiecks ABC gilt: $a^2 + b^2 = c^2$,
dann ist das Dreieck bei C rechtwinklig ($\gamma = 90°$).

(2) Begründung der Umkehrung des Satzes des Pythagoras

Wir können ohne Winkelmessung begründen, dass diese Umkehrung gilt.
Zur Begründung gehen wir von einem rechtwinkligen Dreieck ABC aus (Bild Mitte).
Nach dem Satz des Pythagoras gilt dann: $a^2 + b^2 = c^2$

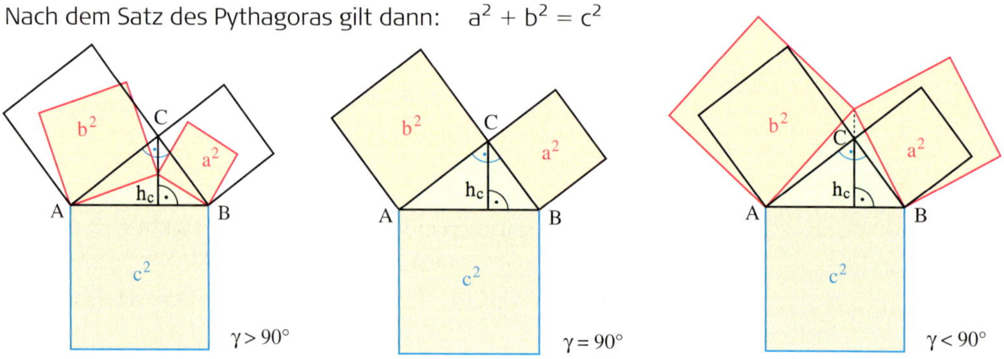

(1) Wir verschieben den Punkt C längs der Höhe h_c nach *unten* (Bild links); es entsteht ein *stumpfwinkliges* Dreieck ($\gamma > 90°$). Die Seiten a und b werden *kleiner*, also $a^2 + b^2 < c^2$.

(2) Wir verschieben den Punkt C längs der Verlängerung der Höhe nach *oben* (Bild rechts); es entsteht ein *spitzwinkliges Dreieck* ($\gamma < 90°$). Die Seiten a und b werden *größer*, also $a^2 + b^2 > c^2$.

Aus beiden Überlegungen folgt: Nur im Falle $\gamma = 90°$ gilt $c^2 = a^2 + b^2$.

Also: Wenn $c^2 = a^2 + b^2$ ist, dann ist $\gamma = 90°$.

Übungen

1. Entscheide, ob das Dreieck ABC rechtwinklig, stumpfwinklig oder spitzwinklig ist.

a)	**b)**	**c)**	**d)**	**e)**
a = 8 cm	a = 7 m	a = 5 cm	a = 13 dm	a = 23 mm
b = 6 cm	b = 9 m	b = 4 cm	b = 5 dm	b = 17 mm
c = 10 cm	c = 11 m	c = 3 cm	c = 12 dm	c = 29 mm

2. 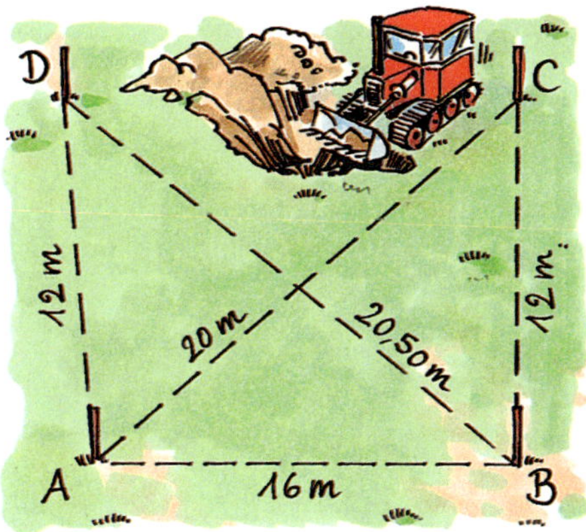

Auf einem Grundstück sind vier Pfähle A, B, C und D gesetzt worden, um die Ecken des zu bauenden Hauses abzustecken. Das Haus soll einen rechteckigen Grundriss mit den Seitenlängen 16 m und 12 m haben. Die Pfähle haben die in der Zeichnung angegebenen Abstände.
Welcher der Winkel bei A bzw. B ist ein rechter Winkel, welcher nicht?
Welcher Pfahl steht falsch?
Wie muss er bezüglich seines Standortes verändert werden?

3. Zeichne mit einem dynamischen Geometrie-System ein Dreieck ABC.
Konstruiere dann über den Seiten Quadrate; lasse den Winkel bei C und die Flächeninhalte der Quadrate berechnen. Verändere die Form des Dreiecks und untersuche, für welche Dreiecke $a^2 + b^2 = c^2$ gilt.

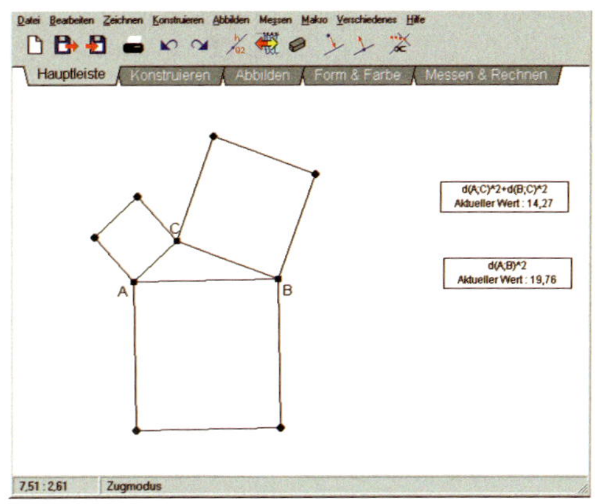

4. a) Auf dem Bild auf Seite 128 wird mithilfe eines „12-Knotenseils" ein Dreieck abgesteckt. Erkläre, warum es rechtwinklig ist.

b) Kann man auch mit einem „30-Knotenseil" ein rechtwinkliges Dreieck abstecken? Begründe.

5. a) Konstruiere ein Dreieck ABC mit a = 6 cm, b = 8 cm und c = 10 cm.
Prüfe, ob es rechtwinklig ist. Begründe.

b) Man nennt das Zahlentripel (6; 8; 10) aus natürlichen Zahlen **pythagoreisches Zahlentripel.** Ebenso ist (3; 4; 5) ein solches Zahlentripel.
Entscheide, ob pythagoreische Zahlentripel vorliegen.
(1) (9; 12; 15) (2) (15; 20; 25) (3) (5; 12; 13) (4) (7; 18; 19)

c) Finde weitere pythagoreische Zahlentripel. Findest du eine Gesetzmäßigkeit?

6. Konstruiere drei unterschiedliche rechtwinklige Dreiecke. Wähle dazu drei geeignete Seitenlängen.

▲ **7.** In einem gleichschenkligen Dreieck soll g die Länge der Basis und s die Länge eines Schenkels sein. Welche Beziehung muss zwischen g und s bestehen, damit das Dreieck

a) rechtwinklig ist; **b)** spitzwinklig ist; **c)** stumpfwinklig ist?

Satz des Thales

Einstieg

Zeichnet einen Kreis und zwei Durchmesser so, dass sie den Winkel ε bilden. Wählt unterschiedliche Winkelmaße für ε. Zeichnet das Viereck ABCD.

- ➜ Was haben die Vierecke ABCD gemeinsam?
- ➜ Versucht eure Vermutung zu begründen.
- ➜ Berichtet über eure Ergebnisse.

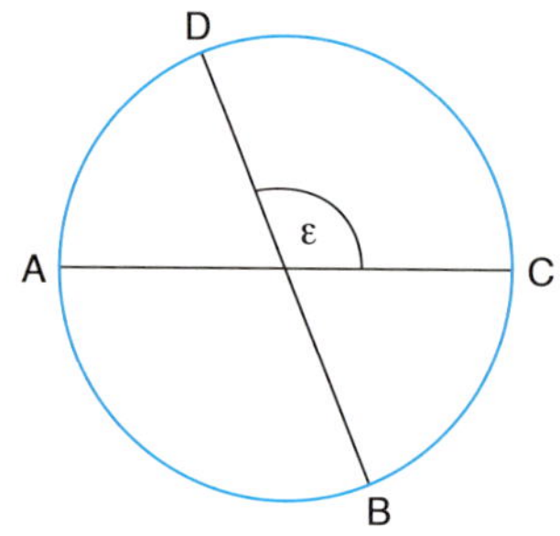

Aufgabe

1. Links seht ihr eine Zirkusarena mit zwei genau gegenüberliegenden Ein- bzw. Ausgängen.
Julia sitzt an der Stelle C und will den Auftritt des Clowns filmen. Sie erwartet ihn am Eingang A. Doch der Clown betritt die Arena bei B.
Um wie viel Grad muss Julia ihre Kamera drehen?
Untersucht das auch für andere Stellen am Rand der Arena.
Formuliert euer Ergebnis.

Lösung

Zeichnet einen Halbkreis über der Strecke $\overline{AB}$. Wählt – jeder einen anderen – Punkt C auf dem Halbkreis und verbindet ihn mit den Endpunkten der Strecke $\overline{AB}$. Ihr erhaltet jeweils ein Dreieck ABC. Messt den Winkel γ.
Wenn ihr genau gezeichnet und genau gemessen habt, findet ihr stets einen rechten Winkel bei C.

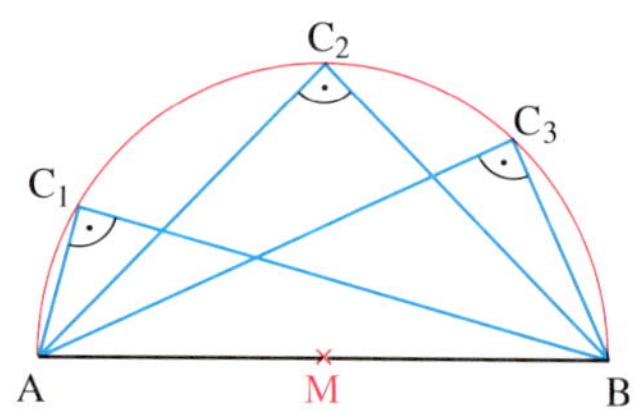

Wir vermuten:
Zeichnet man einen Halbkreis über einer Strecke $\overline{AB}$ und verbindet man irgendeinen Punkt C dieses Halbkreises mit den Endpunkten A und B, so erhält man stets ein rechtwinkliges Dreieck ABC.

Information

(1) Satz des Thales

Die Einstiegsaufgabe und die Aufgabe 1 führen uns zu dem folgenden Satz:

Satz des Thales

Wenn der Punkt C eines Dreiecks ABC auf dem Halbkreis über der Strecke $\overline{AB}$ liegt, dann ist das Dreieck rechtwinklig mit γ als rechtem Winkel.
Einen Halbkreis über einer Strecke nennt man auch **Thaleskreis.**

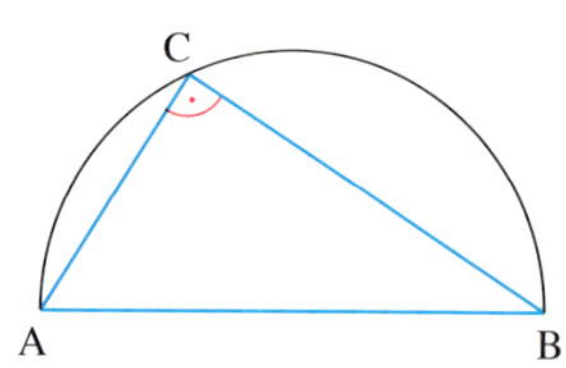

Thales

(2) Begründung des Satzes von Thales

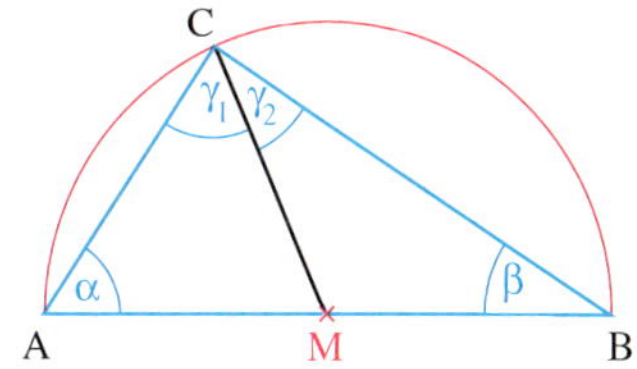

Wir verbinden den Mittelpunkt M der Strecke $\overline{AB}$ mit einem Punkt C auf dem Halbkreis über $\overline{AB}$. Die Strecken $\overline{MA}$, $\overline{MB}$ und $\overline{MC}$ sind Radien des Kreises um M und daher gleich lang. Folglich sind die Dreiecke AMC und BCM gleichschenklig.
Mithilfe des Basiswinkelsatzes folgt: $\alpha = \gamma_1$; $\beta = \gamma_2$.
Dann gilt: $\gamma = \gamma_1 + \gamma_2 = \alpha + \beta$.
Nach dem Winkelsummensatz für Dreiecke gilt: $\alpha + \beta + \gamma = 180°$
Wegen $\alpha + \beta = \gamma$ folgt: $\gamma + \gamma = 180°$, also: $\gamma = 90°$.

(3) Geschichtliches

Der Satz auf Seite 136 ist nach dem griechischen Mathematiker und Philosophen **Thales** (ca. 624 – 547 v. Chr.) benannt. Er stammte aus einer Kaufmannsfamilie in der ionischen Handelsstadt Milet.
Seine geometrischen Kenntnisse soll Thales auf seinen ausgedehnten Reisen in Ägypten, Babylonien und Persien erworben haben. Er soll viele Sätze der Geometrie entdeckt und bewiesen haben.

Aufgabe

2. Konstruiere ein rechtwinkliges Dreieck ABC aus $c = 3{,}5$ cm, $\alpha = 44°$ und $\gamma = 90°$.

Planfigur

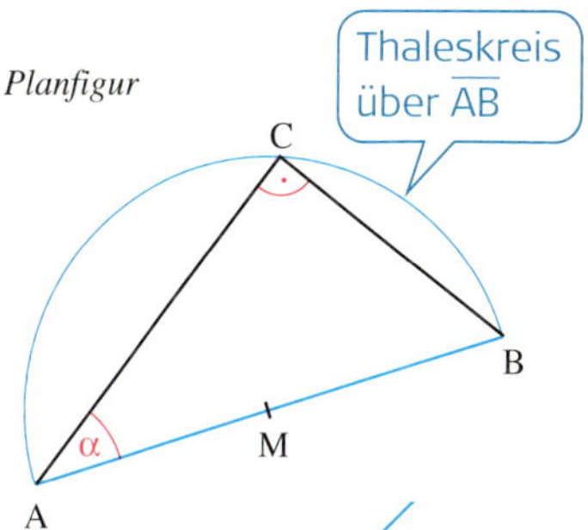

Lösung

Der rechte Winkel γ liegt über der gegebenen Seite $\overline{AB}$. Der Punkt C ist der Schnittpunkt eines Schenkels des Winkels α mit dem Thaleskreis.

Konstruktionsbeschreibung

(1) Zeichne eine Strecke $\overline{AB}$ mit $c = 3{,}5$ cm.
(2) Trage in A den Winkel α der Größe 44° an.
(3) Konstruiere über der Strecke $\overline{AB}$ den Thaleskreis. Er schneidet den freien Schenkel des Winkels α im Punkt C.
(4) Verbinde B und C.

ABC ist das gesuchte Dreieck.

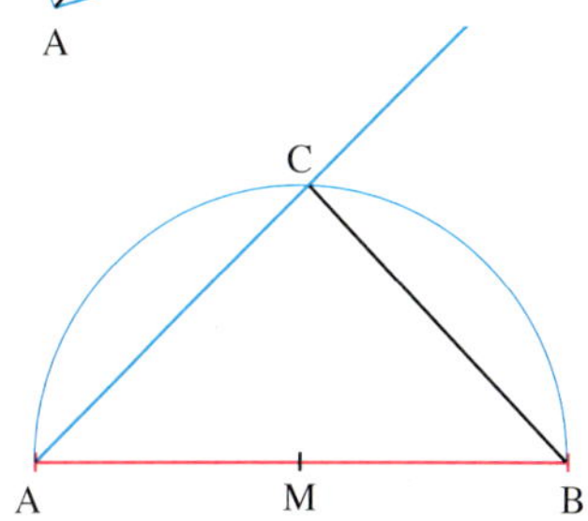

Zum Festigen und Weiterarbeiten

Planfigur nicht vergessen!

3. *Konstruktion eines rechtwinkligen Dreiecks*
Konstruiere ein rechtwinkliges Dreieck. Verwende den Thalessatz.
Beginne mit der Seite, die dem rechten Winkel gegenüberliegt. Beschreibe dein Vorgehen.

a) $a = 4{,}7$ cm, $\gamma = 63°$, $\alpha = 90°$
b) $b = 5{,}2$ cm, $\beta = 90°$, $\alpha = 52°$
c) $c = 7$ cm, $a = 4$ cm, $\gamma = 90°$
d) $b = 6$ cm, $c = 5$ cm, $\beta = 90°$

Übungen

4. Konstruiere ein rechtwinkliges Dreieck aus den angegebenen Stücken. Beginne mit der Seite, die dem rechten Winkel gegenüberliegt. Beschreibe die Konstruktion.

a) $c = 4{,}8$ cm; $a = 2{,}5$ cm; $\gamma = 90°$
b) $a = 7{,}2$ cm; $c = 4{,}3$ cm; $\alpha = 90°$
c) $b = 6{,}3$ cm; $\gamma = 37°$; $\beta = 90°$
d) $c = 8$ cm; $\gamma = 90°$; $\alpha = 42°$

5. Konstruiere ein rechtwinklig-gleichschenkliges Dreieck ABC mit der Basis:

a) $c = 4{,}7$ cm **b)** $a = 5{,}1$ cm **c)** $b = 6{,}4$ cm

6. Zeichne eine 6 cm lange Strecke $\overline{AB}$, darüber verschiedene rechtwinklige Dreiecke ABC. Was vermutest du über die Lage der Eckpunkte C?

△ **7.** Zeichne ein rechtwinkliges Dreieck ABC. Versuche nun den Punkt C so zu bewegen, dass das Dreieck stets rechtwinklig bleibt; dabei soll die Strecke $\overline{AB}$ nicht verändert werden.
Stelle die Spur auf C. Wenn du den Punkt C jetzt bewegst, siehst du die Spur der Bewegung.
Was kannst du erkennen?

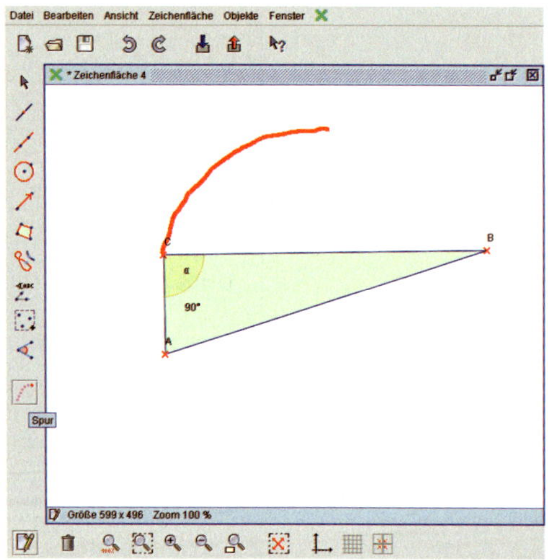

8. Gegeben ist eine Gerade g und ein Punkt P, der nicht auf g liegt. Konstruiere mithilfe des Thaleskreises die Senkrechte zu g durch P. Beschreibe dein Vorgehen.

9. Zeichne eine Gerade g und zwei Punkte A und B auf derselben Seite von g. Versuche nun einen Punkt C auf g so zu konstruieren, dass der Winkel mit dem Scheitel C und den Schenkeln $\overrightarrow{CA}$ und $\overrightarrow{CB}$ 90° beträgt.
Gibt es für die Lage von A und B verschiedene Fälle? Formuliere.

10. Gegeben ist ein Kreis mit dem Radius $r = 3{,}4$ cm. Konstruiere ein Rechteck, dessen Ecken auf dem Kreis liegen; eine Seite des Rechtecks soll 2,1 cm lang sein.

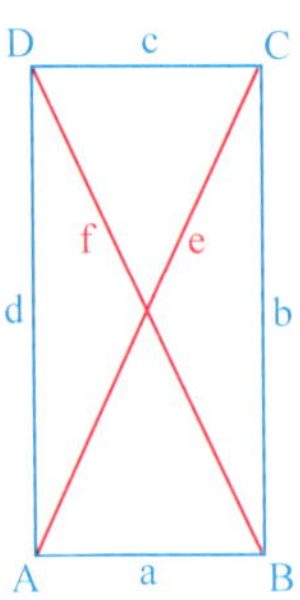

11. **a)** Konstruiere ein Rechteck ABCD aus $e = 5{,}0$ cm; $b = 1{,}8$ cm [$f = 6{,}4$ cm; $c = 5{,}1$ cm].
b) Konstruiere ein Quadrat ABCD aus $e = 4{,}6$ cm [6,4 cm].

12. Berechne die markierten Winkel. Skizziere die Figur vergrößert in dein Heft und trage die Winkelgrößen ein, die du aus den gegebenen Winkelgrößen nacheinander berechnen kannst.

a)
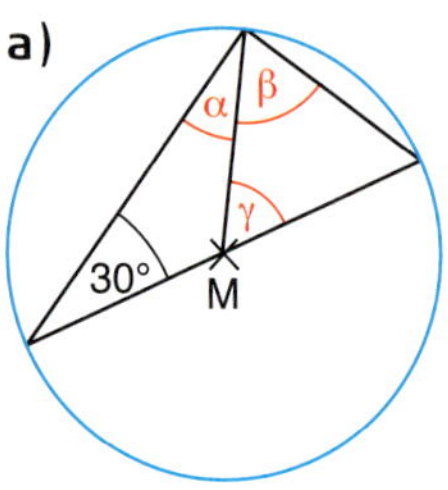

b)
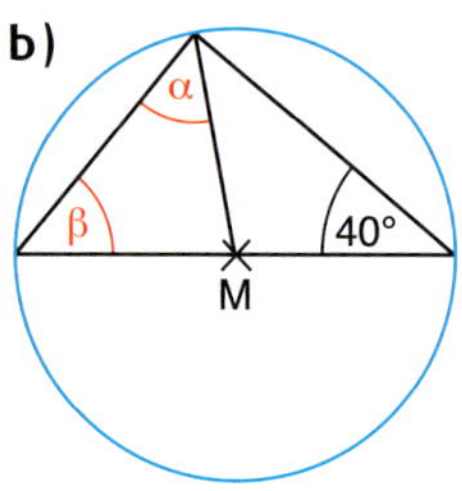

c)
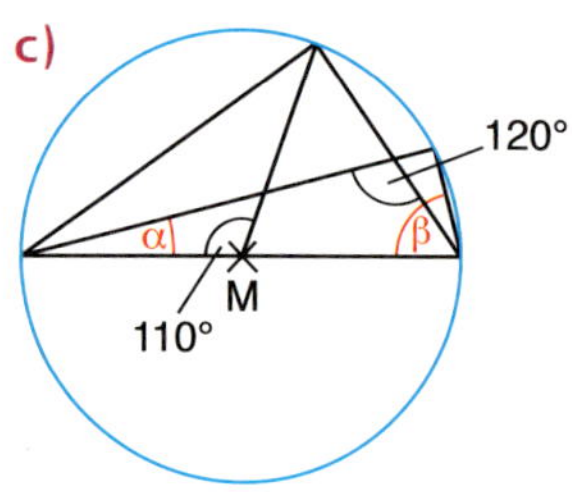

13. Stelle verschiedene Möglichkeiten zusammen, wie man ohne Geodreieck einen rechten Winkel konstruieren kann.

EINFÜHRUNG VON SINUS, KOSINUS UND TANGENS FÜR SPITZE WINKEL IM RECHTWINKLIGEN DREIECK

Einstieg

Segelflugzeuge gleiten. Je weiter sie bei einem Gleitflug aus einer bestimmten Höhe kommen, um so besser sind sie.
Ein Maß für die „Güte" eines Segelflugzeugs ist die *Gleitzahl*. Dies ist das Verhältnis aus dem Höhenverlust und der Länge der dabei zurückgelegten Flugstrecke.
Moderne Segelflugzeuge haben heute eine Gleitzahl zwischen 1 : 30 und 1 : 70.

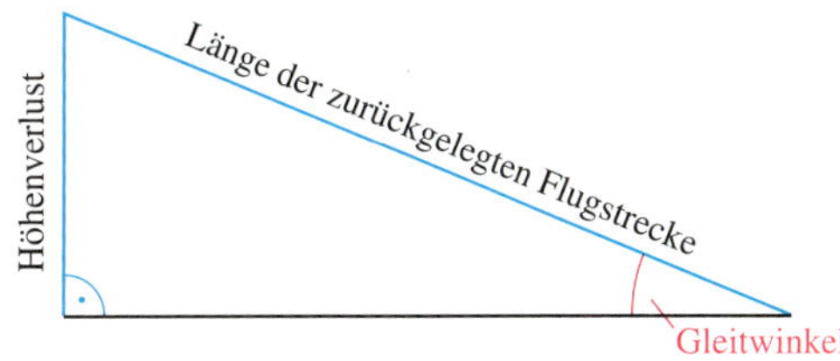

→ Nimm an, ein Segelflugzeug hat die Gleitzahl 1 : 10.
Wie viel Höhe verliert es, wenn es (1) 10 m, (2) 20 m Flugstrecke zurücklegt?
Gib jeweils die Größe des Gleitwinkels an.
Was stellst du fest? Begründe.

→ Präsentiere dein Ergebnis.

Aufgabe

1.

Im Berner Oberland (Schweiz) fährt eine Standseilbahn von Lauterbrunnen auf einer 1421 m langen Strecke zur Grütschalp.
Eine Vorstellung von der Steigung der Bahnstrecke liefert die Größe des Winkels β, auch *Steigungswinkel* genannt.

a) Wie groß ist der Steigungswinkel?

b) Berechne die Steigung in Prozent.

Lösung

a) Die Größe des Winkels β lässt sich zeichnerisch im rechtwinkligen Dreieck ABC bestimmen.

Die Länge von $\overline{AC}$ (das ist der Höhenunterschied) beträgt 1481 m − 796 m, also 685 m. Wir wählen in der Zeichnung 1 cm für 100 m in der Wirklichkeit (Maßstab 1 : 10000).

Wir konstruieren nun ein rechtwinkliges Dreieck ABC mit dem rechten Winkel bei C sowie den Seitenlängen c = 14,2 cm (Länge der Hypotenuse) und b = 6,9 cm; dies ist die Länge der dem gesuchten Winkel β *gegenüberliegenden* Kathete (Ssw).

Wir messen: β = 29°.

Ergebnis: Der Steigungswinkel beträgt 29°.

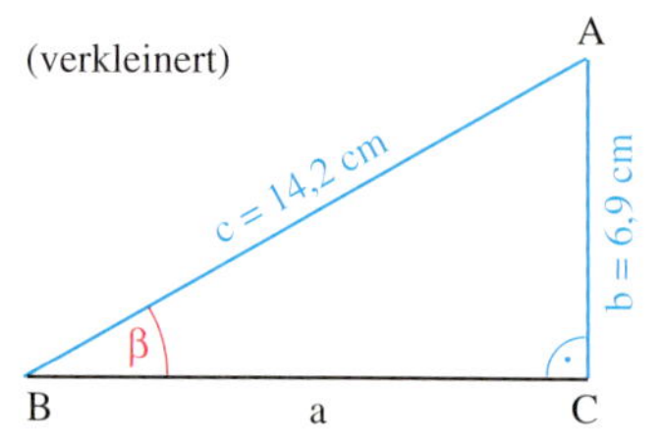

b) Du weißt: *Unter der Steigung (dem Anstieg) m versteht man das Verhältnis, also den Quotienten aus Höhenunterschied $\overline{AC}$ und horizontaler Entfernung $\overline{BC}$.*

Den Höhenunterschied haben wir bereits mit $\overline{AC}$ = 685 m berechnet.

Die horizontale Entfernung $\overline{BC}$ müssen wir noch berechnen. Nach dem Satz des Pythagoras gilt für das rechtwinklige Dreieck ABC:

$a^2 + b^2 = c^2$, also $a = \sqrt{c^2 - b^2}$.

Wir setzen ein:

$a = \sqrt{(1421\text{ m})^2 - (685\text{ m})^2}$

$a = \sqrt{1550016\text{ m}^2}$

$a \approx 1245\text{ m}$

Für die Steigung ergibt sich somit das Verhältnis:

$m = \frac{685\text{ m}}{1245\text{ m}}$

$m \approx 0{,}55$ bzw. $m \approx 55\%$

Ergebnis: Die Steigung beträgt 55%.

Information

(1) Zielsetzung

In rechtwinkligen Dreiecken können wir nach dem Satz des Pythagoras Seitenlängen berechnen. Wie wir in den vorangegangenen Aufgaben gesehen haben, können wir die Größe von Winkeln jedoch nur zeichnerisch ermitteln. Unser Ziel ist es, Verfahren kennenzulernen, mit deren Hilfe man auch die Winkel und die Längen in beliebigen Dreiecken aus gegebenen Stücken *berechnen* kann. Wir beschränken uns hier auf rechtwinklige Dreiecke.

(2) Bezeichnungen an rechtwinkligen Dreiecken

Du kennst bereits die Begriffe Hypotenuse und Kathete am *rechtwinkligen* Dreieck.

Wir unterscheiden nun die beiden Katheten hinsichtlich ihrer Lage zu einem spitzen Winkel, im Bild rechts zu β.

In jedem rechtwinkligen Dreieck nennt man die einem spitzen Winkel *gegenüberliegende* Kathete die **Gegenkathete** zu diesem Winkel.

Die dem spitzen Winkel *anliegende* Kathete heißt **Ankathete** zu diesem Winkel.

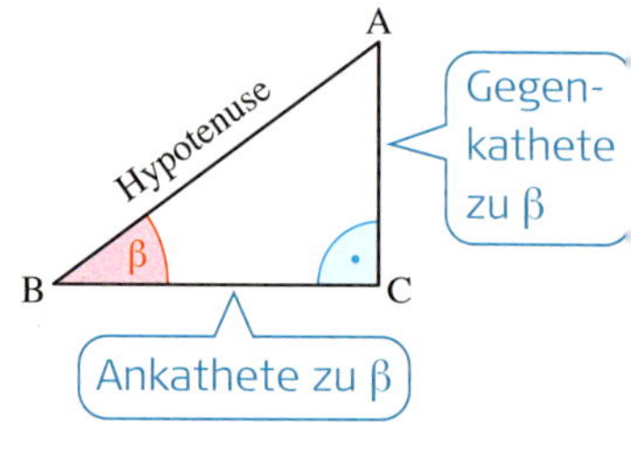

Längenverhältnis: Quotient zweier Längen

(3) Gleiche Längenverhältnisse in rechtwinkligen Dreiecken

Wir betrachten zwei rechtwinklige Dreiecke ABC und A′B′C′, die in der Größe eines spitzen Winkels, z. B. der Größe von β, übereinstimmen. Nach dem Ähnlichkeitssatz sind dann die beiden Dreiecke ABC und A′B′C′ ähnlich zueinander. Folglich sind die Längenverhältnisse je zweier Seiten von ABC gleich dem Längenverhältnis der beiden entsprechenden Seiten von A′B′C′, zum Beispiel:

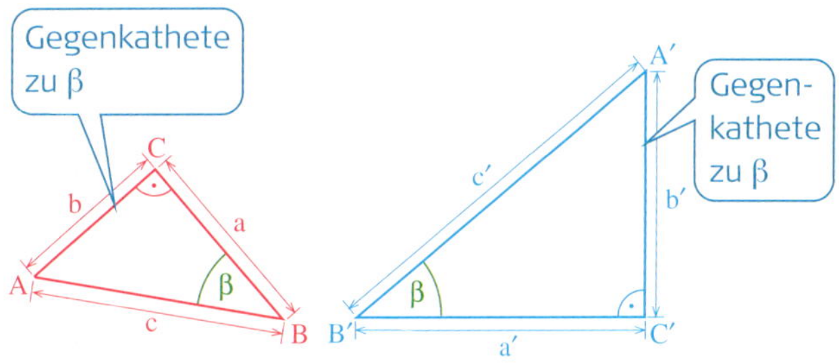

$\frac{b}{c} = \frac{b'}{c'}$; $\frac{a}{c} = \frac{a'}{c'}$; $\frac{b}{a} = \frac{b'}{a'}$

Wir erhalten also:
Alle rechtwinkligen Dreiecke, die in einem weiteren Winkel und damit in allen Winkeln übereinstimmen, besitzen dieselben Längenverhältnisse entsprechender Seiten.

Für alle *rechtwinkligen Dreiecke*, die in der Größe eines *spitzen* Winkels (und damit in allen Winkeln) übereinstimmen, gilt:

- das Längenverhältnis aus Gegenkathete (zu diesem spitzen Winkel) und der Hypotenuse, also
  $\frac{\text{Gegenkathete des spitzen Winkels}}{\text{Hypotenuse}}$
  hat immer den gleichen Wert.
- das Längenverhältnis aus der Ankathete (zu diesem spitzen Winkel) und der Hypotenuse, also
  $\frac{\text{Ankathete des spitzen Winkels}}{\text{Hypotenuse}}$
  hat immer den gleichen Wert.
- das Längenverhältnis aus der Gegenkathete und der Ankathete (zu diesem spitzen Winkel), also
  $\frac{\text{Gegenkathete des spitzen Winkels}}{\text{Ankathete des spitzen Winkels}}$
  hat immer den gleichen Wert.

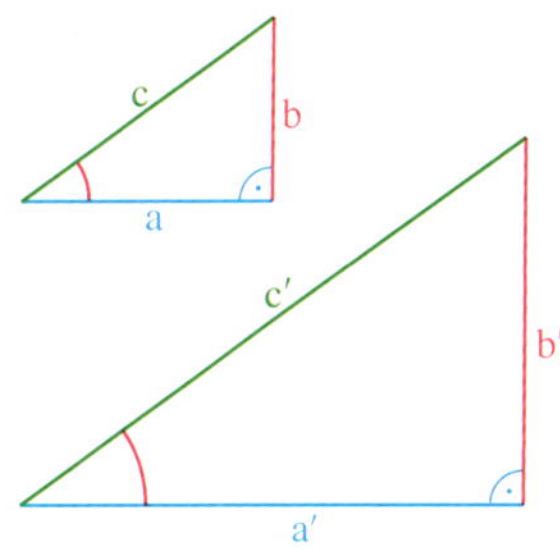

Diese Verhältnisse ändern sich nur, wenn der Winkel sich ändert. Sie bestimmen also den Winkel; deshalb gibt man ihnen eigene Namen.

(4) Der Sinus eines spitzen Winkels

Das Längenverhältnis aus der Gegenkathete zu einem *spitzen* Winkel und der Hypotenuse im rechtwinkligen Dreieck nennt man den **Sinus** dieses Winkels:

Sinus eines Winkels $= \frac{\textbf{Gegenkathete des Winkels}}{\textbf{Hypotenuse}}$

Für das Dreieck ABC mit $\gamma = 90°$ gilt z. B.: $\sin\alpha = \frac{a}{c}$

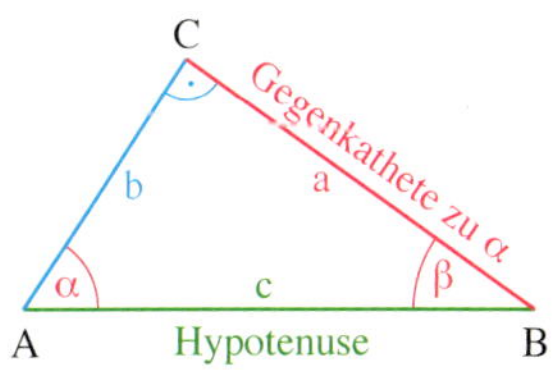

(5) Kosinus und Tangens eines spitzen Winkels

(1) Das Längenverhältnis aus der Ankathete zu einem spitzen Winkel und der Hypotenuse im rechtwinkligen Dreieck nennt man den **Kosinus** dieses Winkels:

$$\textbf{Kosinus eines Winkels} = \frac{\textbf{Ankathete des Winkels}}{\textbf{Hypotenuse}}$$

Für das Dreieck ABC mit $\gamma = 90°$ gilt z. B.: $\cos\alpha = \frac{b}{c}$

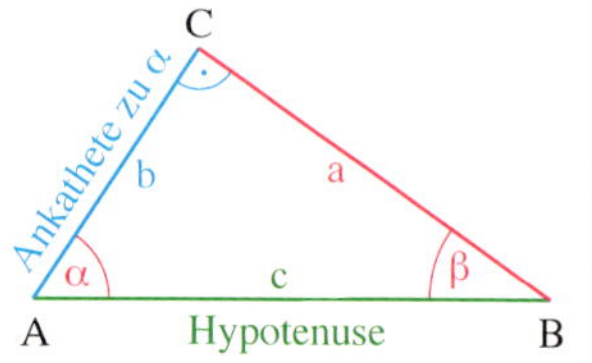

(2) Das Längenverhältnis aus Gegenkathete und Ankathete zu einem spitzen Winkel im rechtwinkligen Dreieck nennt man den **Tangens** dieses Winkels:

Tangens eines Winkels
$$= \frac{\textbf{Gegenkathete des Winkels}}{\textbf{Ankathete des Winkels}}$$

Für das Dreieck ABC mit $\gamma = 90°$ gilt z. B.: $\tan\alpha = \frac{a}{b}$

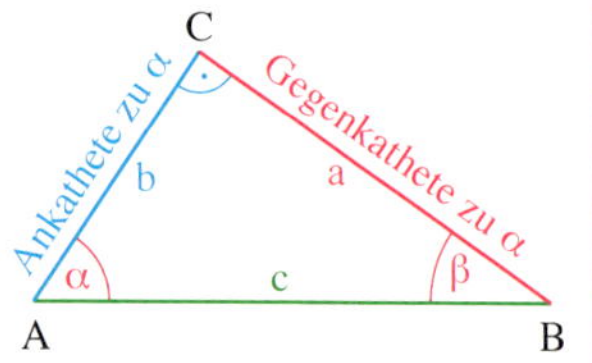

Zum Festigen und Weiterarbeiten

2. Betrachte das rechtwinklige Dreieck rechts.
Formuliere die Längenverhältnisse zu $\sin\beta$, $\cos\beta$ und $\tan\beta$.

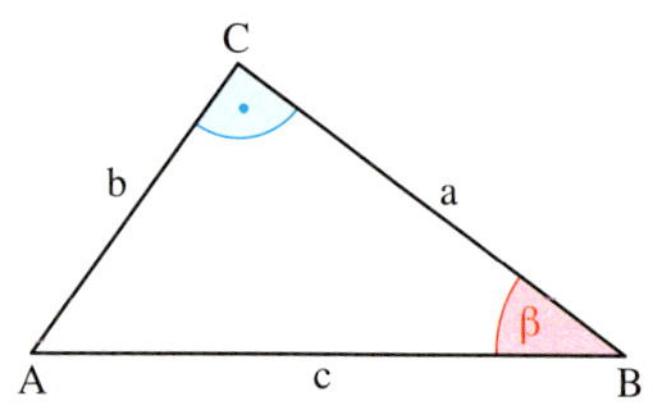

3. Zeichne farbig wie in der Information (3) mehrere verschieden große rechtwinklige Dreiecke ABC mit
(1) $\alpha = 30°$, (2) $\alpha = 44°$.
Zeichne dabei die Gegenkathete zu α in rot, die Ankathete in blau und die Hypotenuse in grün ein. Miss jeweils alle Seitenlängen und berechne

a) $\sin\alpha$; **b)** $\cos\alpha$; **c)** $\tan\alpha$. Was stellst du fest? Berichte.

4. Skizziere das Dreieck zunächst zweimal im Heft; verwende Farben wie in Information (3). Gib dann den Sinus, den Kosinus und den Tangens der beiden spitzen Winkel jeweils als Längenverhältnis an.

(1)

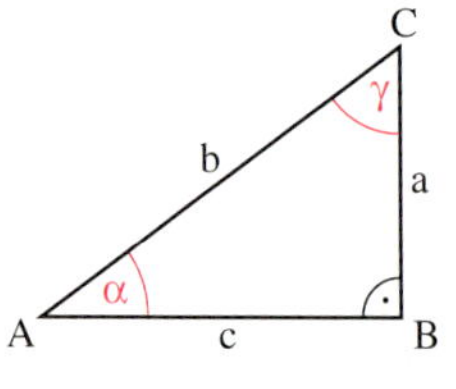

(2)

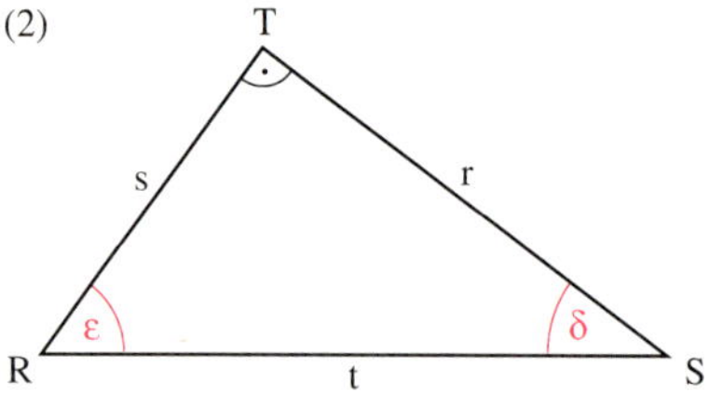

(3)

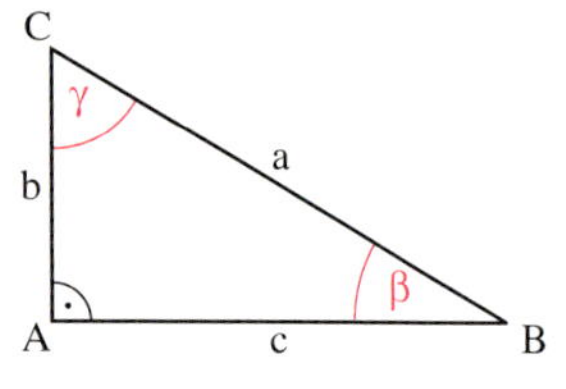

5. Berechne jeweils sin, cos und tan der angegebenen Winkel. Runde gegebenenfalls auf vier Stellen nach dem Komma.

a)

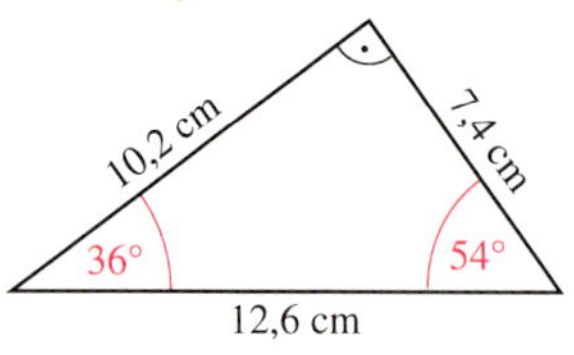

b)

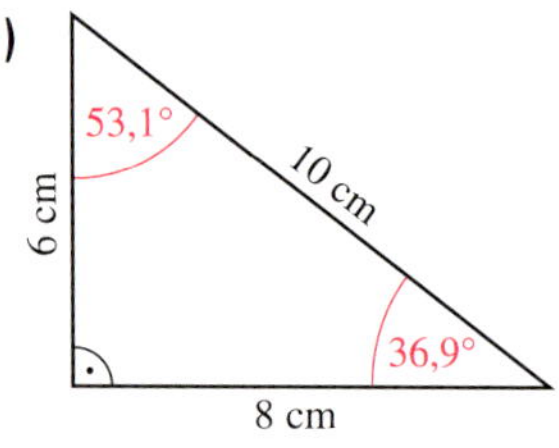

c)

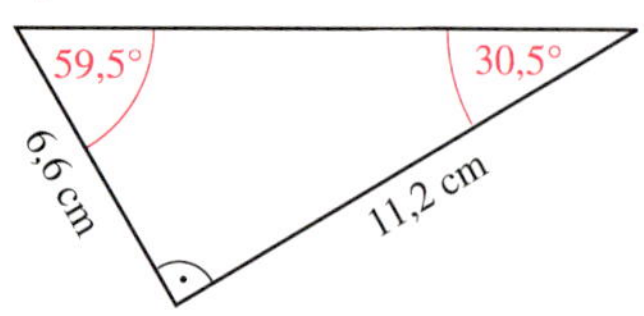

6. Bestimme zeichnerisch die Größe des Winkels α.
Wähle dazu ein geeignetes rechtwinkliges Dreieck ABC.

a) $\sin\alpha = \frac{1}{2}$ **b)** $\cos\alpha = \frac{2}{3}$ **c)** $\tan\alpha = \frac{3}{4}$ **d)** $\sin\alpha = 0{,}75$ **e)** $\cos\alpha = 0{,}4$

7. Zeichne rechtwinklige Dreiecke ABC mit $c = 10$ cm, $\gamma = 90°$ und
(1) $\alpha = 15°$; (2) $\alpha = 30°$; (3) $\alpha = 45°$; (4) $\alpha = 60°$.

a) Bestimme durch Messen und Rechnen jeweils $\tan\alpha$.
Untersuche an den Beispielen, wie sich $\tan\alpha$ ändert, wenn man die Winkelgröße α verdoppelt, verdreifacht oder vervierfacht?

b) Untersuche entsprechend $\sin\alpha$ und $\cos\alpha$.

Übungen

8. Ein rechtwinkliges Dreieck (im Bild verkleinert dargestellt) hat die angegebenen Maße. Berechne $\sin\alpha$, $\cos\alpha$, $\tan\alpha$, $\sin\beta$, $\cos\beta$, $\tan\beta$. Runde auf Tausendstel.

a)

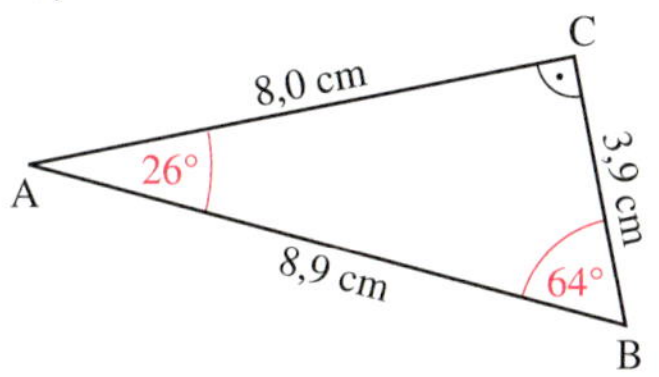

b)

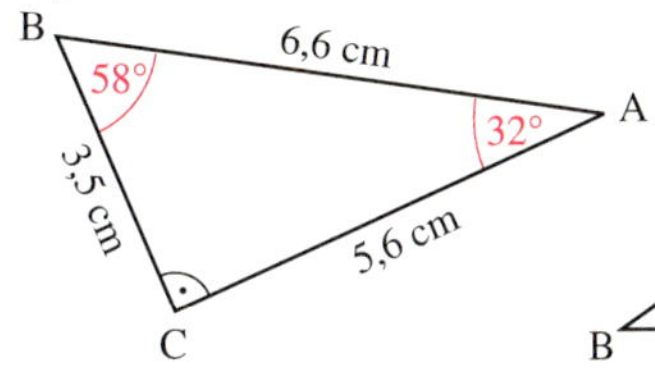

c)

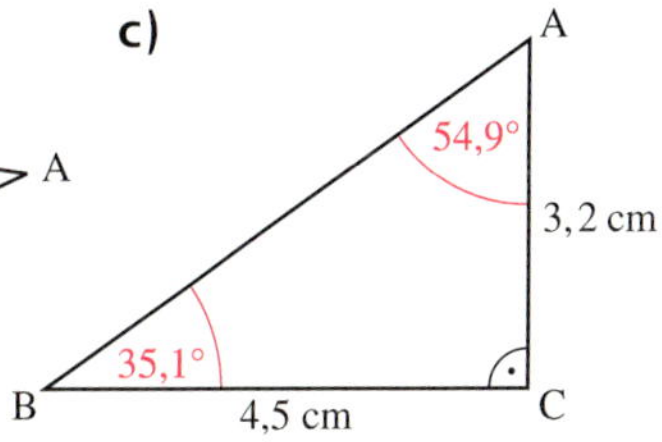

9. Kontrolliere die Hausaufgaben.

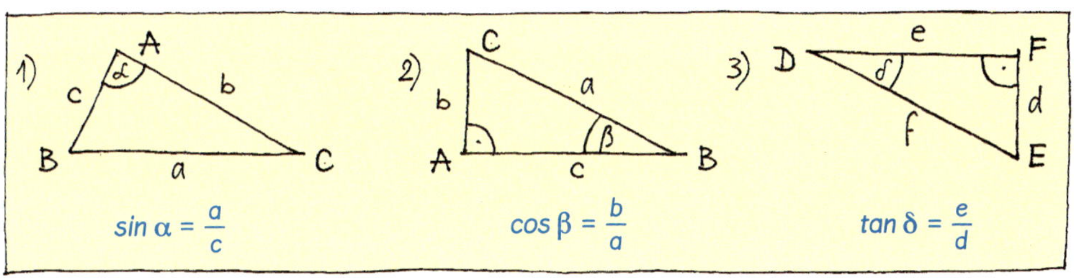

10. Zeichne ein rechtwinkliges Dreieck ABC mit $\gamma = 90°$, $c = 10$ cm sowie

a) $\alpha = 35°$; **b)** $\alpha = 62°$; **c)** $\alpha = 75°$; **d)** $\alpha = 53°$; **e)** $\alpha = 15°$.

Miss die Seitenlängen a und b und bestimme näherungsweise $\sin\alpha$ und $\sin\beta$.

11. Konstruiere das Dreieck ABC, markiere die gegebenen Stücke rot. Berechne dann den fehlenden Winkel und miss die fehlenden Seiten.
Bestimme nun in dem rechtwinkligen Dreieck den Sinus, den Kosinus und den Tangens der beiden spitzen Winkel.

a)	b)	c)	d)	e)
$\alpha = 90°$	$\alpha = 90°$	$\beta = 90°$	$\beta = 90°$	$\gamma = 90°$
$\beta = 38°$	$\gamma = 48°$	$a = 5$ cm	$\alpha = 28°$	$a = 2{,}8$ cm
$c = 9$ cm	$b = 8$ cm	$\gamma = 58°$	$c = 13$ cm	$\beta = 48°$

12. Gib – falls möglich – die Größe des Winkels α an. Zeichne dazu dann ein geeignetes rechtwinkliges Dreieck ABC.

a)	b)	c)	d)	e)
$\sin\alpha = \frac{2}{3}$	$\tan\alpha = \frac{5}{4}$	$\sin\alpha = 0{,}8$	$\tan\alpha = 1{,}5$	$\tan\alpha = 5$
$\cos\alpha = \frac{4}{5}$	$\sin\alpha = 1{,}2$	$\cos\alpha = 0{,}3$	$\tan\alpha = 4$	$\cos\alpha = 0{,}2$
$\tan\alpha = \frac{4}{5}$	$\sin\alpha = 0{,}6$	$\cos\alpha = 1{,}7$	$\sin\alpha = 0{,}2$	$\sin\alpha = 0{,}9$

BESTIMMEN VON WERTEN FÜR SINUS, KOSINUS UND TANGENS

Zeichnerisches Bestimmen von Näherungswerten – Beziehungen zwischen Sinus, Kosinus und Tangens

Einstieg

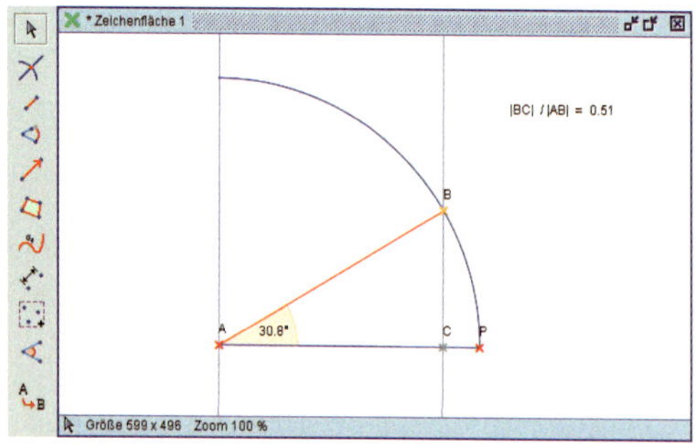

Zeichne mit einem dynamischen Geometrie-System eine Strecke $\overline{AP}$, eine dazu senkrechte Gerade durch A sowie dann dazu einen Viertelkreis um A mit dem Radius $\overline{AP}$. Erzeuge nun auf dem Kreisbogen einen Punkt B. Zeichne durch diesen die Senkrechte zu $\overline{AP}$. Benenne ihren Schnittpunkt mit $\overline{AP}$ mit C.

→ Erzeuge ein Termobjekt, das den Sinus des Winkels bei A angibt. Verändere den Winkel und notiere so eine Wertetabelle für Sinuswerte in deinem Heft.

→ Erstelle entsprechend eine Wertetabelle für Kosinuswerte und für die Tangenswerte.

Aufgabe

1. Bestimme zeichnerisch Näherungswerte von $\sin\alpha$, $\cos\alpha$ und $\tan\alpha$ für $\alpha = 10°, 20°, \ldots, 80°$. Lege eine Tabelle an.

Anleitung:
(1) Zeichne auf Millimeterpapier einen Viertelkreis mit dem Radius 1 dm.
(2) Zeichne in den Viertelkreis rechtwinklige Dreiecke mit den Winkelgrößen 10°, 20°, ..., 80°. Die Hypotenuse ist jeweils ein Kreisradius, sie hat also die Länge 1 dm.
(3) Lies aus der Zeichnung die Werte für $\sin\alpha$ und $\cos\alpha$ auf Hundertstel.
(4) Berechne dann die Werte für $\tan\alpha$.

Lösung

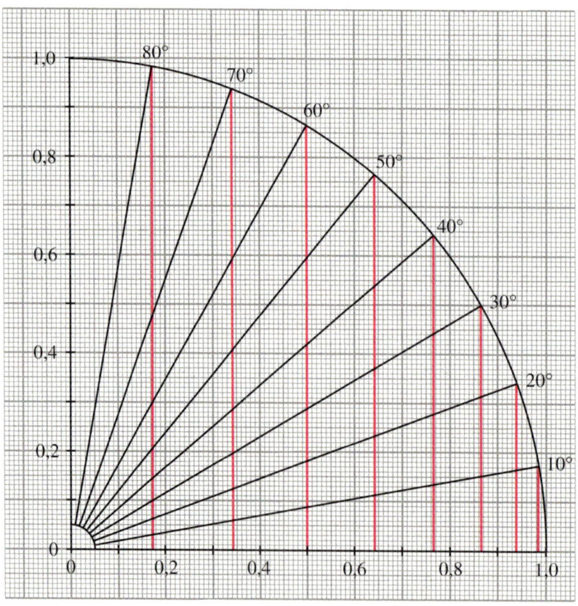

α	Näherungswerte für $\sin\alpha$	$\cos\alpha$	$\tan\alpha$
10°	0,17	0,98	0,18
20°	0,34	0,94	0,36
30°	0,50	0,87	0,58
40°	0,64	0,77	0,84
50°	0,77	0,64	1,19
60°	0,87	0,50	1,73
70°	0,94	0,34	2,75
80°	0,98	0,17	5,67

Zum Festigen und Weiterarbeiten

2. Bestimme wie in Aufgabe 1 auf Seite 144 Näherungswerte von $\sin\alpha$, $\cos\alpha$ und $\tan\alpha$ für $\alpha = 5°, 15°, 25°, \ldots, 85°$.

3. *Sinus, Kosinus und Tangens am Einheitskreis*

Die Aufgabe 1 auf Seite 144 führt uns zu einer Veranschaulichung von $\sin\alpha$, $\cos\alpha$ und $\tan\alpha$ am Kreis mit dem Radius 1, auch *Einheitskreis* genannt.
Zeichne in ein Koordinatensystem einen Viertelkreis mit dem Radius 1.

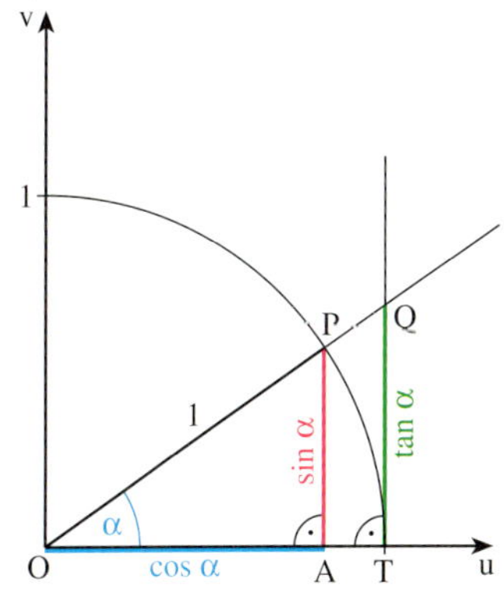

a) Betrachte die rechtwinkligen Dreiecke OAP und OTQ.
Begründe:
$\overline{OA} = \cos\alpha$; $\overline{AP} = \sin\alpha$; $\overline{TQ} = \tan\alpha$
Beachte: $\overline{OP} = 1$ und $\overline{OT} = 1$

b) Was kann man anhand der Zeichnung über $\sin\alpha$, $\cos\alpha$ und $\tan\alpha$ aussagen, wenn sich α immer mehr (1) dem Wert 0°, (2) dem Wert 90° annähert?

△ **c)** Begründe am Einheitskreis: $(\sin\alpha)^2 + (\cos\alpha)^2 = 1$

d) Berichte über deine Ergebnisse.

Übungen

4. Ordne die Werte der Größe nach.
Denke an die Deutung von Sinus, Kosinus und Tangens am Einheitskreis.

a) sin 80°, sin 30°, sin 0°, sin 50°, sin 70°, sin 90°, sin 25°, sin 66°

b) cos 80°, cos 30°, cos 0°, cos 50°, cos 70°, cos 90°, cos 25°, cos 66°

c) tan 80°, tan 30°, tan 0°, tan 50°, tan 70°, tan 89°, tan 25°, tan 66°

5. Die nebenstehende Gleichung ist durchgestrichen.
Zeige anhand der Tabelle auf Seite 144, dass sie nicht gilt.

~~$\sin(\alpha + \beta) = \sin\alpha + \sin\beta$~~

6. Welche Informationen kann man der Tabelle auf Seite 144 für $\sin\alpha$, $\cos\alpha$ und $\tan\alpha$ entnehmen?
Notiere als Antwort eine Ungleichung.

$0{,}50 < \sin 34° < 0{,}64$

a) $\alpha = 82°$ **b)** $\alpha = 7°$ **c)** $\alpha = 65°$ **d)** $\alpha = 89°$ **e)** $\alpha = 33°$ **f)** $\alpha = 22°$

7. Welche Information kann man der Tabelle auf Seite 144 für die Winkelgrößen α entnehmen?
Notiere das Ergebnis als Ungleichung.

$50° < \alpha < 60°$

a) $\sin\alpha = 0{,}8$; $\cos\alpha = 0{,}8$
b) $\sin\alpha = 0{,}38$; $\cos\alpha = 0{,}38$
c) $\sin\alpha = 0{,}71$; $\cos\alpha = 0{,}71$
d) $\tan\alpha = 0{,}3$; $\tan\alpha = 2{,}5$
e) $\tan\alpha = 5{,}5$; $\tan\alpha = 1{,}0$

8. Lies am Viertelkreis auf Seite 144 ab.
Für welche Winkelgrößen α gilt:

a) $\sin\alpha = 0{,}2$; $\cos\alpha = 0{,}2$
b) $\sin\alpha = 0{,}4$; $\cos\alpha = 0{,}4$
c) $\sin\alpha = 0{,}6$; $\cos\alpha = 0{,}6$
d) $\sin\alpha = 0{,}7$; $\cos\alpha = 0{,}7$
e) $\sin\alpha = 0{,}8$; $\cos\alpha = 0{,}8$

9. Betrachte in der Figur in Aufgabe 3 das Dreieck OTQ.
Wie lang ist die Strecke $\overline{OQ}$?

Bestimmen von Werten mit dem Taschenrechner

Information

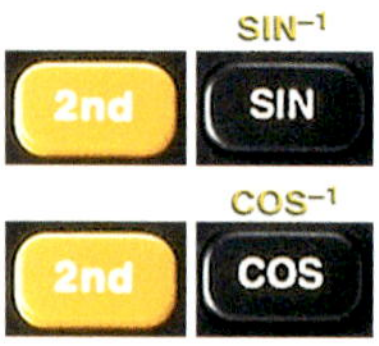

(1) Bestimmen des Wertes zu vorgegebener Winkelgröße

Je nach Taschenrechner musst du erst die Winkelgröße eingeben und dann die Taste für z. B. Sinus drücken oder erst die Taste für Sinus und dann die Winkelgröße eingeben. Probiere das bei deinem Taschenrechner am Beispiel sin 27° aus. Achte darauf, dass der Taschenrechner DEG (von *degree*, engl. Grad) für die Winkelgröße anzeigt.
Als Ergebnis musst du 0,45399 ... erhalten.

(2) Bestimmen der Winkelgröße zu vorgegebenem Wert

Die Tasten deines Taschenrechners sind doppelt belegt. Die Tasten [sin] [cos] und [tan] haben $\sin^{-1}$, $\cos^{-1}$ und $\tan^{-1}$ als zweite Belegung.
Man erhält diese, indem man vorher die Taste [2nd] (engl. *second*) drückt.
$\sin^{-1}$ bedeutet: Man erhält umgekehrt zu einem Sinuswert die zugehörige Winkelgröße. Entsprechendes gilt für $\cos^{-1}$ und $\tan^{-1}$. Probiere das am Beispiel $\sin\alpha = 0{,}6$ zur Bestimmung von α aus. Als Ergebnis musst du 36,869 ...° erhalten.

Zum Festigen und Weiterarbeiten

1. Bestimme die Winkelgröße α mithilfe des Taschenrechners. Runde auf Zehntel.

a) $\sin\alpha = 0{,}7$ **b)** $\cos\alpha = 0{,}35$ **c)** $\tan\alpha = 4$

2. Was zeigt dein Taschenrechner an, wenn du die Tastenfolge 1.2 [$\sin^{-1}$] bzw. [$\sin^{-1}$] 1.2 [=] ausführst, was bei der Tastenfolge 1.2 [$\cos^{-1}$] bzw. [$\cos^{-1}$] 1.2 [=]?
Probiere auch 1.2 [$\tan^{-1}$] bzw. [$\tan^{-1}$] 1.2 [=]. Erkläre.

3. Vergleiche $\sin\alpha$ und $\tan\alpha$ für: (1) $\alpha = 1°$; (2) $\alpha = 0{,}9°$; (3) $\alpha = 0{,}8°$; (4) $\alpha = 0{,}7°$.
Was stellst du fest? Beschreibe.

Übungen

4. Gib $\sin\alpha$, $\cos\alpha$ und $\tan\alpha$ an auf vier Stellen nach dem Komma gerundet.

a) $\alpha = 16°$ **b)** $\alpha = 24°$ **c)** $\alpha = 38°$ **d)** $\alpha = 49{,}7°$ **e)** $\alpha = 51{,}2°$ **f)** $\alpha = 68{,}5°$

5. Bestimme die Winkelgröße α, gerundet auf eine Stelle nach dem Komma.

a) $\sin\alpha = 0{,}1$; $\cos\alpha = 0{,}1$; $\tan\alpha = 0{,}1$
b) $\sin\alpha = 0{,}4$; $\cos\alpha = 0{,}4$; $\tan\alpha = 0{,}4$
c) $\sin\alpha = 0{,}75$; $\cos\alpha = 0{,}75$; $\tan\alpha = 0{,}75$
d) $\cos\alpha = 0{,}88$; $\sin\alpha = 0{,}88$; $\tan\alpha = 0{,}88$
e) $\cos\alpha = 0{,}643$; $\tan\alpha = 0{,}643$; $\sin\alpha = 0{,}643$

6. a) Bestimme die Werte tan 89°; tan 89,9°; tan 89,99°; tan 89,999°; tan 89,9999°; tan 89,999999°. Was fällt auf? Beschreibe.

b) Bestimme die Winkelgröße, gerundet auf eine Stelle nach dem Komma:
$\tan\alpha = 3$; $\tan\alpha = 10$; $\tan\alpha = 1\,000$; $\tan\alpha = 10\,000$. Was fällt auf? Beschreibe.

7. Fülle die Tabelle aus.

α									
$\sin\alpha$	0,4067			0,7193		0,2419	0,1564		
$\cos\alpha$		0,9744	0,3420		0,0872			0,9659	0,2588
$\tan\alpha$									

BERECHNUNGEN IM RECHTWINKLIGEN DREIECK

Einstieg

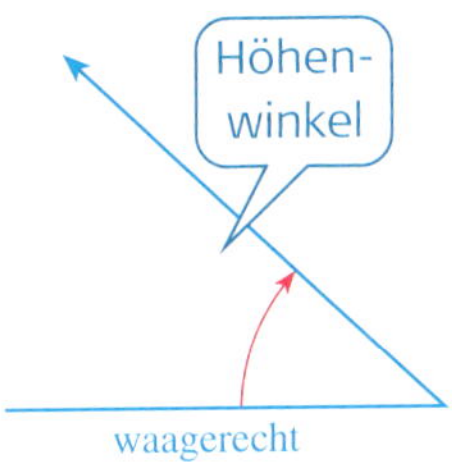

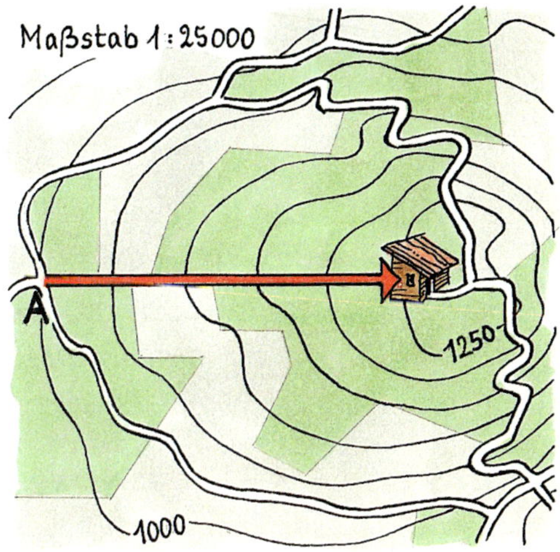

Ein Sendemast soll mit vier Seilen von je 40 m Länge abgespannt werden. Der Höhenwinkel α der Seile soll 55° betragen.

➜ In welcher Höhe müssen die Seile befestigt werden?

➜ Wie weit vom unteren Ende des Mastes müssen die Seile befestigt werden?

➜ Präsentiert die Ergebnisse beider Aufgaben.

Von der Stelle A führt ein fast gerader Weg zur Hütte.

➜ Wie groß ist der Steigungswinkel?

➜ Gebt die Steigung auch in Prozent an.

Aufgabe

1. *Anwendungen zu Sinus und Kosinus*

Die folgenden Aufgaben konntest du bisher nur zeichnerisch lösen. Du hast jetzt die Hilfsmittel, sie rechnerisch zu bearbeiten.

a) Eine Leiter von 6 m Länge soll an eine Hauswand gelehnt werden. Damit sie nicht abrutscht, muss nach Sicherheitsvorschriften der Neigungswinkel, den sie mit dem waagerechten Erdboden bildet, mindestens 68°, höchstens 75° betragen. In welchem Abstand muss das Fußende der Leiter von der Hauswand aufgestellt werden? Wie hoch reicht die Leiter dann?

b) Eine 7,00 m lange Leiter soll an einer Wand 6,70 m hoch reichen. Ist dann der Neigungswinkel nach den Sicherheitsvorschriften noch eingehalten worden?

Lösung

a) Die Leiter bildet zusammen mit der Hauswand und der Standfläche ein rechtwinkliges Dreieck mit:

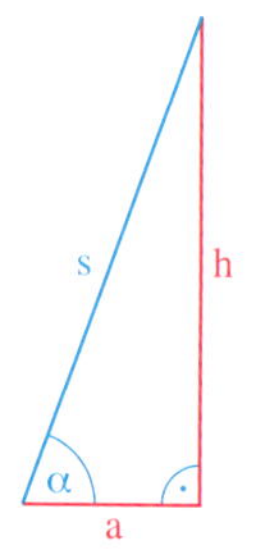

$s = 6{,}00$ m	Länge der Leiter
$\alpha = 70°$	Neigungswinkel der Leiter
h	gesuchte Höhe an der Hauswand
a	gesuchter Abstand von der Hauswand

Der Skizze entnehmen wir:

$\sin\alpha = \frac{h}{s}$ und $\cos\alpha = \frac{a}{s}$.

Wir stellen nach den Variablen h bzw. a um und setzen die gegebenen Werte ein:

$h = s \cdot \sin\alpha$, also $h = 6\text{ m} \cdot \sin 70°$; $h \approx 5{,}64$ m
$a = s \cdot \cos\alpha$, also $a = 6\text{ m} \cdot \cos 70°$; $a \approx 2{,}05$ m

Ergebnis: Das Fußende der Leiter muss etwa 2,00 m von der Hauswand entfernt aufgestellt werden; sie reicht dann etwa 5,65 m hoch.

b) Der Skizze zu Teilaufgabe a) entnehmen wir:

$\sin\alpha = \frac{h}{s} = \frac{6{,}70\text{ m}}{7{,}00\text{ m}}$; $\sin\alpha \approx 0{,}957142857$, also: $\alpha \approx 73{,}16501933°$

Ergebnis: Die Größe des Neigungswinkels der Leiter beträgt etwa 73°. Die Sicherheitsvorschriften wurden eingehalten.

Aufgabe

Theodolit
Winkelmessgerät

2. *Anwendungen zum Tangens*

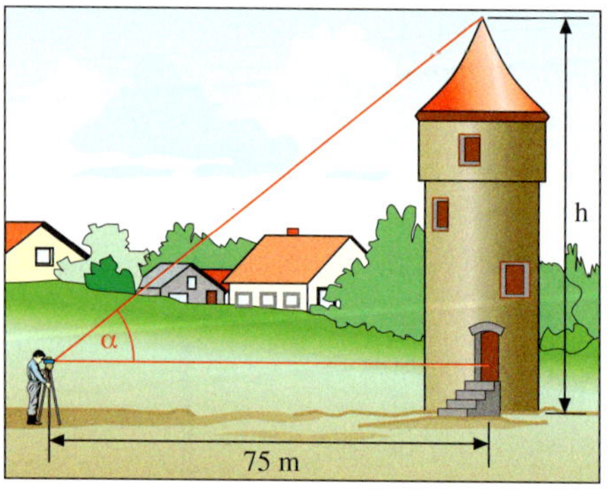

a) Die Höhe h eines Turmes soll bestimmt werden. Dazu wird in einer Entfernung von 75 m ein 1,50 m hoher Theodolit aufgestellt. Mit dem Theodolit wird die Spitze des Turmes angepeilt und der Höhenwinkel $\alpha = 38°$ gemessen.
Wie hoch ist der Turm?
Verwende zur Berechnung nur gegebene Größen.

b) Wie groß ist der Höhenwinkel α in einer Entfernung von 120 m?

Lösung

a) Aus der Skizze rechts entnehmen wir: $\tan\alpha = \frac{h}{s}$

Wir stellen nach der Variable h um: $h = s \cdot \tan\alpha$

Einsetzen ergibt:

$h = 75\text{ m} \cdot \tan 38°$, also $h \approx 58{,}60$ m

Dazu kommt noch die Höhe des Theodoliten.

Ergebnis: Der Turm ist ungefähr 60 m hoch.

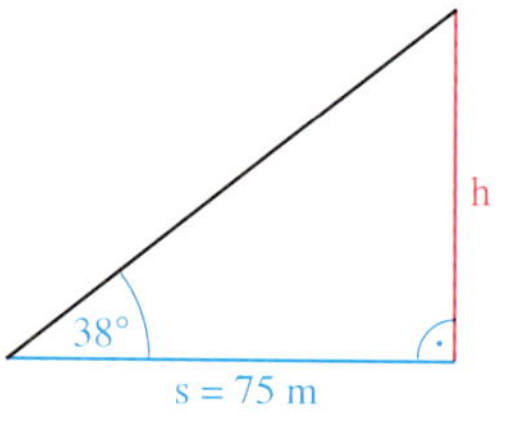

b) Wir rechnen mit dem für h berechneten Wert weiter und finden:

$\tan\alpha = \frac{h}{s}$; $\tan\alpha \approx \frac{58{,}60\text{ m}}{120\text{ m}} \approx 0{,}488333333$, also $\alpha \approx 26°$.

Ergebnis: In einer Entfernung von 120 m ist der Höhenwinkel ungefähr 26° groß.

Zum Festigen und Weiterarbeiten

3. a) Eine Leiter soll 3,50 m hoch reichen.
Wie lang muss sie bei einem Neigungswinkel von 70° sein?

b) Eine Leiter von 3,60 m Länge lehnt an einer Wand. Ihr Fußende ist 1,50 m von der Wand entfernt.

4. Die Türme des Kölner Doms sind 157 m hoch. In welcher Entfernung vom Dom erscheinen sie unter einem Höhenwinkel von 20° [von 9°]? Fertige eine Skizze an.

5. Berechne die rot markierte Größe.

a)

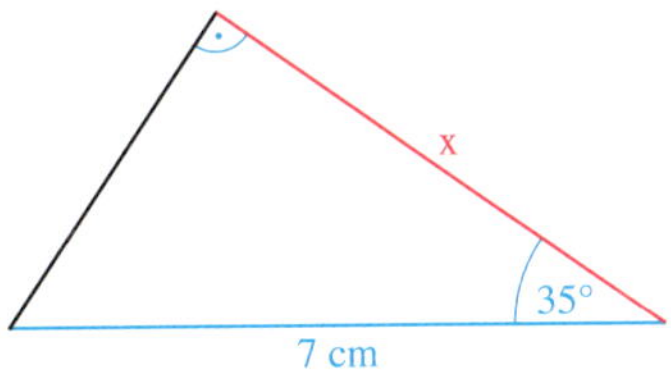

c)

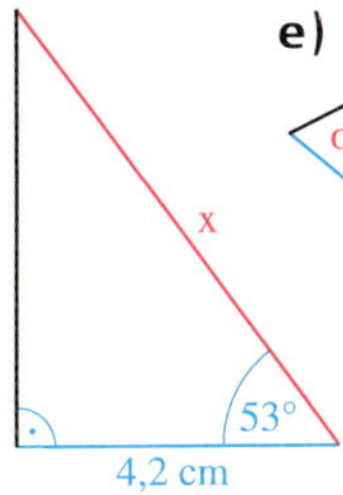

e)

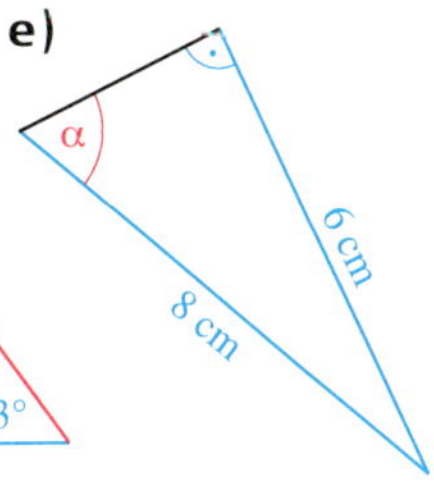

g)

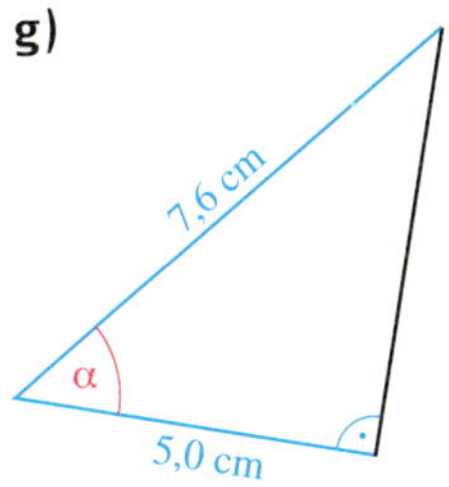

b)

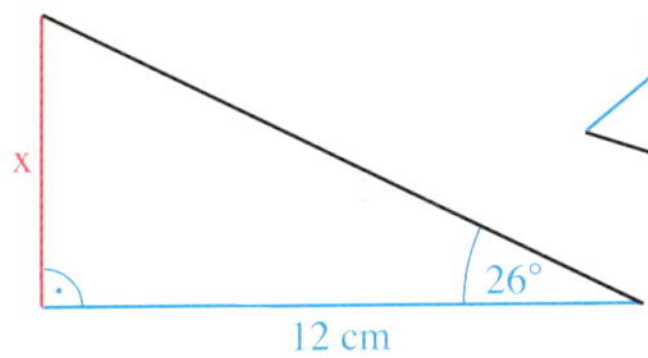

d)

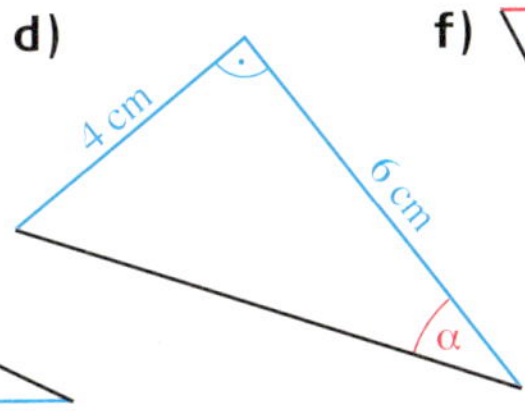

f)

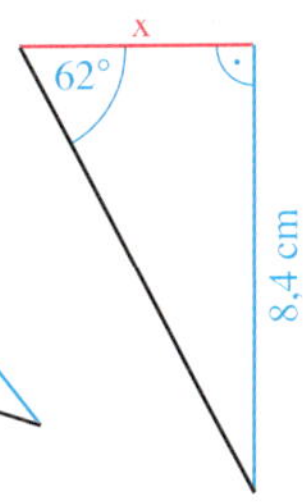

h)

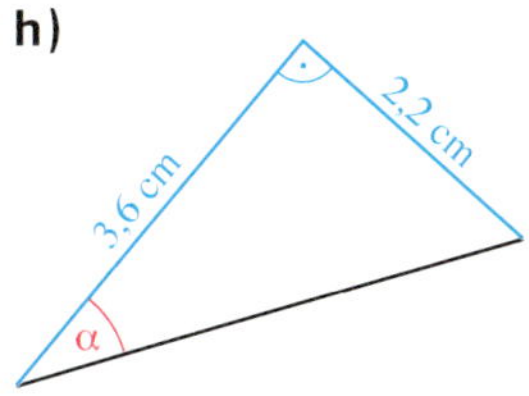

6. a) An einer geradlinig verlaufenden Straße zeigt ein Straßenschild ein Gefälle von 14% an. Das bedeutet: Auf 100 m horizontal gemessener Entfernung beträgt der Höhenunterschied 14 m.
Wie groß ist der Neigungswinkel α?

b) Wie viel m beträgt der Höhenunterschied auf 4 km Straßenlänge (bei gleichbleibendem Gefälle)?

c) Tim behauptet, der Neigungswinkel von 90° gehört zu einem Gefälle von 100%.
Was meinst du dazu? Erkläre.

d) Wie groß ist das Gefälle in Prozent bei einem Neigungswinkel von 60°?

Übungen

7. In einem Dreieck ABC mit $\alpha = 90°$ sind außerdem folgende Stücke gegeben:

a) $a = 13,7$ cm, $c = 5,9$ cm **b)** $a = 14,10$ m, $b = 7,80$ m **c)** $b = 8$ m, $c = 11$ m **d)** $c = 29,3$ cm, $b = 25,6$ cm **e)** $a = 5,3$ dm, $c = 3,7$ dm

Kontrolliere durch Konstruktion.

Berechne die Länge der anderen Seite sowie die Größe der beiden anderen Winkel.

8. In einem Dreieck ABC mit $c = 6,7$ cm sind außerdem folgende Stücke gegeben:

a) $\alpha = 35°$, $\gamma = 90°$ **b)** $\alpha = 90°$, $\beta = 78°$ **c)** $\beta = 90°$, $\gamma = 11°$ **d)** $\alpha = 90°$, $\gamma = 45°$ **e)** $\beta = 47°$, $\gamma = 90°$ **f)** $\alpha = 25°$, $\beta = 90°$

Berechne die Seitenlängen a und b sowie den dritten Winkel.

9. **a)** Eine Rampe für Rollstuhlfahrer ist 4,50 m lang. Der Steigungswinkel beträgt 3,4°.
Welche Höhe wird mit der Rampe überwunden?

b) Die Steigung bzw. Neigung einer Rampe für Rollstuhlfahrer beträgt laut Bauvorschrift maximal 6%.
Wurde diese Bestimmung in Teilaufgabe a) eingehalten?

c) Eine Rampe für Rollstuhlfahrer darf höchstens 6 m lang sein.
Welche Höhe kann damit erreicht werden?

10. Eine Seilbahn überwindet auf einer ersten Teilstrecke von 250 m Länge eine Höhendifferenz von 180 m. Auf einer zweiten Teilstrecke von 124 m Länge beträgt die Höhendifferenz 78 m.
Wie groß sind die Steigungswinkel der beiden Teilstrecken?
Fertige eine Skizze an.

11. In einem Dreieck ABC sind gegeben:

a) $a = 12{,}3$ cm	**b)** $a = 7{,}80$ m	**c)** $b = 23$ dm	**d)** $a = 10{,}4$ cm	**e)** $a = 4{,}3$ dm
$c = 9{,}4$ cm	$b = 5{,}20$ m	$c = 16$ dm	$c = 2{,}5$ cm	$b = 5{,}7$ dm
$\beta = 90°$	$\gamma = 90°$	$\alpha = 90°$	$\beta = 90°$	$\gamma = 90°$

Kontrolliere durch Konstruktion.

Berechne die Größe der beiden anderen Winkel sowie die Länge der dritten Seite.

12. In einem Dreieck ABC sind gegeben:

a) $a = 5{,}5$ cm	**b)** $c = 13{,}70$ m	**c)** $b = 15$ m	**d)** $a = 27{,}4$ dm	**e)** $b = 4{,}9$ cm
$\gamma = 90°$	$\beta = 90°$	$\gamma = 90°$	$\gamma = 90°$	$\alpha = 90°$
$\beta = 67°$	$\gamma = 22°$	$\alpha = 79°$	$\alpha = 51°$	$\beta = 50°$

Berechne die Länge der anderen Kathete und die Länge der Hypotenuse.

13. Der Schatten eines 4,50 m hohen Baumes ist 6,00 m lang.
Wie hoch steht die Sonne, d. h. unter welchem Winkel α treffen die Sonnenstrahlen auf den Boden?

14. Wie groß ist die Steigung (in %) einer Bahnlinie, wenn der Steigungswinkel

a) 0,7°, **b)** 1,4°, **c)** 2,1° beträgt?

15. **a)** Leite allgemein eine Beziehung zwischen der Steigung m und dem Steigungswinkel α her.

b) Berechne mit dieser Formel den Steigungswinkel α für
(1) $m = \frac{1}{4}$ (2) $m = 0{,}7$ (3) $m = 15\%$

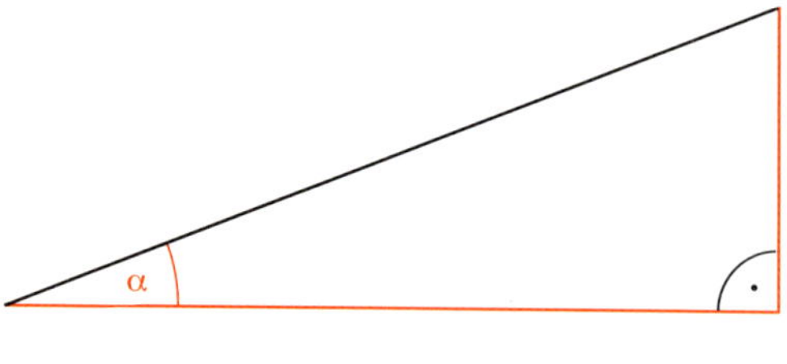

16. Kontrolliere die Hausaufgaben.

1) 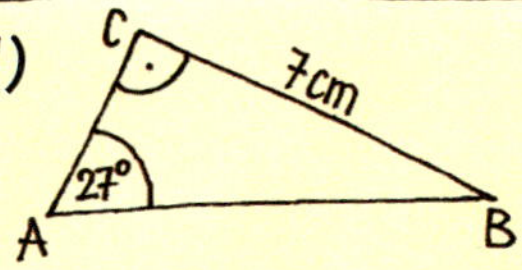

$\sin 27° = \frac{7\text{ cm}}{c}$

$c = 7\text{ cm} \cdot 27°$

$\approx 3{,}2\text{ cm}$

2) 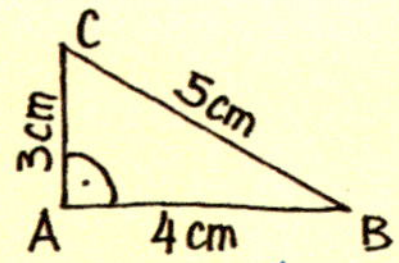

$\cos\beta = \frac{b}{c}$

$= \frac{3\text{ cm}}{5\text{ cm}}$

$= 0{,}6$

$\beta \approx 53°$

3) 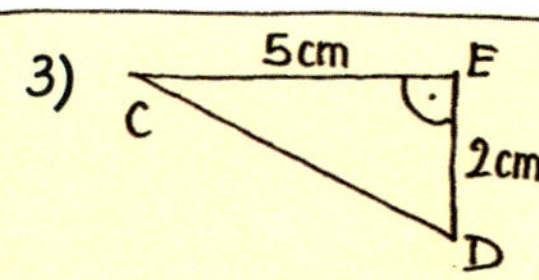

$\tan\delta = \frac{5\text{ cm}}{2\text{ cm}}$

$= 2{,}5$

$\delta \approx 1{,}2°$

Vermischte Übungen

17. Eine Firma stellt verschieden lange Anlegeleitern her. Der Steigungswinkel soll jeweils 70° betragen.
Die erreichbare Arbeitshöhe ist um 1,35 m höher als die Höhe, bis zu der die Leiter reicht.
Stelle selbst geeignete Aufgaben und löse sie.
Untersuche ob die Zuordnungen
(1) *Länge der Leiter → erreichte Höhe*
(2) *Länge der Leiter → erreichbare Arbeitshöhe*
proportional sind.

Anzahl der Sprossen	Länge der Leiter
9	2,65 m
12	3,50 m
15	4,35 m
18	5,20 m

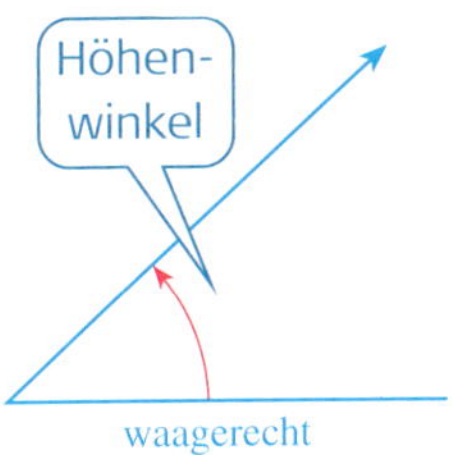

18. Um die Höhe einer Wolke zu bestimmen, kann man sie mit einem senkrecht nach oben gerichteten Scheinwerfer anstrahlen. Von einem 1 500 m entfernten Ort erscheint die angestrahlte Wolke unter einem Höhenwinkel α von 47,6° [von 38,2°].
Wie hoch ist die untere Wolkengrenze? Fertige eine Skizze an.

19. Bei Passstraßen ist auf Straßenkarten stets die größte Steigung angegeben:

Jaufenpass: 12% Timmelsjoch: 13% St. Gotthard: 10% Furkapass: 11%

a) Gib jeweils den Steigungswinkel an.

b) Welcher Höhenunterschied wird jeweils bei gleichbleibender Steigung auf einer 1,2 km langen Strecke überwunden?

20. Wie hoch ist der Fernsehturm rechts?

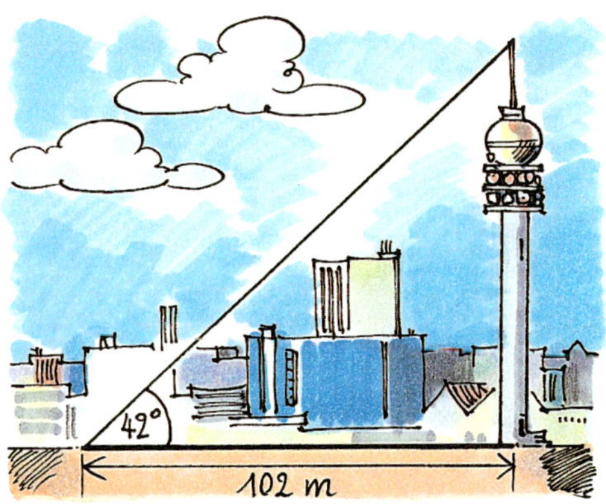

21. In welcher waagerechten Entfernung vom Fußpunkt erscheint unter einem Höhenwinkel von 12°

a) die Turmspitze des Nordturms des Straßburger Münsters (h = 142 m);

b) die Spitze des Eiffelturmes in Paris (h = 320 m);

c) das Taipeh 101 in Taiwan (h = 508 m)?

Fertige eine Skizze an.

22. Gegeben ist ein Würfel
(1) mit der Kantenlänge 5 cm;
(2) mit der Kantenlänge a.
Wie groß ist der Winkel, den die Raumdiagonale des Würfels

a) mit einer Kante bildet;

b) mit der Diagonalen einer Seitenfläche bildet?

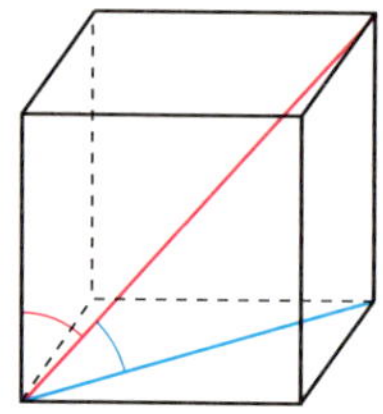

23. 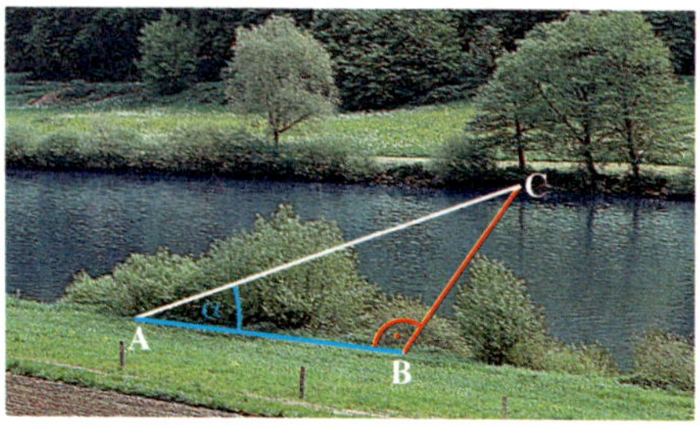

Das nebenstehende Bild zeigt, wie man die Breite eines Flusses an der Stelle B bestimmen kann. Man misst die Länge einer Strecke $\overline{AB}$ (parallel zum Flussufer) und den Winkel α zu einem gegenüberliegenden Punkt C.
Es soll $\overline{AB} = 30$ m und $\alpha = 52{,}3°$ sein.
Wie breit ist der Fluss?

24. 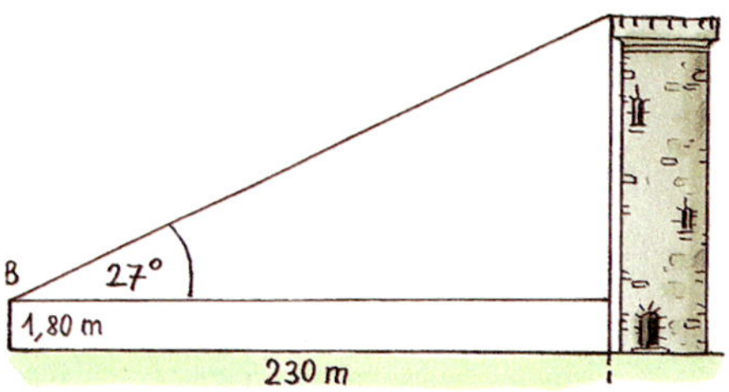

Um die Höhe eines Turms zu bestimmen, wird der Höhenwinkel zur Turmspitze aus einer Entfernung von 230 m bestimmt. Man misst 27°. Der Beobachtungspunkt B liegt 1,80 m höher als der Fußpunkt des Turms.
Wie hoch ist er?

25. Die Kantenlänge des Würfels beträgt a = 5,5 cm. Der Winkel α ist 62° groß und die Länge des Streckenzuges MNO beträgt 13,0 cm.
Berechne die Größe des Winkels β.

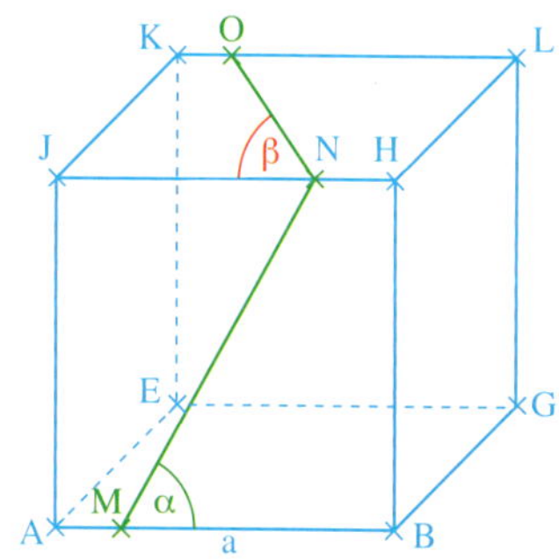

26. a) Verschafft euch einen Überblick über die möglichen Aufgabentypen bei der Berechnung rechtwinkliger Dreiecke.
Wie viele Stücke (Seitenlängen bzw. Winkelgrößen) müssen in einem rechtwinkligen Dreieck ABC gegeben sein, damit die übrigen berechnet werden können?

b) In einem rechtwinkligen Dreieck ABC sind gegeben:
(1) $b = 7{,}3$ cm; $\alpha = 90°$; $\gamma = 32°$
(2) $b = 3{,}8$ cm; $a = 4{,}7$ cm; $\gamma = 90°$
(3) $c = 4{,}2$ cm; $a = 6{,}5$ cm; $\alpha = 90°$
(4) $a = 5{,}7$ cm; $b = 3{,}2$ cm; $\alpha = 90°$
(5) $b = 4{,}5$ cm; $\alpha = 55°$; $\gamma = 90°$
Jede Gruppe wählt sich eine andere Aufgabe aus.
Zu welchem Aufgabentyp gehört eure Aufgabe?
Berechnet die fehlenden Stücke.
Verwendet dazu jeweils nur die gegebenen Stücke.

c) Wählt zu eurem Aufgabentyp zwei andere Aufgaben mit anderen Stücken und löst die Aufgaben.
Berichtet in eurer Klasse über eure Lösungen.

VERMISCHTE UND KOMPLEXE ÜBUNGEN

1. 

Ein Carport hat die in der Zeichnung angegebenen Maße. Die Dachsparren des Pultdaches stehen links und rechts je 30 cm über.
Wie lang sind die Dachsparren?

2. Gegeben sind im Koordinatensystem (Einheit 1 cm) die Punkte $A(-2\,|-1)$ und $B(4\,|\,5)$.

a) Berechne die Länge der Strecke $\overline{AB}$.

b) Verlängere die Strecke $\overline{AB}$ über A und B hinaus; du erhältst eine Gerade g. Bestimme die Gleichung von g.

3. Berechne die Seitenlängen des rot gefärbten Dreiecks sowie die Größe der Innenwinkel.

a) 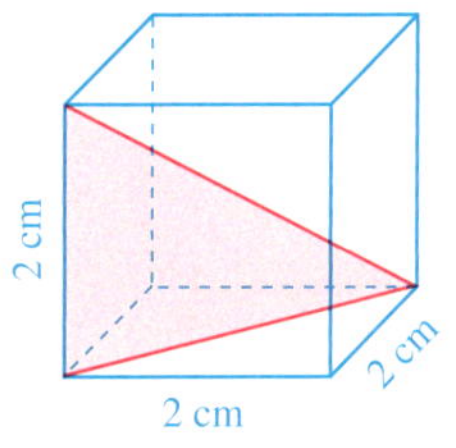

b) 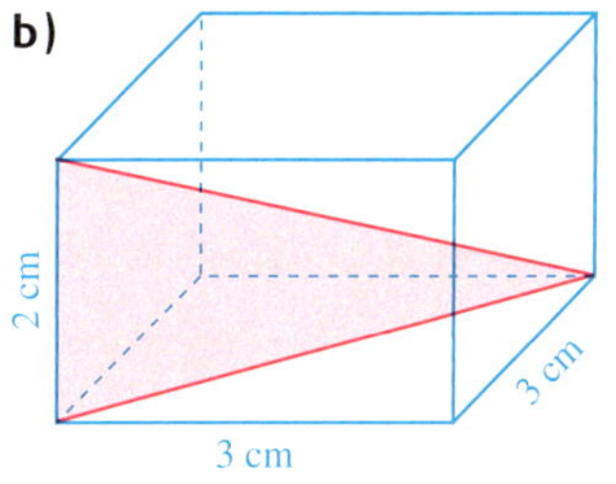

c) 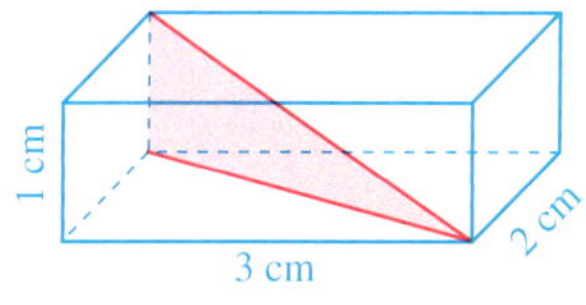

4. Die Hersteller von Fernsehapparaten bieten ihre Geräte an
- mit unterschiedlichen Bildschirmgrößen, das sind die Längen der Diagonalen;
- mit zwei Formaten, nämlich 4 : 3 und 16 : 9, das ist das Verhältnis von Länge zu Breite des Bildschirms.

Bei den technischen Daten eines Fernsehers findet Julia die Angabe:

70-cm-Farbbildröhre
(sichtbares Bild: 66 cm)

a) Bestimme Länge und Breite des gesamten Bildschirms sowie des sichtbaren Teils jeweils bei den Formaten 4 : 3 und 16 : 9.
Wie viel Prozent des Bildschirms ist sichtbar?

b) Vergleiche die Bildschirmflächen beider Formate.

5. 

Auf dem Foto links siehst du eine Steigungsangabe für Fahrradfahrer.

a) Erkläre sie.

b) Wie kann man die Steigung des Fahrradweges auf andere Weise angeben?

6. Eine Tür ist 0,82 m breit und 1,97 m hoch.
Eine 2,10 m breite und 3,40 m lange Holzplatte soll durch die Tür getragen werden.
Ist das möglich?

7. Die Sonnenhöhe beträgt 46°. Eine Säule wirft auf eine waagerechte Ebene einen 8,72 m langen Schatten.
Wie hoch ist die Säule?

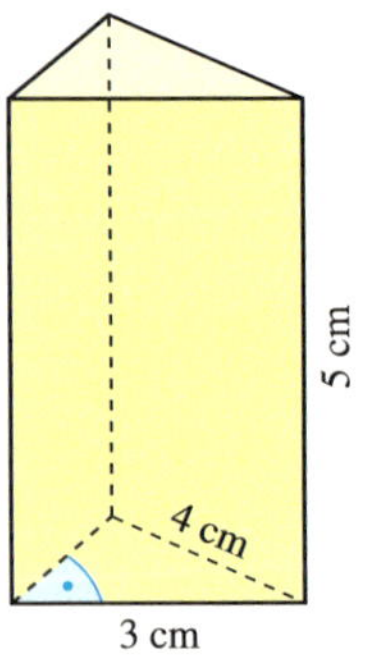

8. **a)** Berechne das Volumen V und die Größe O der Oberfläche des Prismas links.

b) Ein 6,5 cm hohes Prisma hat ein gleichseitiges Dreieck als Grundfläche; das Dreieck hat eine Seitenlänge von 3,8 cm.
Berechne Oberflächeninhalt und Volumen des Prismas.

9. Die Bilder zeigen die Skiflugschanze in Oberstdorf (Allgäu). Sie wurde anlässlich der 1. Skiflugweltmeisterschaften 1973 erbaut.
In den technischen Daten ist das Gefälle (die Neigung) der Anlaufbahn und des Schanzentisches nicht in Prozent angegeben, sondern durch den Neigungswinkel.

a) Gib das Gefälle der Anlaufbahn in Prozent an.

b) Gib das Gefälle des Schanzentisches an.

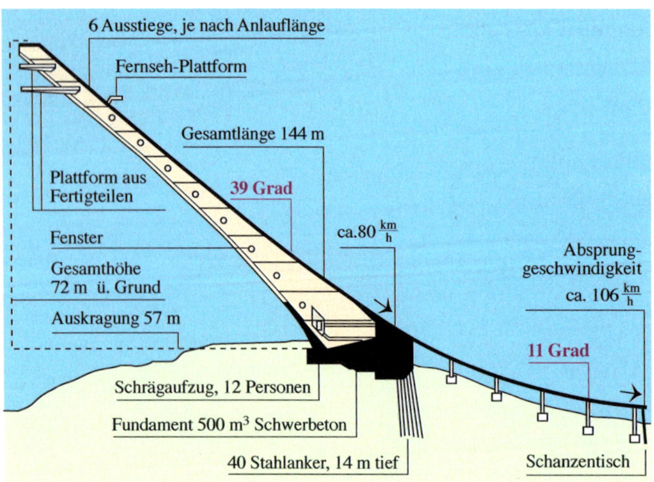

BIST DU FIT?

1. Berechne die Länge der roten Seite.

a) **b)** **c)** **d)**

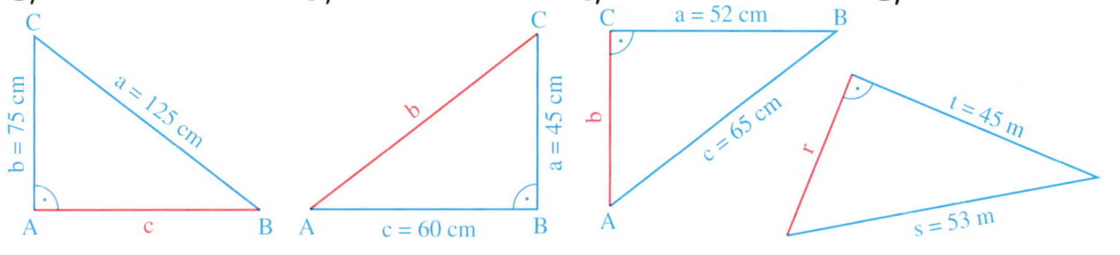

2. Berechne die fehlenden Stücke des rechtwinkligen Dreiecks ABC; berechne auch den Umfang und den Flächeninhalt.

a) a = 7 cm; $\beta = 14°$; $\gamma = 90°$

b) a = 4,4 cm; $\alpha = 44°$; $\beta = 90°$

c) $\alpha = 90°$; a = 185 m; $\gamma = 58°$

d) c = 41 m; $\beta = 34°$; $\gamma = 90°$

e) $\gamma = 90°$; b = 84 cm; $\beta = 43°$

f) c = 7,8 cm; $\gamma = 51°$; $\beta = 90°$

3. Eine Dachform wie rechts heißt Sägedach. Der Querschnitt soll aus einem rechtwinkligen Dreieck mit den angegebenen Maßen bestehen.
Berechne die Dachneigungen.

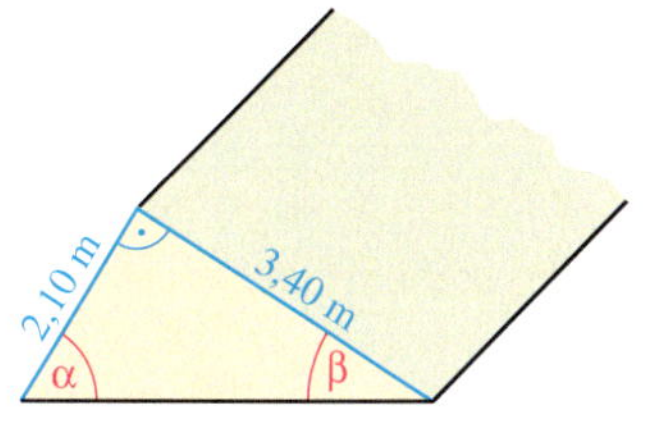

4. Die Neigung einer Garageneinfahrt darf höchstens 16% betragen. Wie groß darf maximal der Höhenunterschied auf einer 5 m langen Einfahrt sein?

5. Ein 120 m hoher Sendemast soll durch vier Stahlseile abgesichert werden, die in $\frac{3}{4}$ der Höhe befestigt sind. Die Seile sollen 60 m vom Mast entfernt im Boden verankert werden.
Wie viel m Seil werden benötigt?
(Das Durchhängen der Seile soll unberücksichtigt bleiben).

6. **a)** Ein Rechteck (Bild a)) hat die Seitenlängen a und b.
Berechne die Diagonalenlänge e.
(1) a = 12 cm, b = 5 cm   (2) a = 9 cm, b = 40 cm

b) Ein Quadrat (Bild b)) hat die Seitenlängen a.
Berechne die Diagonalenlänge e.
(1) a = 5 cm   (3) a = 12 dm
(2) a = 8,5 cm   (4) a = 27 mm

zu **a)**

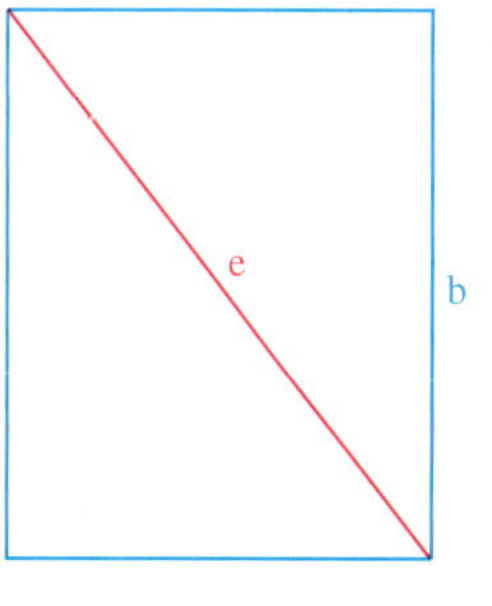

zu **b)**

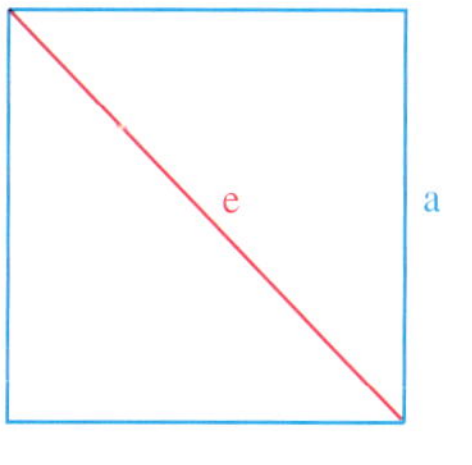

IM BLICKPUNKT: WIE HOCH IST EIGENTLICH ... EUER SCHULGEBÄUDE?

Mit etwas handwerklichem Geschick könnt ihr euch selbst einfache Geräte basteln, mit denen ihr Gebäude vermessen könnt. Die Geräte eignen sich auch dazu, im freien Gelände beispielsweise die Breite eines Flusses zu bestimmen.
Wie das funktioniert, erfahrt ihr hier.

Vermessen mit einem Försterdreieck

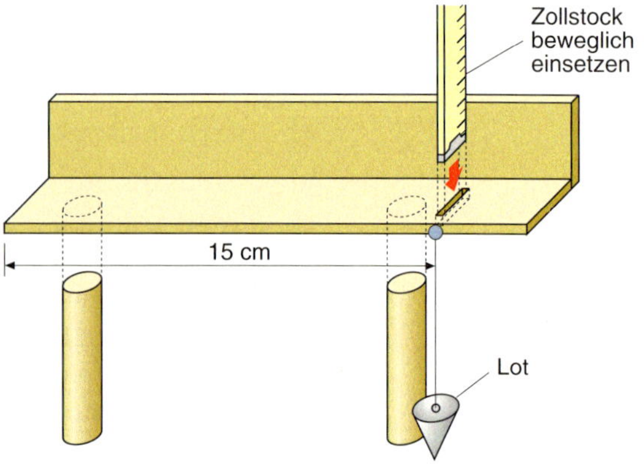

Tipp
Ähnlichkeitssatz für Dreiecke

1. Oben ist die Bauanleitung zu einem Försterdreieck abgebildet.
Seht euch die Skizze an und erläutert das Funktionsprinzip des Gerätes.
Baut euch selbst ein Försterdreieck. Worauf müsst ihr achten, wenn ihr das Gerät zur Höhenmessung einsetzt?
Besprecht euch untereinander.

2. Bestimmt mithilfe von Maßband und Försterdreieck die Gebäudehöhe eines Flachbaus.
Schätzt zunächst.
Fertigt anschließend eine Planfigur an und messt die notwendigen Größen.

3. Sucht euch im Gelände weitere Objekte (z. B. Bäume, Fahnenstangen usw.) und bestimmt ihre Höhe.
Vergleicht eure Ergebnisse miteinander.
Diskutiert darüber, woher die Abweichungen kommen können.

Vermessen mit einem Winkelmesser

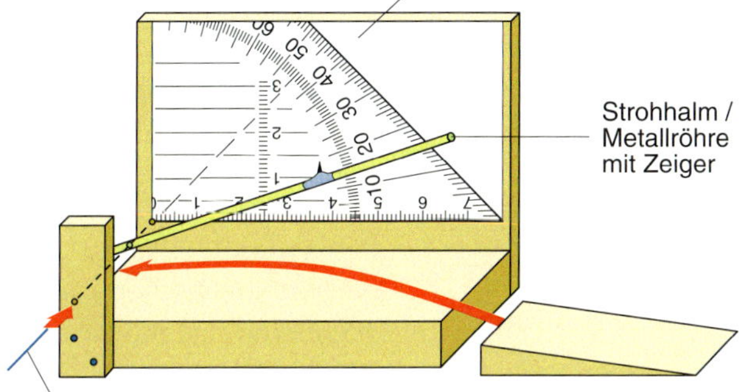

4. Hier seht ihr die Bauanleitung zu einem Winkelmesser. Seht euch die Skizze an und erläutert die Funktionsweise des Gerätes. Baut euch selbst einen Winkelmesser.

5. Mit dem Winkelmesser könnt ihr nun auch dann die Höhe eurer Schule bestimmen, wenn das Schulgebäude kein Flachbau ist.
Peilt dazu die höchste Stelle von zwei Punkten an, die auf einer Linie liegen.
Fertigt zunächst eine Skizze an.
Messt dann die notwendigen Größen und bestimmt hieraus die Gebäudehöhe.

In der nächsten Aufgabe lernt ihr ein Verfahren kennen, um beispielsweise die Breite eines Flusses zu bestimmen.

6.

Nehmt an, der Schulhof ist euer Fluss. Peilt von zwei Stellen auf der einen Seite des Schulhofes eine bestimmte Stelle auf der gegenüberliegenden Seite an, wobei einer der beiden Peilwinkel 90° groß sein soll. Bestimmt die Größe des anderen Peilungswinkels. Mithilfe dieses Winkels und der Entfernung der beiden Peilstellen könnt ihr die Breite des Schulhofes (Flusses) berechnen. Fertigt zuerst eine Skizze an. Überprüft am Ende euer berechnetes Ergebnis durch Nachmessen.

Hinweis: Zum Peilen müsst ihr den Winkelmesser auf die Seitenplatte legen.

PROJEKT: PYTHAGORAS

Pythagoras, das griechische Allroundtalent von der Insel Samos, hat sich vor gut 2600 Jahren nicht nur mit Mathematik beschäftigt. Pythagoras interessierte sich auch für Musik, für Dichtkunst und für Religion.

Pythagoras gründete sogar eine Art mathematischer Glaubensgemeinschaft und die Mitglieder dieser Gemeinschaft nannten sich Pythagoreer.

Bei diesem Projekt sollt ihr euch näher mit dem Forscher Pythagoras befassen und einen Teil seines damaligen Wissens aufbereiten. Ihr könntet euch entweder der zentralen Satzgruppe des Pythagoras widmen oder den Zahlverhältnissen seiner Musiktheorie. Hier hilft vielleicht eure Musiklehrerin oder euer Musiklehrer.

Neben der Musik hat sich Pythagoras auch intensiv mit den reinen Zahlen beschäftigt, so sind für euch vielleicht die pythagoreischen Zahlentripel interessant.

Ihr könnt auch untersuchen, wie seine mathematischen Entdeckungen bzw. Erkenntnisse in der Technik Anwen-

Vorschlag 1:
Das Leben des Pythagoras

Wer war Pythagoras? Was hat er so den ganzen Tag gemacht? Womit hat er sein Geld verdient? Wo hat er gelebt? Wann hat er gelebt? War er verheiratet?

Fragen über Fragen, wisst ihr noch mehr?

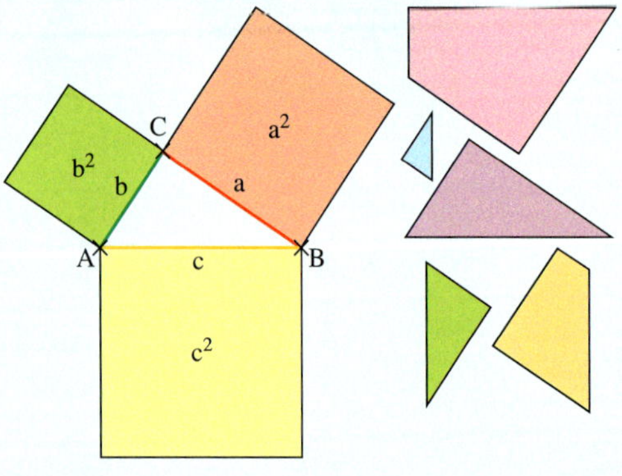

Vorschlag 2:
Rund um den Satz des Pythagoras

Findet ihr weitere, schöne Erklärungen für die Richtigkeit des Satzes von Pythagoras?
Es gibt chinesische und indische Beweise.
Könnt ihr die Beweise so aufschreiben, dass sie auch eure Mitschüler verstehen?

Vorschlag 3:
Pythagoras und seine Zahlen

„Alles ist Zahl." Pythagoras sieht in den Zahlen das eigentliche Geheimnis und die Bausteine der Welt. Jede der Grundzahlen hat ihre eigene Kraft und Bedeutung.
Mit welchen Zahlen beschäftigte sich Pythagoras noch?
Was ist das besondere an einem pythagoreischen Zahlentripel?
Wie viele gibt es davon?

dung fanden. So wird der Satz des Pythagoras z. B. beim Vermessen angewendet.
Sich mit Pythagoras zu beschäftigen, lohnt sich wirklich. Der 20. Präsident der Vereinigten Staaten, J. Garfield, hat sich so intensiv damit beschäftigt, dass sogar ein Beweis nach ihm benannt wurde. Na, wenn das kein Ansporn ist.
Es wäre schön, wenn ihr eure pythagoreischen Ideen in einer kleinen Ausstellung im Schulgebäude zeigen könntet. Ihr könnt natürlich auch die Ergebnisse vor der Klasse präsentieren. Auch ein kleiner Artikel in der Lokalzeitung über ein besonders interessantes Abenteuer des Pythagoras ist denkbar. Hier hilft vielleicht eure Deutschlehrerin oder euer Deutschlehrer.
Wir haben hier für euch ein paar Ideen und Fragen rund um das Pythagorasprojekt vorbereitet, die ihr aufgreifen könnt.
Im Internet findet ihr das Projekt unter **www.mathematik-heute.de**

Vorschlag 4:
Pythagoras und seine Musik

Pythagoras ordnete jedem Ton seine eigene Schwingungsfrequenz zu. Ist das immer noch so?
Mit welchem Musikinstrument hat sich Pythagoras beschäftigt?

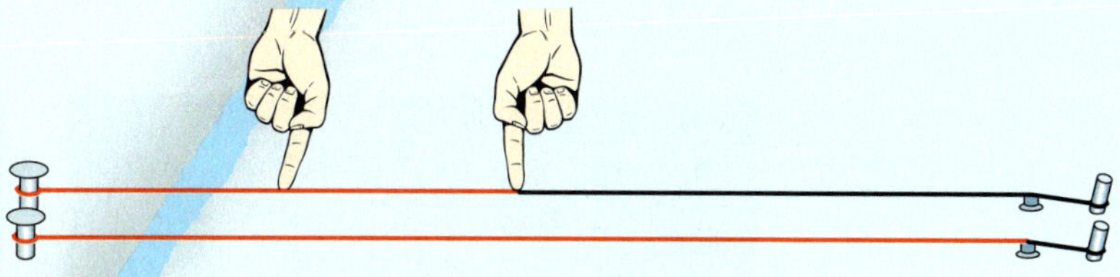

Vorschlag 5:
Die Seilspanner

Was sind denn Harpenodapten?
Was haben denn die ägyptischen Seilspanner gemacht?
Wird so ein Verfahren heute noch verwendet?
Beschreibe es.
Führe es selber durch.

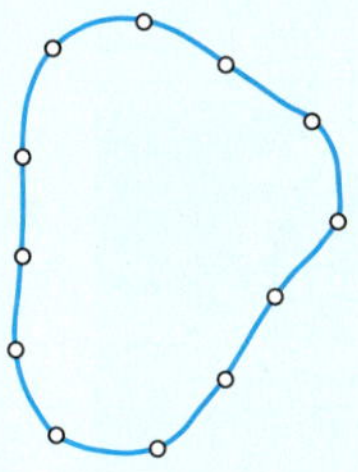

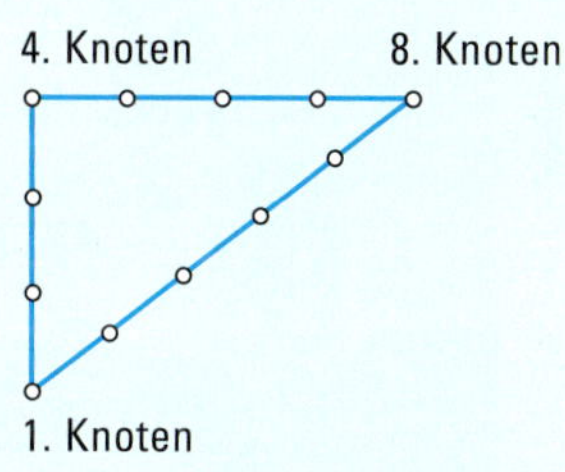

Vorschlag 6:
Anwendungen

Wofür kann man denn den Satz des Pythagoras gebrauchen?
Gibt es Einsatzmöglichkeiten außerhalb der Schule?
Wie weit ist es eigentlich bis zum Horizont?
Wie steckt man rechte Winkel im Gelände ab?

7 Kreis und Zylinder

Betrachte die Bilder. Im Alltag findest du häufig solche Kreise und Kreiszylinder.
Suche weitere Beispiele.

Mosaik in Delos, Griechenland

Pergamon Museum, Berlin

Astronomische Uhr, Heilbronn

Schiefer Turm, Pisa, Italien

In diesem Kapitel lernst du ...

... wie man Umfang und Flächeninhalt eines Kreises berechnet und wie man Oberflächeninhalt und Volumen eines Zylinders ermittelt. Weiterhin lernst du, solche Berechnungen in Sachsituationen anzuwenden.

BERECHNEN DES UMFANGS UND DES FLÄCHENINHALTS EINES KREISES

Der Kreisumfang – ein Vielfaches des Durchmessers

Einstieg

Unter dem Umfang des Kreises versteht man die Länge der Kreislinie.

→ Wie viel Mal kann man den Durchmesser d auf dem Umfang u eines Kreises abtragen?
Schätzt zunächst.
Rollt dann eine CD oder eine große Münze auf einer geraden Linie ab, markiert Anfang und Ende der Linie.

→ Messt bei verschiedenen kreisförmigen Gegenständen (Trinkbecher, Dosen, Tellern, Kochtöpfen usw.) den Durchmesser d und den Umfang u möglichst genau.
Beschreibt, wie ihr vorgeht.
Tragt die Ergebnisse in eine Tabelle ein und zeichnet den Graphen der Funktion
Durchmesser d des Kreises → Umfang u.
Um was für eine Funktion handelt es sich?
Das Wievielfache des Durchmessers d ist der Umfang u?
Berechnet dazu den Quotienten $\frac{u}{d}$.

→ Berichtet über eure Ergebnisse.

Aufgabe

1. a) Die Fahrstrecken der Modelleisenbahn in einem Geschenkpaket sind Kreise unterschiedlicher Größe. Es gibt Geschenkpakete mit folgenden Fahrstrecken:

$s_1 = 1{,}20$ m; $s_2 = 140$ cm;
$s_3 = 2{,}5$ m; $s_4 = 270$ cm.

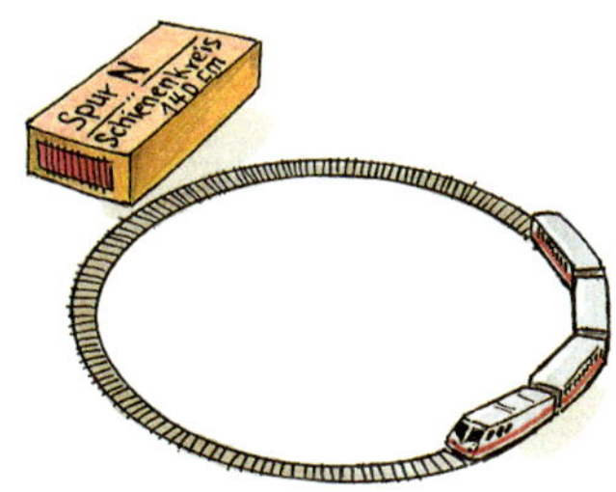

Im Katalog sind die Kreisradien angegeben mit

$r_1 = 192$ mm; $r_2 = 225{,}6$ mm;
$r_3 = 396{,}4$ mm; $r_4 = 430$ mm.

Untersuche, wie die Fahrstrecke vom Kurvenradius abhängt.
Berechne jeweils den Quotienten $\frac{s}{d}$ aus Fahrstrecke s und Durchmesser d.

b) Entwickle eine Formel für die Berechnung des Kreisumfanges u aus dem Durchmesser d bzw. dem Radius r.

c) (1)

Ein kreisrunder Holzbottich mit dem äußeren Durchmesser d = 85 cm soll mit Metallbändern „verstärkt" werden.
Wie lang ist jedes Metallband?

(2)

Ein Satellit umkreist die Erde auf einer Kreisbahn mit dem Radius r = 42 157 km.
Wie viel km legt er bei einer Erdumrundung zurück?

Lösung

a) Wir berechnen:

$\frac{s_1}{r_1} = \frac{1\,200\text{ mm}}{192\text{ mm}} \approx 6{,}25$ $\qquad \frac{s_1}{d_1} = \frac{1\,200\text{ mm}}{384\text{ mm}} \approx 3{,}125$

$\frac{s_2}{r_2} = \frac{1\,400\text{ mm}}{225{,}6\text{ mm}} \approx 6{,}206$ $\qquad \frac{s_2}{d_2} = \frac{1\,400\text{ mm}}{451{,}2\text{ mm}} \approx 3{,}103$

$\frac{s_3}{r_3} = \frac{2\,500\text{ mm}}{396{,}4\text{ mm}} \approx 6{,}307$ $\qquad \frac{s_3}{d_3} = \frac{2\,500\text{ mm}}{792{,}8\text{ mm}} \approx 3{,}153$

$\frac{s_4}{r_4} = \frac{2\,700\text{ mm}}{430\text{ mm}} \approx 6{,}279$ $\qquad \frac{s_4}{d_4} = \frac{2\,700\text{ mm}}{860\text{ mm}} \approx 3{,}139$

Wir stellen fest: Die Quotienten aus Fahrstrecke und Radius bzw. aus Fahrstrecke und Durchmesser sind jeweils ungefähr gleich.

Wir fassen die Fahrstrecke als Umfang des Kreises auf und gehen davon aus, dass der Quotient $\frac{\text{Kreisumfang u}}{\text{Durchmesser d}}$ konstant ist.

konstant: fest; unveränderlich

Diese Konstante bezeichnet man mit π, gelesen: *pi*. Ein Näherungswert für π ist 3,14.

b) Als Formel für die Berechnung des Kreisumfangs erhalten wir:

$\frac{u}{d} = \pi$, also $\mathbf{u = \pi \cdot d}$ bzw. $\mathbf{u = \pi \cdot 2r}$

c) Wir berechnen den Umfang mit dem Näherungswert 3,14 für π.

(1) Holzbottich: $u \approx 3{,}14 \cdot d \approx 3{,}14 \cdot 85\text{ cm} \approx 266{,}94\text{ cm} \approx 2{,}67\text{ m}$

(2) Satellitenbahn: $u \approx 3{,}14 \cdot 2 \cdot r \approx 3{,}14 \cdot 84\,314\text{ km} \approx 264\,746\text{ km}$

Information

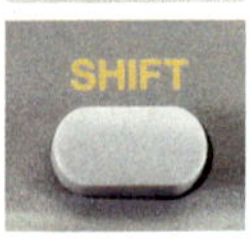

Die meisten Taschenrechner haben eine Taste für π. Drückt man diese Taste, so erscheint 3,141592654. Dies ist auch nur ein Näherungswert für π.

Man kann zeigen, dass π eine irrationale Zahl ist, d. h. π ist nicht als abbrechender und auch nicht als periodischer Dezimalbruch darstellbar. Genauere Informationen zu π erhältst du auf Seite 163 und 169.

Bei schriftlichen Rechnungen verwenden wir den Näherungswert 3,14 für π, für Abschätzungen und Überschläge den Näherungswert 3. Beim Rechnen mit dem Taschenrechner benutzen wir *immer* die Taste [π].

Für den **Umfang u des Kreises** mit dem Durchmesser d bzw. dem Radius r gilt:
$\mathbf{u = \pi \cdot d}$ bzw. $\mathbf{u = 2\pi \cdot r}$

Beispiele:

d = 4,5 cm	r = 5,0 cm
Überschlag:	*Überschlag:*
$u \approx 3 \cdot 4{,}5\text{ cm} = 13{,}5\text{ cm}$	$u \approx 2 \cdot 3 \cdot 5\text{ cm} = 30\text{ cm}$
Rechnung:	*Rechnung:*
$u = \pi \cdot d$	$u = 2\pi \cdot r$
$u = \pi \cdot 4{,}5\text{ cm}$	$u = 2\pi \cdot 5{,}0\text{ cm}$
$u \approx 14{,}1\text{ cm}$	$u \approx 31{,}4\text{ cm}$

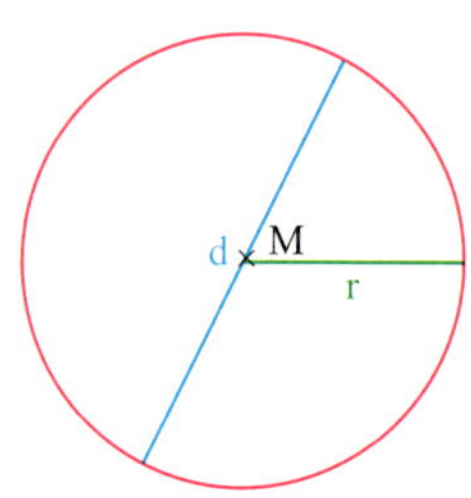

Kreisumfang etwa das Dreifache des Durchmessers.

Zum Festigen und Weiterarbeiten

2. Überschlage zunächst den Umfang des Kreises. Berechne dann den Umfang mit der π-Taste deines Taschenrechners. Runde sinnvoll. Vergleiche.

a) d = 4 cm **b)** d = 15,4 cm **c)** r = 2,35 m **d)** r = 350 km

3. *Berechnen des Radius bei vorgegebenem Umfang*
Wie groß ist der Radius r [der Durchmesser d] eines Kreises mit dem angegebenen Umfang u? Überschlage zunächst.
(1) u = 45 dm (2) u = 12 km (3) u = 261 m (4) u = 69 cm

4. a) Der Radius eines Kreises wird vergrößert
(1) auf das Doppelte; (2) auf das Fünffache; (3) um 15%.
Wie verändert sich dann der Umfang des Kreises?

b) Der Umfang eines Kreises wird verkleinert
(1) auf die Hälfte; (2) auf ein Fünftel; (3) um 23%.
Wie verändert sich dann der Radius des Kreises?

5. Der Querschnitt durch ein Wellblech ist eine Linie aus aneinandergesetzten Halbkreisen (Durchmesser 5 cm).

a) Vergleiche den Gewichtsunterschied von glattem Blech und Wellblech der gleichen Stärke, das jeweils eine Fläche von 1 m² bedeckt. 1 cm² Blech wiegt 2,5 g.

b) Gib den Gewichtsunterschied in Prozent an.

Information

Berechnungsverfahren für die Kreiszahl π

Näherungswerte für die Kreiszahl π können wir auch berechnen. Dazu bestimmen wir den Umfang eines Kreises näherungsweise mithilfe einbeschriebener, regelmäßiger n-Ecke.
In der Abbildung rechts ist s_n die Seitenlänge eines beliebigen regelmäßigen n-Ecks (z. B. eines Sechsecks) und s_{2n} die Seitenlänge des zugehörigen 2n-Ecks (z. B. eines Zwölfecks).
Man kann mit dem Satz des Pythagoras folgende Formel zur Berechnung von s_{2n} und s_n herleiten:

$$s_{2n} = \sqrt{2r^2 - r\sqrt{4r^2 - s_n^2}}$$

Für r = 1 erhalten wir:

$$s_{2n} = \sqrt{2 - \sqrt{4 - s_n^2}}$$

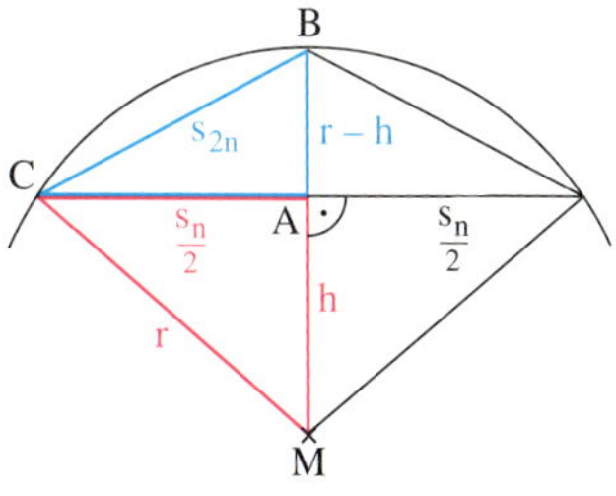

Sei u_n der Umfang des n-Ecks.

Dann gilt: $u_n = n \cdot s_n$

Für r = 1 gilt dann: $\pi \approx \frac{u_n}{2 \cdot 1} = \frac{1}{2} u_n$

Wir erhalten immer bessere Näherungswerte für die Kreiszahl π, wenn wir die Eckenzahl des regelmäßigen n-Ecks vergrößern. Die Werte in der Tabelle wurden mit einem Tabellenkalkulationsprogramm berechnet. Dabei wurde die Eckenzahl fortlaufend verdoppelt.

TAB

n	s_n	u_n	$\frac{1}{2}u_n$
6	1	6	3
12	0,51763809	6,21165708	3,10582854
24	0,26105238	6,26525723	3,13262861
48	0,13080626	6,27870041	3,13935020
96	0,06543817	6,28206390	3,14103195

Ein Vergleich mit dem genaueren Näherungswert π ≈ 3,141592654... zeigt, dass wir mit einem regelmäßigen 96-Eck π mit einer Genauigkeit von 3 Stellen nach dem Komma berechnet haben.

Übungen

6. Berechne den Umfang des Kreises.

a) r = 3 cm	**d)** r = 4,5 km	**g)** d = 8 cm	**j)** d = 13,5 m
b) r = 8 dm	**e)** r = 7,4 m	**h)** d = 17 dm	**k)** d = 31,4 cm
c) r = 11 m	**f)** r = 12,3 cm	**i)** d = 21 km	**l)** d = 122 mm

7. Berechne jeweils den Umfang des Gegenstandes. Überschlage zunächst.

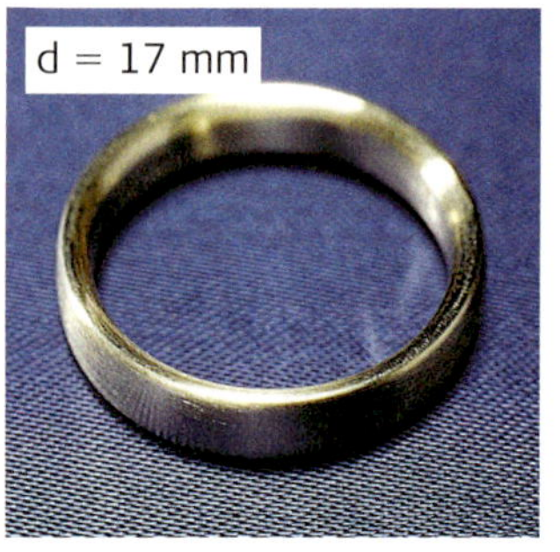

8.

In der nachfolgenden Tabelle ist der äußere Durchmesser eines Rades für verschiedene Fahrräder angegeben.

Typ	Außendurchmesser
Kinderfahrrad	500 mm
Jugendfahrrad	614 mm
Tourenrad	716 mm

a) Wie lang ist der Weg, den man mit einer Radumdrehung zurücklegt?

b) Wie oft dreht sich das Rad auf einer 1 km langen Strecke?

9. Beim Basteln werden aus 12 cm langen Silberdrähten kreisförmige Ohrringe hergestellt. Welchen Durchmesser haben die Ringe?

10. Berechne Radius und Durchmesser aus dem angegebenen Kreisumfang.

a) u = 7 cm	**c)** u = 2,5 km	**e)** u = 95 km
b) u = 89 mm	**d)** u = 1 m	**f)** u = 31,42 m

11. Die Baumsatzung einer Stadt schreibt vor:
Bäume (außer Obstbäume) mit einem Durchmesser von mehr als 19 cm (in 1 m Höhe) dürfen nur mit Genehmigung der Unteren Naturschutzbehörde oder des Bauaufsichtsamtes gefällt werden.

a) Auf einem Grundstück stehen verschiedene Bäume, deren Umfang mit einem Meterband festgestellt wurde:

(1) Eiche: u = 151 cm (3) Birke: u = 56 cm
(2) Buche: u = 65 cm (4) Pappel: u = 61 cm

Welche dieser Bäume dürfen nur mit Genehmigung gefällt werden?

b) *Erkundigt euch:* Gibt es für euren Wohnort auch eine entsprechende Satzung? Berichtet.

12. Ein Laufrad dient zum Messen von Entfernungen, z. B. bei Verkehrsunfällen.

a) Beschreibe das Messverfahren.

b) Der Durchmesser des Laufrades beträgt 32 cm.

(1) Wie lang ist die Strecke bei 17 Umdrehungen? Überschlage zunächst.

(2) Wie viele Umdrehungen macht das Rad bei einer Weglänge von 25 m?

13. Eine Firma produziert kreisrunde Tischdecken mit dem Durchmesser

a) 150 cm; **c)** 185 cm;

b) 170 cm; **d)** 210 cm.

Jede Tischdecke wird mit einer Spitzenborte umsäumt. Berechne die Länge der Borte.

14. Das Rad eines Förderturms hat einen Radius von 2,80 m. Bei einer Radumdrehung wird der Förderkorb um eine Strecke angehoben, die dem Umfang des Rades entspricht.
Wie viele Umdrehungen muss das Rad machen, damit der Förderkorb 500 m gehoben wird?

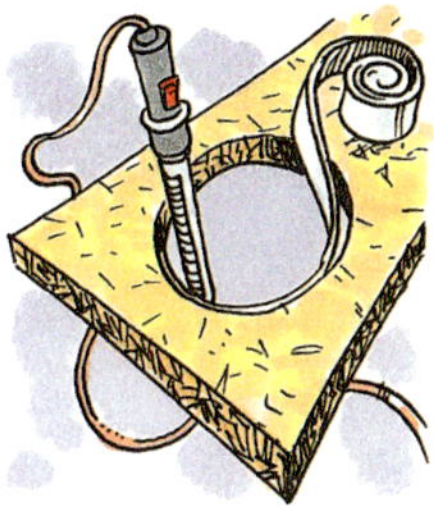

15. Aus einer Spanplatte werden Rundungen ausgeschnitten. Die Kanten werden mit Kunststoffstreifen (so genannten Umleimern) verkleidet.
Berechne jeweils die Länge der Streifen.

a)

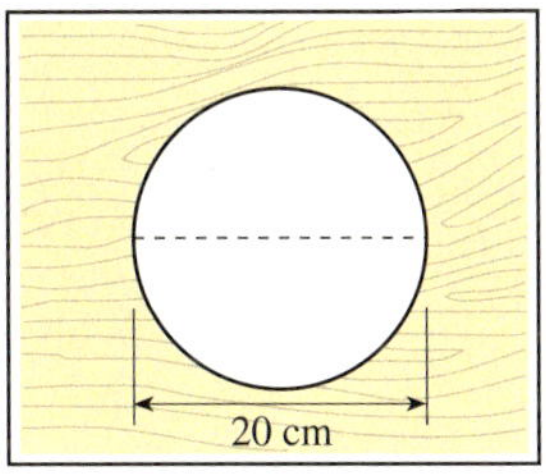

b)

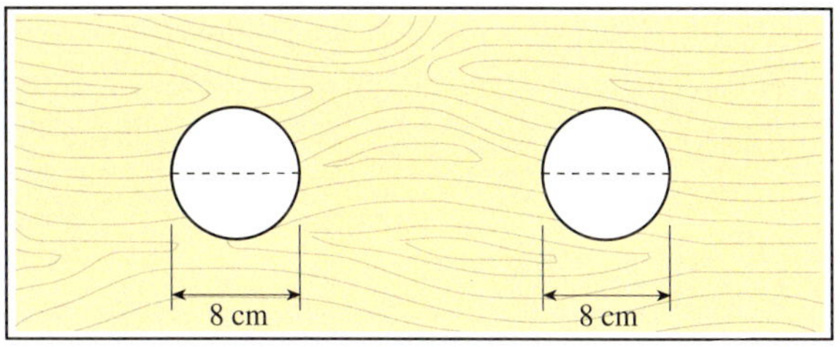

16.

Das *London Eye* an der Themse in London wurde 1999 errichtet und ist das größte Riesenrad Europas. Es hat einen Außendurchmesser von 122 m.

a) Wie viel m legt ein Tourist in einer Gondel bei einer Umdrehung des Riesenrades zurück? Überschlage zunächst.

b) Angabe in einem Prospekt:

> Das Riesenrad dreht sich mit einer Geschwindigkeit von 0,26 m pro Sekunde.

Wie lange braucht das Riesenrad für eine Umdrehung (ohne Halt)?

Der Flächeninhalt des Kreises – ein Vielfaches des Radiusquadrates

Einstieg

→ Vergleicht in den Abbildungen (1) und (2) rechts die Größe A der Kreisfläche mit der Größe eines Radiusquadrates. Welchen Zusammenhang vermutet ihr zwischen A und r^2?

→ Zeichnet Kreise mit beliebigem Radius auf Millimeterpapier. Bestimmt das Verhältnis $\frac{A}{r^2}$ durch geschicktes Auszählen der Millimeterquadrate. Quadrate, die nur teilweise im Kreis liegen, werden als halbe Quadrate gezählt. Vergleicht eure Ergebnisse mit der Kreiszahl π.

→ Versucht, eine Formel für die Berechnung des Flächeninhaltes eines Kreises aufzustellen.

→ Berichtet über eure Ergebnisse.

(1)

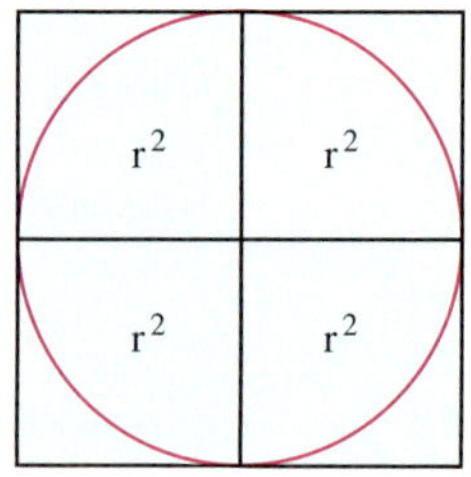

(2)

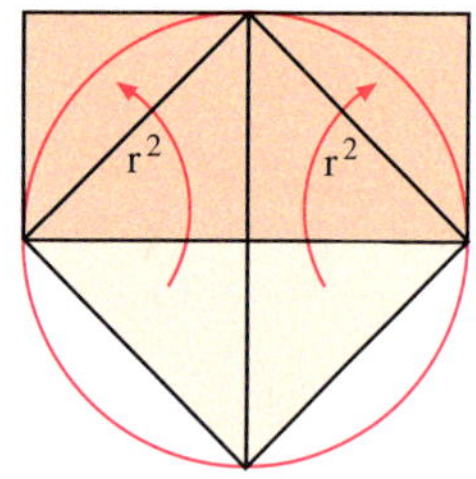

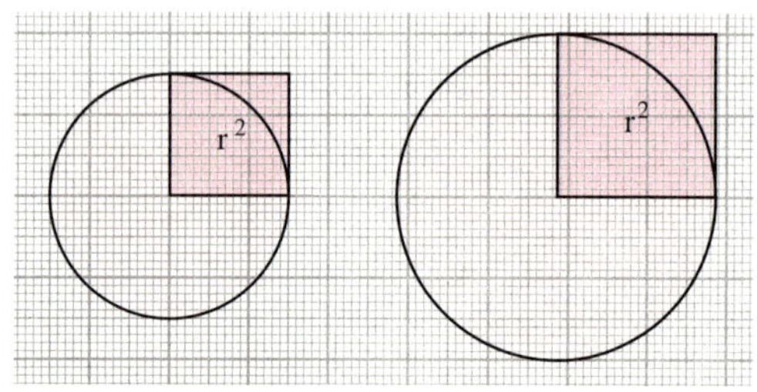

Aufgabe

1. a) Die Kreisfläche kann man in 8, 16, 32, 64, 128, … gleich große Teile zerschneiden und wie im Bild rechts zu einer geschlossenen Fläche zusammenlegen.
Je größer die Anzahl der Kreisteile ist, um so genauer nähert sich die geschlossene Figur einem Rechteck an. Vergleiche die Länge und die Breite des Rechtecks mit dem Umfang bzw. dem Radius des Kreises. Entwickle eine Formel für die Berechnung des Flächeninhaltes des Kreises.

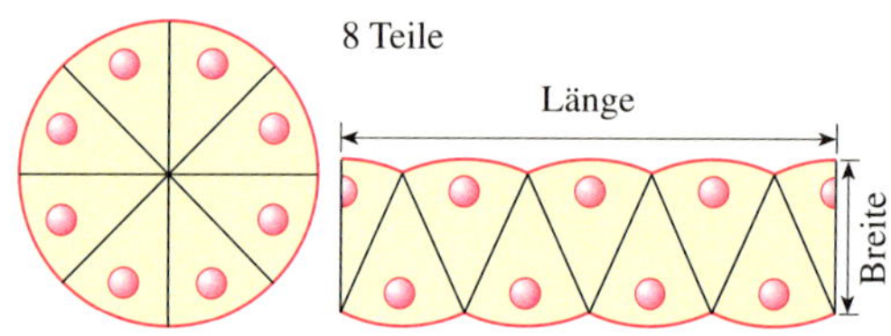

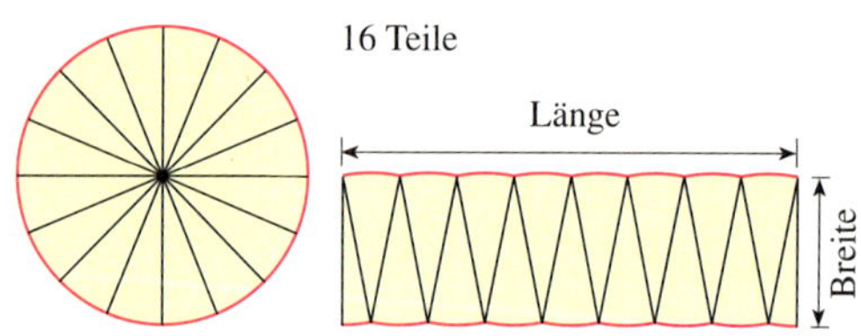

b) In einer Empfangshalle eines Hotels soll eine kreisrunde Fläche (r = 4,5 m) mit Mosaiksteinen ausgelegt werden. Wie viel m^2 Mosaiksteine werden benötigt?
Löse diese Aufgabe mithilfe der Formel aus Teilaufgabe a).

Lösung

a) Die Breite des Rechtecks entspricht genau dem Radius des Kreises. Die Länge des Rechtecks entspricht ungefähr dem halben Umfang des Kreises. Je größer der Anzahl der Kreisteile ist, umso genauer nähert sich die Länge des Rechtecks dem halben Umfang an.

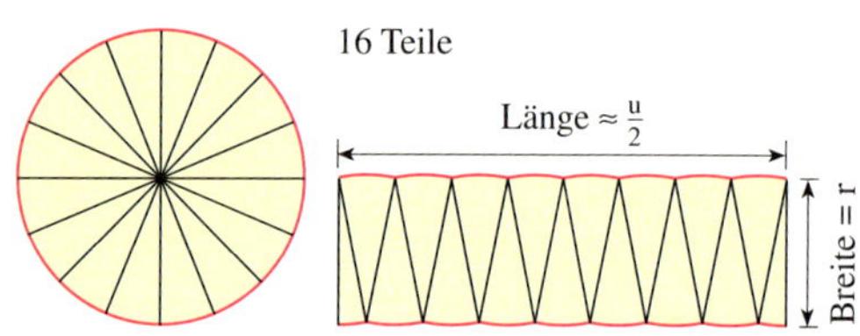

Für den Flächeninhalt des Rechtecks und des Kreises gilt: $A = \text{Länge} \cdot \text{Breite} \approx \frac{u}{2} \cdot r$.

Durch Einsetzen von $2\pi \cdot r$ für u erhalten wir: $\mathbf{A = \pi \cdot r^2}$

b) Wir berechnen den Flächeninhalt mit dem Näherungswert 3,14 für π.
$A = \pi \cdot r^2 = \pi \cdot (4{,}5\ \text{m})^2 \approx 63{,}58\ \text{m}^2 \approx 64\ \text{m}^2$
Ergebnis: Man braucht ungefähr 64 m^2 Mosaiksteine.

Information

Kreisfläche ungefähr dreimal so groß wie Radiusquadrat.

Für den **Flächeninhalt A eines Kreises** mit dem Radius r gilt:

$\mathbf{A = \pi \cdot r^2}$

Beispiel: $r = 5{,}0\ \text{cm}$
Überschlag: $A \approx 3 \cdot 5^2\ \text{cm}^2 = 75\ \text{cm}^2$
Rechnung: $A = \pi \cdot (5{,}0\ \text{cm})^2$
$= \pi \cdot 25\ \text{cm}^2 \approx 78{,}5\ \text{cm}^2$

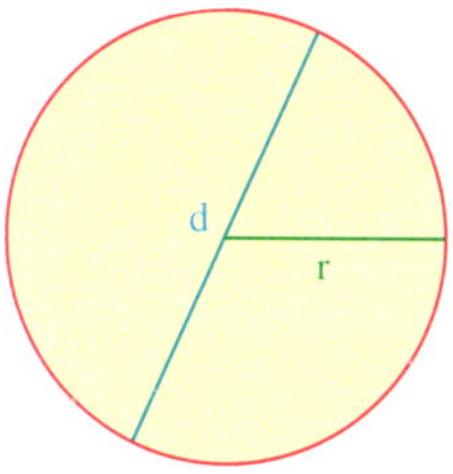

Zum Festigen und Weiterarbeiten

2. Zeige mithilfe der Formel $A = \pi \cdot r^2$:
Den Flächeninhalt des Kreises kann man auch mit der Formel $A = \frac{\pi}{4} \cdot d^2$ berechnen.

3. Überschlage zunächst den Flächeninhalt der Kreisfläche. Berechne ihn dann mit dem Taschenrechner. Runde das Ergebnis sinnvoll. Vergleiche.

a) $r = 4$ cm **b)** $r = 7{,}9$ cm **c)** $d = 1{,}3$ m **d)** $d = 10{,}4$ m **e)** $d = 15$ km

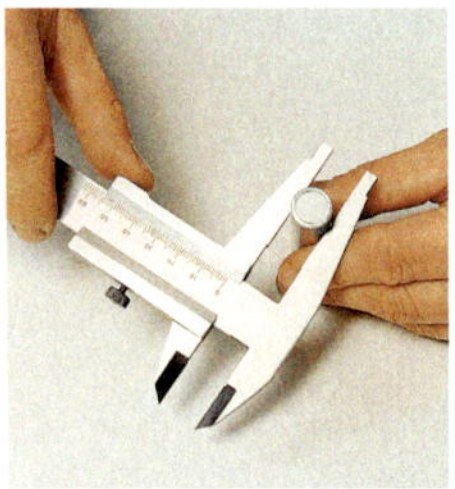

4. Der Durchmesser eines Bolzens wurde mit einer Schieblehre gemessen: $d = 8{,}2$ mm
Wie groß ist die Querschnittsfläche des Bolzens? Überschlage zunächst.

5. *Berechnen des Radius bei gegebenem Flächeninhalt*
Gegeben ist der Flächeninhalt A eines Kreises. Berechne den Radius. Entwickle zunächst eine Formel für die Berechnung von r. Rechne dann mit der Formel. Runde sinnvoll.

a) $A = 40{,}7\ \text{cm}^2$ **b)** $A = 25\ \text{m}^2$ **c)** $A = 58\ \text{km}^2$ **d)** $A = 25\ \text{mm}^2$

6. **a)** Der Radius eines Kreises wird vergrößert
(1) auf das Doppelte; (2) auf das Dreifache; (3) um 20%.
Wie verändert sich dann der Flächeninhalt des Kreises?

b) Der Flächeninhalt eines Kreises wird verkleinert:
(1) auf die Hälfte; (2) auf ein Drittel; (3) um 10%.
Wie ändert sich dann der Radius?

c) Zu jedem Radius r gehört genau ein Flächeninhalt A.
Stelle die Funktion *Radius r → Flächeninhalt A* grafisch dar.

7. *Flächeninhalt eines Kreisrings*
Die gelbe Fläche ist ein **Kreisring**; sie wird begrenzt durch zwei *konzentrische* Kreise; das sind Kreise mit demselben Mittelpunkt.
Gegeben sind zwei konzentrische Kreise mit den Radien $r_a = 5{,}3$ cm und $r_i = 2{,}8$ cm.

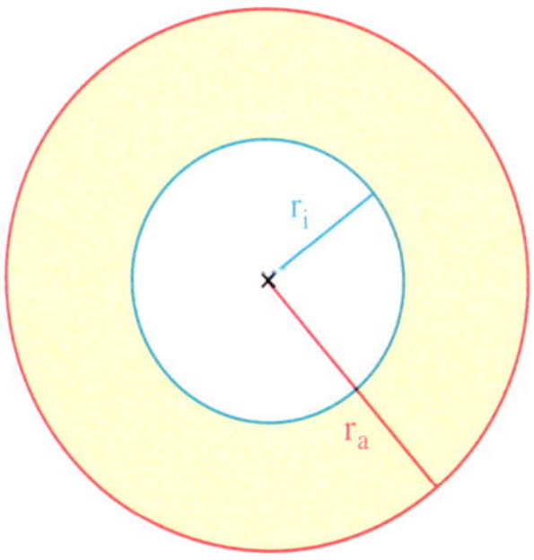

a) Berechne den Flächeninhalt des Kreisrings.

b) Stelle eine Formel für den Flächeninhalt eines Kreisrings mit den Radien r_a und r_i auf.
Beschreibe dein Vorgehen.

Übungen

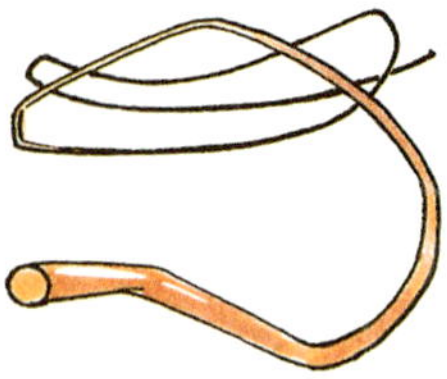

8. Berechne den Flächeninhalt der Kreisfläche aus dem Radius r bzw. dem Durchmesser d.

a) r = 5,3 cm **b)** r = 1,18 km **c)** r = 2,06 m **d)** d = 28,5 cm **e)** d = 10,35 m

9. **a)** Ein kreisrunder Tisch hat den Durchmesser 1,40 m.

b) Der kreisförmige Querschnitt eines Kupferdrahtes für eine elektrische Leitung beträgt (1) 1,13 mm^2; (2) 9,62 mm^2; (3) 0,5 mm^2.

10. Berechne Radius und Durchmesser aus dem gegebenen Kreisflächeninhalt A.

a) 56,8 cm^2 **b)** 4,06 km^2 **c)** 0,84 mm^2 **d)** 3,88 cm^2 **e)** 0,053 m^2

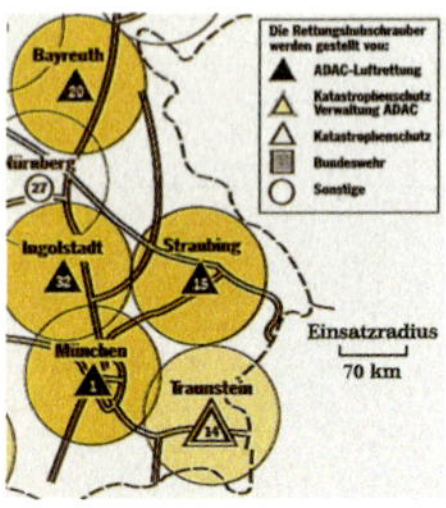

11. **a)** Der Einsatzradius eines Rettungshubschraubers beträgt 70 km. Wie groß ist das Gebiet, in dem der Hubschrauber eingesetzt werden kann? Schätze zunächst.

b) Drei verschiedene Standorte von Rettungshubschraubern liegen auf den Eckpunkten eines gleichseitigen Dreiecks mit der Seitenlänge 140 km.
Lege eine Zeichnung an. Färbe das Gebiet (in der Mitte), das von keinem der drei Hubschrauber erreicht werden kann. Wie groß darf die Entfernung zwischen den Standorten höchstens gewählt werden, damit keine Lücke entsteht?

12. Berechne den Radius eines Kreises, der denselben Flächeninhalt hat wie

a) ein Quadrat mit der Seitenlänge 5,7 cm;

b) eine Raute mit den Diagonallängen 4 cm und 6 cm.

13. **a)** Gegeben ist der Umfang u eines Kreises. Berechne seinen Flächeninhalt A.
(1) u = 1 m (2) u = 3 m (3) u = 4,25 km (4) u = 9,4 cm

b) Gegeben ist der Flächeninhalt A eines Kreises. Berechne seinen Umfang u.
(1) A = 1 m^2 (2) A = 4 m^2 (3) A = 56 cm^2 (4) A = 26,4 cm^2

c) Stelle eine Formel auf, mit der man (1) aus dem Umfang den Flächeninhalt; (2) aus dem Flächeninhalt den Umfang des Kreises berechnen kann.

… Bei einem Tankerunfall hatte sich nach allen Seiten schnell ein Ölteppich ausgebreitet. Der Ölteppich hatte am ersten Tag die Größe von 4 km^2, am zweiten Tag war er bereits auf 6 km^2 angewachsen.

14. Lies den nebenstehenden Ausschnitt aus einem Zeitungsbericht über einen Tankerunfall.
Angenommen, die Ölfläche ist kreisförmig.
Wie groß ist dann der Durchmesser des Ölteppichs am ersten Tag, am zweiten Tag?

15. Ein Dichtungsring hat einen äußeren Durchmesser von 27 mm und ist 7 mm breit. Seine Querschnittsfläche ist ein Kreisring. Berechne den Flächeninhalt des Rings.

16. Berechne den Flächeninhalt eines Kreisringes mit den Radien r_i und r_a.

a) r_i = 5,5 cm; r_a = 7 cm **b)** r_i = 3,50 m; r_a = 3,75 m **c)** r_i = 11 cm; r_a = 14 cm

17. Ein Kreis hat den Radius 3,5 cm. Zeichne dazu einen konzentrischen Kreis derart, dass der entstehende Kreisring denselben Flächeninhalt wie der gegebene Kreis hat.

18. Einem Quadrat mit der Seitenlänge a ist der größtmögliche Kreis einbeschrieben. Gib (1) den Flächeninhalt; (2) den Umfang des Kreises in Abhängigkeit von a an.

Sinnvolle Genauigkeit beim Rechnen mit π

Die Zahl π in der Geschichte der Menschheit

Die Berechnung der Kreiszahl π hat die Menschen schon jahrtausendelang beschäftigt. Als Näherungswert für π gaben

die Babylonier (um 2000 v. Chr.) die Zahl **3**,

die Ägypter (um 2000 v. Chr.) die Zahl $\left(\frac{16}{9}\right)^2$ an.

Der griechische Mathematiker Archimedes (287 – 212 v. Chr.) verwendete zur Berechnung des Kreisumfanges neben den einbeschriebenen regelmäßigen Vielecken auch umbeschriebene. Er zeigte am regelmäßigen 96-Eck:

$3\frac{10}{120} < \pi < 3\frac{1}{7}$

Als Näherungswert für π wurde dann häufig $\frac{22}{7}$ verwendet.

Der ägyptische Geograf, Astronom und Mathematiker Claudius Ptolemäus (um 150 n. Chr.) fand für π den Näherungswert $3\frac{17}{120}$,

die Chinesen (5. Jahrh. n. Chr.) $3\frac{16}{113}$,

die Inder (600 n. Chr.) $\sqrt{10}$,

der Mathematiker Vieta (1540 – 1630) $1{,}8 + \sqrt{1{,}8}$.

Heute hat man die Zahl π mit Computern auf über 200 Milliarden Stellen nach dem Komma berechnet. Ihr könnt dazu auch im Internet nachforschen.

1. Gebt die verschiedenen Näherungswerte für π jeweils mit Taschenrechnergenauigkeit als Dezimalbruch an. Vergleicht mit den Näherungswerten, die ihr bisher benutzt habt. Schreibt alle diese Näherungswerte untereinander und färbt von links die Ziffern, die mit eurer Taschenrechneranzeige für π übereinstimmen.

2. Der Radius eines Kreises beträgt *genau* (1) 7 cm; (2) 3,7 cm; (3) 4,673 cm.

a) Berechnet arbeitsteilig den Umfang und den Flächeninhalt des Kreises
- mit Taschenrechnergenauigkeit und mit 3,14 für π
- mit den obigen blaugedruckten Näherungswerten (Taschenrechnergenauigkeit).

Schreibt die Ergebnisse untereinander und färbt von links wie in Aufgabe 1.

b) Bis auf welchen Bruchteil der Maßeinheit cm bzw. cm^2 wird in Teilaufgabe a) (1) der Umfang, (2) der Flächeninhalt jeweils genau angegeben?

3. Ihr wisst: Größen kann man nur bis zu einer bestimmten Genauigkeit messen. Die Maßzahl in der Größenangabe „3,7 cm" kann man deshalb als gerundete Zahl betrachten. In der Technik findet man oft folgende Schreibweise „3,7 cm ± 0,05 cm", d. h. der genaue Wert ist höchstens 3,75 cm und mindestens 3,65 cm.

a) Gegeben sei ein Kreis mit dem Radius:
(1) r = 7 cm ± 0,5 cm (2) r = 3,7 cm ± 0,05 cm (3) r = 4,673 cm ± 0,0005 cm
Berechnet mithilfe des Taschenrechners den möglichen Höchstwert und den möglichen Mindestwert für den Umfang und den Flächeninhalt des Kreises.
Rundet die Taschenrechneranzeige nicht.

b) Welche der Ergebnisse aus Aufgabe 2 a) liegen zwischen den ermittelten Höchst- und Mindestwerten?

c) Entscheidet selbst: Welche der Ergebnisse in Aufgabe 2 a) sind zu ungenau, welche sind angemessen, welche sind übertrieben genau?

KREISAUSSCHNITT UND KREISBOGEN

Einstieg

→ Wie groß ist der Mittelpunktswinkel in einem Viertelkreis, einem Halbkreis, einem ganzen Kreis, einem Drittelkreis, einem Zwölftelkreis, einem Dreiviertelkreis?
Gebt jeweils den Flächeninhalt und die Länge des Kreisbogens für die zugehörigen Kreisausschnitte als Anteil am Flächeninhalt bzw. des Umfangs des ganzen Kreises an.

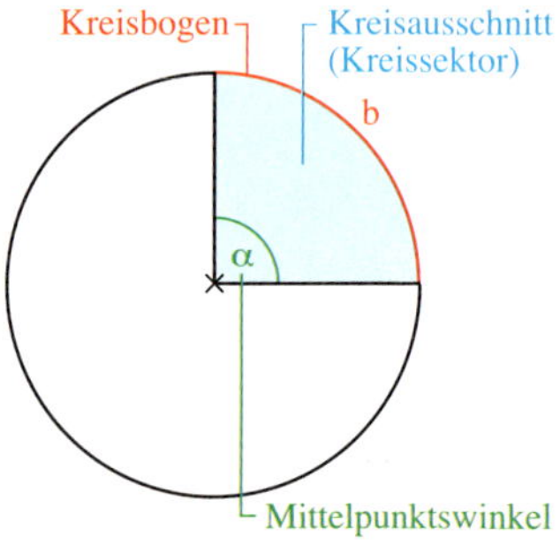

→ Berechnet den Flächeninhalt dieser Kreisausschnitte für einen Kreis mit dem Radius r = 7 cm.

→ Berechnet den Flächeninhalt und die Länge des Kreisbogens eines Kreisausschnittes mit:
(1) r = 5 cm; $\alpha = 60°$ (2) r = 9 cm; $\alpha = 47°$ (3) r = 12 cm; $\alpha = 137°$

Aufgabe

1. a) Wie verändert sich der Flächeninhalt A_α des Kreisausschnitts bzw. die Länge b_α des Kreisbogens, wenn man die Größe α des Mittelpunktswinkels verdoppelt, verdreifacht, vervierfacht ...?
Begründe: Die Zuordnungen (Funktionen)
Größe α des Mittelpunktswinkels → Flächeninhalt A_α des Kreisausschnitts und
Größe α des Mittelpunktswinkels → Länge b_α des Kreisbogens sind proportional.

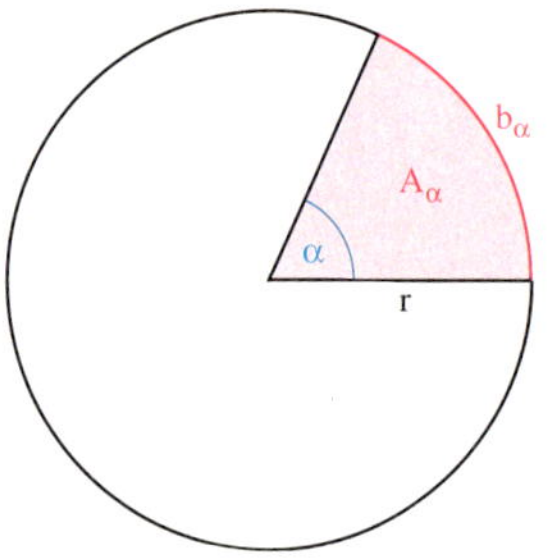

b) In einem gegebenen Kreis hat ein Kreisausschnitt mit dem Mittelpunktswinkel $\alpha = 25°$ den Flächeninhalt $A_\alpha = 21{,}82\ m^2$ und die Bogenlänge $b_\alpha = 4{,}36$ m.
Berechne mithilfe einer Zuordnungstabelle den Flächeninhalt und die Bogenlänge der Kreisausschnitte mit dem Mittelpunktswinkel 50°; 5°; 360°; 1°; 17°.

c) Für einen Kreis sind der Radius r und die Größe α des Mittelpunktswinkels gegeben. Stelle eine Formel auf, mit der man berechnen kann:
(1) den Flächeninhalt A_α des Kreisausschnitts; (2) die Länge b_α des Kreisbogens.

d) Berechne für einen Kreisausschnitt mit r = 3,5 cm und $\alpha = 60°$ den Flächeninhalt und die Länge des Kreisbogens mithilfe der Formeln aus Teilaufgabe c).

Lösung

a) Wir zeichnen Kreisausschnitte zu den Mittelpunktswinkeln α, 2α, 3α, 4α.

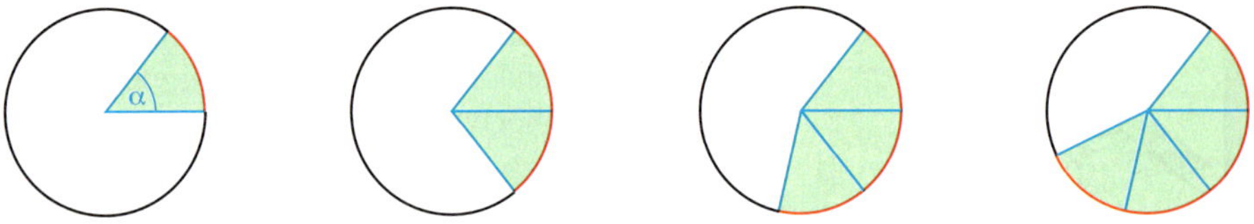

Die Bilder zeigen:

> Verdoppelt, verdreifacht, vervierfacht, ... man die Größe des Mittelpunktswinkels α, so wird auch der zugehörige Flächeninhalt A_α des Kreisausschnitts sowie die Länge b_α des Kreisbogens verdoppelt, verdreifacht, vervierfacht, ...
> Die Zuordnungen *Winkelgröße α → Flächeninhalt A_α* und *Winkelgröße α → Bogenlänge b_α* sind proportionale Zuordnungen.

b) Wir können ausgehend vom gegebenen Kreisausschnitt (blau) alle anderen Kreisausschnitte als Vielfache oder Bruchteile berechnen.
Wir können auch zunächst den Flächeninhalt und den Umfang des ganzen Kreises berechnen (rot) und dann mit dem Dreisatzverfahren alle anderen Kreisausschnitte.

	Größe α des Mittelpunktswinkels	Größe A_α des Kreisausschnitts (in m²)	Länge b_α des Kreisbogens (in m)	
	25°	21,82	4,36	
· 2	50°	43,64	8,72	· 2
: 10	5°	4,36	0,87	: 10
· 72	360°	314,218	62,784	· 72
: 360	1°	0,87	0,17	: 360
· 73	73°	63,71	12,73	· 73
· 153	153°	133,54	26,68	· 153

c) Bei proportionalen Zuordnungen (Funktionen) besteht Quotientengleichheit bei einander zugeordneten Größen, also:

$$\frac{A_\alpha}{\alpha} = \frac{\pi r^2}{360°}$$

und

$$\frac{b_\alpha}{\alpha} = \frac{2\pi r}{360°}$$

Größe des Mittelpunktswinkels	Flächeninhalt des Kreisausschnitts	Länge des Bogens
360°	πr^2	$2\pi r$
α	A_α	b_α

Damit erhalten wir eine Formel zur Berechnung des Flächeninhalts A_α des Kreisausschnitts bzw. der Länge des Bogens b_α zum Mittelpunktswinkel α:

$$\underbrace{A_\alpha}_{\text{Flächeninhalt des Kreisausschnittes}} = \underbrace{\pi r^2}_{\text{Flächeninhalt des Kreises}} \cdot \underbrace{\frac{\alpha}{360°}}_{\text{Anteil an 360°}}$$

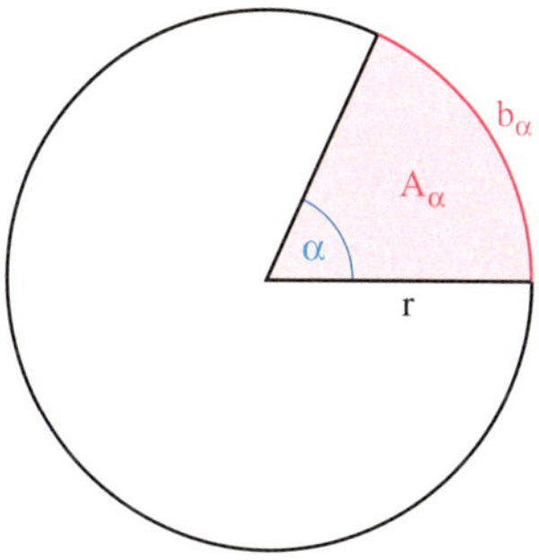

Für die Länge b_α des Kreisbogens folgt:

$$\underbrace{b_\alpha}_{\text{Länge des Kreisbogens}} = \underbrace{2\pi r}_{\text{Umfang des Kreises}} \cdot \underbrace{\frac{\alpha}{360°}}_{\text{Anteil an 360°}}$$

d) Gegeben: $\alpha = 60°$; $r = 3{,}5\text{ cm}$

Berechnen des Flächeninhalts des Kreisausschnitts:

$$A_\alpha = \pi r^2 \cdot \frac{\alpha}{360°}$$

$$A_\alpha = \pi \cdot (3{,}5\text{ cm})^2 \cdot \frac{60°}{360°}$$

$$A_\alpha \approx 6{,}4\text{ cm}^2$$

Berechnen des Kreisbogens:

$$b_\alpha = 2\pi r \cdot \frac{\alpha}{360°}$$

$$b_\alpha = 2 \cdot \pi \cdot 3{,}5\text{ cm} \cdot \frac{60°}{360°}$$

$$b_\alpha \approx 3{,}7\text{ cm}$$

Zum Festigen und Weiterarbeiten

2. Berechne zu der Winkelgröße α den Flächeninhalt A_α des Kreisausschnitts sowie die Länge b_α des Kreisbogens ($r = 3{,}5$ cm).

a) $\alpha = 70°$ **b)** $\alpha = 90°$ **c)** $\alpha = 265°$ **d)** $\alpha = 317°$

3. Ein Kreisausschnitt mit dem Mittelpunktswinkel $\alpha = 42°$ hat den Flächeninhalt $A_\alpha \approx 9{,}16\ cm^2$ und einen Kreisbogen mit der Länge $b_\alpha \approx 3{,}6$ cm.
Berechne mit möglichst wenig Rechenaufwand (ohne Taschenrechner) den Flächeninhalt und die Länge des Kreisbogens für die Kreisausschnitte (desselben Kreises) mit den Mittelpunktswinkeln: 7°; 56°; 154°; 36°; 186°; 93°.

4.

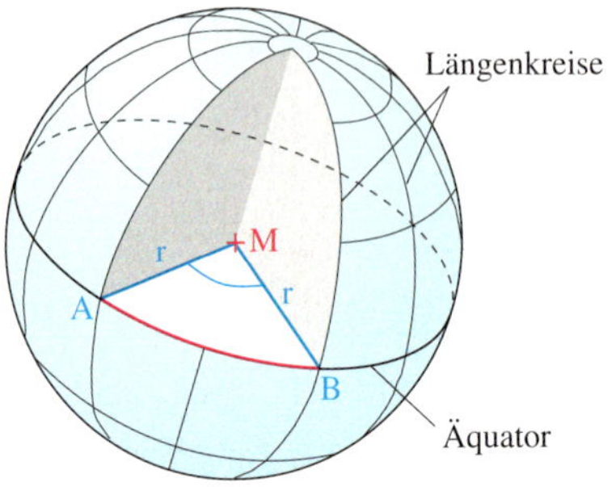

a) Die Erdkugel hat einen Radius r von 6370 km. Welche Entfernung haben zwei Punkte A und B auf dem Äquator, deren Längengrade sich um 1° [um 10°] unterscheiden?

b) 1 Seemeile (1 sm) ist die Entfernung zweier Punkte auf dem Äquator, deren Längengrade sich um $\left(\frac{1}{60}\right)^\circ$ unterscheiden.
Gib 1 sm in km an.
Berichte über deinen Lösungsweg.

5. Die Rechtskurve einer mehrspurigen Autostraße entspricht angenähert einem Kreisbogen mit dem Mittelpunktswinkel $\alpha = 135°$ und dem Radius 1 km. Die Straßenbreite beträgt insgesamt 25 m.
Wie unterscheidet sich die Fahrtstrecke eines notorischen Linksfahrers von der Fahrtstrecke eines verkehrsgerechten Rechtsfahrers? Beachte die Breite des Autos.

6. a) Leite aus den beiden Formeln für A_α und b_α die folgende Formel ab: $A_\alpha = \frac{r \cdot b_\alpha}{2}$
Vergleiche diese Formel mit der Formel für den Flächeninhalt eines Dreiecks.
Welche Längen im Kreisausschnitt und im Dreieck entsprechen sich?

b) Berechne A_α für r = 8 cm und $b_\alpha = 10$ cm.

Information

Länge des Kreisbogens: $b_\alpha = 2\pi r \cdot \frac{\alpha}{360°}$

Flächeninhalt des Kreisausschnitts: $A_\alpha = \pi r^2 \cdot \frac{\alpha}{360°} = \frac{r \cdot b_\alpha}{2}$

Beispiel: $r = 2{,}7$ cm; $\alpha = 45°$

$b_\alpha = 2\pi \cdot 2{,}7\ \text{cm} \cdot \frac{45}{360°} \approx 2{,}1$ cm

$A_\alpha = \pi \cdot (2{,}7\ \text{cm})^2 \cdot \frac{45}{360°} \approx 2{,}96\ cm^2$

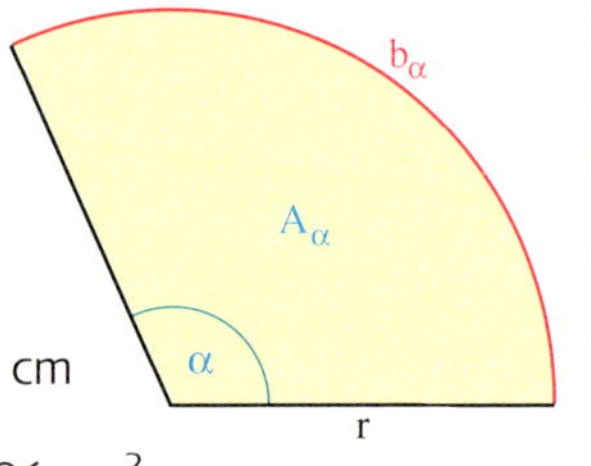

Übungen

7. Berechne jeweils A_α und b_α.

r	3 cm	3 cm	9 m	36 mm	1 km	45 mm	2 km	4,9 m
α	30°	45°	2°	132°	200°	100°	150°	295°

8. Zeichne zu dem gegebenen Radius r einen Kreisbogen der Länge b_α.
Berechne vorher die Größe α des zugehörigen Mittelpunktswinkels.

a) $r = 5$ cm; $b_\alpha = 20$ cm **b)** $r = 3$ cm; $b_\alpha = 8$ cm **c)** $r = 4{,}5$ cm; $b_\alpha = 25$ cm

9. Von den Größen r, α, A_α und b_α eines Kreisbogens bzw. Kreisausschnitts sind zwei gegeben. Berechne die übrigen Größen.

a) r = 5 cm, $\alpha = 35°$ **b)** r = 6 cm, $A_\alpha = 64\ cm^2$ **c)** r = 9 m, $b_\alpha = 12{,}5$ m **d)** $\alpha = 149°$, $b_\alpha = 52$ cm **e)** $A_\alpha = 45\ cm^2$, $b_\alpha = 15$ cm

10. Die Räder eines Autos haben einen Abstand von 1,40 m. Die Skizze stellt die möglichen Spuren des Autos in einer Kurve dar. Du erkennst:
Das äußere Rad muss einen weiteren Weg zurücklegen als das innere.
Wie viel m legt in unserem Beispiel das äußere Rad mehr zurück als das innere?

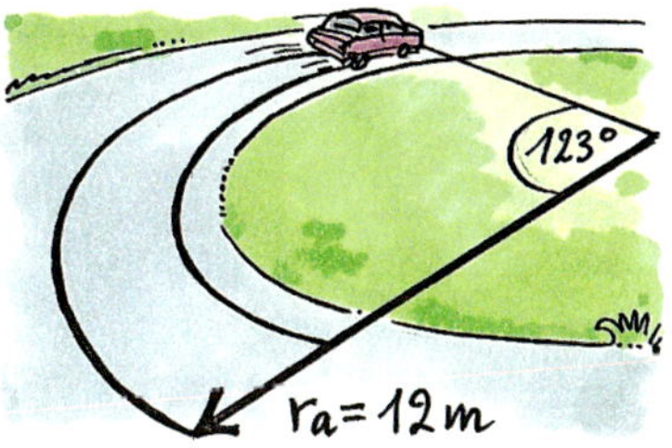

11. Berechne den Flächeninhalt der blauen Fläche.

a)

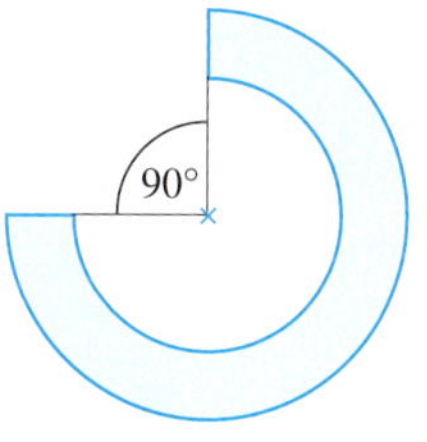

b)

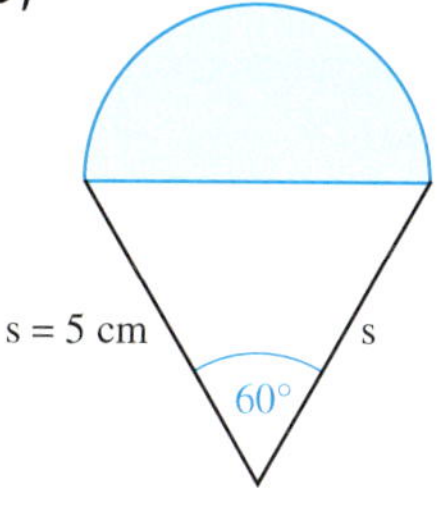

c)

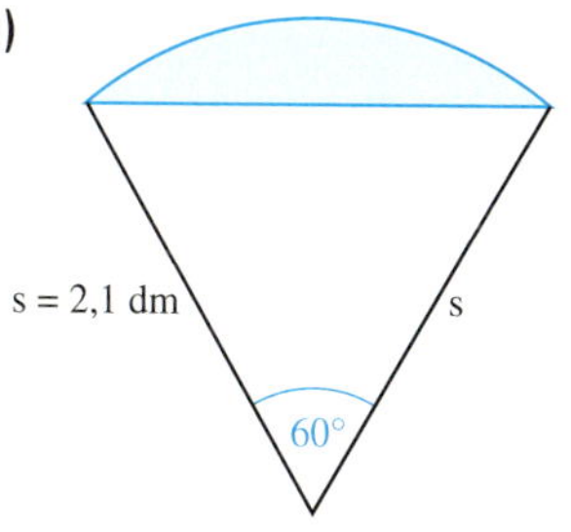

12. Welcher Mittelpunktswinkel gehört zu einem Bogen,

a) der genauso groß wie der Radius ist;
b) der doppelt so groß wie der Radius ist;
c) der halb so groß wie der Radius ist;
d) der π-mal so groß wie der Radius ist?

13. Gib die Länge des 60. Breitenkreises als Vielfaches des Erdradius r an.

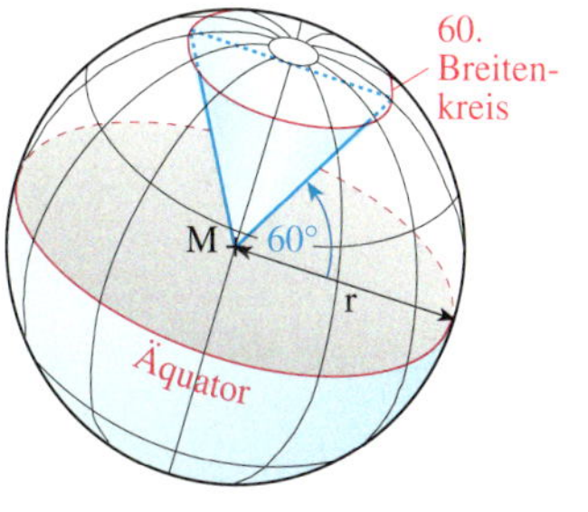

14. Der Radius r eines Kreisausschnitts ist genauso groß wie die Seitenlänge a eines Quadrates. Das Quadrat und der Kreisausschnitt haben denselben Flächeninhalt.
Wie groß ist der zugehörige Mittelpunkswinkel?

15. Der Minutenzeiger einer Bahnhofsuhr ist 28 cm lang (von der Achse gemessen).
Wie groß ist die Fläche, die der Zeiger in

a) 5 Minuten, **b)** 12 Minuten, **c)** 1 Minute

überstreicht?

16. Die Schienen einer Straßenbahn und die Schienen der ICE-Strecke haben den gleichen Abstand (1 435 mm). Die Kurvenradien sind wegen der unterschiedlichen Geschwindigkeiten sehr verschieden: ICE: r = 3 000 m; Straßenbahn: r = 50 m
Nimm an: Der ICE und die Straßenbahn durchfahren einen Kurvenbogen mit dem Mittelpunktswinkel $\alpha = 20°$.
Berechne für jedes Verkehrsmittel den Längenunterschied zwischen der äußeren und der inneren Schiene.

VERMISCHTE UND KOMPLEXE ÜBUNGEN

1. 

a) Der Rand eines kreisrunden Beetes (d = 3,2 m) soll mit Steinen eingefasst werden. Man rechnet 8 Steine auf 1 m. Wie viele Steine werden benötigt?

b) Das Beet soll mit Rosen bepflanzt werden. Man rechnet 4 Rosen auf 1 m^2. Berechne die Kosten.

2. Aus einem Blech werden 8 kreisrunde Scheiben hergestellt mit:

a) d = 7,5 cm **b)** d = 167 mm **c)** r = 74 mm **d)** r = 3,7 cm

Berechne den Flächeninhalt der 8 Kreisscheiben.

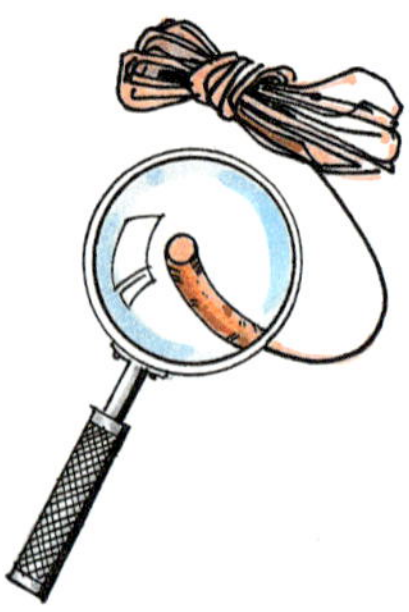

3. Der Durchmesser eines Kupferdrahtes beträgt

a) 0,7 mm; **b)** 1,6 mm; **c)** 2,7 mm.

Berechne den Querschnitt (Flächeninhalt der kreisförmigen Schnittfläche).

4. Das kreisförmige Turmzimmer eines Schlosshotels hat einen Durchmesser von 6,75 m. Der Fußboden soll neu gefliest werden.
Wie viel m^2 Fliesen werden gebraucht?
Runde das Ergebnis sinnvoll.

5. Der historische kreisrunde Marktplatz einer Stadt soll neu gestaltet werden.

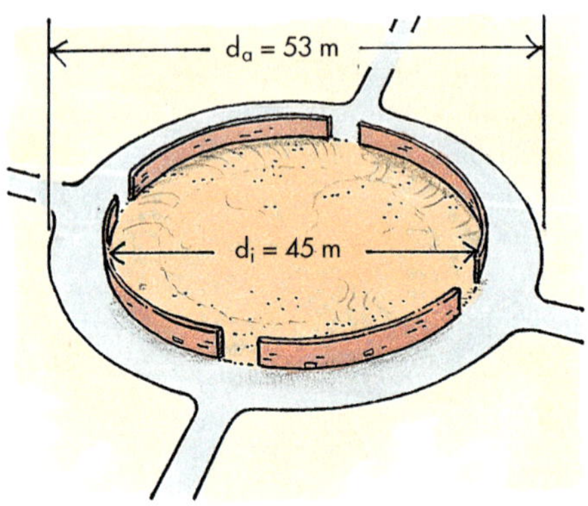

- Der Asphalt im inneren Kreis soll durch ein dekoratives Verbundsteinpflaster ersetzt werden.
- Der innere Kreis soll mit einer Sandsteinmauer umgeben werden. Für die Zugänge werden jeweils 4 m ausgespart.
- Die Straße, die den Platz umgibt, soll als verkehrsberuhigte Straße keine Bürgersteige erhalten. Ihr Pflaster soll sich aber deutlich abheben.

Stelle selbst Fragen und beantworte sie.

6. Berechne den Flächeninhalt und den Umfang der gefärbten Fläche.

a) 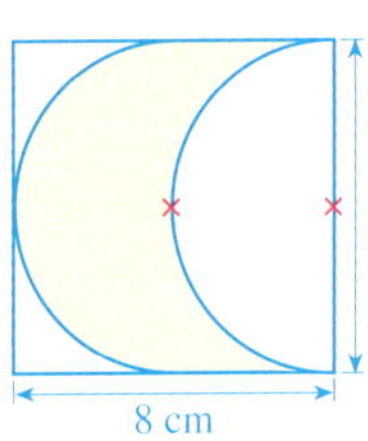

b) 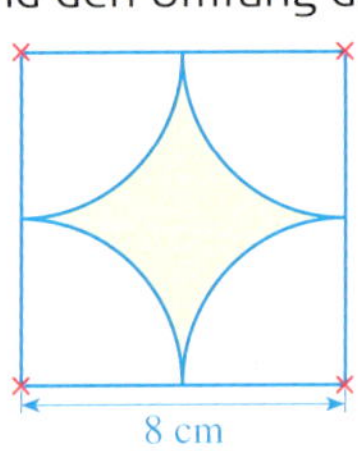

c) 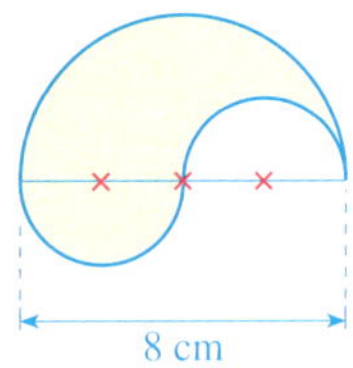

d) 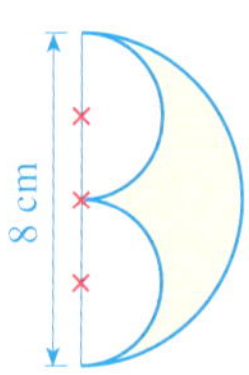

7. Die herzförmige Figur wird aus Silberdraht hergestellt. Die Dreiecke bei B und C sind gleichseitig.
Wie viel Draht braucht man für die Figur?

a) 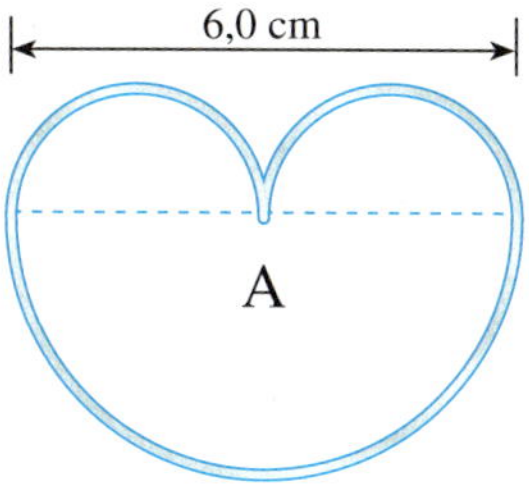

b) 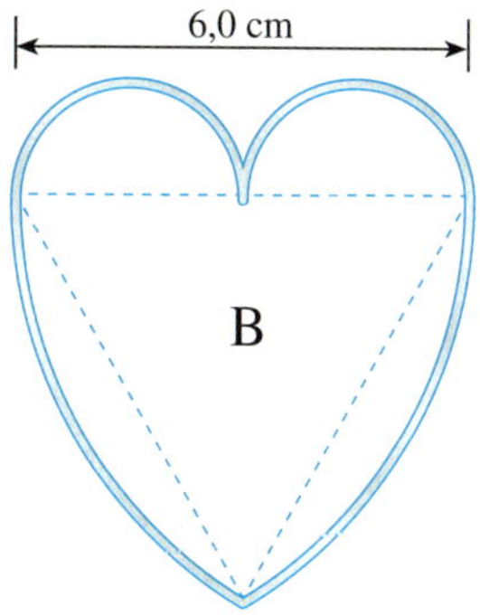

▲ c) 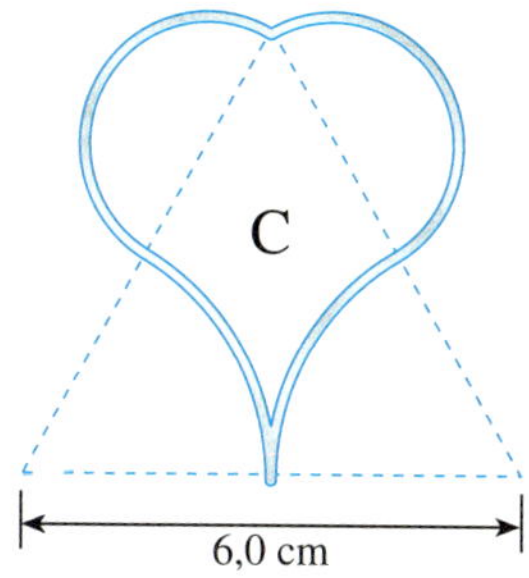

8. Bei der Bürgermeisterwahl einer Stadt mit 92 589 Wahlberechtigten wurde nebenstehendes Ergebnis bekannt gegeben.
Die Lokalzeitung möchte das Wahlergebnis grafisch darstellen.

– Wahlbeteiligung 51,7%
Von den abgegebenen Stimmen entfielen
– auf Kandidat 1: 23 824 Stimmen
– auf Kandidat 2: 21 215 Stimmen
– auf Kandidat 3: 2 118 Stimmen.
Die übrigen Stimmen waren ungültig.

9. Die mit Daten beschreibbare Fläche einer CD ist ein Kreisring mit $r_1 = 2{,}2$ cm und $r_2 = 5{,}8$ cm. Sie hat eine Speicherkapazität von 700 MB.

a) Wie groß ist die Fläche, die für 1 MB zur Verfügung steht?

b) Welche Speicherkapazität hat eine 1 mm^2 große Fläche?

10. 

Maare sind (fast) kreisrunde Wasserflächen, die sich in ehemaligen Vulkankratern gebildet haben. In der folgenden Tabelle findest du Angaben über Maare der Vulkaneifel.

	Gmündner Maar	Weinfelder Maar	Schalkenmehrener Maar
Durchmesser, gr.	325,0 m	525,0 m	575,0 m
Durchmesser, kl.	300,0 m	375,0 m	500,0 m
Umfang	975,0 m	1 525,0 m	1 775,0 m
Flächeninhalt	7,2 ha	16,8 ha	21,6 ha

a) Warum wird jeweils ein großer und ein kleiner Durchmesser angegeben?

b) Berechne jeweils den großen und den kleinen Flächeninhalt.
Vergleiche mit den Angaben der Tabelle.

c) Berechne jeweils den großen und den kleinen Umfang.
Vergleiche mit den Angaben der Tabelle.

11. **a)** Wie lang ist der äußere Rand der Figur rechts?

b) Wie verhält sich der Umfang der Gesamtfigur zum Umfang des Rechtecks?

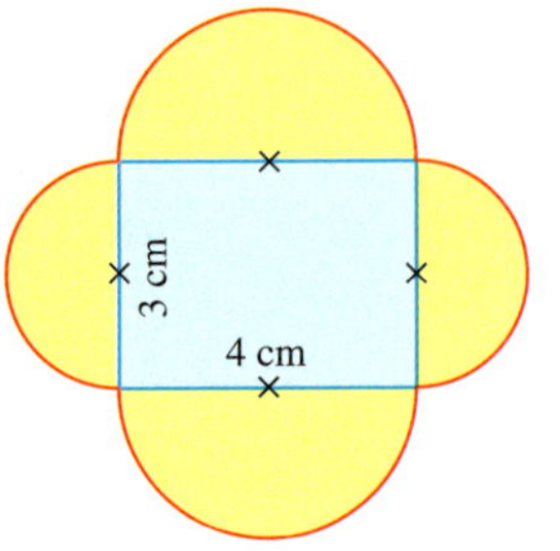

12. **a)** Die Länge des Äquators beträgt 40 075 km. Berechne den Erdradius.

b) Denke dir längs des Äquators ein Seil um die Erde gespannt. Seine Länge betrage genau 40 075 km. Denke dir nun das Seil um 1 m verlängert.
Ist jetzt genügend „Luft“ vorhanden, dass eine Maus zwischen Seil und Erdboden durchschlüpfen kann?

c) Wie verändert sich der Radius r eines Kreises, wenn man den Umfang um 1 Längeneinheit (z. B. 1 m) verlängert?

13. Zwei gleich große Kreise schneiden sich so, dass die Kreislinie eines Kreises jeweils durch den Mittelpunkt des anderen Kreises geht. (Radius r = 10 cm.)

a) Wie lang ist die Strecke $\overline{S_1S_2}$?

b) Wie groß ist die rote Fläche?

c) Wie groß ist der Umfang der roten Fläche?

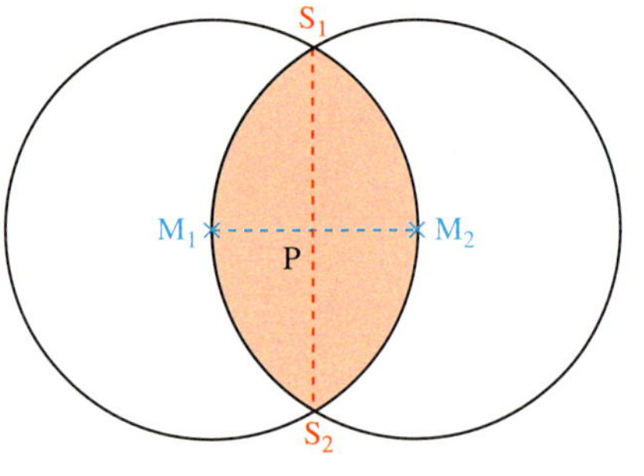

14. Ein Ball hat einen Umfang von 1 m.
Passt er durch einen Ring mit 35 cm Innendurchmesser?

15. Ein Satellit bewegt sich auf einer Kreisbahn um die Erde mit einer Geschwindigkeit von $8\,\frac{\text{km}}{\text{s}}$. Für eine Erdumkreisung benötigt er 1 h 28 min.
In welcher Höhe fliegt der Satellit (angenommener Erdradius: 6 371 km)?

16. Nach DIN-Norm wird die Größe von Fahrradreifen durch die mm-Angaben „Reifenhöhe – Felgendurchmesser“ angegeben.

a) Berechne den äußeren Durchmesser eines Reifens mit der Aufschrift 37-622 und bestimme seinen Umfang. Nimm an:
Reifenbreite = Reifenhöhe.

b) Um wie viel Prozent ist der Umfang eines Reifens mit der Aufschrift 47-622 größer als der Reifen in Teilaufgabe a)?

17.

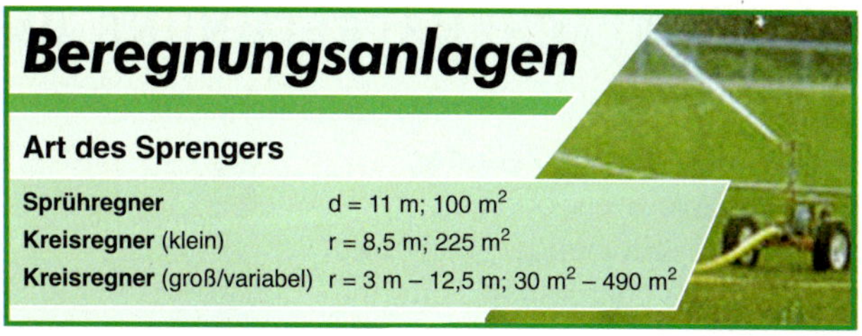

Eine Firma für Gartengeräte bietet verschiedene Rasensprenger an.
Prüfe, ob die Angaben im Katalog die Fläche angenähert richtig angeben.

18. Aus einem quadratischen Blech mit der Seitenlänge 30 cm werden kreisrunde Scheiben für die Herstellung von Blechdosen ausgestanzt.
Berechne den Flächeninhalt und den Umfang jeder Scheibe.
Wie groß ist der Abfall in Prozent?

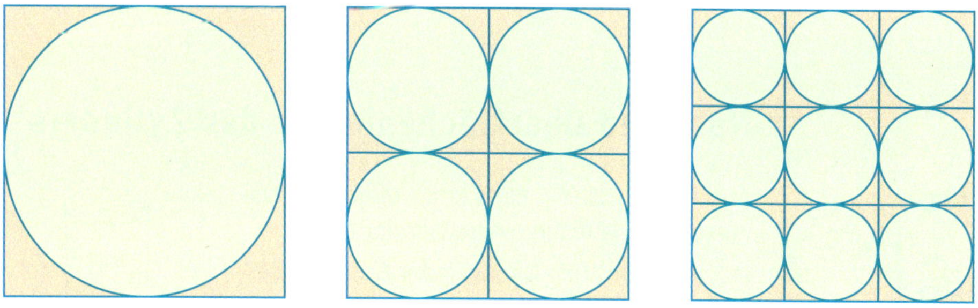

19. Vier kongruente Kreise ($r = 5$ cm) berühren einander jeweils in einem Punkt.

a) Wie groß ist die rote Fläche?

b) Wie groß ist der Umfang der roten Fläche?

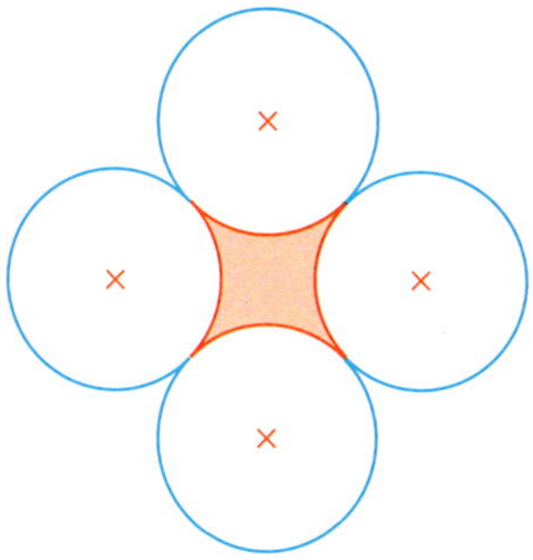

20. Im Inneren eines Großkreises werden beliebig viele Kreise nach folgenden Bedingungen gezeichnet (Bild rechts).

(1) Die Mittelpunkte aller inneren Kreise liegen auf einem Durchmesser des Großkreises.

(2) Benachbarte Kreise dürfen sich nicht überschneiden, müssen sich aber berühren.

(3) Der Durchmesser des Großkreises soll voll abgedeckt sein.

Vergleiche den Umfang des Großkreises mit der Summe der Umfänge aller inneren Kreise.

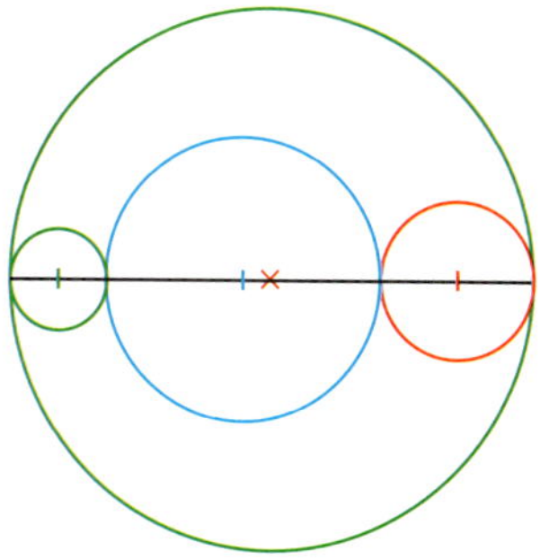

21. Berechne den Flächeninhalt und den Umfang der gefärbten Fläche.

a)

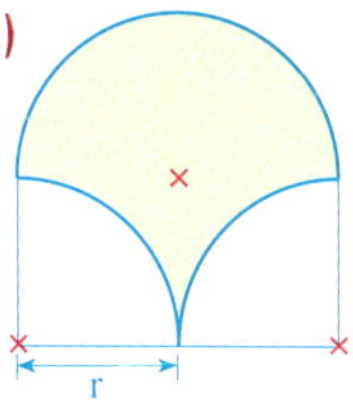

b)

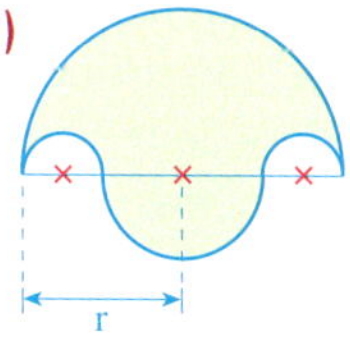

c)

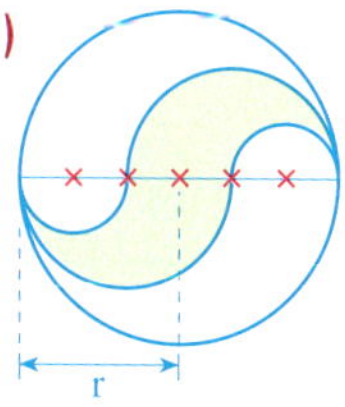

d)

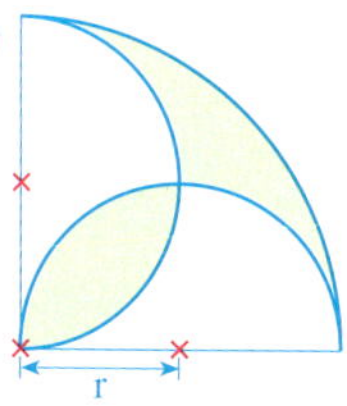

ZYLINDER – FLÄCHENBERECHNUNG UND DARSTELLUNG

Die abgebildeten Körper sind **Zylinder.** Jeder Zylinder hat zwei kreisförmige **Grundflächen,** die zueinander kongruent und parallel sind. Die gekrümmte Seitenfläche heißt **Mantelfläche** oder kurz: *Mantel.* Der Abstand der beiden Grundflächen voneinander ist die **Höhe** des Zylinders.

Netz und Oberflächeninhalt des Zylinders

Einstieg

Aus einem DIN-A4-Blatt kann man auf zwei verschiedene Arten einen Zylinder bilden.

- → Bestimmt den Radius jeder Grundfläche.
- → Zeichnet ein Netz jedes Zylinders im Maßstab 1 : 4.
- → Jeder Zylinder soll aus Blech hergestellt werden. Berechnet den Materialbedarf (ohne Verschnitt).
- → Präsentiert euer Ergebnis.

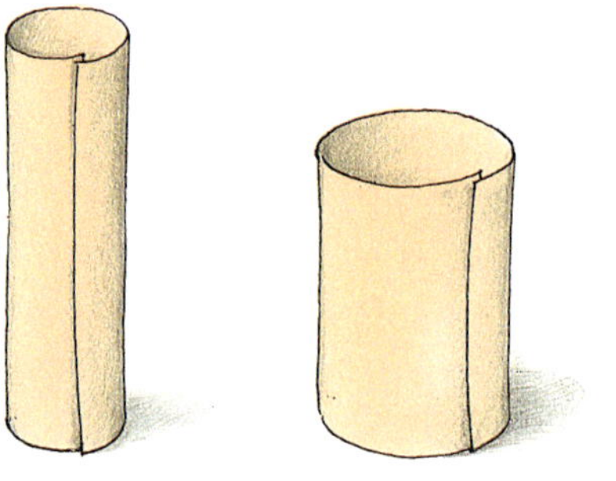

Aufgabe

1.

Poster werden zum Versand oder zum Verschenken in zylinderförmige Verpackungen gesteckt.
Stelle aus leichter Pappe ein Modell eines solchen Zylinders her. Der Radius r einer Grundfläche soll 3,2 cm, die Höhe h 28,5 cm sein.
Berechne den Bedarf an Pappe (Verschnitt nicht mitgerechnet).

Lösung

(1) Wir zeichnen ein Netz der Verpackung (des Zylinders). Wenn man die gekrümmte Mantelfläche in die Ebene abwickelt, erhält man ein Rechteck. Eine Seitenlänge des Rechtecks ist gleich der Höhe h des Zylinders; die andere Seitenlänge ist gleich dem Umfang einer Grundfläche, also $u = 2\pi r$.

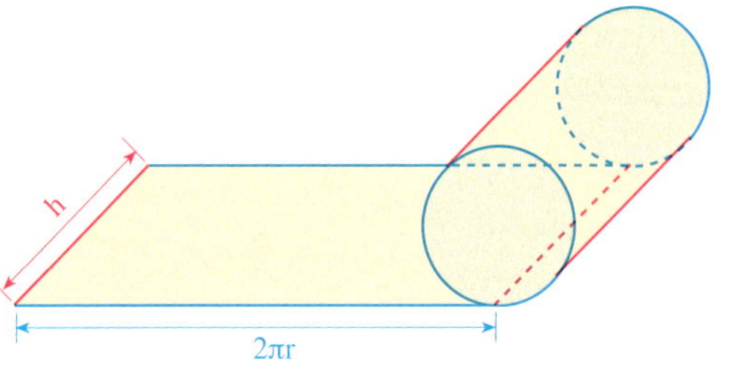

(2) Zur Berechnung des Pappbedarfs bestimmen wir den Oberflächeninhalt O des Zylinders.
Wir nennen den Mantelflächeninhalt M und den Grundflächeninhalt A_G.
Dann gilt:

$O = 2 \cdot A_G + M$
$O = 2 \cdot \pi r^2 + 2 \pi r h$

Durch Einsetzen der gegebenen Größen erhält man:

$O = 2\pi \cdot (3{,}2\ \text{cm})^2 + 2\pi \cdot 3{,}2\ \text{cm} \cdot 28{,}5\ \text{cm}$
$\approx 637{,}37\ \text{cm}^2$

Ergebnis: Für eine Verpackung braucht man ungefähr 638 cm² Pappe.

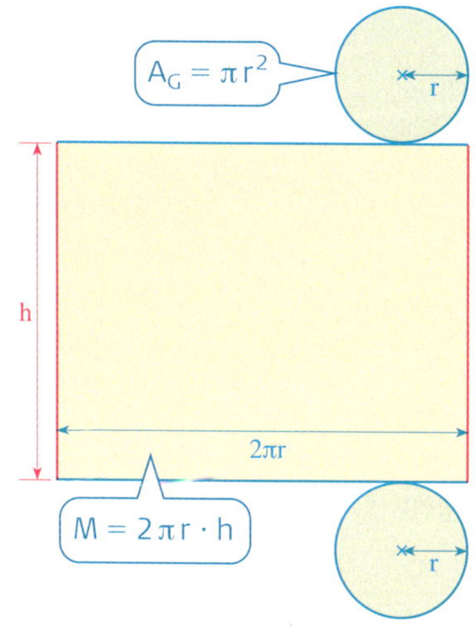

Information

Für den **Mantelflächeninhalt M** und den **Oberflächeninhalt O eines Zylinders** mit dem Radius r und der Höhe h gilt:

$\mathbf{M = 2\pi r h}$
$\mathbf{O = 2\pi r^2 + 2\pi r h = 2\pi r\,(r + h)}$

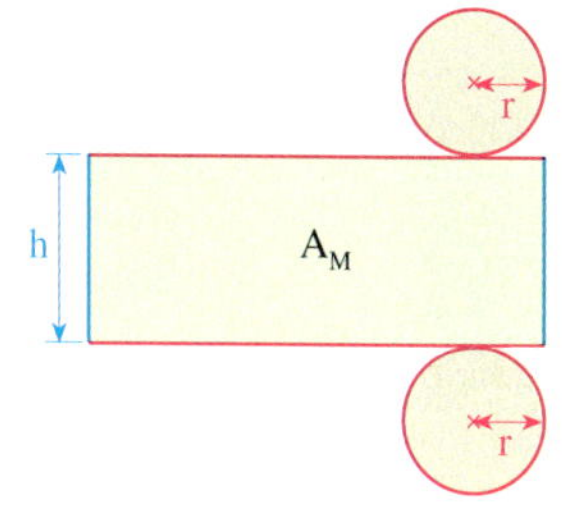

Beispiel: r = 2,0 cm; h = 3,0 cm
$M = 2\pi \cdot 2{,}0\ \text{cm} \cdot 3{,}0\ \text{cm} = 12{,}0\pi\ \text{cm}^2 \approx 37{,}7\ \text{cm}^2$
$O = 2\pi \cdot (2{,}0\ \text{cm})^2 + 2\pi \cdot 2{,}0\ \text{cm} \cdot 3{,}0\ \text{cm} = 20{,}0\pi\ \text{cm}^2 \approx 62{,}8\ \text{cm}^2$

Zum Festigen und Weiterarbeiten

2. *Erkundet eure Umwelt:* Nennt Gegenstände aus unterschiedlichen Bereichen des Alltags, die zylinderförmig sind. Ihr könnt sie auch fotografieren und im Klassenraum präsentieren.

3. Berechne den Blechbedarf für zylinderförmige Blechdosen. Runde sinnvoll.

a) r = 4 cm; h = 12 cm **b)** r = 9 cm; h = 25 cm **c)** r = 7,0 cm; h = 15,5 cm **d)** d = 16 cm; h = 23 cm **e)** d = 120 mm; h = 17 cm

4. Begründe: Für den Oberflächeninhalt O eines Zylinders gilt: $\mathbf{O = 2\pi r\,(r + h)}$

5. *Berechnen von Radius bzw. Höhe eines Zylinders*

a) Ein Zylinder hat den Radius 5 cm und den Oberflächeninhalt 377 cm². Wie hoch ist der Zylinder? Runde sinnvoll.

b) Leite aus der Formel für den Oberflächeninhalt des Zylinders durch Umformen eine Formel her zur Berechnung von h bei gegebenem O und r.

6. Ein Zylinder soll eine Oberfläche von 500 cm² haben. Wie können Radius r und Höhe h gewählt werden? Gib drei Möglichkeiten an. Berichte darüber.

7. Wie verändert sich der Mantelflächeninhalt und wie verändert sich der Grundflächeninhalt eines Zylinders, wenn man

a) Radius, **b)** Höhe, **c)** Radius und Höhe verdoppelt [verdreifacht, ...]?

8. Aus *schwer* mach *leicht: Bestimmen der Länge von Schraubenlinien*

a) Zeichne auf einem DIN-A4-Blatt eine Diagonale ein und bilde einen Zylinder (Bild (1)). Beschreibe den Verlauf der Diagonalen am Zylinder.

b) Stelle entsprechend einen Zylinder mit zweifach gewundener Schraubenlinie her (Bild (2)).

c) Gib eine Formel für die Berechnung der Länge der Schraubenlinie um einen Zylinder (Radius r, Höhe h) bei ein-, zwei-, …, n-maliger Windung an.

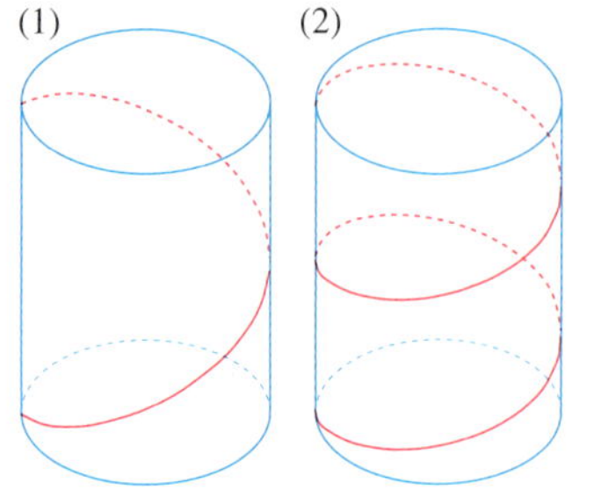

Übungen

9. Berechne den Blechbedarf für zylinderförmige Blechdosen.

a) $r = 12{,}5$ cm, $h = 28$ cm
b) $r = 2{,}7$ cm, $h = 3{,}5$ cm
c) $r = 7{,}5$ cm, $h = 35$ cm
d) $r = 0{,}74$ cm, $h = 27$ cm
e) $r = 2\frac{3}{4}$ cm, $h = 3{,}8$ cm
f) $d = 15$ cm, $h = 14$ cm
g) $d = 25$ cm, $h = 7{,}5$ cm
h) $d = 12{,}5$ cm, $h = 12$ cm
i) $d = 5{,}4$ cm, $h = 2{,}7$ cm
j) $d = 0{,}45$ m, $h = 12{,}5$ cm

10. Eine Litfaßsäule hat einen Durchmesser von 1,16 m. Sie ist 3,80 m hoch. Ein Sockel von 30 cm Höhe und der obere Rand von 15 cm Höhe sollen nicht beklebt werden. Berechne die Größe der Werbefläche.

11. Die Walze einer Straßenbaumaschine hat einen Durchmesser von 1,20 m und eine Breite von 2,20 m.
Welche Größe hat die Fläche, die die Walze mit einer Umdrehung überfährt?

12. Die Mantelfläche eines Zylinders ist 100 cm^2 groß.

a) Der Radius beträgt 5 cm. Berechne die Höhe h.

b) Die Höhe beträgt 7,5 cm. Berechne den Radius r.

c) Es gilt $r = h$. Wie groß sind Höhe bzw. Radius?

13. Berechne aus den gegebenen Stücken eines Zylinders alle anderen.

	Radius	Umfang	Höhe	Mantelfläche	Grundfläche	Oberfläche
a)	3 cm		7 cm			
b)	7 dm			395,84 dm^2		
c)		75,40 m		2035,80 m^2		
d)	15 dm					4594,58 dm^2
e)		37,7 cm				565,5 cm^2

▲ **14.** a) Eine Wendeltreppe hat einen Durchmesser von 2,50 m und eine Höhe von 9 m. Sie windet sich genau dreimal.
Wie lang ist der Handlauf für das Treppengeländer?

b) Um einen Zylinder ($r = 30$ cm, $h = 80$ dm) windet sich eine Schraubenlinie einmal [zweimal; dreimal; viermal]. Bestimme die Länge der Schraubenlinie.

Schrägbild des Zylinders

Wiederholung

Du kannst Schrägbilder von Prismen zeichnen. Dabei werden Kanten (Strecken), die rechtwinklig „nach hinten" verlaufen, in der Regel unter einem Winkel von 45° gezeichnet und auf die Hälfte verkürzt.
Solche Strecken heißen *Tiefenstrecken* (im Bild blau).
Wenn der Körper keine solchen Kanten hat, kann man *Hilfstiefenstrecken* (im Bild rot) zum Zeichnen des Schrägbildes benutzen.

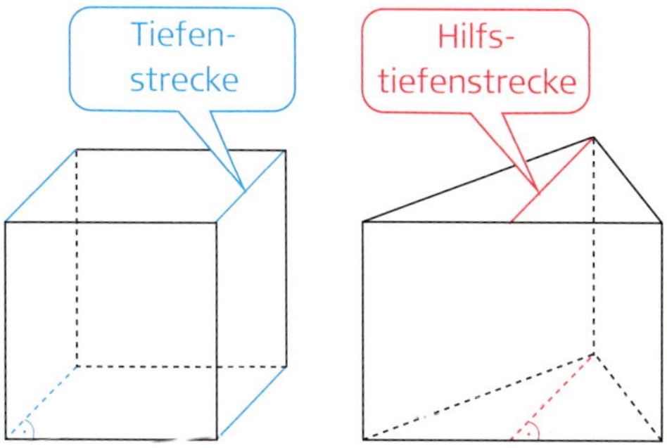

Einstieg

Unten seht ihr drei verschiedene Schrägbilder desselben Zylinders.

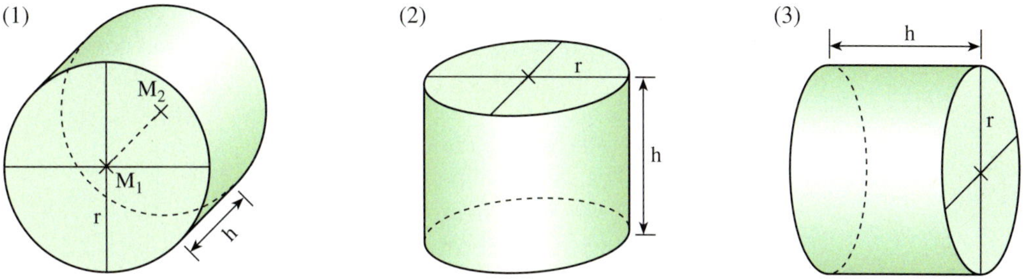

→ Messt jeweils die Höhe und den Radius des Zylinders.
Bestätigt: Tiefenstrecken sind im Schrägbild auf die Hälfte ihrer Länge verkürzt.

→ Zeichnet Schrägbild (1) in euer Heft (Maßstab 2 : 1).

→ Versucht auch, die Schrägbilder (2) und (3) möglichst genau zu zeichnen.
Welche Schwierigkeiten treten auf? Berichtet darüber.

Aufgabe

1. Gegeben ist ein Zylinder mit dem Radius r = 2 cm und der Höhe h = 3 cm.
Zeichne ein Schrägbild des stehenden Zylinders.

Lösung

1. Möglichkeit

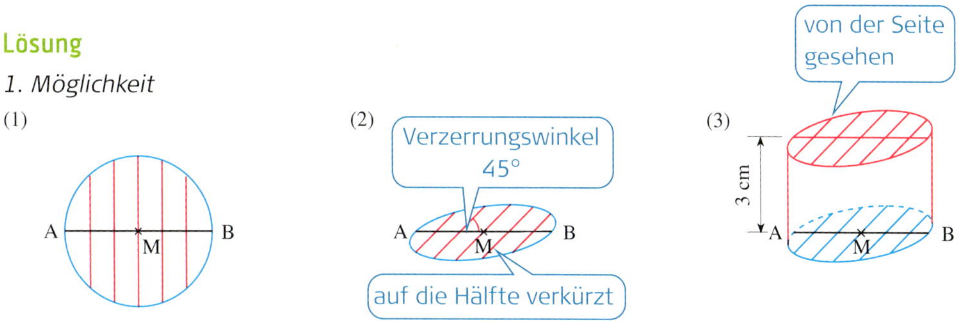

Die Kreisfläche besitzt keine Tiefenstrecken, zeichne deshalb Hilfstiefenstrecken ein.

Im Schrägbild können wir die Tiefenstrecken wie üblich unter einem Winkel von 45° auf die Hälfte verkürzt zeichnen.

Zeichne zu $\overline{AB}$ eine Parallele im Abstand h = 3 cm und übertrage die Grundflächen wie im Bild.
Verbinde die Grundflächen durch die äußeren Randlinien.

2. Möglichkeit

Einfacher ist es, die Tiefenstrecken unter einem Winkel von 90° zu zeichnen.

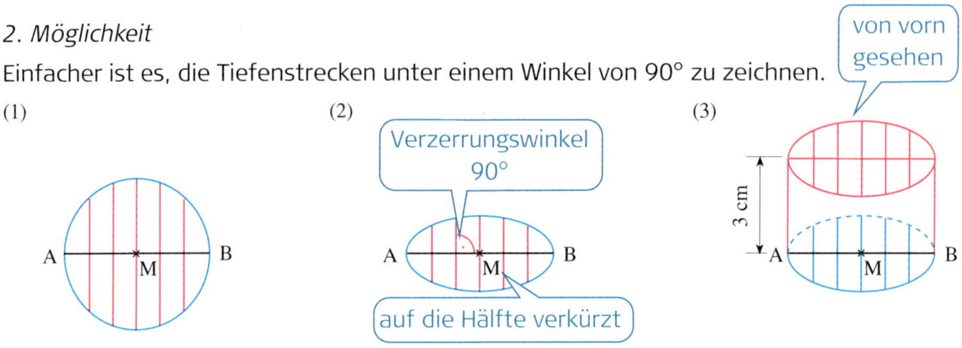

Zum Festigen und Weiterarbeiten

2. Zeichne ein Schrägbild des Zylinders mit dem Radius 2,5 cm und der Höhe 4,5 cm.

a) Winkel 90°; Verkürzung $\frac{1}{2}$; △ **b)** Winkel 45°; Verkürzung $\frac{1}{2}$.

Beschreibe dein Vorgehen.

3. Zeichne verschiedene Schrägbilder eines Zylinders mit dem Radius r = 3 cm und der Höhe h = 5 cm.

4. Die blaue Fläche ist Grundfläche eines Werkstückes, das aus einem Zylinder mit der Höhe h = 4 cm hergestellt wurde. Zeichne ein Schrägbild (Winkel 45°; Verkürzung $\frac{1}{2}$).

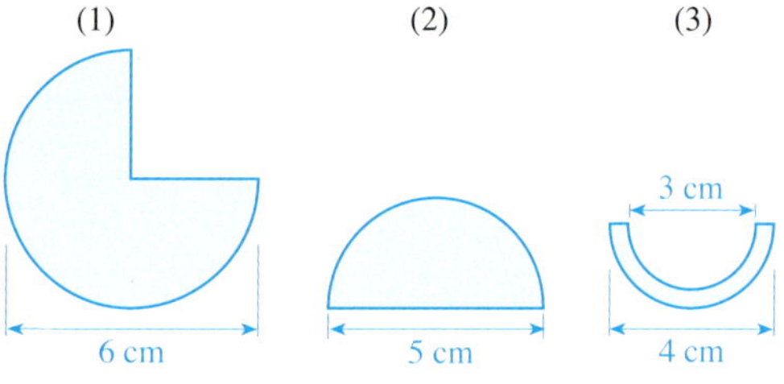

Übungen

5. Zeichne ein Schrägbild des Zylinders.

a) r = 2 cm; h = 3,2 cm; Winkel 90°; Verkürzung $\frac{1}{2}$ (stehend)

△ **b)** r = 2,7 cm; h = 3,6 cm; Winkel 45°; Verkürzung $\frac{1}{2}$ (stehend)

c) r = 2,2 cm; h = 4,3 cm; Winkel 45°; Verkürzung $\frac{1}{2}$ (liegend, Vorderfläche vorn)

△ **d)** r = 2,6 cm; h = 2,8 cm; Winkel 45°; Verkürzung $\frac{1}{2}$ (liegend, Vorderfläche rechts)

6. a) Skizziere das Schrägbild eines Hohlzylinders mit $r_1 = 2{,}0$, $r_2 = 2{,}5$ und h = 4,5 cm.

b) Zeichne die verschiedenen Ansichten des Hohlzylinders
(1) stehend; (2) liegend.

△ **7.** Im Bild siehst du die Grundfläche eines Werkstücks, das aus einem Zylinder mit der Höhe h = 8 cm hergestellt wurde.
Zeichne ein Schrägbild des (liegenden) Körpers (45°; $\frac{1}{2}$).

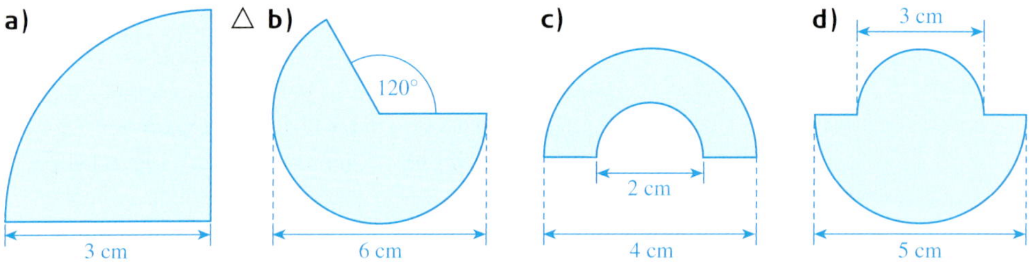

VOLUMEN DES ZYLINDERS

Einstieg

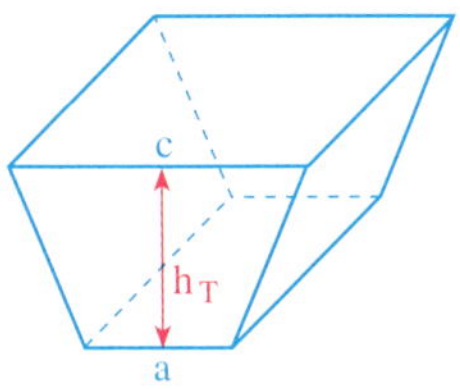

(1) *Volumen eines Prismas*

In ebenem Gelände soll ein geradliniger Kanal für Schiffe angelegt werden.

→ Wie viel m^3 Erdaushub fallen auf 100 m Kanallänge an?

→ Wie heißt die Formel für die Berechnung des Volumens eines Prismas?

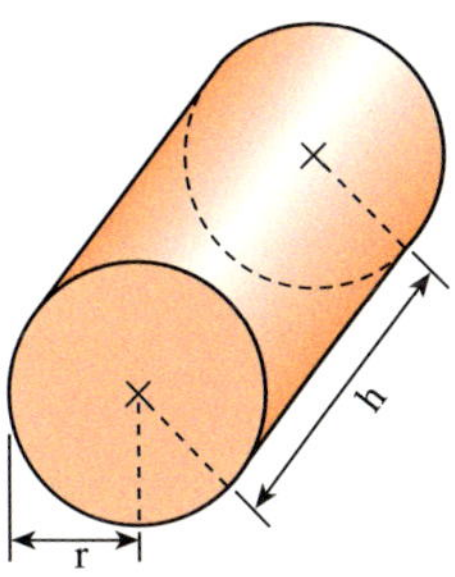

(2) *Volumen des Zylinders*

Bei Kanalbauarbeiten wird unter einer Straße ein kreisrundes Bohrloch gebohrt.

→ Wie viel m^3 Erdaushub fallen an?

Annika: „Man kann das Volumen des Zylinders (Bohrlochs) mit der Formel $V = A_G \cdot h$ berechnen."

→ Berechne das Volumen des Zylinders (Bohrlochs) mithilfe dieser Formel.

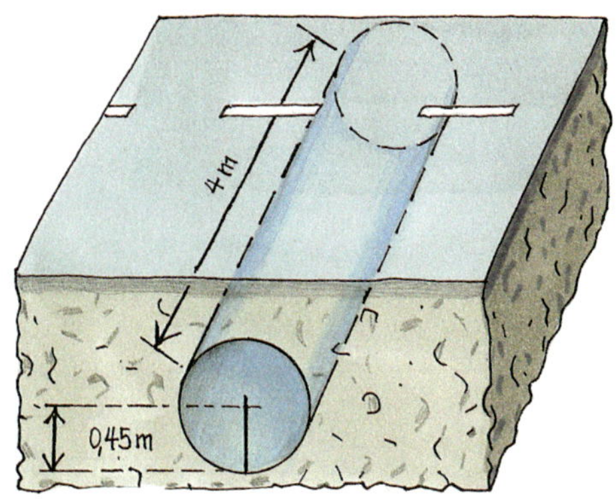

Aufgabe

1. a) Für das Volumen des Zylinders gilt die Formel:
$V = A_G \cdot h = \pi r^2 \cdot h$
Begründe dies mithilfe der Zeichnung rechts.

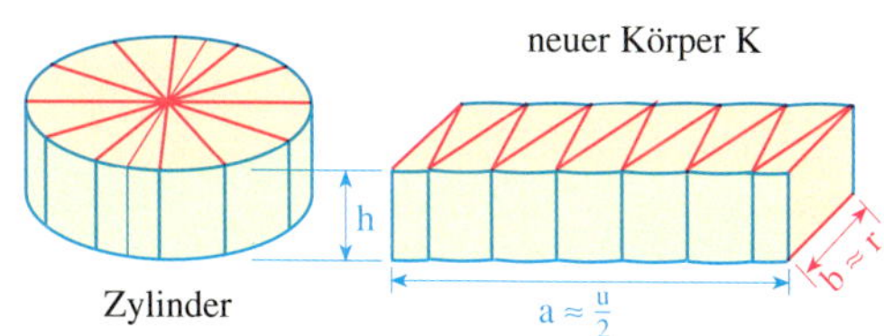

b) Ein Metallzylinder hat den Radius $r = 5{,}0$ cm und die Höhe $h = 11{,}5$ cm. Berechne das Volumen des Zylinders.

Lösung

a) Wir zerlegen den Zylinder wie im Bild und setzen die Teile zu einem neuen Körper K zusammen. Wir stellen uns vor, der Zylinder wird immer feiner zerlegt (d. h. in immer mehr Teilstücke). Dann nähert sich der neue Körper beliebig genau der Form eines Quaders an. Schließlich können wir sagen:
Die Grundfläche des Quaders hat die Länge $a = \frac{u}{2}$ und die Breite $b = r$ (u = Umfang des Zylinders; r = Radius des Zylinders).
Die Höhe des Quaders entspricht der Höhe des Zylinders.

Für das Volumen des Quaders gilt: $V_Q = G \cdot h \approx \frac{u}{2} \cdot r \cdot h = \pi r^2 \cdot h$

Somit gilt auch für den Zylinder: $V_Z = G \cdot h = \pi r^2 \cdot h$

b) $V = \pi r^2 \cdot h = \pi \cdot (5{,}0\text{ cm})^2 \cdot 11{,}5\text{ cm} = \pi \cdot 287{,}5\text{ cm}^3 \approx 903\text{ cm}^3$ ← $1\text{ cm}^3 = 1\text{ml}$

Ergebnis: Der Metallzylinder hat ein Volumen von ungefähr 903 ml.

Information

Für das **Volumen eines Zylinders** mit dem Radius r und der Höhe h gilt:

$\mathbf{V_Z = \pi r^2 \cdot h}$

Beispiel: r = 2,0 cm, h = 3,0 cm

$V = \pi \cdot (2{,}0\ \text{cm})^2 \cdot 3{,}0\ \text{cm}$
$= 12{,}0\,\pi\ \text{cm}^3$
$\approx 37{,}7\ \text{cm}^3$

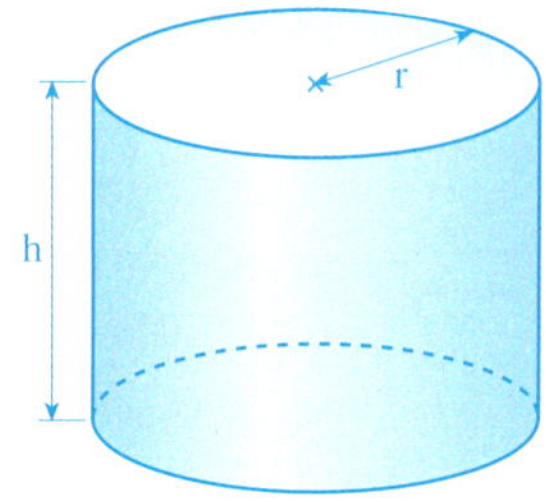

△ *Eine andere Herleitung der Volumenformel für den Zylinder*

△ Den Inhalt A_K einer Kreisfläche kann man mithilfe von einbeschriebenen bzw. umbeschriebenen regelmäßigen n-Ecken bestimmen. Als Formel für den Inhalt des Kreises kennst du:
$A_K = \pi r^2$
Ist die Kreisfläche Grundfläche eines Zylinders Z, so kannst du jedes der n-Ecke als Grundfläche eines einbeschriebenen Prismas P_1 bzw. eines umbeschriebenen Prismas P_2 betrachten.
Es gilt: $V_{P_1} < V_Z < V_{P_2}$.
Das Volumen der Prismen kann man mit der Formel $V_P = A_G \cdot h$ berechnen. Diese Formel gilt auch, wenn die Eckenzahl n beliebig wächst.
Mit wachsendem n nähert sich der Inhalt A_G der n-Ecke beliebig genau dem Kreisflächeninhalt A_K, das Volumen des Prismas nähert sich beliebig genau dem Volumen des Zylinders.
Somit muss auch für den Zylinder gelten: $V_Z = A_G \cdot h = \pi r^2 \cdot h$.

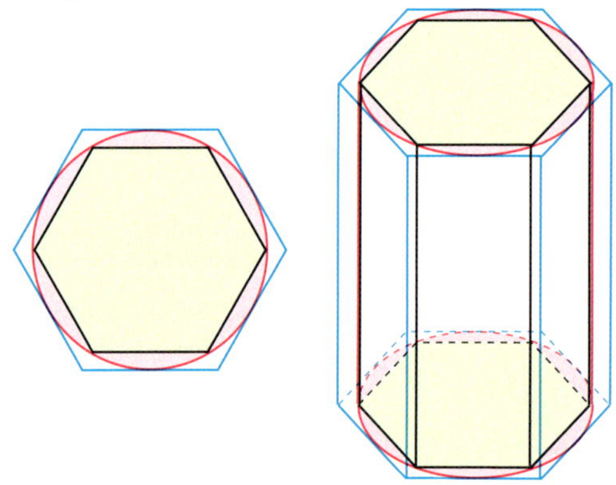

Zum Festigen und Weiterarbeiten

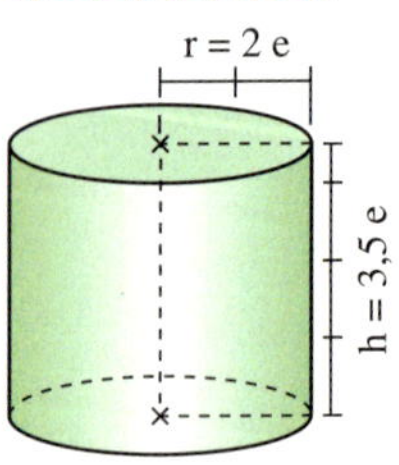

2. Berechne das Volumen des Zylinders.

a) r = 7 cm; h = 8 cm
b) r = 7,5 cm; h = 13,4 cm
c) d = 12,4 cm; h = 13,5 m
d) r = 2 e; h = 3,5 e
e) d = 12,8 e; h = 31 e

3. a) Wie verändert sich das Volumen eines Zylinders, wenn man
(1) die Höhe verdoppelt; verdreifacht; ...; um 10% vergrößert;
(2) den Radius verdoppelt; verdreifacht; ...; um 10% vergrößert;
(3) zugleich die Höhe und den Radius verdoppelt; verdreifacht; ...; um 10% vergrößert?

b) Zeichne den Graph der Funktion
(1) *Höhe des Zylinders → Volumen* (2) *Radius des Zylinders → Volumen*

1 cm³ = 1 ml

4. Stelle für die gesuchte Größe zunächst eine Formel auf. Verwende dabei die Formeln für das Volumen des Prismas bzw. des Zylinders. Berechne dann mithilfe der Formel.

a) Verschiedene zylinderförmige Fruchtsaftdosen sollen alle das Volumen 0,7 *l* haben.
Der Radius ist (1) 5 cm; (2) 4,5 cm; (3) 4 cm. Wie hoch sind die Dosen?

b) Verschiedene zylinderförmige Dosen sollen alle das Volumen 750 ml haben.
Die Höhe ist (1) 10 cm; (2) 12 cm; (3) 8 cm.
Welchen Radius haben die Grundflächen der Dosen?

c) Eine zylinderförmige Dose soll ein Volumen von 1 000 ml haben.
Wie können Radius r und Höhe h gewählt werden? Gib drei Möglichkeiten an.

Axialschnitt:
Schnitt entlang der Achse eines Körpers.

5. *Volumen eines Hohlzylinders*
Ein Stahlring (vgl. Bild) hat die Maße
$r_a = 29$ cm, $r_i = 26$ cm, $h = 24$ cm.

a) Berechne das Volumen des Rings. Beschreibe dein Vorgehen.
Stelle auch eine Formel für das Volumen des Hohlzylinders auf.

b) Zeichne einen Axialschnitt des Hohlzylinders.

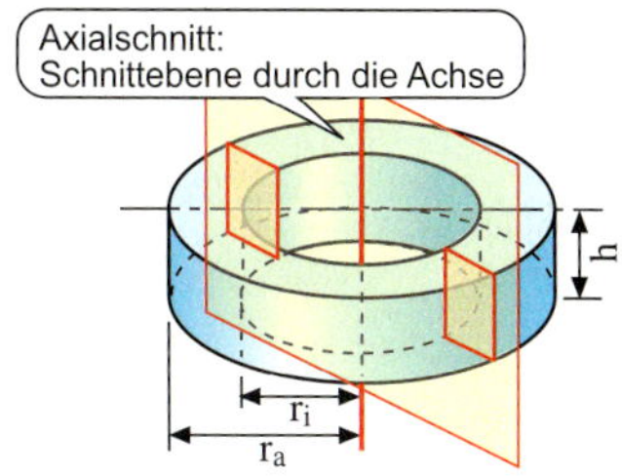

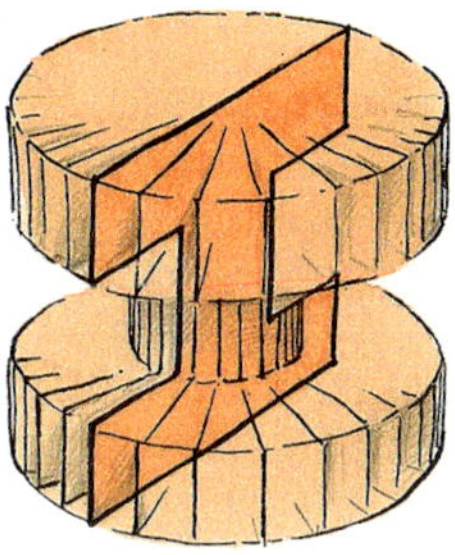

6. Die Fläche im Bild rechts rotiert um die eingezeichnete *Rotationsachse*; es entsteht ein *Rotationskörper*.

a) Berechne das Volumen des Rotationskörpers.

b) Berechne den Oberflächeninhalt des Rotationskörpers.

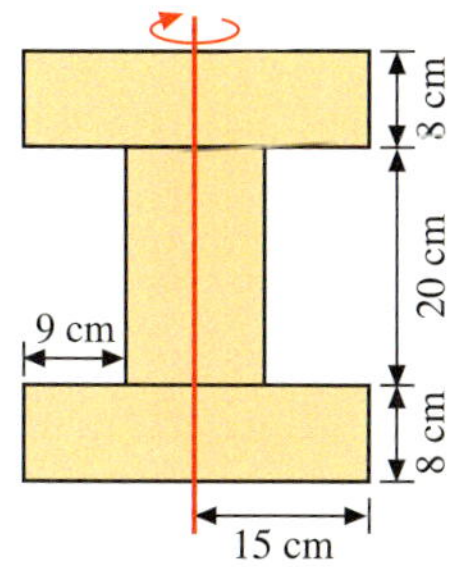

Übungen

Volumen des Prismas (Wiederholung)

7. Berechne das Volumen des Prismas.

a) Die Grundfläche ist ein Dreieck: Länge der Grundseite des Dreiecks: 13 m
Höhe zur Grundseite des Dreiecks: 9 m Höhe des Prismas: 4,85 m

b) Die Grundfläche ist ein regelmäßiges Sechseck:
Länge einer Seite des Sechsecks: 32 cm Höhe des Prismas: 45 cm

8.

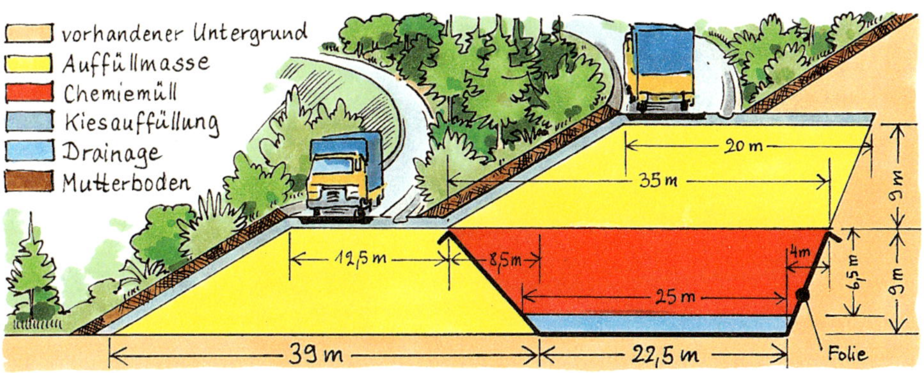

Ein großes Chemie-Unternehmen zeigt in einer Werbeschrift am Beispiel dieses Straßenquerschnitts, wie ungiftiger Chemiemüll umweltschonend beseitigt werden kann.

a) Wie viel m^3 Chemiemüll können auf 1 km Länge untergebracht werden?

b) Wie viel m^3 Auffüllmasse werden pro Kilometer benötigt?

c) Welchen Raum nimmt die Drainage pro Kilometer ein?

Volumen des Zylinders

9. Berechne das Volumen des Zylinders. Runde die Ergebnisse sinnvoll.

a) $r = 12$ cm, $h = 7$ cm

b) $r = 12{,}3$ cm, $h = 7{,}8$ cm

c) $r = 28{,}4$ cm, $h = 3{,}75$ m

d) $d = 27$ mm, $h = 3{,}6$ cm

$1\ dm^3 = 1\ l$

10.

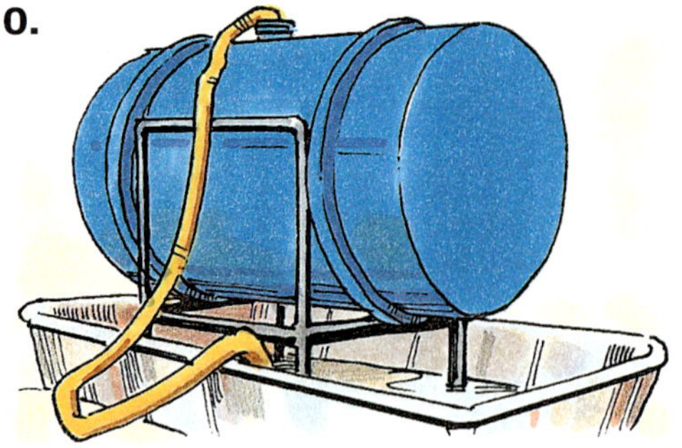

Der Durchmesser eines 80 cm langen Fasses für Altöl beträgt 60 cm (Innenmaße).

a) Berechne das Fassungsvermögen in Liter. Überschlage zunächst.

b) Das leere Fass wiegt 28 kg.
1 *l* Öl wiegt 0,94 kg.
Wie viel wiegt das Ölfass, wenn es gefüllt ist?

11. Ein Würfel aus Blei mit der Kantenlänge 10,0 cm wird zu einem gleich hohen Zylinder umgeschmolzen.
Welchen Radius hat der Zylinder?

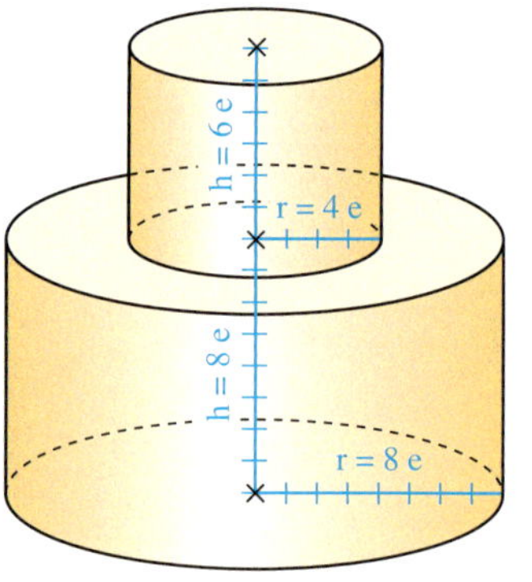

12. Auf einen Zylinder mit den Maßen $r_1 = 8$ e und $h_1 = 8$ e wird ein weiterer Zylinder mit den Maßen $r_2 = 4$ e und $h_2 = 6$ e gestellt.
Berechne den gesamten Oberflächeninhalt in Abhängigkeit von e als Vielfaches von π.

13. Die Fläche rechts rotiert um die eingezeichnete Achse.
Berechne das Volumen des Rotationskörpers.

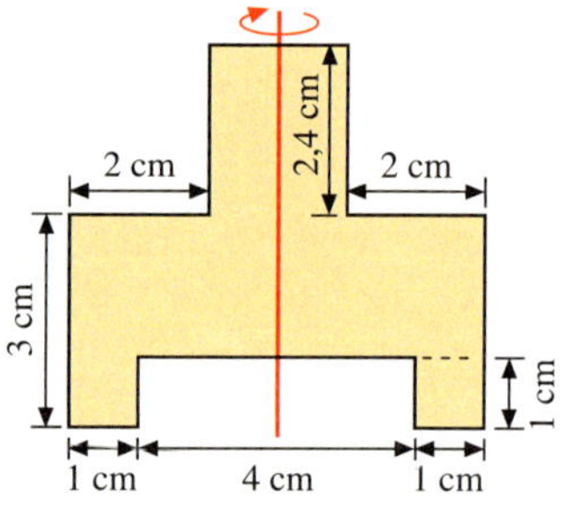

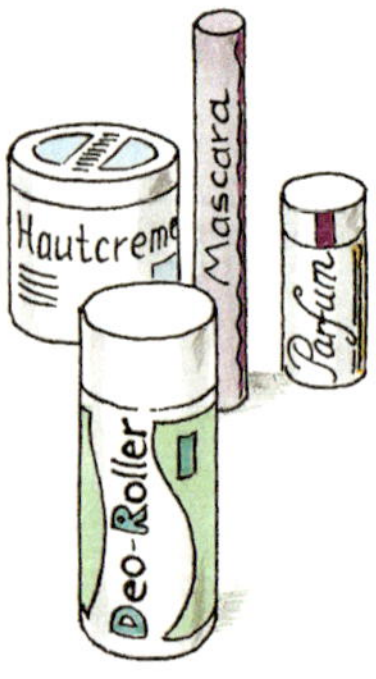

14. Kosmetikartikel werden oft aufwändig verpackt.
Welche Verpackung ist am aufwändigsten?
Begründe.

Hautcreme (50 ml)
d = 5,5 cm; h = 5,0 cm

Deo-Roller (50 ml)
d = 3,5 cm; h = 10,0 cm

Mascara (10 ml)
d = 1,4 cm; h = 12,0 cm

Parfüm (5 ml)
d = 2,6 cm; h = 5,4 cm

15.

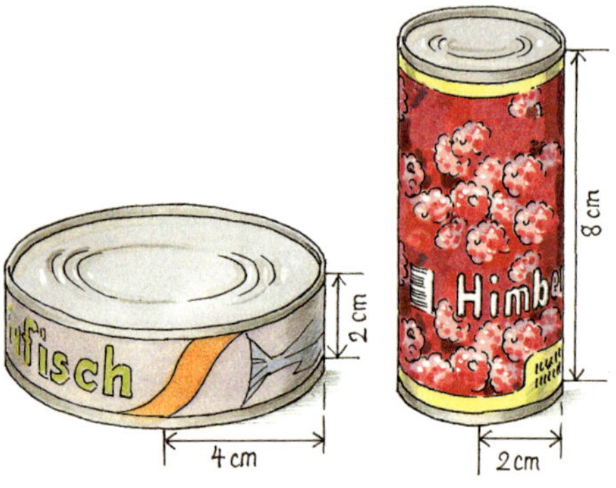

a) Vergleiche die Größe der rundherum aufgeklebten Etiketten.

b) Vergleiche den Materialverbrauch für beide Konservendosen.

c) Beurteile den jeweiligen Materialverbrauch unter Berücksichtigung des jeweiligen Volumens.

16. Janice hat Formeln zum Zylinder umgeformt. Kontrolliere.

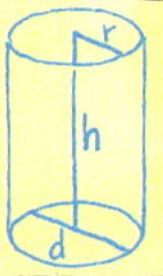

$V = \pi r^2 h$
$= \pi \frac{d}{2} h$
$= \frac{\pi dh}{2}$

$V = \pi r^2 h$
$\sqrt{V} = \pi r h$
$r = \frac{\sqrt{V}}{\pi h}$

$O = 2\pi r^2 + 2\pi r h$
$= 4\pi r^3 h$

IM BLICKPUNKT: BLECHDOSEN – ZYLINDER MIT VORGEGEBENEM VOLUMEN

Für Gemüsekonserven, Fruchtsäfte oder Farben werden oft zylinderförmige Blechdosen als Verpackung verwendet. Dabei ist häufig eine bestimmte Füllmenge (z. B. 1 *l*; 0,7 *l*; 0,5 *l*) vorgegeben.
Durchmesser und Höhe können nach unterschiedlichen Gesichtspunkten festgelegt werden.

Hinweis:

→ Besprecht die folgenden Aufgaben gemeinsam, rechnet und zeichnet arbeitsteilig.
→ Besprecht und kontrolliert die Ergebnisse in der Gruppe.
→ Wählt geeignete Ergebnisse für einen Gruppenvortrag oder ein Ausstellungsplakat aus.

Im Folgenden sehen wir aus Gründen der Einfachheit davon ab, dass die Dosen nicht vollständig gefüllt werden können. Wir betrachten sie immer als Zylinder, deren Volumen der Füllmenge entspricht.
Höhe und Durchmesser bzw. Radius betrachten wir immer als Innenmaße.

1. a) Ein Erfrischungsgetränk wird in 0,33-*l*-Dosen und in 0,5-*l*-Dosen angeboten.
Beide Dosen haben einen Durchmesser von 6,4 cm.
Wie hoch ist jede Dose?

b) Wie hoch müsste eine 0,7-*l*-Dose [eine 1-*l*-Dose] sein, die den gleichen Durchmesser hat wie die 0,5-*l*-Dose in Teilaufgabe a)?

2. Eine Firma will eine Serie von *Qualitäts-Fertigsuppen* in Dosen auf den Markt bringen. In einer Werbekampagne sollen diese Fertigsuppen als etwas Besonderes herausgestellt werden. Form und Aufmachung der Dosen sollen diesem Produktimage entsprechen.
Die Füllmenge soll 500 ml betragen.

a) Legt für die Funktion *Radius → Höhe einer zylinderförmigen 500-ml-Dose* eine Tabelle für folgende Radien an:
3 cm; 3,5 cm; 4 cm; ...; 5,5 cm.

b) Wählt für mehrere verschiedene Entwürfe Werte für r bzw. h aus, die euch geeignet erscheinen.
Stellt je ein Modell der Dose aus Papier her.

b) Vergleicht die verschiedenen Modelle und entscheidet euch für einen Entwurf.
Berücksichtigt auch Aspekte des Umweltschutzes.

3. a) Legt für die Funktion *Radius → Höhe einer zylinderförmigen 1-l-Dose* eine Tabelle für folgende Radien an:
2 cm; 4 cm; ...; 12 cm.

b) Zeichnet den Graphen der Funktion.
Welche Informationen kann man aus diesem Graphen entnehmen?

c) Zeichnet den Graphen der Funktion *Höhe → Radius einer zylinderförmigen 1-l-Dose.*
Vergleicht den Graphen mit dem Graphen aus Teilaufgabe b). Was fällt auf?

TAB

Mit einem Tabellenkalkulationsprogramm könnt ihr verschiedene Maße und den Materialbedarf für Blechdosen berechnen und vergleichen.

4. **a)** Erstellt ein Tabellenblatt und berechnet für verschiedene Durchmesser die Höhe einer Blechdose mit dem Volumen 0,5 *l*.
Der abgebildete Ausschnitt einer Kalkulationstabelle kann euch als Vorlage dienen.

b) Erläutert die Formel, die ihr in den Zellen B7 bis B12 eingegeben habt.

c) Verdoppelt und verdreifacht das Volumen in Zelle B3. Beschreibt die Auswirkungen dieser Änderung auf die Höhe der Blechdose.

	A	B
1	**Zylinderberechnungen**	
2		
3	Volumen (in cm³)	500
4		
5	Durchmesser d	Höhe h
6	(in cm)	(in cm)
7	3,00	70,74
8	4,00	39,79
9	5,00	25,46
10	6,00	17,68
11	7,00	12,99
12	8,00	9,95

5.

	A	B	C
1	**Zylinderberechnungen**		
2			
3	Volumen (in cm³)	500	
4			
5	Durchmesser d	Höhe h	Material
6	(in cm)	(in cm)	(in cm²)
7	3,00	70,74	680,80
8	4,00	39,79	525,13
9	5,00	25,46	439,27
10	6,00	17,68	389,88
11	7,00	12,99	362,68
12	8,00	9,95	350,53

a) Erweitert euer Tabellenblatt wie in der Abbildung links. Berechnet den Materialbedarf der zylinderförmigen Dose.

b) Bestimmt mithilfe der Kalkulationstabelle den kleinstmöglichen Materialbedarf für eine zylinderförmige Blechdose mit dem Volumen
(1) 500 cm³, (2) 750 cm³.

6. Im Handel gibt es unterschiedliche Dosen, z. B. (Maße in cm)

Material/ Inhalt	Aluminium 0,33 l	Aluminium 0,25 l	Weißblech 850 ml	Weißblech 580 ml	Weißblech 425 ml	Weißblech 300 ml	Weißblech 290 ml
Durchmesser	6,6	5	10	8,3	8,3	9,8	6,4
Höhe	11,5	12	11,2	10,8	8,0	4,2	9,3

a) Die Dosen können aus technischen Gründen nicht ganz gefüllt werden. Übertragt die Daten in ein Tabellenblatt.
Berechnet für jede Dose das tatsächliche Volumen und die prozentuale Füllung.

b) Überprüft, ob die Dosen optimiert sind, das heißt, ob für das tatsächliche Volumen der kleinstmögliche Materialbedarf verwendet wird.

c) Besprecht, welche Gründe es gibt, eine Dose nicht zu optimieren.

7. Entwickelt in Partnerarbeit selbst eine ideale Verpackung. Macht euch gegenseitig Vorgaben, z. B. Volumen und Höhe einer Dose, und ermittelt dann Vorschläge für sinnvolle Maße.
Präsentiert eure Ergebnisse.

VERMISCHTE UND KOMPLEXE ÜBUNGEN

1. Ein Zylinder hat den Radius r = 2,7 cm und die Höhe 4,2 cm.

a) Zeichne ein Schrägbild des Zylinders (stehend und liegend).

b) Berechne das Volumen und den Oberflächeninhalt des Zylinders.

c) Wie verändert sich das Volumen des Zylinders, wenn
- die Höhe um 15% vergrößert wird,
- der Radius um 12% vergrößert wird?

2. Eine Firma bietet 550 g Weinsauerkraut in einer zylinderförmigen Dose mit dem Radius 4,2 cm und der Höhe 11 cm an.
Die Füllmenge einer neuen Dose soll um 20% erhöht werden. Gib drei verschiedene Möglichkeiten für Radius und Höhe der neuen Dose an.

3. Die Rechtecke (1) und (2) rotieren um die eingezeichnete Achse.

a) Skizziere jeweils ein Schrägbild des Rotationskörpers.

b) Berechne jeweils das Volumen und den Oberflächeninhalt des Rotationskörpers.

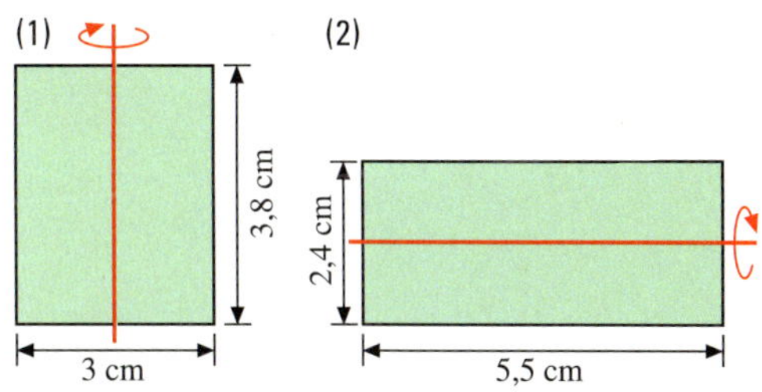

4. Aus einem Rechteck mit a = 6,8 cm und b = 4,2 cm kann man zwei verschiedene Zylinder formen. Um wie viel Prozent unterscheiden sich
(1) die beiden Volumen; (2) die beiden Oberflächeninhalte?

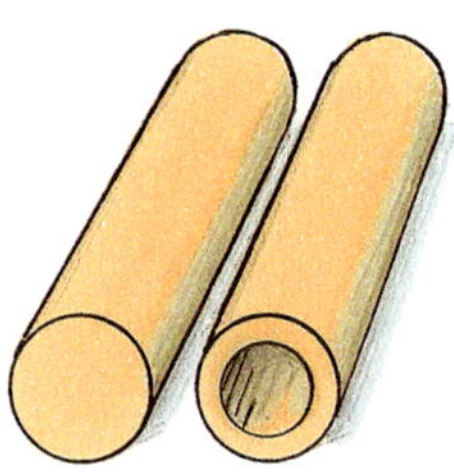

5. Ein Zylinder (d = 12,6 cm; h = 8,5 cm) wird mittig durchbohrt. Der Durchmesser der Bohrung beträgt 8,0 cm.
Wie verändert sich der Oberflächeninhalt? Gib das Ergebnis in Prozent an.

6. Ein Rohr hat die Form eines Hohlzylinders.

a) Der Außendurchmesser eines Rohres beträgt 18 cm, der Innendurchmesser 17 cm. Berechne das Volumen eines 15 m langen Rohres.

b) Stelle für das Volumen eines Rohres eine Formel auf (Innendurchmesser d_i, Außendurchmesser d_a, Länge l).
Stelle dir vor: Das Rohr ist vollständig mit Wasser gefüllt.
Wie viel Liter Wasser enthält das Rohr?

1 Zoll
1" = 25,4 mm

7. Der Flachkollektor einer Solaranlage enthält ein Kupferrohr mit 20 m Länge und einem Innendurchmesser von $\frac{3}{4}$ Zoll. In diesem Rohr wird Wasser erwärmt.
Wie viel *l* Wasser können im Flachkollektor gleichzeitig erwärmt werden?

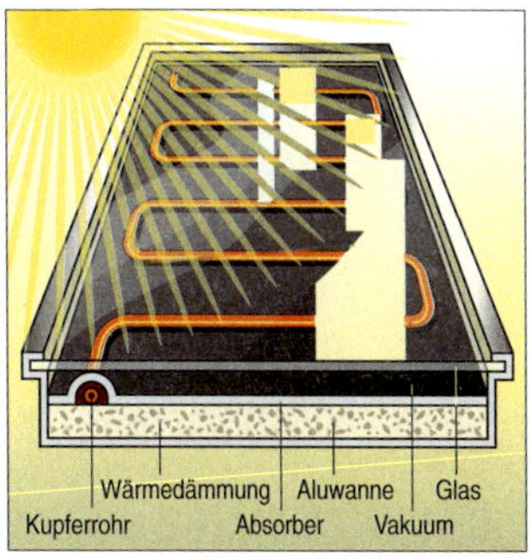

8. Gib eine Formel für den Oberflächeninhalt eines Zylinders mit dem Radius r und der Höhe h an, wenn gilt:

a) h ist genau so lang wie r; **c)** h ist 3 cm kürzer als r;

b) r ist halb so lang wie h; **d)** h ist 10% länger als r.

9. Deutschlands längste Autoröhre, der Rennsteigtunnel in Thüringen, besteht aus zwei getrennten Röhren, die annähernd die Form von Halbzylindern besitzen.

Eine Röhre ist 7 920 m lang und in Höhe der Fahrbahn 9,50 m breit.

a) Wie viel m^3 Gestein mussten etwa herausgebohrt werden?
Welche Kantenlänge hätte ein Würfel mit dem gleichen Volumen?

b) Die Innenwände des Tunnels mussten verschalt werden.
Wie groß war die zu verschalende Fläche?

Im Alltag sagt man auch Gewicht statt Masse.

10. Im Bild siehst du die Grundfläche eines Metallteils (Maße in mm). Die Höhe des Metallteils beträgt 45 mm. Welche Masse hat das Metallteil mit der Dichte $8{,}6\,\frac{g}{cm^3}$?

a)

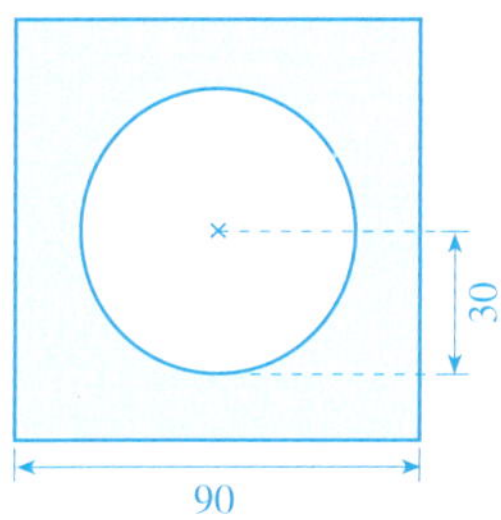

b)

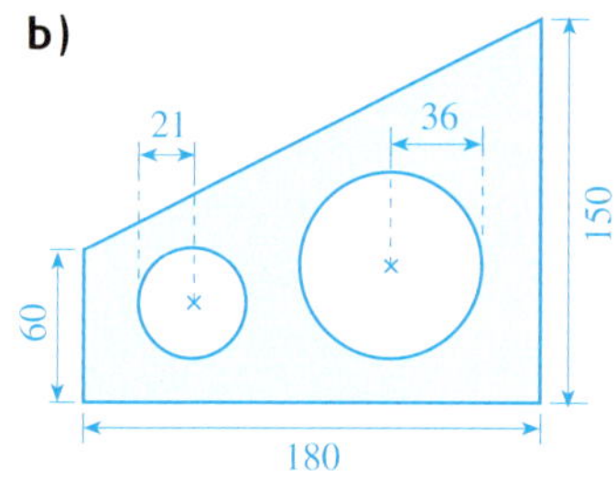

c)

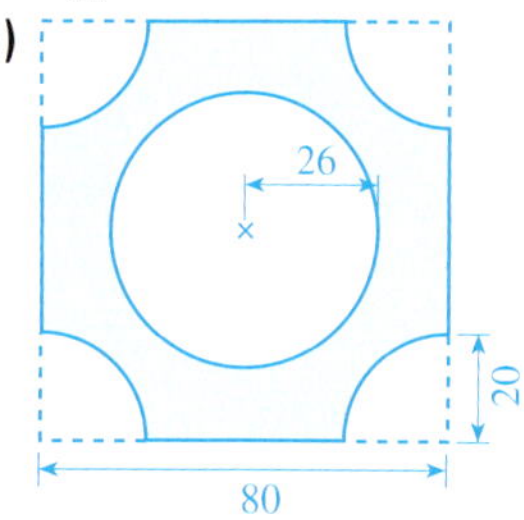

Der Hubraum des Vierzylindermotors setzt sich aus den Hubräumen der vier Zylinder zusammen.

11.

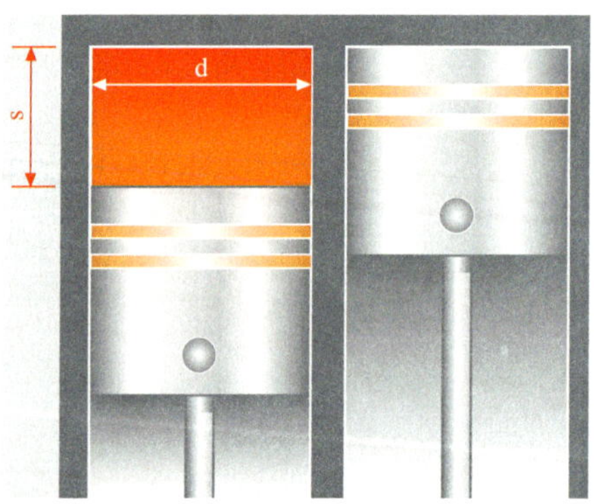

Im Motor bezeichnet man den Raum, der sich zwischen der höchsten und der niedrigsten Kolbenstellung befindet, als Hubraum (im Bild rot gefärbt).
Die Länge des Weges, die der Kolben vom oberen bis zum unteren Punkt zurücklegt, heißt Hub (abgekürzt s).
Der Durchmesser des Zylinderquerschnitts ist d.
Berechne den Hubraum für Motoren in cm^3 [in l].

a) Einzylindermotor: d = 40 mm; s = 38 mm

b) Vierzylindermotor: d = 83 mm; s = 69 mm

12. In der Zeichnung ist die Draufsicht (der Grundriss) von Werkstücken dargestellt. Jedes Werkstück ist 3 cm dick. Berechne das Volumen des Werkstücks.

a)

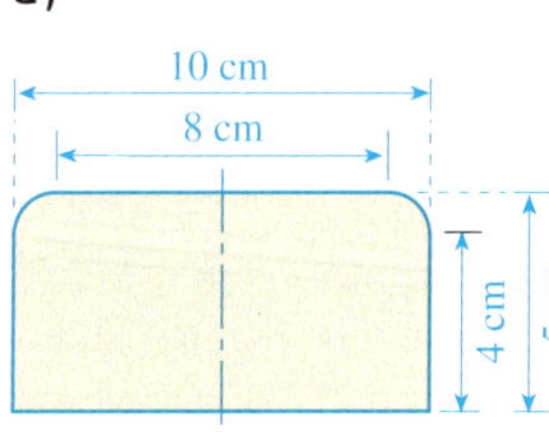

b)

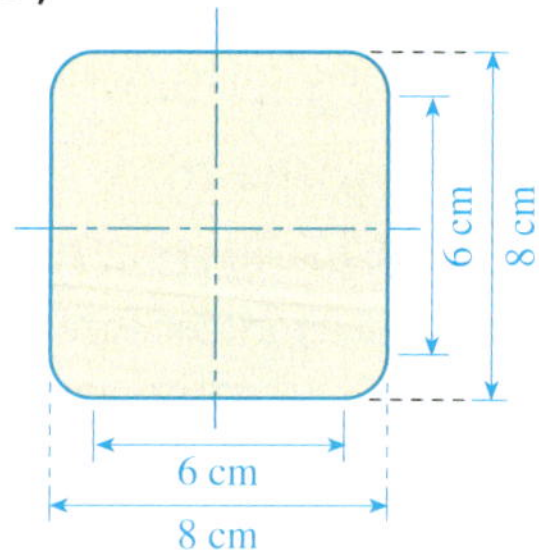

c)

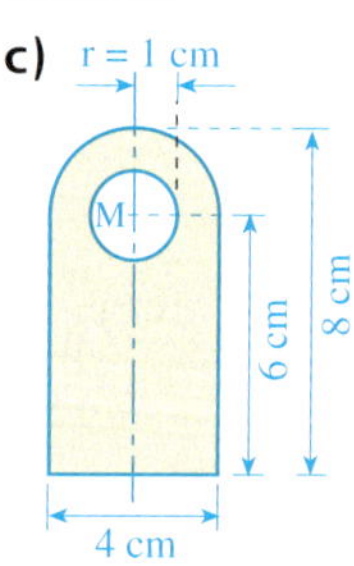

△ **d)**

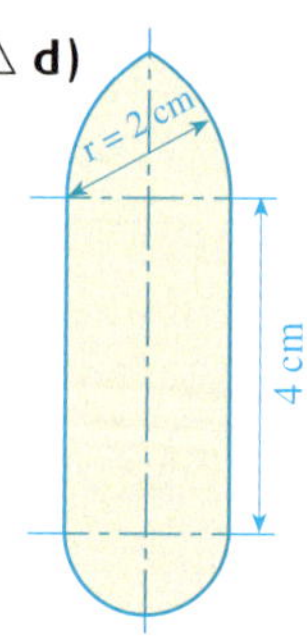

13. Der Kerzenhalter im Bild (Maße in mm) ist aus Messing. 1 cm^3 Messing wiegt 8,6 g. Wie viel wiegt der Kerzenhalter?

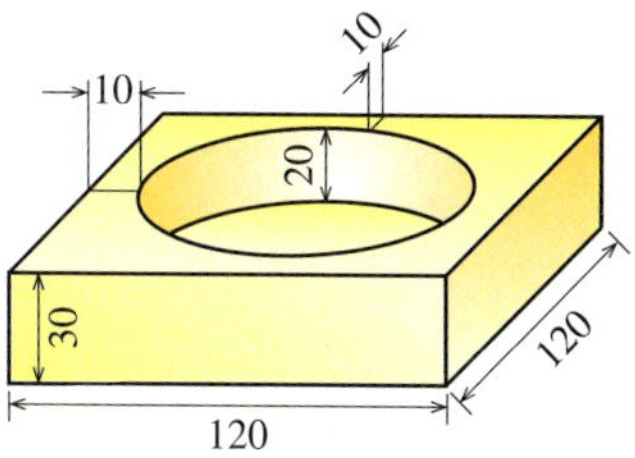

($\varrho_{Gold} = 19{,}1 \frac{g}{cm^3}$)

14. Für integrierte Schaltungen in Computern werden extrem dünne Drähte verwendet. Ein solcher Draht hat einen Durchmesser von 0,01 mm.

a) Wie viel m Draht haben ein Volumen von 1 cm^3?

b) Der Draht besteht aus fast reinem Gold. Wie viel wiegt 1 m Draht?

15. Aus einem Rundstahl (Länge 450 mm) soll ein Metallstab mit dem angegebenen Querschnitt (Maße in mm) gefräst werden. 1 cm^3 des Stahls wiegt 8,7 g. Wie viel wiegt der Metallstab und wie viel Abfall entsteht? Wie viel Prozent sind das?

a)

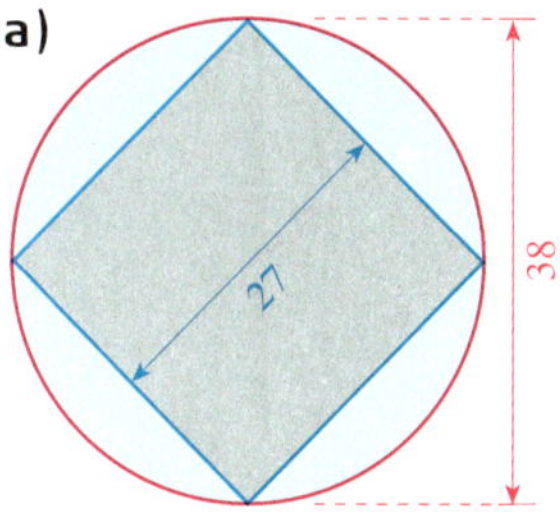

b)

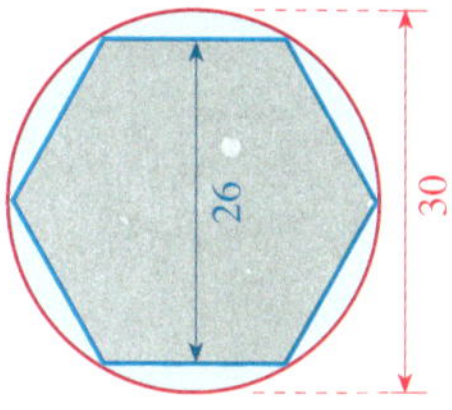

c)

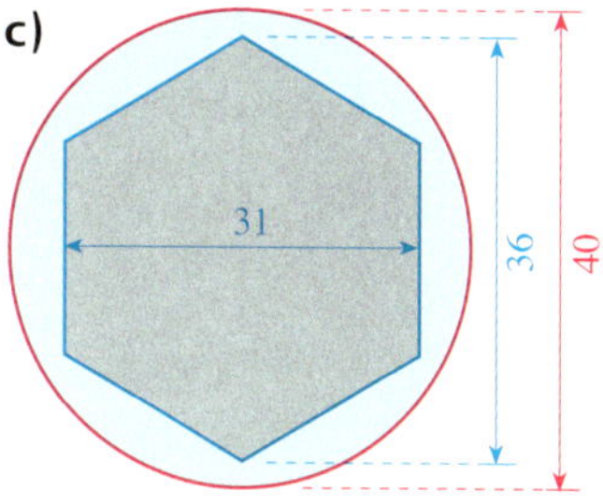

16. Berechne das Volumen des Werkstücks.

a)

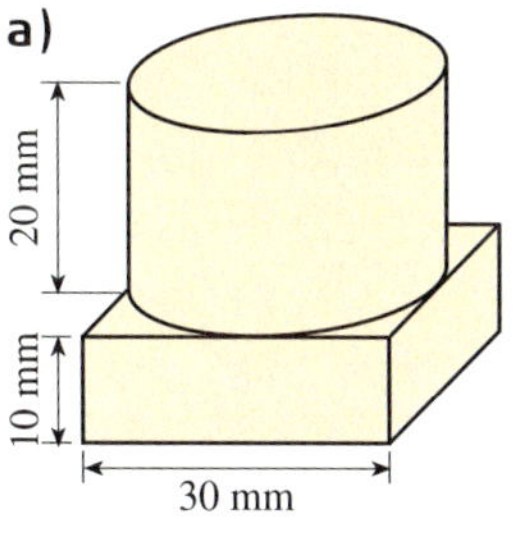

b)

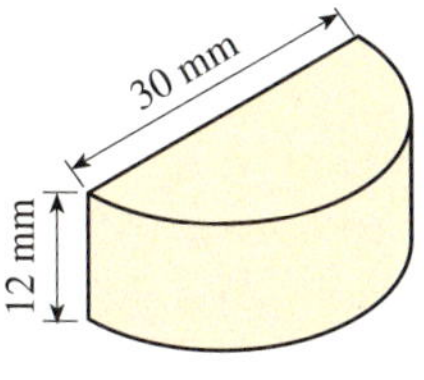

c)

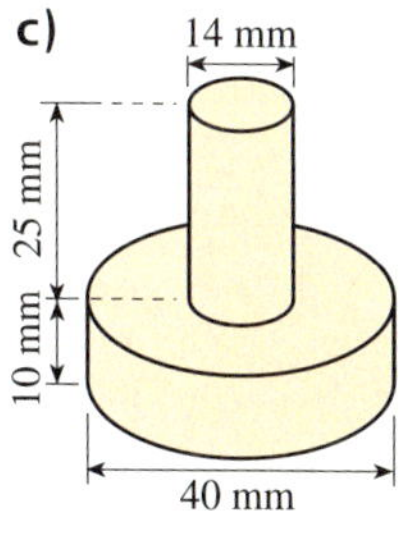

17. Eine Stadt hat von der Firma *Meister-Bau* zwei neue zylinderförmige Klärbecken mit folgenden Maßen errichten lassen:

(1) Stahlrundbecken A: d = 26 m und 4 m tief;

(2) Stahlrundbecken B: d = 23 m und 7 m tief

a) Wie viel Liter Wasser passen in das Becken A und wie viel Liter in das Becken B?

b) Um wie viel Prozent ist das Volumen des Beckens B größer als das von A?

c) Vor der Inbetriebnahme werden die beiden Becken gleichmäßig mit Wasser gefüllt. Skizziere die zugehörigen Füllgraphen in ein Koordinatensystem.

18. Am 18. Mai 1972 wurde in München der Hauptsitz eines Autokonzerns eingeweiht. Das Gebäude ähnelt einem vierblättrigen Kleeblatt und setzt sich aus 21 Stockwerken mit je 3,82 m Höhe zusammen. Auf jeder Etage befinden sich Büro- und Arbeitsflächen für insgesamt 2 000 Mitarbeiter. Hinzu kommt die Vorstandsabteilung in dem 14,0 m hohen Aufsatz des Gebäudes.

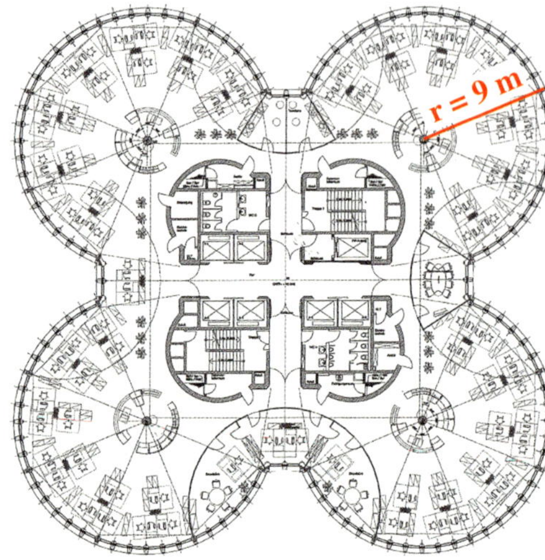

a) Bestimme die Arbeits- und Bürofläche eines Stockwerks, indem du die Planskizze hinzunimmst.
Berechne dann die gesamte Büro- und Arbeitsfläche.

b) Wie viel Prozent der gesamten Arbeits- und Bürofläche steht jedem Mitarbeiter bei gleicher Verteilung zur Verfügung?

19. Shorttrack ist eine olympische Disziplin des Eislaufs, bei der über mehrere Runden im K.o.-System der Sieger ermittelt wird. Eine Runde auf der Innenbahn hat eine Länge von 111 Metern. Die geraden Abschnitte sind 29 m lang. Hieran schließen sich halbkreisförmige Kurven an.

a) Bestimme Umfang und Radius der Kurven.
Runde auf volle Meter.

b) Der gesamte Innenraum soll für eine Siegerehrung mit Teppichboden ausgelegt werden.
Wie viel m^2 Teppichboden werden benötigt?

c) Die abgebildeten Graphen beschreiben für drei Läuferinnen (Anne, Nele und Silke) den Verlauf eines 500 m-Rennens auf dieser Bahn.
Wie lange haben die drei Läuferinnen jeweils für diese Strecke gebraucht?

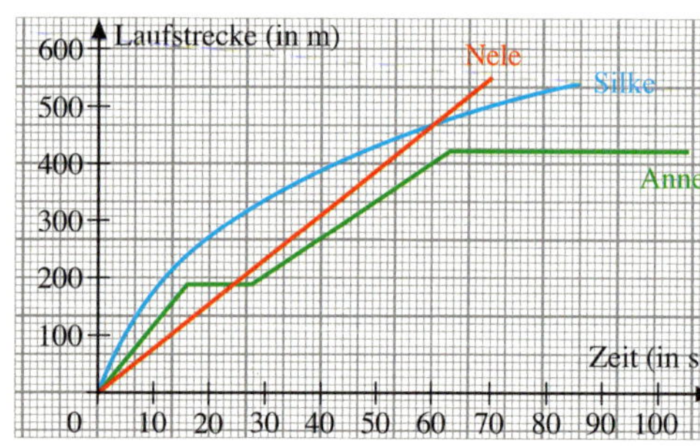

d) Kommentiere wie ein Sportreporter alle entscheidenden Phasen des Rennens.

20. Jan hat zum Geburtstag eine Rennbahn mit zwei Autos bekommen. Er möchte gerne wissen, wie schnell die Autos auf der Bahn fahren.
Mit einer Stoppuhr misst er, dass die Autos ungefähr sechs Sekunden für eine Runde benötigen.
Wie schnell sind die Autos ungefähr?
Gib das Ergebnis in $\frac{m}{s}$ an.

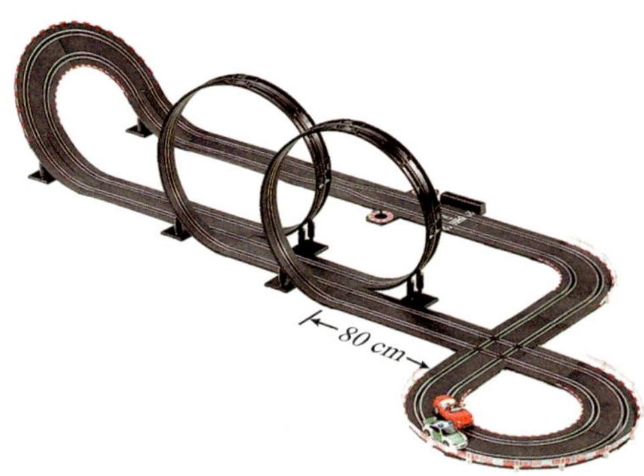

BIST DU FIT?

1. Berechne den Umfang und den Flächeninhalt des Kreises.

a) $r = 4{,}7$ cm **b)** $r = 435$ mm **c)** $d = 15$ m **d)** $d = 428$ e

2. Aus 10 cm langen Drahtstücken werden kreisförmige Ringe hergestellt. Welchen Durchmesser haben die Ringe?

3. Berechne den Radius des Kreises.

a) $A = 625\ m^2$ **b)** $u = 15$ cm **c)** $A = 4\,560\ cm^2$ **d)** $u = 1$ m

4. Berechne den Flächeninhalt des Kreisrings sowie den inneren und äußeren Umfang.

a) $r_i = 4{,}5$ cm, $r_a = 5{,}8$ cm **b)** $r_i = 4{,}27$ m, $r_a = 6{,}75$ m **c)** $r_i = 65$ mm, $r_a = 98$ mm **d)** $d_i = 124{,}8$ m, $d_a = 135{,}9$ m

△ **5.** Von den Größen r, α, A_α und b_α eines Kreisbogens bzw. Kreisausschnitts sind zwei gegeben. Berechne die übrigen.

a) $r = 5$ cm, $\alpha = 35°$ **b)** $r = 86$ cm, $\alpha = 249°$ **c)** $r = 6$ cm, $A_\alpha = 64\ cm^2$ **d)** $r = 9$ m, $b_\alpha = 12{,}5$ m **e)** $\alpha = 149°$, $b_\alpha = 52$ cm **f)** $A_\alpha = 45\ cm^2$, $b_\alpha = 15$ cm

6. Aus einem quadratischen Prisma ($a = 6{,}2$ cm; $h = 15{,}4$ cm) wird der größtmöglichste Zylinder herausgebohrt. Berechne den dabei anfallenden Abfall in Prozent.

7.

Eine Firma soll für verschiedene Zwecke zylinderförmige Blechdosen liefern. Alle Dosen sollen das Volumen $\frac{3}{4}\,l$ haben.

a) Wie hoch muss eine Dose sein, wenn der Radius 5 cm [4 cm; 3,5 cm; 3 cm; 4,5 cm] sein soll?

b) Welchen Radius muss eine Dose haben, wenn sie 10 cm [13 cm; 8 cm; 6 cm] hoch sein soll?

c) Die Größe der Mantelfläche eines Zylinders ist $400\ cm^2$. Berechne die Höhe des Zylinders für folgende Radien: 2,5 cm; 3,8 cm; 4,2 cm; 5,4 cm; 6,7 cm; 7,9 cm.

8. Zeichne ein Schrägbild eines Zylinders mit dem Radius 5 cm und der Höhe 8 cm (Winkel 45°, Verkürzung $\frac{1}{2}$).

9. Wie viel wiegt der Hohlzylinder aus Gusseisen im Bild rechts (Maße in mm)? $1\ cm^3$ Gusseisen wiegt 7,3 g.

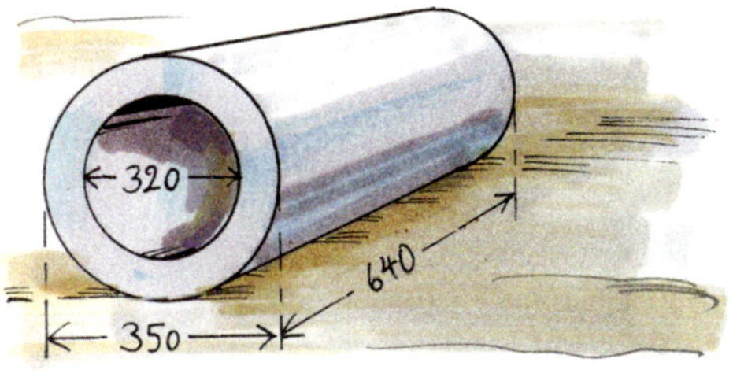

10. Ein Körper besteht aus einem Zylinder ($r_1 = 12$ e; $h_1 = 9$ e) mit einer zylinderförmigen Vertiefung ($r_2 = 6$ e; $h_2 = 4$ e).
Berechne das Volumen in Abhängigkeit von e als Vielfaches von π.

PROJEKT: REGULÄRE POLYGONE UND POLYEDER

Bei diesem Projekt dreht sich alles um das Wort *Poly*. *Poly* ist griechisch und bedeutet im deutschen *viel*. Hier geht es also um Vielecke (*Polygone*) und Vielflächenkörper (*Polyeder*). Verschiedene Mathematiker und Philosophen haben sich schon sehr früh mit solchen Figuren und Körpern beschäftigt. Diese Körper und Figuren wurden immer wieder zum Verzieren und zum Schmuck von Gebäuden oder als Symbole verwendet. Auch in der heutigen Zeit kommt man nicht ohne das Wissen über die Polyeder und Polygone aus. Überlegt einmal, wie ein Fußball aussieht. Oder denkt nur an die verschiedenen Verkehrsschilder.

Ihr sollt euch diesmal mit den Ursprüngen dieser Körper und Figuren beschäftigen: Wer hat sich früher schon mit solchen Körpern beschäftigt? Wo findet man sie in der Geschichte? Vielleicht gibt euch hier die Geschichtslehrerin oder der Geschichtslehrer einige Tipps. Kennt ihr Künstler, die diese Körper und Figuren verwenden? Könnt ihr viel-

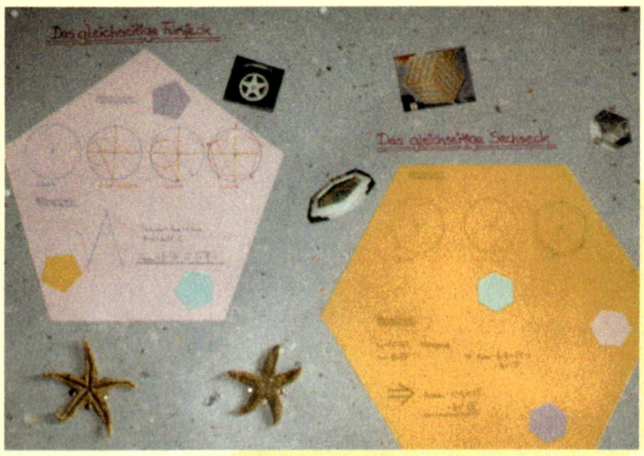

Vorschlag 1:
Reguläre Polygone

Was sind reguläre Polygone? Welche regulären Polygone können mit Zirkel und Lineal konstruiert werden? Mit welchen Polygonen könnte man eine Ebene lückenlos pflastern? Findet ihr reguläre Polygone in der Umwelt?

Vorschlag 2:
Wer waren Platon und Archimedes

Kennt ihr diese beiden Griechen? Wisst ihr, wer von beiden früher gelebt hat? Wer wurde älter? Was haben die beiden Griechen mit Mathematik zu tun? Was haben sie entwickelt und womit haben sie ihr Geld verdient?

Vorschlag 3:
Platonische Körper

Wie viele Platonische Körper gibt es denn? Warum werden diese Polyeder Platonische Körper genannt? Was ist so besonders daran? Könnt ihr sie bauen? Stellt doch eine Bauanleitung her.
Übrigens: Platonische Körper können auch fliegen.

leicht auch selbst kleine Kunstwerke oder Skulpturen aus diesen Körpern erstellen? Da kann sicherlich die Kunstlehrerin oder der Kunstlehrer helfen. Wie werden denn überhaupt die Körper und Figuren berechnet?
Es wäre schön, wenn ihr eure selbst gebauten Polyeder oder polygonen Plakate in einer kleinen Ausstellung im Schulgebäude den Mitschülern zeigt. Wenn ihr dazu ein kleines Quiz entwerft, habt ihr bestimmt viele Zuschauer in eurer Ausstellung. Ihr könnt natürlich auch die Ergebnisse im Rahmen einer kleinen Vortragsrunde vor der Klasse präsentieren. Auch ein kleiner Artikel in der Lokalpresse über besonders interessante oder besonders große Polygone bzw. Polyeder ist denkbar. Hier hilft vielleicht eure Deutschlehrerin oder euer Deutschlehrer.
Wir haben hier für euch ein paar Ideen und Fragen rund um das Polyprojekt vorbereitet, die ihr aufgreifen könnt.
Im Internet findet ihr das Projekt unter: **www.mathematik-heute.de**

Vorschlag 4: Archimedes Körper

Was hat Archimedes mit dem Fußball zu tun? Wie sehen denn archimedische Körper aus? Findest du solche Körper in der Umwelt? Stellt selber archimedische Körper her und fertigt eine passende Bauanleitung dazu an.

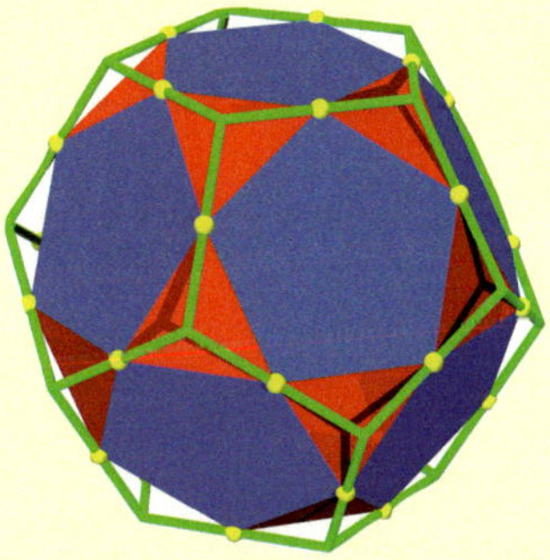

Vorschlag 5: Platonische Durchdringungen

Man kann auch zwei oder mehr Platonische Körper mit einander verbinden. Hierbei entstehen interessante Skulpturen. Wollt ihr das mal probieren? Viele Künstler und Wissenschaftler haben sich damit auch beschäftigt.

Vorschlag 6: Würfelschnitte von Max Bill

Kennt ihr Max Bill? Max Bill hat viel Mathematik in seinen Kunstwerken verwendet. Bei seinen Würfelschnitten hat er Würfel einfach durchgeschnitten. Diese Würfelschnitte könnt ihr recht einfach nachbauen. Vielleicht könnt ihr auch noch Berechnungen dazu anstellen. Gibt es noch andere interessante Würfelschnitte?

8 Zufällige Ereignisse und ihre Wahrscheinlichkeiten

Maximilian muss auf seinem Weg zur Schule zwei Straßen überqueren und dabei das Ampelsignal beachten.

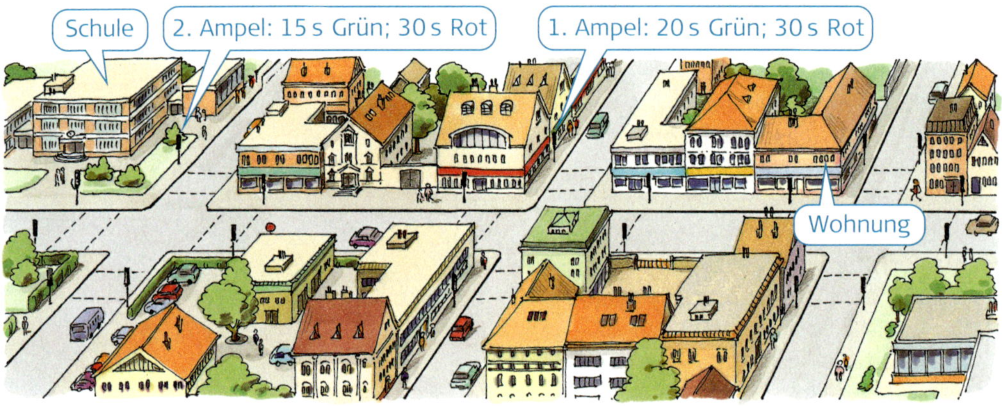

Manchmal, wenn er es besonders eilig hat, zeigen beide Ampeln Rot. An anderen Tagen lässt er sich Zeit, weil es unterwegs viel zu sehen gibt, und trotzdem zeigen beide Ampeln Grün.
Es scheint also vom Zufall abzuhängen, ob Maximilian bei Grün oder bei Rot an einer Ampel ankommt.

- Was kommt öfter vor: *Beide Ampeln zeigen Rot* oder *Beide Ampeln zeigen Grün?*
- Schätze, wie oft es vorkommt, dass er zweimal hintereinander Rot hat.
- Wie kannst du mit einem Würfel den Vorgang mit den unterschiedlich eingestellten Ampeln simulieren?

Maximilian muss zweimal nacheinander die Ampel beachten; dabei hängt es vom Zufall ab, ob sie Rot oder Grün für ihn zeigt. Hier liegt also ein mehrstufiger Zufallsversuch vor.

In diesem Kapitel lernst du ...
... wie man Wahrscheinlichkeiten für mehrstufige Zufallsversuche berechnet.

ZUFALL UND WAHRSCHEINLICHKEIT

Zum Wiederholen

1. a) Der abgebildete Zylinder besteht aus Holz. Die Grundflächen sind rot und gelb, der Mantel ist weiß. Mit dem Zylinder kannst du wie mit einem normalen Würfel würfeln.
In einer Versuchsreihe von 250 Würfen wurde 94mal **Weiß** gewürfelt.
Gib sinnvolle Schätzwerte für die Wahrscheinlichkeiten aller Ergebnisse an.
Begründe die Schätzwerte.

b) Wie groß ist die Wahrscheinlichkeit, mit einem Würfel (1) eine *Sechs*, (2) eine *Primzahl* zu werfen?

c) Das Glücksrad rechts wird gedreht.
Wie groß ist die Wahrscheinlichkeit für das Ereignis **Blau** oder **Rot**?

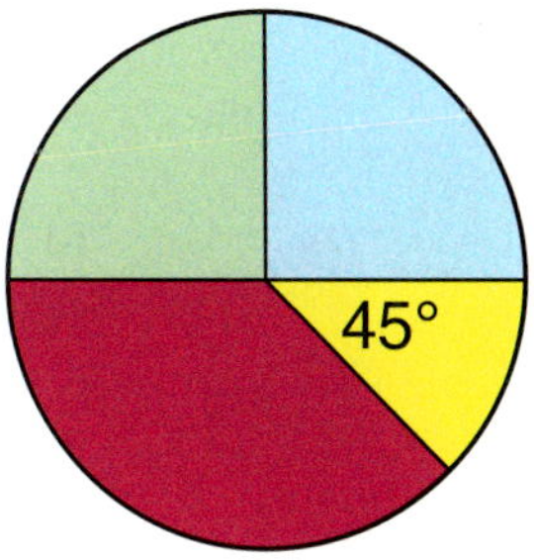

Lösung

a) Der Versuchsreihe entnehmen wir:
relative Häufigkeit für **Weiß** $= \frac{94}{250} = 0{,}376 = 37{,}6\,\%$
Da sich bei langen Versuchsreihen die relative Häufigkeit eines Ergebnisses seiner Wahrscheinlichkeit annähert und aus Symmetriegründen die Wahrscheinlichkeiten für **Rot** und Gelb gleich groß sein müssen, sind für die Wahrscheinlichkeiten die folgenden Schätzwerte gerechtfertigt:
(1) P(Weiß) $\approx 0{,}38 = 38\,\%$
(2) P(**Rot**) = P(Gelb) = [100 % − P(**Weiß**)] : 2 $\approx$ 31 %

*P (**Weiß**) = Wahrscheinlichkeit für **Weiß***

b) S = {1; 2; 3; 4; 5; 6} ist die Menge aller möglichen Ergebnisse beim Werfen eines Würfels.
Da alle Ergebnisse gleichwahrscheinlich sind, gilt: P(Sechs) $= \frac{1}{6} \approx 17\,\%$.
Zu dem Ereignis *Primzahl* gehört die Menge E = {2; 3; 5}.
Wir erhalten: $P(\textit{Primzahl}) = \frac{\text{Anzahl der günstigen Ergebnisse}}{\text{Anzahl der möglichen Ergebnisse}} = \frac{3}{6} = 0{,}5 = 50\,\%$.

c) Der Anteil des Kreissektors am Vollkreis bzw. des entsprechenden Mittelpunktswinkels am Vollwinkel gibt die Wahrscheinlichkeit für die entsprechende Farbe an. Somit gilt:
P(**Blau**) $= \frac{90°}{360°} = 0{,}25 = 25\,\%$ und P(**Rot**) $= \frac{135°}{360°} = 0{,}375 = 37{,}5\,\%$
Mit der Summenregel für Ereignisse erhalten wir:
P(**Blau** oder **Rot**) = P(**Blau**) + P(**Rot**) = 25 % + 37,5 % = 62,5 %

Wiederholung

(1) Zufallsversuche

Bei einem **Zufallsversuch** kann man nicht vorhersagen, welches **Ergebnis** eintritt; es hängt vom Zufall ab. Alle **möglichen Ergebnisse** werden zu der **Ergebnismenge S** des Zufallsversuchs zusammengefasst.

Beispiele:
Werfen eines Würfels: S = {1; 2; 3; 4; 5; 6}
Werfen einer Münze: S = {Wappen, Zahl}

(2) Laplace-Versuch

Zufallsversuche, bei denen alle möglichen Ergebnisse die gleiche Chance haben, heißen **Laplace-Versuche**. Besitzt solch ein Laplace-Versuch n mögliche Ergebnisse, so gilt:

Wahrscheinlichkeit eines Ergebnisses = $\frac{1}{n}$

(3) Wahrscheinlichkeit und relative Häufigkeit

Die **Wahrscheinlichkeit** eines Ergebnisses gibt an, welche **relative Häufigkeit** man bei häufiger Versuchsdurchführung für dieses Ergebnis erwarten kann.
Ist ein Zufallsversuch kein Laplace-Versuch, so kann man die Wahrscheinlichkeit eines Ergebnisses mit langen Versuchsreihen einigermaßen genau abschätzen. Dabei gilt:

Wahrscheinlichkeit $\approx$ **relative Häufigkeit**

(4) Wahrscheinlichkeit bei Glücksrädern

Bei Glücksrädern gibt der Anteil des Kreissektors am Vollkreis die Wahrscheinlichkeit des zugehörigen Ergebnisses an. Für das Glücksrad links gilt:
Wahrscheinlichkeit für Rot $= \frac{1}{4} = 25\,\%$.

Dies bedeutet: Wird das Glücksrad häufig gedreht, so erwartet man in etwa einem Viertel der Fälle das Ergebnis Rot.

(5) Wahrscheinlichkeit von Ereignissen, Summenregel

Ergebnisse eines Zufallsversuchs kann man zu **Ereignissen** zusammenfassen und durch die **Ereignismenge E** angeben.

Verwechsle nicht Ergebnismenge und Ereignismenge.

Beispiel: Beim Werfen eines Würfels wird das Ereignis *ungerade Augenzahl* durch die Ereignismenge $E = \{1; 3; 5\}$ angegeben.

Die **Wahrscheinlichkeit eines Ereignisses** erhält man, indem man die Summe der Wahrscheinlichkeiten der zugehörigen Ergebnisse bildet.
Diese Summenregel führt bei Laplace-Versuchen zu der **Laplace-Regel**:

$$P(E) = \frac{\textbf{Anzahl der für das Ereignis günstigen Ergebnisse}}{\textbf{Anzahl der möglichen Ergebnisse}}$$

Diese Regel wendet man z. B. auch beim Ziehen einer Kugel aus einem Gefäß an. Für die Wahrscheinlichkeit, aus dem abgebildeten Gefäß eine rote Kugel zu ziehen gilt:

$$P(\textit{rote Kugel}) = \frac{\text{Anzahl der roten Kugeln}}{\text{Anzahl aller Kugeln}} = \frac{3}{10} = 30\,\%$$

Übungen

2. Was ist sicher, was ist sehr wahrscheinlich, was ist weniger wahrscheinlich, was ist Können? Begründe.

(1) Thilo würfelt 3mal hintereinander eine Sechs.
(2) Vera räumt beim Kegeln mit einem Wurf alle Neun ab.
(3) Daniels Vater gewinnt nicht im Lotto.
(4) Wasser gefriert bei 0 °C.
(5) Mechthild schreibt eine gute Deutscharbeit.
(6) Der 1. FC Köln gewinnt gegen Schalke 04.

3. Gib jeweils die Menge an, die beim Werfen eines regelmäßigen Würfels zu den folgenden Ereignissen gehören, und bestimme die zugehörige Wahrscheinlichkeit.

(1) Die Augenzahl ist gerade.
(2) Die Augenzahl ist durch 3 teilbar.
(3) Die Augenzahl ist kleiner als 4.
(4) Die Augenzahl ist durch 2 und 3 teilbar.
(5) Die Augenzahl ist durch 2 oder 3 teilbar.
(6) Die Augenzahl ist durch 2 und 5 teilbar.

4. Aus einem Gefäß mit 5 weißen, 4 gelben und 7 roten Kugeln wird [mit verbundenen Augen] eine Kugel gezogen.
Wie groß ist die Wahrscheinlichkeit, dass diese Kugel
(1) gelb ist; (2) rot oder weiß ist; (3) nicht rot ist?

5. Mit dem Ereignis E kennt man sofort auch das zugehörige *Gegenereignis*.

Beispiel: Drehen des abgebildeten Glücksrads
(Die Bereiche 3, 4, 5 sind gleich groß.)

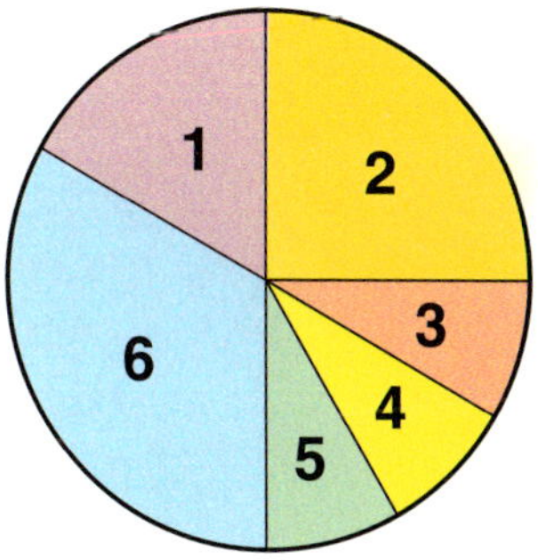

Ereignis E: *Augenzahl ist durch 3 teilbar*
Gegenereignis $\bar{E}$: *Augenzahl ist nicht durch 3 teilbar*

a) Beschreibe beide Ereignisse jeweils durch eine Menge und berechne ihre Wahrscheinlichkeiten.

b) Begründe folgende Regel:

> Ist $\bar{E}$ das **Gegenereignis** von E, so gilt für ihre Wahrscheinlichkeiten:
> $P(E) = 1 - P(\bar{E})$

Manchmal ist es einfacher, die Wahrscheinlichkeit des Gegenereignisses zu bestimmen.

c) Berechne für das Glücksrad die Wahrscheinlichkeit folgender Ereignisse mithilfe der Wahrscheinlichkeit des Gegenereignisses. Gib das Gegenereignis vorher durch eine Menge an.

(1) Die Zahl ist gerade.
(2) Die Zahl ist nicht durch 4 teilbar.
(3) Die Zahl ist größer als 2.
(4) Die Zahl ist kleiner als 5.
(5) Die Zahl ist gerade und keine Primzahl.
(6) Die Zahl ist durch 2 oder durch 3 teilbar.

6. Aus einem Skatblatt wird verdeckt eine Karte gezogen.

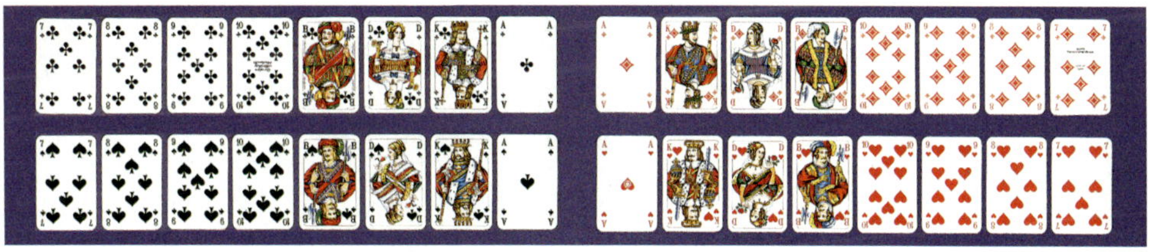

Wie groß ist die Wahrscheinlichkeit für
(1) Bube;
(2) rote Farbe;
(3) Kreuz;
(4) schwarze Dame;
(5) kein Herz;
(6) As oder König;
(7) Sieben, Acht oder Neun;
(8) schwarze Farbe, aber nicht As, König, Dame oder Bube?

7. Oliver und Markus drehen abwechselnd den regelmäßigen Glückskreisel rechts. Markus gewinnt eine Spielmarke, wenn der Kreisel bei einer Primzahl zur Ruhe kommt. Sonst muss Markus eine Spielmarke an Oliver abgeben.

a) Ist das Spiel fair (gerecht)? Begründe.

b) Oliver und Markus führen das Spiel 50-mal durch. Was erwartest du?

8. Die Wahrscheinlichkeit für den Defekt einer Festplatte ist durch die Tabelle angegeben. Berechne die Wahrscheinlichkeit dafür, dass die Festplatte
(1) 2 bis 4 Jahre funktioniert;
(2) bis zu 5 Jahre funktioniert;
(3) 1 bis 3 Jahre funktioniert;
(4) länger als 4 Jahre funktioniert.

Defekt im Jahr	Wahrscheinlichkeit
1	0,02
2	0,05
3	0,12
4	0,37
5	0,31
6 oder später	0,13

9. Ein Elektromarkt erhält eine Lieferung von 1 200 Energie-Sparlampen. Bei einer Qualitätskontrolle wurden 400 Lampen aus dieser Produktserie nach dem Zufallsprinzip ausgesucht und überprüft. 5 Lampen der Stichprobe waren defekt.

a) Wie viele defekte Lampen sind schätzungsweise in der Lieferung? Beschreibe deine Überlegungen.

b) Herr Kubitza kauft eine Lampe in dem Elektromarkt. Wie groß ist die Wahrscheinlichkeit, dass die Lampe defekt ist?

10. Aus einem Behälter mit insgesamt 20 roten, blauen und grünen Kugeln wird verdeckt eine Kugel gezogen und wieder zurückgelegt. Dieser Zufallsversuch wurde mehrmals wiederholt. In der Tabelle siehst du die Ergebnisse. Schätze ab, wie viele Kugeln von jeder Farbe in dem Behälter sind. Begründe deine Schätzwerte.

rot	blau	grün
54	28	68

11. Mit einem Lego-Sechser (s. Bild rechts) kann man wie mit einem normalen Würfel würfeln. Besorgt euch mehrere Lego-Sechser und beschriftet die Seitenflächen mit den Zahlen 1, 3, 4 und 5. Bestimmt mit einer langen Versuchsreihe Näherungswerte für die Wahrscheinlichkeiten.

Berechnet dazu die relativen Häufigkeiten jeweils nach 100, 200, ..., 1 000 Würfen und stellt ihre Entwicklungen in einem Koordinatensystem grafisch dar.

Ihr könnt dazu auch ein Tabellenkalkulationsprogramm benutzen.
Überlegt euch, wie ihr eure Arbeit aufteilen könnt.
Gebt für die relativen Häufigkeiten bzw. Wahrscheinlichkeiten vorher Prognosen ab.
Welche Zahlen treten mit der gleichen Wahrscheinlichkeit auf? Begründet.
Präsentiert eure Ergebnisse in verschiedenen Diagrammen und vergleicht sie mit den Ergebnissen der anderen Gruppen.

12. Beim Lotto *6 aus 49* sind 49 Kugeln in der Trommel.
Wie groß ist die Wahrscheinlichkeit, dass die zuerst gezogene Kugel eine Zahl mit zwei gleichen Ziffern trägt?

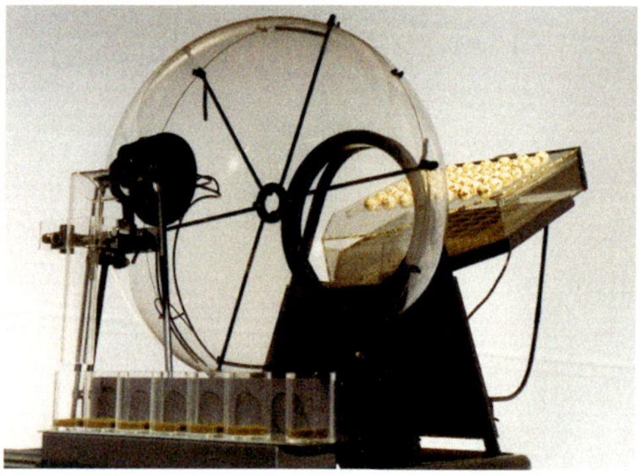

IM BLICKPUNKT: COMPUTERSIMULATIONEN

Es gibt Zufallsversuche, bei denen es schwierig oder sogar unmöglich ist, die gesuchten Wahrscheinlichkeiten rechnerisch zu bestimmen. In diesem Fall muss man lange Versuchsreihen durchführen und die Wahrscheinlichkeiten näherungsweise aus den relativen Häufigkeiten bestimmen.
Aber auch das 1 000-malige Werfen eines Spielwürfels ist ziemlich zeitaufwändig.

Simulation ⟨lat.⟩ Nachahmung
simulieren ⟨lat.⟩ nachahmen

Solche langen und zeitaufwändigen Versuchsreihen kann man mit zufällig erzeugten Zahlenfolgen nachahmen. Eine solche Nachahmung nennt man eine **Simulation**.

Eine Simulation kann man z. B. mit einem Tabellenkalkulationsprogramm durchführen. Dazu werden von dem Programm Zufallszahlen erzeugt. Diese werden dazu benutzt, zufällige Ereignisse zu simulieren. Bei der Auswertung von Zufallsversuchen kann man ebenfalls ein Tabellenkalkulationsprogramm einsetzen.

In der Tabelle rechts wird mit der Formel
= ganzzahl (zufallszahl ( ) * 6) + 1
eine ganzzahlige Zufallszahl von 1 bis 6 erzeugt.

=	=GANZZAHL(ZUFALLSZAHL()*6)+1	
	3	4
	4	

Mit dieser Zufallszahl kann man zum Beispiel das Werfen eines Würfels simulieren.

Prüfe, ob dein Kalkulationsprogramm mit den oben angegebenen Funktionen Zufallszahlen erzeugt und Dezimalbrüche rundet. Benutze ansonsten das Verfahren deines Programms.

1. Simuliere das 75malige Werfen eines Würfels.
   a) Werte deine Simulation aus. Berechne auch die relativen Häufigkeiten.
   b) Führe die Simulation mehrfach durch.

	A	B	C	D	E	F	G	H
1	Simulation: Werfen eines Würfels							
2								
3	3	6	5	2	2		Auswertung	
4	6	3	1	3	1		1	14
5	1	3	2	1	5		2	14
6	5	1	5	4	5		3	8
7	2	2	4	2	6		4	11
8	5	1	2	2	1		5	15
9	6	6	5	2	5		6	13
10	4	4	5	4	3			
11	4	1	2	5	1		Relative Häufigkeiten	
12	1	3	6	1	3		1	0,19
13	6	5	5	4	5		2	0,19
14	6	4	2	5	6		3	0,11
15	6	6	3	1	2		4	0,15
16	2	4	4	6	1		5	0,20
17	4	6	2	1	5		6	0,17

Erzeuge zunächst im Bereich von A3 bis E17 75 ganzzahlige Zufallszahlen aus dem Bereich von 1 bis 6.

In der Tabelle wird mithilfe der Funktion **= zählenwenn (A3: E17; "=1")** die Simulation ausgewertet. Diese Funktion gibt an, wie oft die Zahl 1 im Bereich A3 bis E17 vorkommt.

In der Zelle H12 wird die relative Häufigkeit für die Augenzahl 1 mithilfe der Formel **= H4/75** berechnet.

Für die anderen Augenzahlen werden die Funktionen entsprechend angepasst.

Sicherlich hast du schon bemerkt, dass bei jeder Änderung an deiner Tabelle die Zufallszahlen neu erzeugt werden.

Wenn du dies verhindern möchtest, kannst du im Menü Extras die Berechnung auf manuell einstellen.

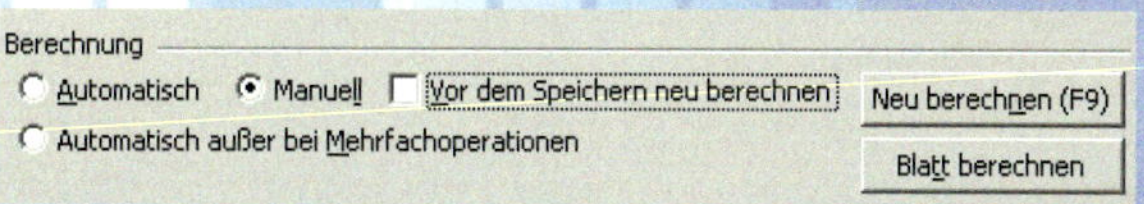

2. Erweitere die Tabelle. Simuliere das 200-malige und 500-malige Werfen eines Würfels.

a) Berechne jeweils die absoluten und relativen Häufigkeiten.

b) Vergleiche die relativen Häufigkeiten mit den Wahrscheinlichkeiten.

3. Erstelle ein Tabellenblatt und simuliere mithilfe der Formel
= ganzzahl (zufallszahl ( ) * 2)
das zweimalige Werfen einer Münze.

- Deute die Zufallszahl 0 als Wappen, die Zufallszahl 1 als Zahl!
- Addiere die Zufallszahlen und werte die Simulation aus:
  Summe 0 bedeutet 2-mal W
  Summe 1 bedeutet 1-mal Z, 1mal W
  Summe 2 bedeutet 2-mal Z

Simulation: Zweimaliger Münzwurf

	A	B	C	D	E	F	G
3	Wurf-Nr.	Wurf 1	Wurf 2	Summe		Auswertung	
4	1	1	0	1		2mal W	3
5	2	0	0	0		1mal Z, 1mal W	4
6	3	1	0	1		2mal Z	3
7	4	0	1	1			
8	5	1	0	1		Relative Häufigkeiten	
9	6	1	1	2		2mal W	0,30
10	7	0	0	0		1mal Z, 1mal W	0,40
11	8	0	0	0		2mal Z	0,30
12	9	1	1	2			
13	10	1	1	2			

a) Erweitere das Tabellenblatt und simuliere 100-mal das zweimalige Werfen einer Münze.

b) Vergleiche die relativen Häufigkeiten.

4. Simuliere das dreimalige Werfen einer Münze. Führe die Simulation mehrfach durch und werte sie mit deinem Kalkulationsprogramm aus.

5. Untersuche, wie häufig beim Werfen von zwei Würfeln ein Pasch vorkommt. Dabei bedeutet ein Pasch, dass beide Würfel gleiche Augenzahlen zeigen.

- In den Zellen D4 bis D13 soll eine 1 stehen, falls ein Pasch vorliegt, ansonsten eine 0.
  In der Zelle D4 verwendest du folgende Funktion:
  = wenn (B4 = C4; 1; 0)

Simulation: Pasch bei 2 Würfeln

	A	B	C	D	E	F	G
3	Wurf	Würfel 1	Würfel 2	Pasch		Auswertung	
4	1	5	4	0		Pasch	3
5	2	2	2	1		Kein Pasch	7
6	3	4	1	0			
7	4	1	6	0		Relative Häufigkeiten	
8	5	5	6	0		Pasch	0,30
9	6	3	3	1		Kein Pasch	0,70
10	7	6	3	0			
11	8	5	5	1			
12	9	2	4	0			
13	10	5	2	0			

a) Erweitere die Tabelle und führe die Simulation mehrfach durch.

b) Bestimme näherungsweise die Wahrscheinlichkeit für einen Pasch.

6. Beim Werfen von 2 Würfeln kannst du als Summe der Augenzahlen die Zahlen von 2 bis 12 erhalten. Simuliere mit deinem Kalkulationsprogramm das 250-malige Werfen von 2 Würfeln. Du kannst die folgende Formel für die Simulation verwenden:
= ganzzahl (zufallszahl ( ) * 6) + 1 + ganzzahl (zufallszahl ( ) * 6) + 1

a) Führe die Simulation mehrfach durch. Notiere jeweils die absoluten und relativen Häufigkeiten für die Summe der Augenzahlen. Bestimme näherungsweise die Wahrscheinlichkeiten.

b) Welche Summen haben gleiche Wahrscheinlichkeiten?

c) Welche Summen haben die größten Wahrscheinlichkeiten?

7. Mit der Formel **= ganzzahl (zufallszahl ( ) * 11) + 2** kannst du Zufallszahlen von 2 bis 12 erzeugen.

a) Erzeuge mit deinem Kalkulationsprogramm 500 dieser Zufallszahlen.

b) Bestimme die absoluten und relativen Häufigkeiten der Zufallszahlen.

c) Vergleiche mit dem zweimaligem Werfen von 2 Würfeln aus Aufgabe 6.

WAHRSCHEINLICHKEIT BEI MEHRSTUFIGEN ZUFALLSVERSUCHEN

Mehrstufige Zufallsversuche und Baumdiagramme

Einstieg

In einem Gefäß befinden sich je eine rote, eine blaue, eine gelbe und eine schwarze Kugel. Nacheinander werden zwei Kugeln blindlings herausgezogen, wobei die gezogene Kugel vor dem zweiten Zug wieder in das Gefäß zurückgelegt wird.

→ Welche möglichen Ergebnisse hat dieser *zweistufige Zufallsversuch?* Versuche die Ergebnisse in einem Diagramm darzustellen.

→ Was kannst du über die Wahrscheinlichkeit der einzelnen Ergebnisse aussagen?

→ Spielregel: *Wer zweimal die gleiche Farbe zieht, gewinnt.*

Aufgabe

1. Bei einem Schulfest kann man an einem Stand mit den beiden Glücksrädern spielen. Gewinner ist, wer für beide Glücksräder richtig vorhersagt, auf welchen Feldern die Zeiger stehen bleiben.

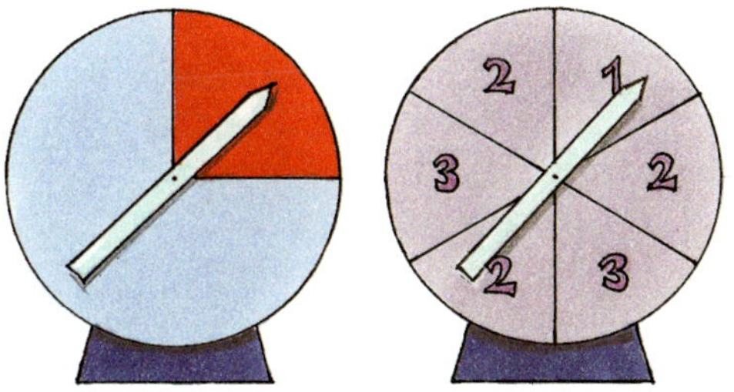

a) Welche Ergebnisse sind bei diesem *zweistufigen Zufallsversuch* möglich?

b) Versuche die Ergebnisse in einem Baumdiagramm darzustellen und schreibe an die einzelnen Äste die zugehörigen Wahrscheinlichkeiten.

c) Auf welches Ergebnis würdest du setzen? Begründe.

Lösung

a) Bleibt das linke Glücksrad z. B. auf **Blau** stehen und das rechte Rad auf 1, so kürzen wir dies mit (B|1) ab.
Für das linke Glücksrad gibt es zwei Möglichkeiten, **Rot** oder **Blau**.
Bleibt es auf **Rot** stehen, so sind beim rechten Glücksrad drei Ergebnisse möglich: **1**, **2** oder **3**. Ebenso sind beim rechten Rad drei Ergebnisse möglich, wenn das linke auf **Blau** stehen bleibt. Diese Überlegungen kann man durch ein *Baumdiagramm* veranschaulichen. Insgesamt sind somit folgende sechs Ergebnisse möglich:
S = {(R|1); (R|2); (R|3); (B|1); (B|2); (B|3)}.

b) Die 6 möglichen Ergebnisse des Zufallsversuchs sind durch die 6 Pfade im Baumdiagramm dargestellt.

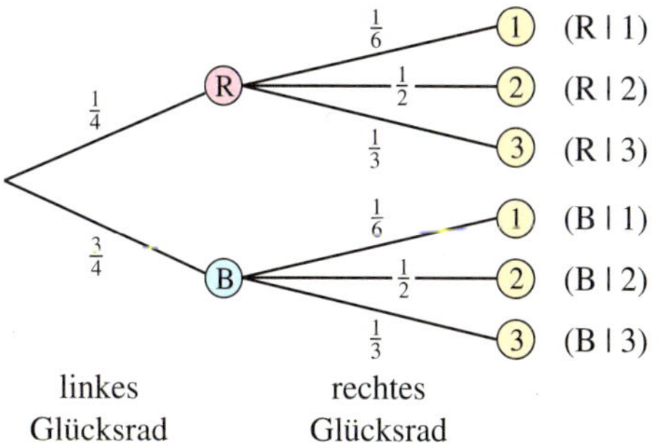

Da beim linken Glücksrad $\frac{1}{4}$ der Fläche rot und $\frac{3}{4}$ blau gefärbt ist, gehen wir davon aus, dass die Wahrscheinlichkeit für das Stoppen des Zeigers auf **Rot** $\frac{1}{4}$ und auf **Blau** $\frac{3}{4}$ beträgt.
Das rechte Glücksrad hat 6 gleich große Felder, davon trägt ein Feld die Nummer **1**.
Die Wahrscheinlichkeit, dass der Zeiger auf **1** stehen bleibt, ist somit $\frac{1}{6}$.
Drei von 6 Feldern tragen die Nummer **2**; die Wahrscheinlichkeit für **2** ist $\frac{3}{6} = \frac{1}{2}$.
Für **3** beträgt die Wahrscheinlichkeit entsprechend $\frac{2}{6} = \frac{1}{3}$.

c) In der Einstiegsaufgabe auf Seite 203 sind die möglichen Ergebnisse alle gleichwahrscheinlich, da bei jedem Zug jede Kugel mit der gleichen Chance gezogen werden kann. Dies ist bei den beiden Glücksrädern, wie die Wahrscheinlichkeiten im Baumdiagramm zeigen, nicht der Fall. Dieser zweistufige Zufallsversuch ist kein Laplace-Versuch. Beim linken Glücksrad wird am häufigsten **Blau** und beim rechten Rad am häufigsten **2** auftreten. Man sollte also auf das Ergebnis (B | 2) setzen.

Zum Festigen und Weiterarbeiten

2. Bei der Aufgabe 1 (Seite 203) ist nicht beschrieben, ob zunächst das linke und dann das rechte Glücksrad gedreht wird. Deshalb ist es auch möglich, den Zufallsversuch durch ein Baumdiagramm zu beschreiben, bei dem zunächst die möglichen Ergebnisse des rechten Glücksrades und dann die des linken Glücksrades erfasst werden.
Zeichne ein solches Baumdiagramm.

3. Eine Münze wird dreimal nacheinander geworfen. Bei jedem Wurf erhältst du entweder W (Wappen) oder Z (Zahl). Rechts findest du zwei mögliche Ergebnisse dieses dreistufigen Versuches.

a) Stelle die möglichen Ergebnisse in einem Baumdiagramm dar und schreibe die Ergebnismenge S auf.

b) Wie groß ist die Wahrscheinlichkeit für jedes Ergebnis? Begründe.

c) Schreibe zu folgenden Ereignissen die Ereignismenge E auf und gib die zugehörige Wahrscheinlichkeit an.
E_1: zweimal Wappen
E_2: dreimal das gleiche Ergebnis
E_3: im zweiten Wurf Zahl
E_4: einmal Zahl

4. *Doppelter Münzwurf – nacheinander bzw. gleichzeitig*

a) Eine Münze wird zweimal hintereinander geworfen. Stelle die möglichen Ergebnisse des Zufallsversuchs in einem Baumdiagramm dar.

b) Eine 5-Cent- und eine 10-Cent-Münze werden gleichzeitig geworfen. Überlege, wie sich auch dieser Zufallsversuch in einem Baumdiagramm darstellen lässt.

c) Zwei gleichartige Münzen werden (1) gleichzeitig, (2) nacheinander geworfen. Zeichne Baumdiagramme. Vergleiche mit den Baumdiagrammen aus den Teilaufgaben a) und b).

Information

Mehrstufiger Zufallsversuch

Ein Zufallsversuch, der in zwei oder mehr Schritten nacheinander durchgeführt wird, heißt **mehrstufiger Zufallsversuch**. Die Ergebnisse eines mehrstufigen Zufallsversuchs können übersichtlich in einem Baumdiagramm dargestellt werden.

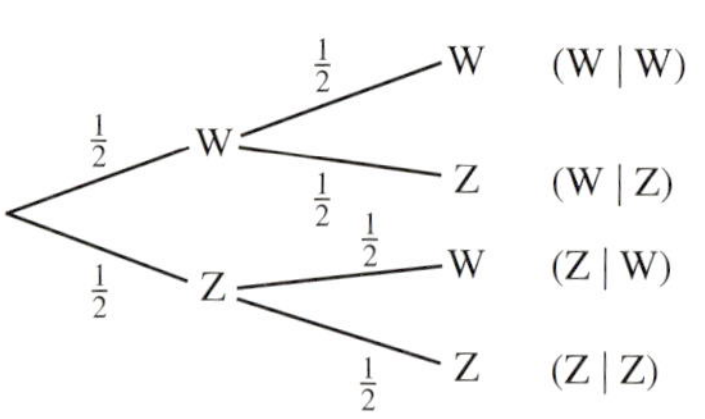

Beispiele:
- Jemand wirft zweimal hintereinander eine Münze.
- Aus einem Behälter werden nacheinander zwei oder mehr Kugeln gezogen.

Häufig kann man Zufallsversuche, bei denen mehrere Vorgänge gleichzeitig erfolgen, als mehrstufige Versuche auffassen.

Übungen

5. Das Glücksrad (Bild rechts) wird zweimal gedreht.

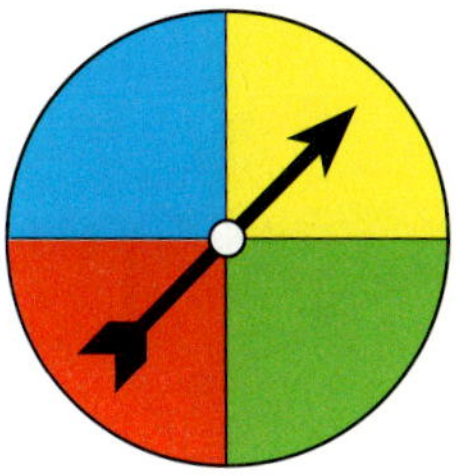

a) Zeichne ein Baumdiagramm.

b) Wie viele Ergebnisse sind möglich?
Gib die Wahrscheinlichkeit für jedes Ergebnis an.

c) Wie groß ist die Wahrscheinlichkeit dafür, dass das Glücksrad beide Male die gleiche Farbe zeigt?

6. Ein Würfel und eine Münze werden nacheinander geworfen.

a) Stelle die möglichen Ergebnisse in einem Baumdiagramm dar.

b) Wie groß ist die Wahrscheinlichkeit, das eine Sechs und Wappen geworfen werden? Begründe.

7. In einem Gefäß links sind wie im Einstieg auf Seite 203 je eine rote, eine blaue, eine gelbe und eine schwarze Kugel. Zwei Kugeln werden nacheinander gezogen. Die zuerst gezogene Kugel soll jetzt aber nicht wieder in das Gefäß zurückgelegt werden.

a) Stelle die möglichen Ergebnisse in einem Baumdiagramm dar und schreibe die Ergebnismenge S auf.

b) Wie groß ist die Wahrscheinlichkeit für jedes einzelne Ergebnis? Begründe.

c) Schreibe zu folgenden Ereignissen die Ereignismenge E auf und gib die zugehörige Wahrscheinlichkeit an.

E_1: zweimal die gleiche Farbe
E_2: keinmal rot
E_3: beim zweiten Zug gelb
E_4: mindestens einmal gelb

d) Wie ändern sich die Wahrscheinlichkeiten, wenn beide Kugeln gleichzeitig gezogen werden? Begründe.

Pfadregeln zur Berechnung von Wahrscheinlichkeiten bei mehrstufigen Versuchen

Einstieg

Eine Fabrik stellt Keramikbecher her. In Qualitätskontrollen werden die Becher nacheinander auf Form und Farbe geprüft und in Güteklassen eingeteilt. Bei der Form gibt es die Bewertungen gut, mittelmäßig und schlecht, bei der Farbe die Bewertungen gleichmäßig und ungleichmäßig. Die Kontrolle von 600 Bechern hatte folgende Ergebnisse:

Kontrolle der Form	
Bewertung	Anzahl der Becher
gut	519
mittelmäßig	69
schlecht	12

Kontrolle der Farbe	
Bewertung	Anzahl der Becher
gleichmäßig	563
ungleichmäßig	37

→ Welchen Näherungswert würdet ihr für die Wahrscheinlichkeit angeben, dass bei einer Kontrolle die Form eines zufällig ausgesuchten Bechers mittelmäßig ist?

→ Zeichnet für den zweistufigen Zufallsversuch *Kontrolle der Form und Farbe eines Bechers* ein Baumdiagramm mit den zugehörigen Wahrscheinlichkeiten.

→ Eine große Warenhauskette kauft 15 000 unsortierte Becher. Mit wie vielen Bechern, die weder bei der Form noch bei der Farbe irgendwelche Mängel aufweisen, kann sie rechnen?

→ Präsentiert eure Ergebnisse. Ihr könnt auch eine Folie vorbereiten.

Aufgabe

1. Das abgebildete Glücksrad wird zweimal gedreht.

a) Zeichne ein Baumdiagramm und schreibe an die einzelnen Zweige die zugehörigen Wahrscheinlichkeiten.

b) Angenommen, der zweistufige Zufallsversuch wird 360-mal ausgeführt. Wie oft kann man dabei das Ergebnis (**Rot**|**Grün**) erwarten?

c) Welche Wahrscheinlichkeit hat daher das Ergebnis (**Rot**|**Grün**)?
Wie kann man diese Wahrscheinlichkeit direkt berechnen?

d) Wie groß ist die Wahrscheinlichkeit, dass das Glücksrad zweimal auf der gleichen Farbe stehen bleibt?

Lösung

a)

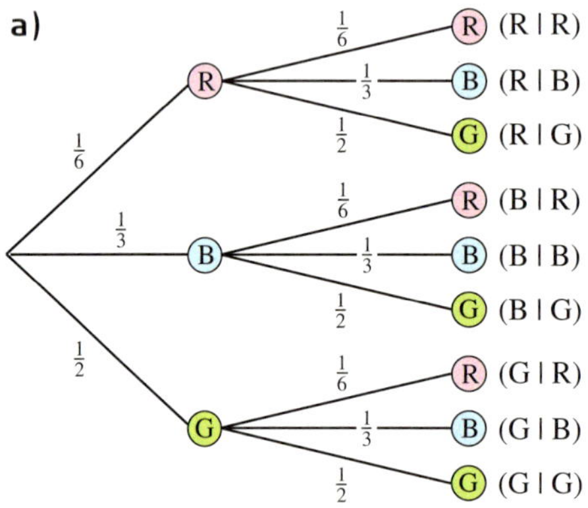

b) Bei ungefähr $\frac{1}{6}$ aller Drehungen des Glücksrades bleibt der Zeiger auf *Rot* stehen, d. h. bei ungefähr 60 der 360 Versuchsdurchführungen. Bei ungefähr der Hälfte aller Drehungen des Glücksrades hält der Zeiger auf dem *grünen* Feld an; also auch bei der Hälfte der 60 Versuchsdurchführungen, bei denen er zuvor auf *Rot* stehen blieb.
Das Ergebnis (**Rot**|**Grün**) wird also bei ungefähr 30 der 360 Doppeldrehungen vorkommen.

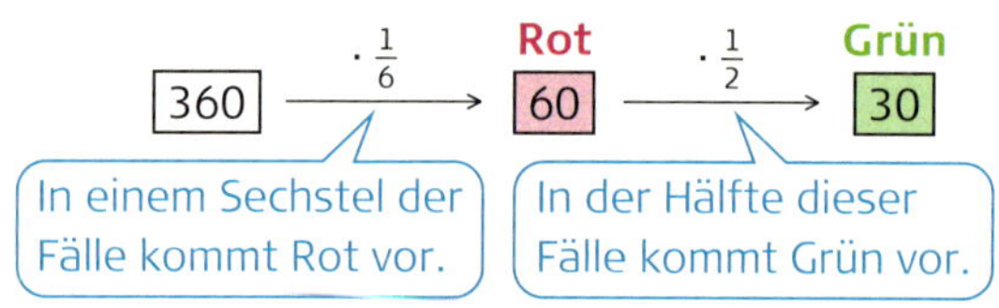

c) Bei ungefähr 30 von 360 Doppeldrehungen kommt (**Rot**|**Grün**) vor. Die Wahrscheinlichkeit für dieses Ergebnis ist also $\frac{30}{360} = \frac{1}{12}$.
Die Wahrscheinlichkeit für das Ergebnis (**Rot**|**Grün**) kann auch als Produkt der Wahrscheinlichkeiten $\frac{1}{6}$ und $\frac{1}{2}$ längs des zugehörigen Pfades berechnet werden, denn bei einem Sechstel der Versuchsdurchführungen erscheint **Rot** und bei der Hälfte davon **Grün**. Die Hälfte von einem Sechstel ist ein Zwölftel: $\frac{1}{6} \cdot \frac{1}{2} = \frac{1}{12}$.

d) Von den 9 Ergebnissen (Pfaden) interessieren uns nur die drei Pfade, die zu dem Ereignis „zweimal die gleiche Farbe" gehören. Die Wahrscheinlichkeiten für die einzelnen Ergebnisse berechnen wir wie in Teilaufgabe c) jeweils als Produkte der Wahrscheinlichkeiten des zugehörigen Pfades.

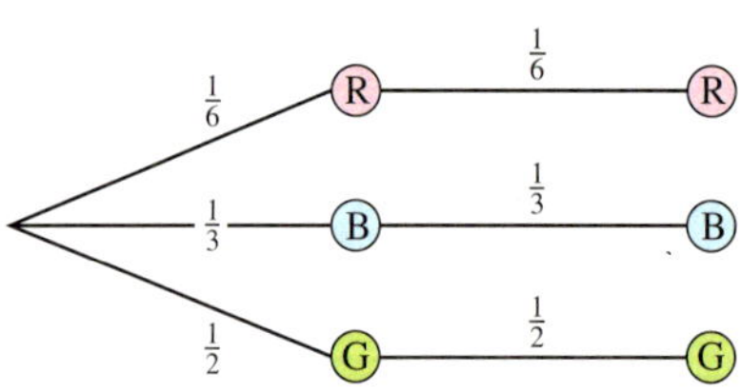

Ergebnis	*Wahrscheinlichkeit*
(**R**|**R**)	$\frac{1}{6} \cdot \frac{1}{6} = \frac{1}{36}$
(**B**|**B**)	$\frac{1}{3} \cdot \frac{1}{3} = \frac{1}{9} = \frac{4}{36}$
(**G**|**G**)	$\frac{1}{2} \cdot \frac{1}{2} = \frac{1}{4} = \frac{9}{36}$

Die Wahrscheinlichkeit, dass das Glücksrad zweimal auf der gleichen Farbe stehen bleibt, beträgt nach der Summenregel:
$\frac{1}{36} + \frac{4}{36} + \frac{9}{36} = \frac{14}{36} = \frac{7}{18} \approx 39\%$.

Information

Regeln zur Berechnung von Wahrscheinlichkeiten bei zwei- oder mehrstufigen Zufallsversuchen

Beispiel:
Aus einem Behälter mit 4 blauen und 2 roten Kugeln werden nacheinander zwei Kugeln gezogen, ohne sie zurückzulegen.

(1) *Multiplikationsregel*
Man erhält die Wahrscheinlichkeit für ein Ergebnis, indem man die Wahrscheinlichkeiten entlang dem zugehörigen Pfad multipliziert.
P (**rot**|**blau**) $= \frac{2}{6} \cdot \frac{4}{5} = \frac{4}{15}$

(2) *Additionsregel*
Besteht ein Ereignis aus mehreren Ergebnissen, so berechnet man für jedes zugehörige Ergebnis die Wahrscheinlichkeit nach der Pfadregel und addiert diese Wahrscheinlichkeiten.
P (zwei gleichfarbige Kugeln) $= \frac{2}{5} + \frac{1}{15} = \frac{7}{15}$

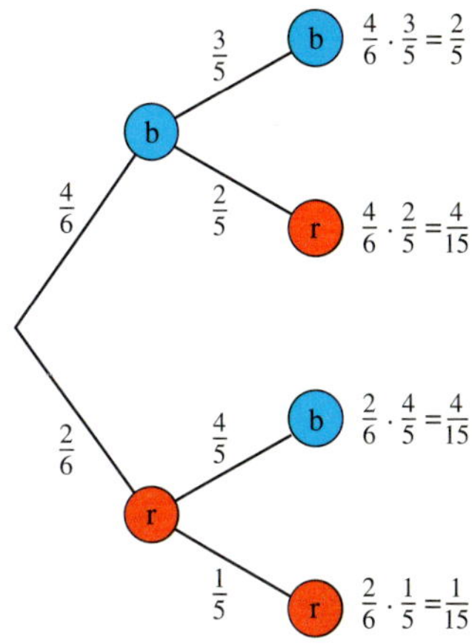

Zum Festigen und Weiterarbeiten

2. Berechne beim Wurf mit zwei Tetraedern die Wahrscheinlichkeit für:
(1) einen Pasch
(2) Augensumme 5
(3) Augendifferenz kleiner als 4
(4) mindestens eine 4
(5) keine 3
(6) höchstens eine 1
Gib vorher jeweils die Menge E der für das Ereignis günstigen Wurfkombinationen an.

Manchmal ist es einfacher, die Wahrscheinlichkeit des Gegenereignisses zu bestimmen.

3. Zwei Würfel werden gleichzeitig geworfen. Es ist hier nur wichtig, ob eine Sechs gewürfelt wird oder nicht.

a) Erkläre das Baumdiagramm. Welche Wahrscheinlichkeiten sind an die Pfade zu schreiben?

b) Berechne die Wahrscheinlichkeiten für folgende Ereignisse:
(1) Es wird keine Sechs gewürfelt.
(2) Es wird genau eine Sechs gewürfelt.
(3) Es werden genau zwei Sechsen gewürfelt.
(4) Es wird mindestens eine Sechs gewürfelt.
(5) Es wird höchstens eine Sechs gewürfelt.

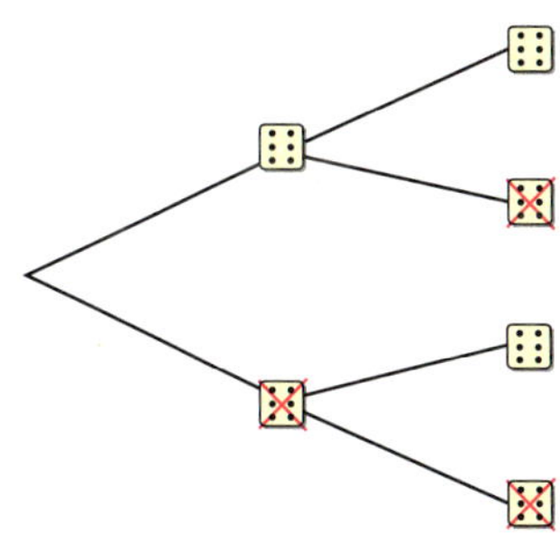

4. Das Kreisdiagramm rechts zeigt die Verteilung der Blutgruppen in Mitteleuropa. Zwei Personen kommen zur Blutspende.
Wie groß ist die Wahrscheinlichkeit, dass
(1) die erste Person Blutgruppe A, die zweite Blutgruppe B hat;
(2) die erste Person Blutgruppe 0, die zweite eine andere hat;
(3) die beiden Personen verschiedene Blutgruppen haben?

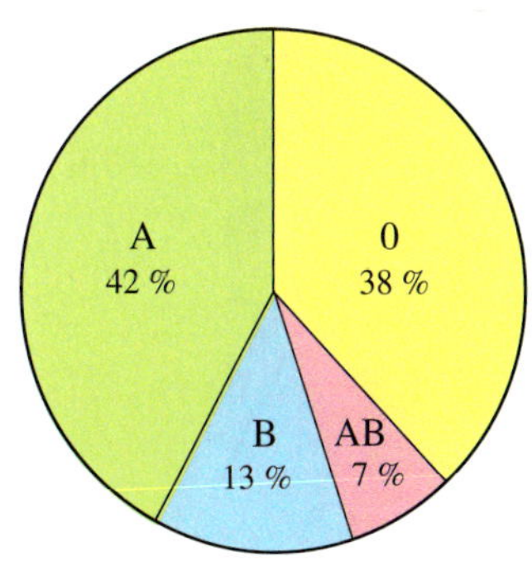

5. Gib einen Zufallsversuch an, der durch das folgende Baumdiagramm beschrieben wird. Ergänze die fehlenden Wahrscheinlichkeiten. Beschreibe dein Vorgehen.

a)

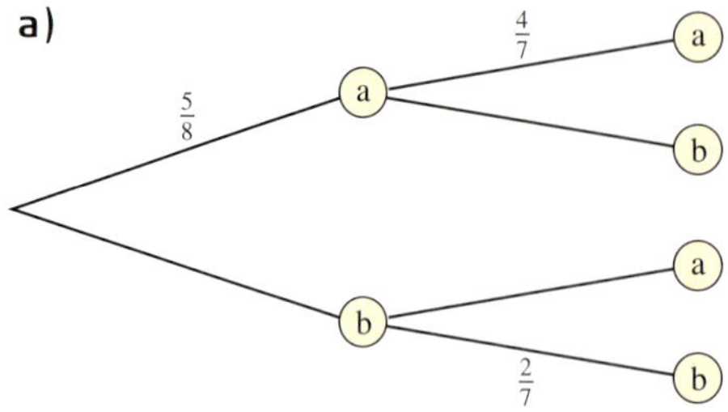

b)

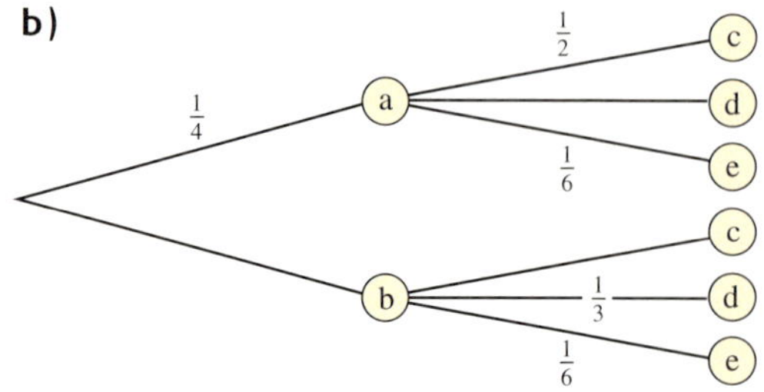

6. In einem Behälter sind 3 rote und einige blaue Kugeln.
Lena schlägt Maria das folgende Spiel vor:
„Du darfst 2 Kugeln nacheinander ziehen, ohne die erste zurückzulegen. Du gewinnst, wenn sie die gleichen Farben haben, sonst gewinne ich."

a) Nimm an, dass in dem Behälter 4 blaue Kugeln sind.
Ist das Spiel fair, d. h. haben Maria und Lena gleich große Gewinnchancen? Begründe.

b) Versuche herauszubekommen, wie viele blaue Kugeln im Behälter sein müssen, damit das Spiel fair ist.

c) *Änderung der Spielregel:* Vor dem zweiten Zug wird die zuerst gezogene Kugel wieder in den Behälter zurückgelegt.

Übungen

7. a) Eine 50-Cent-Münze wird zweimal geworfen. Wie groß ist die Wahrscheinlichkeit, dass beidemal (1) dieselbe Seite oben liegt; (2) unterschiedliche Seiten oben liegen?

b) Nun wird mit einer Spielmünze geworfen, bei der mit einer 70-prozentigen Wahrscheinlichkeit „Zahl" geworfen wird.

8. Ein Glücksrad wird 2mal gedreht. Bei welchem Rad ist es günstig, auf das Ereignis

a) zweimal dieselbe Farbe, **b)** verschiedene Farben zu setzen?

(1)
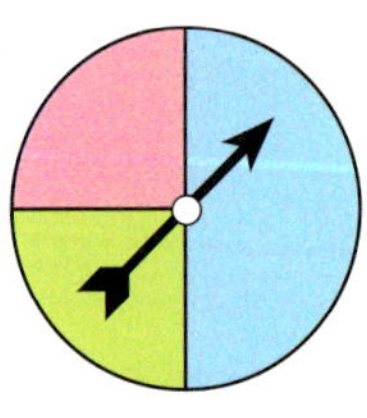

(2)
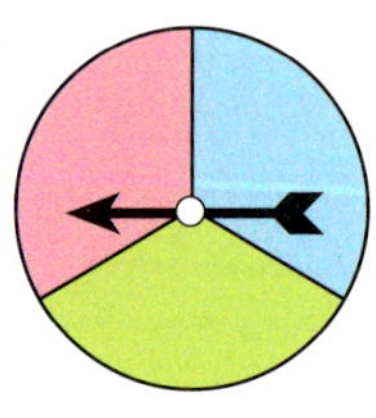

(3)
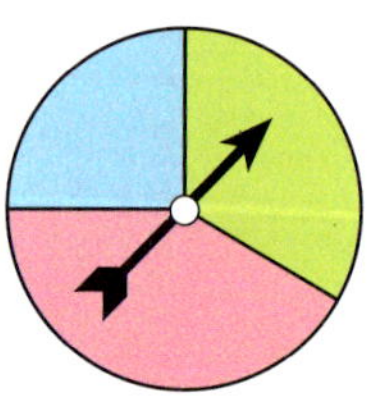

(4)
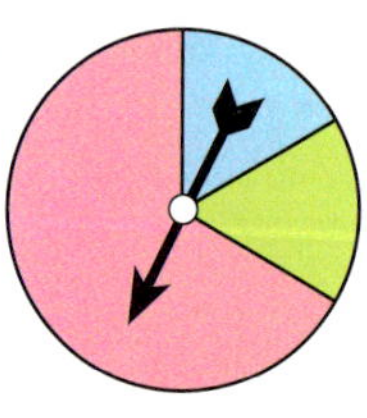

9. Anne hat in ihrem Mäppchen drei rote und zwei blaue Farbstifte. Sie nimmt ohne hinzusehen zwei Stifte heraus. Zeichne ein Baumdiagramm und bestimme, mit welcher Wahrscheinlichkeit sie

a) zwei verschieden farbige Stifte, **b)** zwei rote Stifte herausgenommen hat?

10. Maximilians Schulweg auf der Einführungsseite 196 kann als zweistufiger Zufallsversuch betrachtet werden.
Zeichne ein Baumdiagramm und berechne die Wahrscheinlichkeiten für folgende Ereignisse auf Maximilians Schulweg.

E_1: Beide Ampeln zeigen für Maximilian grün.
E_2: Keine Ampel zeigt für ihn grün.
E_3: Mindestens eine Ampel zeigt grün.
E_4: Genau eine Ampel zeigt grün.

11. Julia und Maria spielen mit zwei Würfeln, einem weißen und einem roten. Sie erhalten bei 100 Würfen folgende Ergebnisse:

	Augenzahl	1	2	3	4	5	6
absolute Häufigkeit	weißer Würfel	6	17	17	16	18	26
	roter Würfel	15	18	16	17	18	16

Maria vermutet: „Der weiße Würfel ist nicht in Ordnung".

a) Woran erkennt Maria, dass der weiße Würfel nicht in Ordnung ist?

b) Schätze die Wahrscheinlichkeit für das Werfen einer 6 mit dem weißen Würfel.

c) Maria würfelt zweimal mit dem roten Würfel.
Stelle die Menge aller möglichen Ergebnisse mit einem Baumdiagramm dar und berechne die Wahrscheinlichkeit für:

(1) einen Pasch
(2) die Augensumme 8
(3) die Augendifferenz 2
(4) keine Drei
(5) mindestens eine Drei
(6) höchstens eine Sechs

d) Julia würfelt gleichzeitig mit dem weißen und dem roten Würfel.
Berechne die Wahrscheinlichkeiten der Ereignisse aus Teilaufgabe c).
Erläutere dein Vorgehen.

> *So kannst du dir Arbeit ersparen: Zeichne*
> *– möglichst einfache Baumdiagramme*
> *– oder nur einzelne Pfade*

12. Ein Kartenspiel besteht aus 32 Karten. Paul zieht aus einem gut gemischten Kartenspiel zwei Karten.
Wie groß ist die Wahrscheinlichkeit dafür, dass er folgende Karten zieht:

a) zwei Herzkarten;

b) zwei schwarze Karten (Kreuz, Pik);

c) zwei Asse;

d) zwei Bildkarten (König, Dame, Bube);

e) einen Buben und ein As;

f) den Kreuzbuben und den Pikbuben?

13. In einem Betrieb werden quadratische Tonfliesen gebrannt. Dabei treten bei einer bestimmten rustikalen Fliesensorte erfahrungsgemäß folgende Mängel auf:

- Bei 12% der Fliesen ist die Oberfläche nicht eben genug.
- 7% der Fliesen weisen zu große Abweichungen bei der Seitenlänge auf.

Was hältst du von folgenden Aussagen? Korrigiere ggf. die Prozentangaben.

(1) „Bei 19% der Fliesen sind Seitenlänge und Oberfläche nicht in Ordnung."
(2) „19% der Fliesen sind fehlerhaft."

14. Die Wahrscheinlichkeit für *„Augenzahl 5 oder 6"* beträgt beim einmaligen Würfeln $\frac{1}{3}$.
Wie groß ist beim zweimaligen Würfeln die Wahrscheinlichkeit für

a) genau einmal „Augenzahl 5 oder 6";

b) mindestens einmal „Augenzahl 5 oder 6"?

VERMISCHTE UND KOMPLEXE ÜBUNGEN

1. In einer Lostrommel liegen Lose, die von 1 bis 1 000 nummeriert sind.
Bestimme die Wahrscheinlichkeit für das Eintreten folgender Ereignisse:
(1) Die Zahl auf dem Los endet auf 00.
(2) Die Zahl ist ein Vielfaches von 25.
(3) Die Zahl ist durch 8 teilbar.
(4) Die Zahl hat zwei gleiche Ziffern.

2. Bevor ein Buch gedruckt wird, werden alle Seiten auf Fehler durchgesehen. Der erste Korrekturleser findet erfahrungsgemäß 75 % der Fehler und korrigiert sie. Dann bekommt alle Seiten ein zweiter Korrekturleser, der von den übrig gebliebenen Fehlern noch ca. 60 % entdeckt und korrigiert.

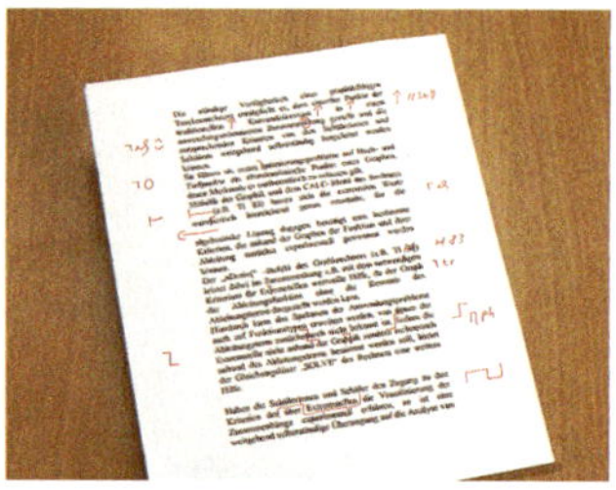

a) Mit welcher Wahrscheinlichkeit ist ein Fehler, der ursprünglich in einem Drucktext vorhanden war, nach beiden Korrekturen noch nicht entdeckt worden?

b) In zwei Korrekturen wurden 194 Fehler entdeckt. Wie viele Fehler sind schätzungsweise nach der zweiten Korrektur noch im Drucktext?

3. a) Erkundigt euch im Internet oder in Nachschlagewerken, was man unter *Regenwahrscheinlichkeit* versteht.

b) Vor dem Formel-1-Rennen auf dem Nürburgring erfährt Nick Heidfeld, dass die Regenwahrscheinlichkeit für das Rennen 35 % beträgt.
Beurteilt folgende Kommentare:

(1) 35 % ist weniger als die Hälfte, also wird es nicht regnen.
(2) Das Rennen dauert ca. 100 Minuten, d. h. während des Rennens wird es ungefähr 35 Minuten lang regnen.
(3) Die Wahrscheinlichkeit, dass es während des Rennens irgendwann regnet, beträgt 35 %. Darüber, wie lange und wie viel es regnen kann, wird nichts ausgesagt.
(4) Es ist wahrscheinlicher, dass es während des Rennens nicht regnet, als dass es regnet.
(5) Das Rennen dauert ca. 100 Minuten, d. h. ca. 35 Minuten nach dem Start wird es regnen.
(6) Bei vergleichbaren Wetterlagen hat es in 35 von 100 Fällen während des Rennens geregnet.

c)

7. Mai 2008	Morgens	Nachmittags	Abends	Nachts
Wetterlage in NRW				
Temperatur Min/Max	9 °C / 13 °C	13 °C / 20 °C	14 °C / 9 °C	9 °C / 5 °C
Regen	90 %	45 %	20 %	5 %

Welche Informationen könnt ihr der Schautafel entnehmen?
Schreibt eine Wettervorhersage und präsentiert sie der Klasse.

4. Rechts siehst du das Netz eines Holzquaders. Die Flächen mit den Zahlen 5 und 6 sind Quadrate.
Mit dem Quader wurde, wie mit einem normalen Würfel, 800mal gewürfelt.
Dabei wurde 121mal die Eins geworfen.

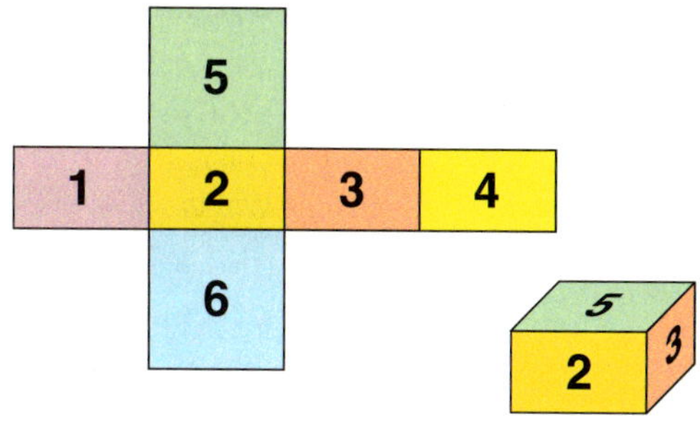

a) Gib einen Näherungswert für die Wahrscheinlichkeit an, eine Eins zu würfeln.

b) Kannst du auch für die übrigen Augenzahlen Näherungswerte für die Wahrscheinlichkeiten angeben?
Erläutere deine Überlegungen.

5. Bei einer Produktion von Tongefäßen hat man erfahrungsgemäß 20% Ausschuss.
Wie groß ist die Wahrscheinlichkeit, dass bei der Herstellung von drei Gefäßen alle [zwei] Gefäße brauchbar sind?

6. Im Jahre 2006 wurde beim Kauf eines Pkws in 42,2% aller Fälle die Farbe Grau (einschließlich Silbergrau) gewählt, in 27,8% der Fälle die Farbe Schwarz, in 16,3% der Fälle die Farbe Blau, in 2,0% der Fälle die Farbe Grün.

a) Nimm an, dass sich dies nicht geändert hat.
An einem Tag verkauft ein Autohändler drei Autos.
Wie groß ist die Wahrscheinlichkeit, dass alle drei Autos
(1) grau sind;
(2) zwei Autos grün und ein Auto blau ist;
(3) ein Auto blau, ein Auto schwarz und ein Auto grün ist?

b) Auf einem Parkplatz stehen 250 Autos.
(1) Wie viele graue Autos erwartest du?
(2) Wie viele Autos erwartest du, die keine der genannten Farben hat?

7. In einer Fabrik wird Porzellangeschirr hergestellt. Jedes Teil wird nacheinander in verschiedenen Kontrollgängen auf Form, Farbe und Oberflächenbeschaffenheit geprüft.
Erfahrungsgemäß muss bei 25% die Form beanstandet werden.
85% der Teile passieren die Farbkontrolle ohne Beanstandungen.
20% haben eine Oberfläche, die den Ansprüchen der 1. Wahl nicht genügt.
Wenn ein Teil alle drei Kontrollen ohne Beanstandungen durchlaufen hat, wird es als 1. Wahl verkauft.

Wenn ein Teil nur an einer Kontrollstelle beanstandet wurde, wird es als 2. Wahl verkauft.
Alle übrigen Porzellanteile gelten als Ausschussware.

a) Stelle die dreifache Kontrolle in einem Baumdiagramm dar. Wie groß ist die Wahrscheinlichkeit dafür, dass ein Gefäß 1. bzw. 2. Wahl ist?

b) Es werden 1 200 Gefäße hergestellt. Wie viele Gefäße 1. Wahl, wie viele Gefäße 2. Wahl kann man darunter erwarten?

8. Lukas hat ein Paar braune und ein Paar schwarze Schuhe im Schrank. Da er meist nicht aufräumt, stehen die Schuhe unsortiert nebeneinander.
Lukas greift nacheinander im Dunkeln zwei Schuhe heraus. Wie groß ist die Wahrscheinlichkeit, dass er dabei

a) einen linken und einen rechten Schuh,

b) ein richtiges Paar,

c) das schwarze Paar Schuhe gegriffen hat?

9. An der Gutenbergrealschule sind 55% aller Schülerinnen und Schüler Jungen. 35% der Jungen kommen mit dem Fahrrad zur Schule. Insgesamt fahren 30% mit dem Fahrrad zur Schule.

a) Stelle die Angaben in einem Baumdiagramm dar.

b) Wie viel Prozent der Mädchen fahren mit dem Fahrrad zur Schule?

10. Die Wahrscheinlichkeit, dass sich bei einem neuen Auto innerhalb der ersten drei Monate ein Mangel herausstellt, liegt für Fahrzeuge, die an einem Montag hergestellt werden, bei ca. 1,5%. Bei den anderen Arbeitstagen (Dienstag bis Samstag) liegt diese Wahrscheinlichkeit bei durchschnittlich 0,8%.
Mit welcher Wahrscheinlichkeit wird sich bei einem zufällig ausgesuchten Auto ein Mangel herausstellen? Schätze vorher.

11. Welche der folgenden Schlussfolgerungen ist richtig? Diskutiert untereinander und stellt euer Ergebnis vor.

(1) Ungefähr 40% der Deutschen haben Blutgruppe A; 30% der Blutspender beim Deutschen Roten Kreuz sind unter 30 Jahre alt. Ein Blutspender beim DRK wird ausgelost. Der Leiter der Blutspendeaktion vermutet, dass die Wahrscheinlichkeit, dass diese Person unter 30 Jahre alt ist und Blutgruppe A hat, ungefähr 12% beträgt.

(2) 40% der Schülerinnen und Schüler einer Klasse haben im Fach Deutsch eine gute Note (1 oder 2); im Fach Englisch sind es 30%. Hieraus folgt, dass der Anteil derer, die in beiden Fächern eine gute Note haben, ungefähr 12% beträgt.

12. Aus dem Gefäß wird eine Kugel gezogen, der Buchstabe wird notiert und die Kugel wieder zurück in das Gefäß zurückgelegt.

a) Zeichne ein Baumdiagramm für den Zufallsversuch, dass 3-mal nacheinander gezogen und wieder zurückgelegt wird.
Wie groß ist die Wahrscheinlichkeit, dass TIM gezogen wird?
Wie groß ist die Wahrscheinlichkeit, dass TIM oder MIT gezogen wird?

b) Zeichne einen Baum dafür, dass 3-mal ohne Zurücklegen gezogen wird.
Wie groß sind dann die Wahrscheinlichkeiten für TIM bzw. TIM oder MIT?

13. Jemand hat in der Tasche 4 Schlüssel, die er blindlings einen nach dem anderen herauszieht, von denen aber nur einer passt. Mit welcher Wahrscheinlichkeit hat er

(1) gleich beim 1. Griff,
(2) spätestens beim 2. Griff, d. h. beim 1. oder 2. Griff,
(3) frühestens beim 3. Griff

den richtigen Schlüssel erfasst?
Stellt eure Überlegungen der Klasse vor.

BIST DU FIT?

1. a) Beschreibe das nebenstehende Diagramm.
Welcher Zusammenhang wird verdeutlicht?

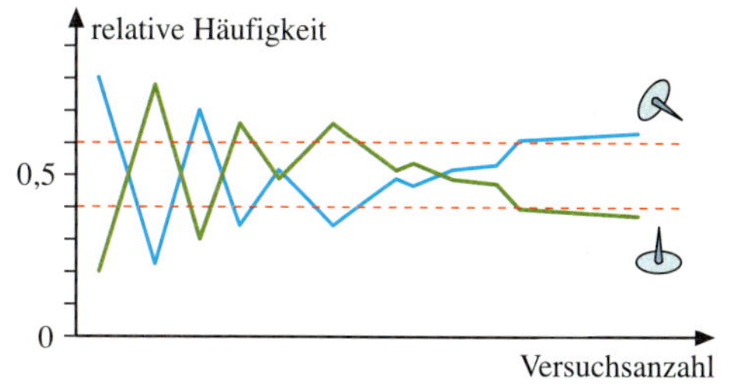

b) Zwei Reißzwecken werden gleichzeitig geworfen. Berechne die Wahrscheinlichkeit für
(1) zweimal „*Seite*";
(2) höchstens einmal „*Kopf*";
(3) mindestens einmal „*Kopf*".

2. a) Beschreibe wie man herausfinden kann, ob ein Würfel gezinkt ist, d. h. ob die Ergebnisse 1 bis 6 nicht gleichwahrscheinlich sind.

b) Ein nicht gezinkter Würfel wird einmal geworfen. Wie groß ist die Wahrscheinlichkeit, dass die Augenzahl
(1) größer als 2, (2) keine Primzahl, (3) weder durch 2 noch durch 3 teilbar ist?

c) Ein nicht gezinkter Würfel wird zweimal geworfen. Wie groß ist die Wahrscheinlichkeit
(1) zwei verschiedene Zahlen, (2) die Augensumme 6 zu werfen?

3. In einer Lostrommel sind 200 Lose mit den Nummern 1 bis 200. Man zieht zufällig ein Los. Bestimme die Wahrscheinlichkeit für folgende Ereignisse:
(1) Die Zahl ist durch 5 teilbar.
(2) Die Zahl endet auf 2 oder 3.
(3) Die Zahl ist weder durch 5 noch durch 10 teilbar.
(4) Die Zahl hat genau zwei gleiche Ziffern.

4. Zwei Glücksräder werden gedreht.
Ergänze die Eintragungen am Baumdiagramm.
Gib an, wie groß die verschiedenen Sektoren des Glücksrades sind.

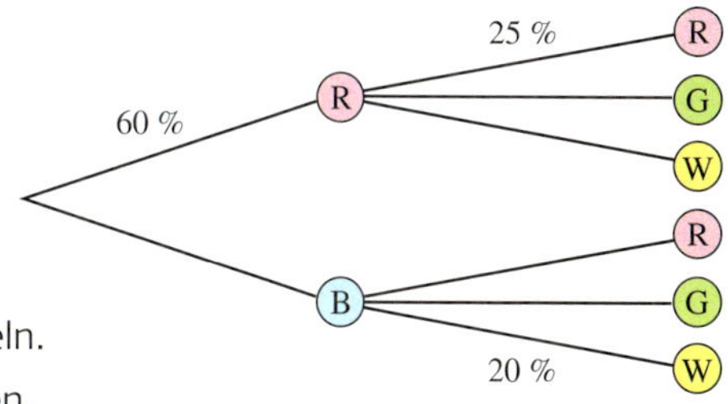

5. In einem Behälter sind 5 rote und 3 blaue Kugeln.

a) Torsten zieht zwei Kugeln ohne Zurücklegen.
Zeichne für den Versuch ein Baumdiagramm. Berechne die Wahrscheinlichkeit dafür, dass zwei gleichfarbige Kugeln gezogen werden.

b) Katharina zieht ebenfalls zwei Kugeln; sie legt aber die erste Kugel in den Behälter zurück, bevor sie die zweite Kugel zieht. Wie ändert sich die Wahrscheinlichkeit?

6. Frau Schulz kauft 3 Glühlampen. Beim Kauf kann sie kontrollieren, ob sie leuchten oder defekt sind. Erfahrungsgemäß sind 4 % der Glühlampen aus dieser Produktionsserie defekt.

a) Berechne mithilfe eines Baumdiagramms die Wahrscheinlichkeit dafür, dass
(1) keine Glühlampe defekt ist;
(2) genau eine Glühlampe defekt ist;
(3) alle Glühlampen defekt sind.

b) Schätze ab, wie viele Glühlampen bei einer Produktion von 7 500 Lampen defekt sind.

	A	B	C
3	x	x^2	5*x-6
4	-1	1	-11

9 Quadratische Gleichungen

Schöne Bilder wirken noch ansprechender, wenn man sie mit einem passenden Rahmen versieht.
Der Gesamteindruck verbessert sich oft noch mehr, wenn das Bild mit einem Passepartout umgeben ist.

Ein Künstler empfiehlt ein 15 cm × 20 cm großes Aquarell mit einem Passepartout gleich großer Fläche zu umgeben.
Wir gehen davon aus, dass das Passepartout an jeder Seite die gleiche Breite haben soll und bezeichnen diese mit x cm.
Dann muss gelten $(15 + 2 \cdot x) \cdot (20 + 2 \cdot x) = 15 \cdot 20 \cdot 2$

- → Erläutere diese Gleichung.
- → Vereinfache sie so weit wie möglich.
- → Du erhältst eine Gleichung, in der neben Vielfachen der Variable auch das Quadrat der Variable vorkommt.
- → Löse die Gleichung durch Probieren.
  Es reicht, wenn du einen Näherungswert bestimmst.

In diesem Kapitel lernst du ...
... wie man durch Umformen die Lösungsmenge von Gleichungen bestimmt, in denen neben Vielfachen einer Variable auch deren Quadrat vorkommt.

QUADRATISCHE GLEICHUNGEN – GRAFISCHES LÖSUNGSVERFAHREN

Lösen einer quadratischen Gleichung durch planmäßiges Probieren

Einstieg

In der Halle eines großen Einkaufszentrums befindet sich eine Springbrunnenanlage. Aus einer Düse an der Wasseroberfläche tritt ein Wasserstrahl aus und trifft nach einer gewissen Entfernung wieder auf die Wasseroberfläche. In jeder Entfernung s von der Düse hat der Wasserstrahl eine bestimmte Höhe h; sie kann näherungsweise durch die Formel $h = 5\,s^2 - 15\,s$ beschrieben werden.

→ In welcher Entfernung von der Düse trifft der Wasserstrahl wieder auf die Wasseroberfläche?

Aufgabe

1. Tom stellt ein Zahlenrätsel (siehe Bild). Versuche, das Rätsel durch systematisches Probieren zu lösen.

Lösung

(1) *Aufstellen einer Gleichung*

Für die gesuchten Zahlen führen wir die Variable x ein.

Das Quadrat einer solchen Zahl: x^2

Das 9fache einer solchen Zahl, vermindert um 14: $9 \cdot x - 14$

Gleichung: $x^2 = 9x - 14$

Einschränkung: x soll eine natürliche Zahl sein.

(2) *Bestimmen der Lösungsmenge*

Es handelt sich hier um eine *quadratische Gleichung*, die wir mithilfe unserer bisher bekannten rechnerischen Verfahren nicht lösen können.

Wir stellen zunächst eine Tabelle für x^2 und $9x - 14$ auf. Dann suchen wir Einsetzungen für x, für die Werte von x^2 und $9x - 14$ übereinstimmen.

x	0	1	2	3	4	5	6	7	8	9
x^2	0	1	4	9	16	25	36	49	64	81
$9x - 14$	−14	−5	4	13	22	31	40	49	58	67

Die Zahlen 2 und 7 erfüllen die quadratische Gleichung.

Zahlen größer als 9 kommen als Lösung nicht in Frage, da der Wert von x^2 stärker wächst als der Wert von $9x - 14$.

Auch Zahlen kleiner als 0 können als Lösungen nicht auftreten, da dann stets x^2 positiv ist, während $9x - 14$ negativ ist.

(3) *Ergebnis:* Tom denkt an die Zahlen 2 und 7.

Information

absolut ⟨lat.⟩
völlig; ganz und gar uneingeschränkt

Gleichungen, die man auf die Form
$ax^2 + bx + c = 0 \quad (a \neq 0)$ bringen kann, heißen **quadratische Gleichungen**.

Man nennt ax^2 das *quadratische Glied*, bx das *lineare Glied* und c das *absolute Glied* der Gleichung.

lineares Glied

$$3x^2 + 21x + 30 = 0$$

quadratisches Glied — absolutes Glied

Quadratische Gleichungen *ohne* ein lineares Glied nennt man **reinquadratische Gleichungen**.
Beispiele für reinquadratische Gleichungen:
$2x^2 - 3 = 0$; $x^2 + 2 = 8$; $5x^2 = 20$; $x^2 = 9$

Quadratische Gleichungen *mit* einem linearen Glied heißen **gemischtquadratisch**.
Beispiele für gemischtquadratische Gleichungen:
$3x^2 + 21x + 30 = 0$; $x^2 - 5x = 0$; $x^2 = 9x - 14$; $(x-2)^2 = 5$

Zum Festigen und Weiterarbeiten

ganze Zahlen:
...; −3; −2; −1; 0; 1; 2; 3; ...

2. Suche mithilfe einer Tabelle ganze Zahlen,

a) deren Quadrat genauso groß ist wie das 10fache der Zahl, vermindert um 9;
b) deren Quadrat genauso groß ist wie das 6fache der Zahl, vermindert um 9;
c) deren Quadrat genauso groß ist wie 3, vermindert um das Doppelte der Zahl;
d) bei denen die Zahl vermehrt um 6 genauso groß ist wie das Quadrat der Zahl;
e) bei denen das (− 3)fache der Zahl vermindert um 2 genauso groß ist wie das Quadrat der Zahl.

Stelle zunächst eine Gleichung auf.

3. Bestimme mithilfe einer Tabelle ganze Zahlen, die die Gleichung erfüllen. Forme die Gleichung wie im Beispiel zunächst geeignet um.

$$\begin{aligned} 3x^2 + 21x + 30 &= 0 \quad |:3 \\ x^2 + 7x + 10 &= 0 \\ x^2 &= -7x - 10 \end{aligned}$$

a) $x^2 - 2x - 15 = 0$
b) $2x^2 + 16x + 32 = 0$
c) $0{,}5x^2 + x = 0$
d) $\frac{1}{2}y^2 - \frac{1}{2}y - 3 = 0$

TAB

4. *Planmäßiges Probieren mithilfe einer Tabellenkalkulation*

a) Die quadratische Gleichung $x^2 = 5x - 6$ kannst du auch mithilfe einer Tabellenkalkulation lösen.
Lies aus der Tabelle die Lösung der Gleichung ab.
Beachte: Für x^2 schreibt man x^2.

	A	B	C
1	Quadratische Gleichungen		
2			
3	x	x^2	5*x-6
4	-1	1	-11
5	0	0	-6
6	1	1	-1
7	2	4	4
8	3	9	9
9	4	16	14

b) Löse die quadratische Gleichung mithilfe eines Tabellenblatts. Erstelle zum Lösen der Gleichung geeignete Wertetabellen.
(1) $x^2 = 5x - 4$ (2) $x^2 = x + 6$ (3) $x^2 = 4{,}5x - 4{,}5$

Übungen

5. Entscheide, ob eine quadratische Gleichung vorliegt.
Wenn ja, gib an, ob sie reinquadratisch oder gemischtquadratisch ist.

(1) $x^2 = 7x$
(2) $y^2 = 9$
(3) $x^2 - x + 5x^3 = 4$
(4) $z - 3 = 4z^2$
(5) $9x - 7 = 2x$
(6) $4 = y^2$
(7) $z - z^2 = 5$
(8) $8 - x^2 + 3x = 2$
(9) $0{,}3^2 = 16y$
(10) $(3z + 2)^2 = 49$
(11) $3 - 2x = 5x^2$
(12) $5x^2 - 4x = 7$

6. Bei welchen ganzen Zahlen ist
a) das Quadrat der Zahl um 15 größer als das Doppelte der Zahl;
b) das Quadrat der Zahl um 24 größer als das Doppelte der Zahl;
c) das Quadrat der Zahl genauso groß wie (-3), vermindert um das 4fache der Zahl;
d) das Doppelte der Zahl um 3 kleiner als das Quadrat der Zahl;
e) die Hälfte des Quadrats der Zahl um 4 kleiner als das Dreifache der Zahl;
f) ein Drittel des Quadrats der Zahl genauso groß wie 6 vermindert um die Zahl;
g) das Quadrat gleich der Differenz aus 16 und dem 1,8fachen der Zahl?
Stelle zunächst eine Gleichung auf; suche dann die Zahlen mithilfe einer Tabelle.

7. Bestimme mithilfe einer Tabelle die Lösungsmenge der Gleichung. Dabei soll x für eine ganze Zahl stehen.
Du kannst auch ein Tabellenkalkulationsprogramm benutzen.
Forme die Gleichung zunächst geeignet um.

a) $x^2 + 6x + 8 = 0$
b) $x^2 + x = 6$
c) $x^2 + 6x + 9 = 0$
d) $-4x^2 + 8x + 12 = 0$
e) $0{,}1x^2 + x + 2{,}5 = 0$
f) $\frac{1}{2}z^2 + 6 = 4z$

8. Ein Rechteck und ein Quadrat haben denselben Flächeninhalt. Bei dem Rechteck ist eine Seite 3 cm länger als die des Quadrates und die andere 2 cm kürzer als die des Quadrates. Zeichne beide.

Grafisches Lösen quadratischer Gleichungen

Einstieg

Das Finden von Lösungen einer quadratischen Gleichung durch Probieren mit Tabellenkalkulation ist nicht so einfach, wenn die quadratische Gleichung keine ganzzahlige Lösung hat.
Bestimme mithilfe einer Tabellenkalkulation die Lösung der Gleichung:

$x^2 = 1{,}1x + 0{,}6$

Die Tabelle kannst du auch als Wertetabelle auffassen für

- die Quadratfunktion $y = x^2$
- die lineare Funktion $y = 1{,}1x + 0{,}6$.

→ Markiere die Tabelle und erstelle ein Punktdiagramm. Wähle den Untertyp *Punkte mit interpolierten Linien*.

→ Welche Bedeutung haben die Schnittpunkte der beiden Graphen?

→ Beschreibe, wie man das Tabellenblatt verändern muss, um die Lösung der quadratischen Gleichung mithilfe der Wertetabelle zu überprüfen.

x	x²	1,1x+0,6
-2,00	4,00	-1,60
-1,50	2,25	-1,05
-1,00	1,00	-0,50
-0,50	0,25	0,05
0,00	0,00	0,60
0,50	0,25	1,15
1,00	1,00	1,70
…	…	…

Information

Das Finden von Lösungen einer quadratischen Gleichung durch planmäßiges Probieren mithilfe einer Tabelle wie in Aufgabe 1 auf Seite 215 ist nicht immer möglich.
Dies zeigt das Beispiel $x^2 - 1{,}9x - 1{,}5 = 0$ bzw. umgeformt $x^2 = 1{,}9x + 1{,}5$.
Diese quadratische Gleichung hat nämlich keine ganzzahlige Lösung.

Wir wollen daher ein weiteres Lösungsverfahren, das zeichnerische Lösen, entwickeln.

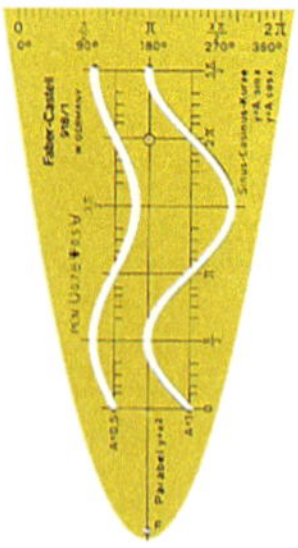

Die Tabelle rechts können wir auch als Wertetabelle von zwei Funktionen auffassen, und zwar:

- der *Quadratfunktion* mit der Gleichung $y = x^2$; ihr Graph ist die *Normalparabel* (als Schablone erhältlich) und
- der *linearen Funktion* mit der Gleichung $y = 1{,}9x + 1{,}5$;

  ihr Graph ist eine *Gerade* mit der Steigung 1,9 und dem y-Achsenabschnitt 1,5.

Parabel als Graph — Gerade als Graph

x	x^2	$1{,}9x + 1{,}5$
−1	1	−0,4
0	0	1,5
1	1	3,4
2	4	5,3

Aufgabe

1. Bestimme grafisch, d. h. mithilfe der Normalparabel und einer Geraden, die Lösungsmenge der quadratischen Gleichung:
$x^2 - 1{,}9x - 1{,}5 = 0$ bzw. umgeformt $x^2 = 1{,}9x + 1{,}5$

Lösung

Wir suchen Zahlen für x, für welche die Werte von x^2 und von $1{,}9x + 1{,}5$ übereinstimmen.

Dazu zeichnen wir die Graphen der Funktionen mit

$y = x^2$ (*Normalparabel*) und

$y = 1{,}9x + 1{,}5$ (*Gerade* mit der Steigung 1,9 und dem Achsenabschnitt 1,5).

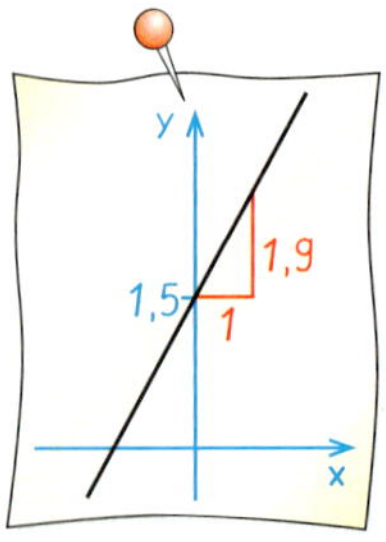

An den Stellen gemeinsamer Punkte von Parabel und Gerade stimmen die Werte von x^2 und von $1{,}9x + 1{,}5$ überein.

Aus dem Bild lesen wir ab:
Die beiden gemeinsamen Punkte P_1 und P_2 (Schnittpunkte) liegen an den Stellen −0,6 und 2,5.

Verwende für die Normalparabel eine Schablone.

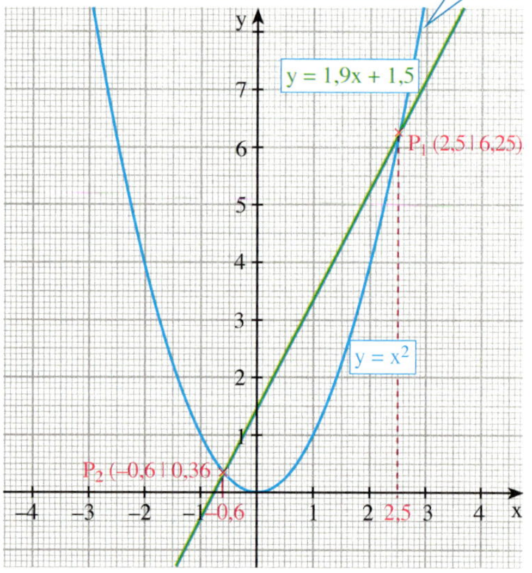

Probe:

$(-0{,}6)^2 = 1{,}9 \cdot (-0{,}6) + 1{,}5$ (w?)	
LS: $(-0{,}6)^2$ $= 0{,}36$	RS: $1{,}9 \cdot (-0{,}6) + 1{,}5$ $= -1{,}14 + 1{,}5$ $= 0{,}36$

Probe:

$2{,}5^2 = 1{,}9 \cdot 2{,}5 + 1{,}5$ (w?)	
LS: $2{,}5^2$ $= 6{,}25$	RS: $1{,}9 \cdot 2{,}5 + 1{,}5$ $= 4{,}75 + 1{,}5$ $= 6{,}25$

Ergebnis: Lösungsmenge $L = \{-0{,}6; 2{,}5\}$

Zum Festigen und Weiterarbeiten

2. Bestimme mithilfe einer Zeichnung die Lösungsmenge. Überprüfe dein Ergebnis.

a) $x^2 = 1{,}5x + 1$ **b)** $x^2 = 6x - 5$ **c)** $x^2 = -2x - 3$ **d)** $x^2 = 6{,}25$

3. Bestimme mithilfe einer Zeichnung die Lösungsmenge. Beschreibe dein Vorgehen. Forme die Gleichung zunächst geeignet um.

a) $x^2 - x - 2 = 0$ **b)** $x^2 - 3x + 2 = 0$ **c)** $2x^2 - x - 3 = 0$ **d)** $x - \frac{1}{2}x^2 = 0$

TAB

4. Erstelle zum Lösen der quadratischen Gleichung mit einem Kalkulationsprogramm eine geeignete Wertetabelle. Lass dir anschließend von dem Programm ein Punktdiagramm mit interpolierten Linien zeichnen. Lies die Lösung der quadratischen Gleichung ab und überprüfe mithilfe der Tabelle.

(1) $x^2 - 2x + 1{,}25$ (2) $x^2 = x + 3{,}75$ (3) $x^2 = 1{,}8x + 1{,}44$

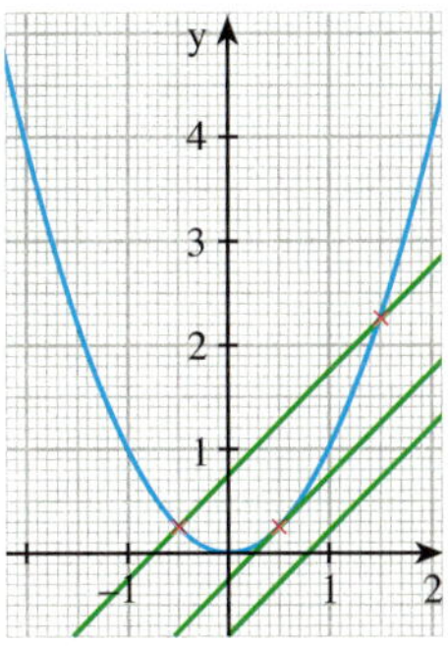

5. *Anzahl der Lösungen einer quadratischen Gleichung*

a) Lies jeweils anhand des Bildes links die Lösungsmenge ab.

(1) $x^2 - x - \frac{3}{4} = 0$, $x^2 = x + \frac{3}{4}$ (2) $x^2 - x + \frac{1}{4} = 0$, $x^2 = x - \frac{1}{4}$ (3) $x^2 - x + \frac{3}{4} = 0$, $x^2 = x - \frac{3}{4}$

Begründe anhand des Bildes:

Anzahl der Lösungen einer quadratischen Gleichung

Eine quadratische Gleichung hat entweder *zwei* Lösungen oder *eine* Lösung oder *keine* Lösung.

(1) $x^2 - x - \frac{3}{4} = 0$, $x^2 = x + \frac{3}{4}$ (2) $x^2 - x + \frac{1}{4} = 0$, $x^2 = x - \frac{1}{4}$ (3) $x^2 - x + \frac{3}{4} = 0$, $x^2 = x - \frac{3}{4}$

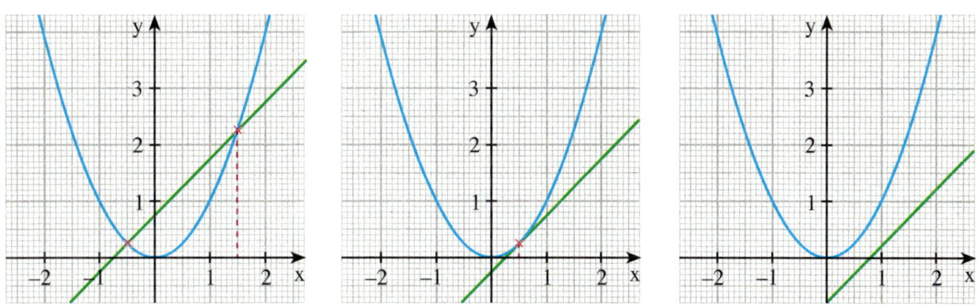

b) Bestimme die Lösungsmenge der vier Gleichungen mithilfe einer gemeinsamen Zeichnung wie in Teilaufgabe a).

(1) $x^2 = 3x$ (2) $x^2 = 3x - 2{,}25$ (3) $x^2 = 3x - 4{,}5$ (4) $x^2 = 3x - 1{,}25$

6. Setze – soweit möglich – für □ eine Zahl so ein, dass die Gleichung

(1) zwei Lösungen, (2) genau eine Lösung, (3) keine Lösung

besitzt. Zeichne hierzu jeweils die Normalparabel und eine geeignete Gerade.

a) $x^2 = \square$ **b)** $x^2 = \square \cdot x$ **c)** $x^2 = \square \cdot x - 2{,}25$ **d)** $x^2 = -4x + \square$

7. *Grafisches Lösen einer reinquadratischen Gleichung*

Gib anhand des Graphen von $y = x^2$ Lösungen der Gleichung an.

a) $x^2 = 4{,}4$ **b)** $x^2 = 2{,}3$ **c)** $x^2 = 0$ **d)** $x^2 = -1$

Wie lautet hier die Gleichung der Geraden? Um was für eine Gerade handelt es sich?

Information

Ablaufplan für das grafische Lösen einer quadratischen Gleichung

Beispiel: $x^2 + \frac{1}{2}x - 3 = 0$

(1) Löse die Gleichung nach x^2 auf:
$x^2 = -\frac{1}{2}x + 3$

(2) Zeichne (mit einer Schablone) die Parabel zu $y = x^2$ und die Gerade zu $y = -\frac{1}{2}x + 3$.

(3) Suche die gemeinsamen Punkte (Schnittpunkte; Berührungspunkte) von Parabel und Gerade. Lies die 1. Koordinate der gemeinsamen Punkte ab, im Beispiel -2 und $1{,}5$.

(4) Führe die Probe anhand der gegebenen quadratischen Gleichung durch.

(5) Notiere die Lösungsmenge:
$L = \{-2;\ 1{,}5\}$

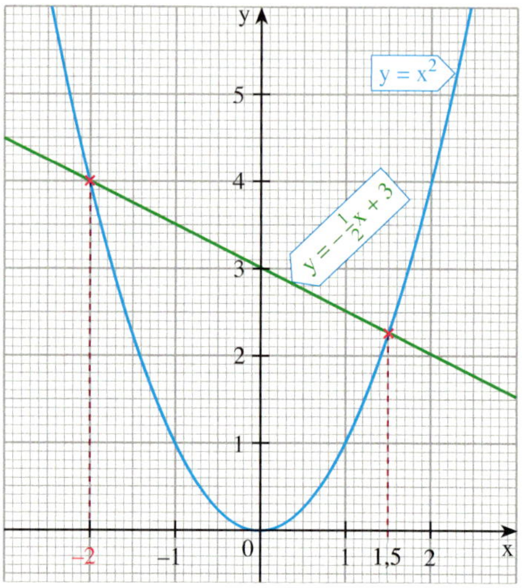

Übungen

8. Bestimme mithilfe von Graphen die Lösungsmenge. Forme gegebenenfalls um. Überprüfe dein Ergebnis.

a) $x^2 = -2x$
b) $x^2 = 2{,}25$
c) $-x^2 = \frac{1}{2}x$
d) $x^2 + 1{,}5x - 1 = 0$
e) $x^2 + 1{,}5x + 3 = 0$
f) $2x + 3 - x^2 = 0$
g) $2x^2 = 1{,}8x - 1$
h) $10x^2 = 9x + 36$
i) $-4x^2 = 2x - 12$
j) $4x^2 + 20x + 25 = 0$
k) $0{,}2x^2 + x + 1{,}4 = 0$
l) $3x + 6 - 3x^2 = 0$

9. Gib eine Gleichung an, deren Lösungsmenge man aus dem Bild ablesen kann. Notiere die quadratische Gleichung in der Form $x^2 + px + q = 0$.

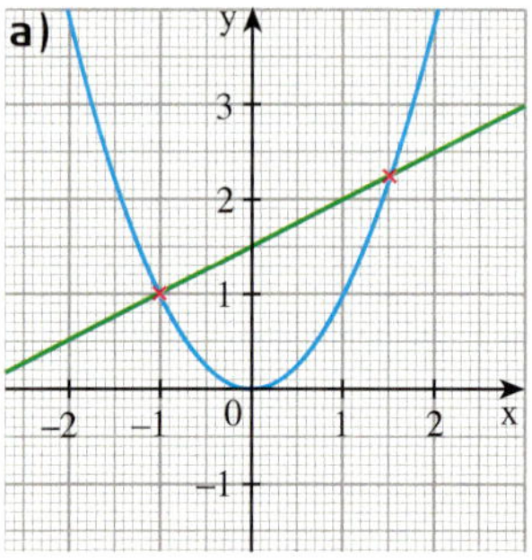

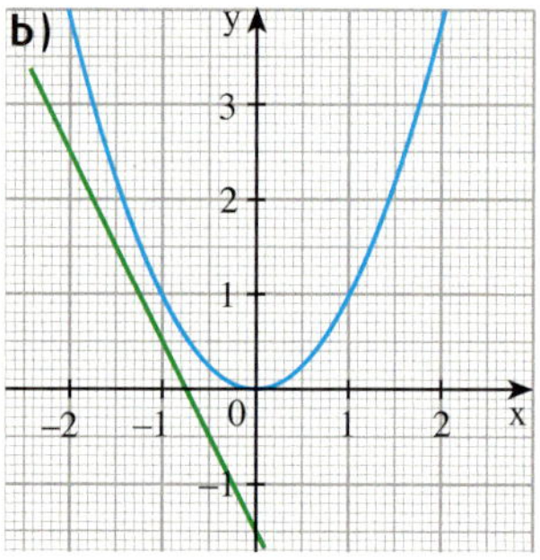

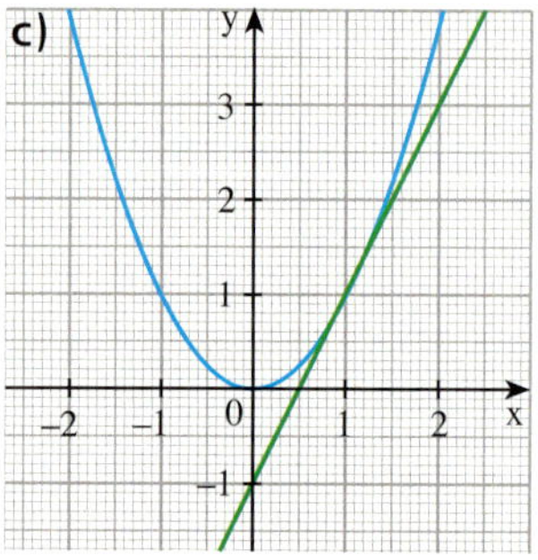

10. Bestimme mithilfe eines Graphen die Anzahl der Lösungen.

a) $x^2 - 2 = 0$
b) $x^2 + 1 = 0$
c) $x^2 = 0$
d) $x^2 + 2x = 0$
e) $2x - x^2 = 0$
f) $x^2 - 2x + 1 = 0$
g) $x^2 - 2x + 3 = 0$
h) $2x + 8 - x^2 = 0$

11. Bestimme anhand des Graphen von $y = x^2$ Lösungen der Gleichung. Forme gegebenenfalls die Gleichung geeignet um.

a) $x^2 = 2$
b) $x^2 = 5$
c) $x^2 = 5{,}3$
d) $x^2 = -5{,}3$
e) $x^2 - 7 = 0$
f) $x^2 + 6 = 0$
g) $2x^2 = 6$
h) $\frac{1}{2}x^2 = \frac{3}{4}$

RECHNERISCHES LÖSEN EINER QUADRATISCHEN GLEICHUNG

Das grafische Lösungsverfahren liefert nicht immer die genaue Lösung und ist für viele Gleichungen nur bedingt geeignet; Lösungen wie 157; 2,345 oder $\sqrt{2}$ kann man nicht ablesen. Wir wollen deshalb schrittweise ein rechnerisches Lösungsverfahren entwickeln.
Wir beginnen mit zwei Sonderfällen quadratischer Gleichungen:

(1) $ax^2 + c = 0$, d. h. eine reinquadratische Gleichung;

(2) $(x - d)^2 = r$, d. h. eine Gleichung, die man mithilfe binomischer Formeln erhält.

Auf diese Sonderfälle kann schrittweise *jede* quadratische Gleichung $ax^2 + bx + c = 0$ zurückgeführt werden.

Lösen einer reinquadratischen Gleichung

Einstieg

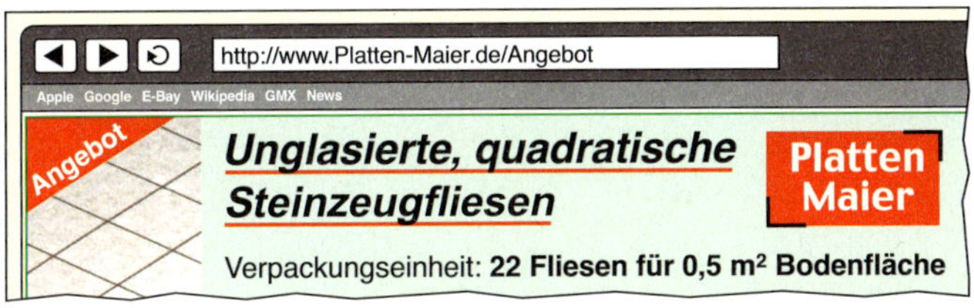

Im Internet werden quadratische Steinfliesen zum Verkauf angeboten.

→ Welche Abmessungen haben die Fliesen?

Aufgabe

1. Wir beginnen mit dem Typ $ax^2 + c = 0$, also einer *reinquadratischen* Gleichung. Bestimme die Lösungsmenge der Gleichung:

a) $9x^2 - 16 = 0$ **b)** $2x^2 + 20 = 34$ **c)** $\frac{2}{3}x^2 + 6 = 0$

Lösung

a)
$9x^2 - 16 = 0 \quad | +16$
$9x^2 = 16 \quad | :9$
$x^2 = \frac{16}{9}$
$x = \frac{4}{3}$ *oder* $x = -\frac{4}{3}$
$L = \left\{-\frac{4}{3};\ \frac{4}{3}\right\}$

b)
$2x^2 + 20 = 34 \quad | -20$
$2x^2 = 14 \quad | :2$
$x^2 = 7$
$x = \sqrt{7}$ *oder* $x = -\sqrt{7}$
$L = \left\{-\sqrt{7};\ \sqrt{7}\right\}$

c)
$\frac{2}{3}x^2 + 6 = 0 \quad | -6$
$\frac{2}{3}x^2 = -6 \quad | :\frac{2}{3}$
$x^2 = -9$
Das Quadrat einer Zahl kann nicht negativ sein, also:
$L = \{\ \}$

Zum Festigen und Weiterarbeiten

Die Variable muss nicht immer x sein.

2. Gib die Lösungsmenge an. Führe auch die Probe durch.

a) $x^2 = 25$
b) $x^2 = -4$
c) $x^2 = 0$
d) $0{,}16 = y^2$
e) $-4z^2 = 9$
f) $\frac{1}{3}x^2 = 27$
g) $x^2 + 1 = 6$
h) $4(z^2 - 9) = 28$
i) $\frac{3}{4}(z^2 - 4) = 0$
j) $0 = 9x^2 - \frac{1}{4}$
k) $0 = 9\left(x^2 - \frac{1}{4}\right)$
l) $8x^2 = 6x^2$
m) $2y^2 - \frac{15}{2} = \frac{1}{4}$
n) $2y^2 - \frac{15}{2} = \frac{1}{2}y^2$
o) $2y^2 - \frac{15}{2}y^2 = -\frac{2}{11}$
p) $5{,}5z^2 - \frac{9}{4} = 1{,}5z^2$

Information

Lösungsmenge bei einer reinquadratischen Gleichung

Eine reinquadratische Gleichung kann man auf die Form $\mathbf{x^2 = r}$ bringen.
Für sie gilt:

- Ist $r > 0$, dann hat sie *genau zwei* Lösungen, nämlich $\sqrt{r}$ und $-\sqrt{r}$.
- Ist $r = 0$, dann hat sie *genau eine* Lösung, nämlich 0.
- Ist $r < 0$, dann hat sie *keine* Lösung.

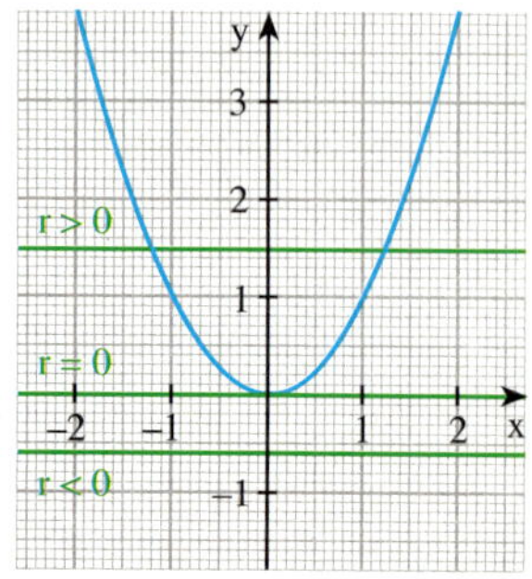

Beachte: Beim Lösen der Gleichung $x^2 = 36$ sucht man alle Zahlen, welche die Gleichung erfüllen. Man erhält: $L = \{-6; 6\}$.
Dagegen bezeichnet $\sqrt{36}$ eine Zahl. Beim Berechnen dieser Wurzel sucht man einen anderen (einfachen) Namen für diese Zahl. Es gilt: $\sqrt{36} = 6$.
Man muss also das Bestimmen der Lösungsmenge der Gleichung $x^2 = r$ und das Berechnen von $\sqrt{r}$ unterscheiden.

Übungen

3. Gib die Lösungsmenge an.

a) $x^2 = \frac{49}{16}$ **b)** $x^2 = 0{,}36$ **c)** $x^2 = 3$ **d)** $x^2 = 1{,}44$ **e)** $\frac{1}{2}x^2 = \frac{25}{8}$ **f)** $0{,}3\,z^2 = 0{,}012$ **g)** $\frac{1}{4}x^2 = 25$ **h)** $\frac{1}{4}y^2 = 0$

4. Löse rechnerisch. Mache auch die Probe.

a) $x^2 - 0{,}09 = 0$ **b)** $x^2 + 0{,}49 = 0$ **c)** $4x^2 - 9 = 0$ **d)** $4y^2 + 1 = 0$ **e)** $0{,}24x^2 - 6 = 0$ **f)** $\frac{2}{3}x^2 - \frac{10}{3} = 0$ **g)** $\frac{4}{5}x^2 - 2 = 0$ **h)** $\sqrt{5}\,z^2 - \sqrt{80} = 0$

1+1=3

5. Kontrolliere die Rechnungen. Berichtige, wenn nötig.

(1) $x^2 + 9 = 0$
$x^2 = -9$
$x = -3$

(2) $4x^2 = 0$
$x^2 = \frac{1}{4}$
$x = \frac{1}{2}$ oder $x = -\frac{1}{2}$

(3) $3x^2 = 75$
$x^2 = 25$
$x = 5$

6. Bestimme die Lösungsmenge.

a) $11x^2 = 36 + 2x^2$ **b)** $5x^2 = 343 - 2x^2$ **c)** $9x^2 - 4 = 5x^2 - 4$ **d)** $7x^2 + 2 = 1 + 5x^2$ **e)** $13y^2 - 8 = 9y^2 + 1$ **f)** $16z^2 - 20 = 5 - 20z^2$

7. **a)** $x(x - 20) = 2(72 - 10x)$
b) $9x(x + 1) - 7(x - 11) = 86 + 2x$
c) $3x(x + 7) + 5x(x - 2) = 11x + 60{,}5$
d) $14x(x - 4) = 5(9 - 22x) + 9x(x + 6)$
e) $(x + 4)^2 + (x - 4)^2 = 34$
f) $(z + 5)(z - 8) = -3(z + 8)$
g) $(5x + 7)^2 - (7x + 5)^2 = -72$
h) $\frac{1}{3}(x^2 + 5) - \frac{1}{5}(x^2 - 1) = 4$

8. **a)** $(x - 3)^2 = 25 - 6x$ **b)** $(x + 1)^2 = 2x + 37$ **c)** $(2y + 5)^2 = 146 + 20y$

9. **a)** $(2x + 3)(2x - 3) = 16$
b) $(y + 2)(y - 2) = 46 - 71y^2$
c) $(3x - 5)(3x + 5) = -153x^2 + 73$
d) $(3 - 2x)(3 + 2x) = -3x^2 - 8x - 11$

10. Notiere zu der Lösungsmenge eine passende reinquadratische Gleichung.

a) $\{7; -7\}$ **b)** $\{0\}$ **c)** $\left\{\frac{3}{2}; -\frac{3}{3}\right\}$ **d)** $\{0{,}4; -0{,}4\}$ **e)** $\left\{\sqrt{8}; -\sqrt{8}\right\}$ **f)** $\{\ \}$

11. Bestimme die gesuchten Zahlen.

a) Multipliziert man eine Zahl mit sich selbst und addiert zum Produkt 16, so erhält man die Zahl 41.

b) Multipliziert man das Quadrat einer Zahl mit 4, so erhält man dasselbe Ergebnis, wie wenn man 75 zum Quadrat der Zahl addiert.

c) Multipliziert man die Hälfte einer Zahl mit dem vierten Teil derselben, so erhält man die Zahl 50.

12. Die Oberfläche eines Würfels beträgt 3 456 cm^2. Wie lang ist eine Kante?

13. Drei gleich große quadratische Büroräume sowie der 18,25 m^2 große Flur sollen mit neuem Teppichboden ausgelegt werden. Dazu werden insgesamt 55 m^2 benötigt.
Wie lang ist die Seitenlänge eines Büroraumes?

14. Ein quadratisches Blumenbeet in einem Park wird auf einer Seite um 7 m verkürzt und auf der benachbarten Seite um 7 m verlängert. Das neue, rechteckige Blumenbeet ist 435 m^2 groß.
Welche Seitenlänge hatte das ursprüngliche Blumenbeet? Überprüfe dein Ergebnis.

15. In der Fahrschule lernt man, die Länge des Bremsweges eines Fahrzeugs nach folgender Faustformel abzuschätzen:

$$\text{Länge des Bremsweges (in m)} = \left(\frac{\text{Geschwindigkeit in } \left(\frac{\text{km}}{\text{h}}\right)}{10}\right)^2$$

Der Fahrer eines Pkw, der mit einer Geschwindigkeit von $130\,\frac{\text{km}}{\text{h}}$ fährt, macht plötzlich eine Vollbremsung.
Wie lang ist der Bremsweg?

Lösen einer gemischtquadratischen Gleichung der Form $(x - d)^2 = r$

Einstieg

Herr Kuhweide besitzt ein 500 m^2 großes quadratisches Grundstück. Die Gemeinde, der das umliegende Land gehört, bietet ihm an, die Seiten des Grundstücks um jeweils 10 m zu vergrößern. Sie verlangt für 1 m^2 75 €. Hinzu kommt noch die Mehrwertsteuer.

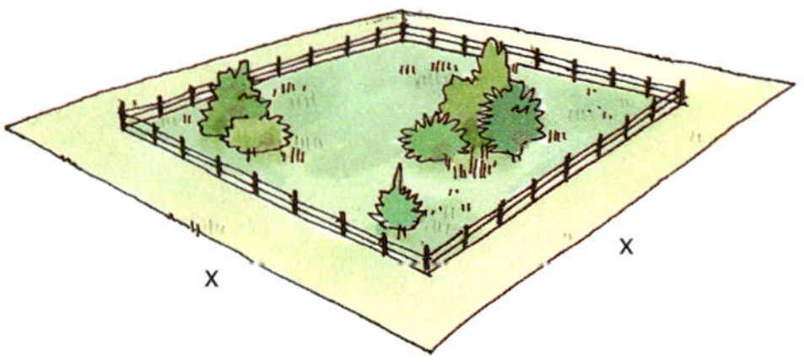

Aufgabe

1. Bestimme die Lösungsmenge der quadratischen Gleichung:

a) $(x - 2)^2 = 9$ **b)** $x^2 + 6x + 9 = 25$

Lösung

a) Wir lösen die Gleichung entsprechend zur Aufgabe 1 auf Seite 221. Dabei denken wir uns nur $(x-2)$ anstelle von x:

$(x-2)^2 = 9$

$x-2 = \sqrt{9}$ *oder* $x-2 = -\sqrt{9}$

$x-2 = 3$ *oder* $x-2 = -3$

$x = 5$ *oder* $x = -1$

$L = \{-1; 5\}$

b) Auf den linken Term wenden wir zunächst die 1. binomische Formel an:

$x^2 + 6x + 9 = 25$

$(x+3)^2 = 25$

$x+3 = \sqrt{25}$ *oder* $x+3 = -\sqrt{25}$

$x+3 = 5$ *oder* $x+3 = -5$

$x = 2$ *oder* $x = -8$

$L = \{-8; 2\}$

Strategie
Zurückführen auf einen bekannten Fall: reinquadratische Gleichung

Wiederholung

Binomische Formeln

(1) $(a+b)^2 = a^2 + 2ab + b^2$ (2) $(a-b)^2 = a^2 - 2ab + b^2$

Beispiele: $(x+5)^2 = x^2 + 10x + 25$ $(y-8)^2 = y^2 - 16y + 64$

Zum Festigen und Weiterarbeiten

2. Bestimme durch Rechnen die Lösungsmenge. Überprüfe dein Ergebnis.

a) $(x+5)^2 = 49$ **b)** $(x-4)^2 = 0$ **c)** $(x-1)^2 = 3$ **d)** $(y+7)^2 = -4$

3. *Anwenden einer binomischen Formel (Wiederholung)*

a) Schreibe als Summe; wende dazu eine binomische Formel an.
(1) $(x+4)^2$ (2) $(x-7)^2$ (3) $\left(x+\frac{5}{2}\right)^2$ (4) $\left(z-\frac{7}{4}\right)^2$ (5) $(y-0{,}8)^2$

b) Schreibe mithilfe der 1. oder 2. binomischen Formel als Quadrat eines Terms.
(1) $x^2 + 12x + 36$ (2) $x^2 - 5x + 6{,}25$ (3) $y^2 - 7y + 12{,}25$ (4) $z^2 - \frac{4}{5}z + \frac{4}{25}$

c) Ergänze so, dass man eine binomische Formel anwenden kann.
(1) $x^2 + \square + 49$ (2) $y^2 - \square + 1{,}44$ (3) $x^2 + 6x + \square$ (4) $z^2 - \frac{3}{2}z + \square$

4. Bestimme die Lösungsmenge. Führe auch die Probe durch.

a) $x^2 - 12x + 36 = 25$ **b)** $x^2 + 9x + \frac{81}{4} = \frac{9}{4}$ **c)** $y^2 - 6y + 9 = 11$

Übungen

5. Bestimme die Lösungsmenge. Führe – soweit möglich – die Probe durch.

a) $(x+2)^2 = 25$ **d)** $(x-4)^2 = 1$ **g)** $(x-5)^2 = -49$ **j)** $(z-2)^2 = \frac{16}{25}$

b) $(x-3)^2 = 16$ **e)** $(x+2)^2 = 0$ **h)** $(x-0{,}6)^2 = 2{,}25$ **k)** $(y+3)^2 = 2$

c) $(x+7)^2 = 36$ **f)** $(x-5)^2 = 4$ **i)** $(x+1{,}2)^2 = 0{,}81$ **l)** $(y-2)^2 = 12$

6. a) Schreibe jeweils als Summe.
(1) $(x-2)^2$; $(x+0{,}6)^2$; $\left(z-\frac{7}{2}\right)^2$ (2) $(x+9)^2$; $(x-1{,}2)^2$; $\left(y-\frac{8}{5}\right)^2$

b) Schreibe mithilfe der 1. und 2. binomischen Formel als Quadrat eines Terms.
(1) $x^2 + 12x + 36$ (3) $x^2 - 7x + \frac{49}{4}$ (5) $x^2 - \frac{3}{2}x + \frac{9}{16}$ (7) $x^2 - 0{,}2x + 0{,}01$
(2) $x^2 - 18x + 81$ (4) $x^2 + 5x + 6{,}25$ (6) $x^2 - \frac{4}{5}x + \frac{4}{25}$ (8) $x^2 + \frac{7}{5}x + \frac{49}{100}$

c) Ergänze so, dass man eine binomische Formel anwenden kann.
(1) $x^2 + \square + \frac{16}{25}$ (2) $z^2 - \square + 1{,}69$ (3) $y^2 + 3y + \square$ (4) $x^2 - \frac{4}{3}x + \square$

7. Bestimme durch Rechnen die Lösungsmenge. Führe auch die Probe durch.

a) $x^2 - 6x + 9 = 36$
b) $x^2 + 8x + 16 = 49$
c) $x^2 - 8x + 16 = 0$
d) $x^2 - 1{,}8x + 0{,}81 = 0{,}25$
e) $x^2 + 5x + \frac{25}{4} = \frac{81}{4}$
f) $x^2 - x + 0{,}25 = 1{,}44$
g) $z^2 + 16z + 64 = 7$
h) $y^2 - 3y + 2{,}25 = 5$
i) $y^2 - 5y + 6{,}25 = 8$

8. *Zahlenrätsel*

Bestimme die gesuchten Zahlen. Wie viele Lösungen hat das Zahlenrätsel? Kontrolliere.

a) Wenn man eine Zahl um 5 vergrößert und das Ergebnis quadriert, so erhält man 36.
b) Wenn man eine Zahl um 2 verkleinert und das Ergebnis quadriert, so erhält man 16.
c) Wenn man eine Zahl um $\frac{1}{2}$ vergrößert und das Ergebnis quadriert, so erhält man 0.

Lösen einer quadratischen Gleichung mithilfe der quadratischen Ergänzung

Einstieg

Das rechts abgebildete Grundstück ist 567 m² groß.
Berechne seine Maße.
Ihr könnt dazu eine quadratische Gleichung aufstellen.
Es gibt mehrere Möglichkeiten
Welche davon ist am günstigsten?
Berichtet über eure Ergebnisse.

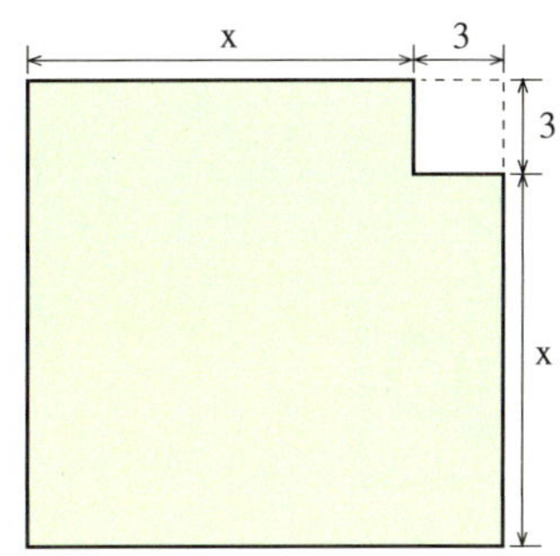

Aufgabe

1. Bestimme die Lösungsmenge der quadratischen Gleichung:

a) $x^2 + 6x = -5$
b) $x^2 - 3x - 1 = 0$

Lösung

Wir versuchen die linke Seite der Gleichung mithilfe einer binomischen Formel in einen quadratischen Term zu verwandeln. Dazu müssen wir den Term links geeignet ergänzen. Wir addieren auf beiden Seiten das Quadrat des halben Faktors von x (*quadratische Ergänzung*; abgekürzt: qu. E.).
Dann können wir wie in Aufgabe 1 auf Seite 223/224 weiterrechnen.

(qu. E.) bedeutet quadratische Ergänzung

a)
$$\begin{aligned} x^2 + 6x &= -5 \quad \mid + \left(\tfrac{6}{2}\right)^2 \text{ (qu. E.)} \\ x^2 + 6x + 9 &= -5 + 9 \\ x^2 + 6x + 9 &= 4 \quad \mid \text{T} \\ (x+3)^2 &= 4 \end{aligned}$$
$x + 3 = 2$ *oder* $x + 3 = -2$
$x = -1$ *oder* $x = -5$
$L = \{-5;\ -1\}$

Strategie
Zurückführen auf einen bekannten Fall: $(x - d)^2 = r$

b)
$$\begin{aligned} x^2 - 3x - 1 &= 0 \quad \mid + 1 \\ x^2 - 3x &= 1 \quad \mid + \left(\tfrac{3}{2}\right)^2 \text{ (qu. E.)} \\ x^2 - 3x + \left(\tfrac{3}{2}\right)^2 &= 1 + \left(\tfrac{3}{2}\right)^2 \quad \mid \text{T} \\ \left(x - \tfrac{3}{2}\right)^2 &= \tfrac{13}{4} \end{aligned}$$
$x - \frac{3}{2} = \sqrt{\frac{13}{4}}$ *oder* $x - \frac{3}{2} = -\sqrt{\frac{13}{4}}$
$x = \frac{3}{2} + \frac{1}{2}\sqrt{13}$ *oder* $x = \frac{3}{2} - \frac{1}{2}\sqrt{13}$
$L = \left\{\frac{3}{2} + \frac{1}{2}\sqrt{13};\ \frac{3}{2} - \frac{1}{2}\sqrt{13}\right\}$

Zum Festigen und Weiterarbeiten

2. Ergänze auf beiden Seiten der Gleichung so, dass du die linke Seite als Quadrat schreiben kannst. Bestimme dann die Lösungsmenge. Mache auch die Probe.

a) $x^2 - 4x + \square = 32 + \square$ **b)** $x^2 + 10x + \square = 24 + \square$ **c)** $x^2 - 3x + \square = 6{,}75 + \square$

3. Ergänze beide Seiten der Gleichung so, dass die linke Seite als Quadrat geschrieben werden kann. Bestimme dann die Lösungsmenge. Mache auch die Probe.

a) $x^2 - 10x = 24$ **c)** $x^2 - 7x + 6 = 0$ **e)** $8 - 6z + z^2 = 0$ **g)** $6 + x^2 - 5x = 0$

b) $x^2 + 2x - 8 = 0$ **d)** $8y + y^2 = 9$ **f)** $x^2 - 4x + 1 = 0$ **h)** $y^2 - 4 - 3y = 0$

4. *Gemischtquadratische Gleichungen ohne absolutes Glied*

a) Beschreibe die beiden Lösungswege; vergleiche und bewerte sie.
Welches Wissen über Produkte nutzt man bei der Lösung (2) aus?

(1)
$x^2 - 8x = 0$
$x^2 - 8x + 16 = 16$
$(x-4)^2 = 16$
$x - 4 = 4$ oder $x - 4 = -4$
$x = 8$ oder $x = 0$
$L_1 = \{8; 0\}$

(2)
$x^2 - 8x = 0$
$x \cdot (x - 8) = 0$
$x = 0$ oder $x - 8 = 0$
$x = 0$ oder $x = 8$
$L_2 = \{0; 8\}$

b) Bestimme möglichst einfach die Lösungsmenge. Klammere dazu die Variable aus.
(1) $x^2 + 3x = 0$ (2) $x^2 - 0{,}9x = 0$ (3) $5x^2 - 4x = 0$ (4) $-2z^2 + 7z = 0$

c) Tim hat die Gleichung $x^2 - 8x = 0$ wie rechts notiert gelöst. Die Lösungsmenge ist aber falsch.
Wo steckt der Fehler?
Erkläre.

$x^2 - 8x = 0$
$x^2 = 8x \quad | : x$
$x = 8$
$L = \{8\}$

5. *Lösen einer quadratischen Gleichung der Form $ax^2 + bx + c = 0$*
Bestimme mithilfe der quadratischen Ergänzung die Lösungsmenge.
Beachte: Vor dem quadratischen Ergänzen muss man die Gleichung auf die Form $x^2 + px + q = 0$ (*Normalform*) bringen.

Strategie
Zurückführen auf einen bekannten Fall

a) Erkläre das Beispiel rechts.
Rechne weiter und bestimme die Lösungsmenge. Kontrolliere.

$$2x^2 + 6x - 20 = 0$$
$$x^2 + 3x - 10 = 0$$
$$x^2 + 3x + \left(\tfrac{3}{2}\right)^2 = 10 + \left(\tfrac{3}{2}\right)^2$$

b) Bestimme die Lösungsmenge.
(1) $3x^2 + 24x + 21 = 0$
(2) $2x^2 + 2x - 12 = 0$
(3) $\frac{1}{4}x^2 + 3x - 7 = 0$
(4) $0{,}1y^2 + y + 2{,}4 = 0$
(5) $\frac{1}{3}z^2 - 5z + 18 = 0$
(6) $9y^2 - 24y + 7 = 0$

c) Löse entsprechend.
(1) $3x^2 + x + 7 = 4x + 2x^2 + 5$
(2) $5z^2 + 7z = 4z^2 - 18z - 156$
(3) $3x(x + 2) - 5x(x - 3) = 52$
(4) $(2y - 5)^2 + (3y - 8)^2 = 2$

Übungen

6. Ergänze auf beiden Seiten der Gleichung so, dass du die linke Seite als Quadrat schreiben kannst. Bestimme dann die Lösungsmenge. Mache die Probe.

a) $x^2 + 4x + \square = 21 + \square$ **c)** $x^2 + 14x + \square = 15 + \square$ **e)** $x^2 + 3x + \square = 33{,}75 + \square$

b) $x^2 - 8x + \square = 33 + \square$ **d)** $x^2 - 12x + \square = 13 + \square$ **f)** $y^2 - 5y + \square = 42{,}75 + \square$

7. Bestimme jeweils die Lösungsmenge. Führe die Probe durch.

a) $x^2 - 8 = 0$
$z^2 - 8z = 0$

b) $y^2 + 6y - 7 = 0$
$x^2 + 8x - 9 = 0$

c) $z^2 - 4z - 5 = 0$
$x^2 - 5x + 4 = 0$

d) $x^2 - 4x + 5 = 0$
$x^2 + 4x - 5 = 0$

e) $x^2 + 8 = 0$
$x^2 + 8x = 0$

f) $x^2 - 4x + 3 = 0$
$x^2 - 3x - 4 = 0$

g) $x^2 + 5x + 4 = 0$
$x^2 + 4x + 5 = 0$

h) $x^2 - 8x - 20 = 0$
$y^2 + 6y - 16 = 0$

i) $x^2 + 16x + 15 = 0$
$x^2 + 15x - 16 = 0$

j) $x^2 + 0{,}6x - 0{,}4 = 0$
$x^2 - 1{,}6x - 0{,}8 = 0$

k) $z^2 + 0{,}8z + 0{,}16 = 0$
$x^2 + 0{,}6x + 0{,}08 = 0$

l) $x^2 - \frac{2}{5}x - \frac{3}{5} = 0$
$x^2 - \frac{3}{5}x - \frac{2}{5} = 0$

1+1=3

8. Kontrolliere Julias Hausaufgaben.

a) $x^2 - 3x = 16 \quad |+9$
$x^2 - 3x + 9 = 25$
$(x-3)^2 = 5$
$x - 3 = 5$ oder $x - 3 = -5$
$x = 8$ oder $x = -2$
$L = \{8; -2\}$

b) $4z^2 - 12z + 8 = 0 \quad |+1$
$4z^2 - 12z + 9 = 1$
$(2z-3)^2 = 1$
$2z - 3 = 1$ oder $2z - 3 = -1$
$2z = 4$ oder $2z = 2$
$z = 2$ oder $z = 1$
$L = \{1; -2\}$

c) $4x^2 - 8x = 0 \quad |+8x$
$4x^2 = 8x \quad |:4x$
$x = 2$
$L = \{2\}$

9. Bestimme – ohne quadratisches Ergänzen – jeweils die Lösungsmenge. Überprüfe dein Ergebnis.

a) $x^2 - 4x = 0$
$x^2 - 4 = 0$

b) $3y^2 - 12 = 0$
$-5x^2 + \frac{1}{5} = 0$

c) $y^2 + 6y + 9 = 0$
$y^2 + 9 = 0$

d) $4x^2 - 9 = 0$
$4x^2 + 9x = 0$

e) $4z^2 - 1 = 0$
$4z^2 - z = 0$

f) $50x^2 - 18 = 0$
$50 - 18x^2 = 0$

g) $x^2 - 0{,}09 = 0$
$x^2 + 0{,}9x = 0$

h) $9z^2 - 4 = 60$
$4z - 9z^2 = 0$

i) $-\frac{1}{2}x^2 + 8x = 0$
$-\frac{1}{2}x^2 + 8 = 0$

j) $-\frac{1}{8}y^2 + \frac{1}{2} = 0$
$\frac{1}{8}(y^2 - 1) = \frac{1}{2}$

k) $2{,}5x^2 = 10x$
$3x = -\frac{3}{5}x^2$

l) $-4z^2 = -14z$
$\frac{1}{8}y^2 = 1{,}3y$

10. Bestimme die Lösungsmenge. Mache die Probe.

a) $x^2 + 20x + 36 = 0$
b) $x^2 + 20x + 100 = 0$
c) $x^2 + 20x + 125 = 0$
d) $x^2 + 20x - 125 = 0$
e) $x^2 - 7x + 6 = 0$
f) $x^2 - 11x + 31 = 0$
g) $x^2 - 11x - 5{,}75 = 0$
h) $x^2 + 12x + 33 = 0$
i) $x^2 + 21x + 20 = 0$
j) $x^2 - 3x + 0{,}25 = 0$
k) $x^2 + 8x = 20$
l) $2x^2 + 16x + 32 = 0$

11.
a) $\frac{1}{2}x^2 - 7x + 12 = 0$
b) $5x^2 - 20x + 15 = 0$
c) $0{,}2z^2 + 3z - 20 = 0$
d) $2x^2 - 28x + 80 = 0$
e) $0{,}1y^2 + 1{,}5y - 3{,}4 = 0$
f) $5x^2 - 8x + 3 = 0$
g) $\frac{1}{2}x^2 + 4x + 10 = 0$
h) $140z + 98 + 50z^2 = 0$
i) $36 + 15y^2 - 51y = 0$

12. Für den Benzinverbrauch B (in *l* pro 100 km) in Abhängigkeit von der im 5. Gang gefahrenen Geschwindigkeit v (in $\frac{km}{h}$) gilt: $B = 0{,}001\,v^2 - 0{,}1\,v + 6{,}3$

a) Bei welcher Geschwindigkeit beträgt der Benzinverbrauch 7 *l* pro 100 km?

b) Wie stark muss man die Geschwindigkeit vermindern, damit der Benzinverbrauch um 1 *l* pro 100 km gesenkt wird?

Lösungsformel - Diskriminante

Aufgabe

1. **a)** Bestimme die Lösungsmenge der quadratischen Gleichung $x^2 + px + q = 0$ mithilfe der quadratischen Ergänzung und leite so eine Lösungsformel her.
Vom grafischen Lösen einer quadratischen Gleichung wissen wir, dass eine solche Gleichung genau zwei Lösungen oder genau eine Lösung oder keine Lösung besitzen kann.
Unter welcher Bedingung für p und q ist dies der Fall?

b) Bestimme mithilfe der in Teilaufgabe a) entwickelten Lösungsformel die Lösungsmenge der quadratischen Gleichung $2x^2 - 6x - 20 = 0$.

c) Wie viele Lösungen hat die Gleichung $3x^2 - 18x + 20{,}25 = 0$?
Beantworte die Frage anhand der Lösungsformel, ohne die Lösungsmenge selbst zu bestimmen.

Lösung

a)
$$\begin{aligned} x^2 + px + q &= 0 && \mid -q \\ x^2 + px &= -q && \mid +\left(\tfrac{p}{2}\right)^2 \text{ (qu. E.)} \\ x^2 + px + \left(\tfrac{p}{2}\right)^2 &= -q + \left(\tfrac{p}{2}\right)^2 && \mid \text{T (1. bin. Formel)} \\ \left(x + \tfrac{p}{2}\right)^2 &= \left(\tfrac{p}{2}\right)^2 - q \end{aligned}$$

Die Anzahl der Lösungen der quadratischen Gleichung hängt von dem Term $\left(\frac{p}{2}\right)^2 - q$ ab. Dieser Term heißt *Diskriminante* D.
Wir müssen eine *Fallunterscheidung* für die Diskriminante D durchführen:

1. Fall: **D > 0**

$x + \frac{p}{2} = \sqrt{\left(\frac{p}{2}\right)^2 - q}$ *oder* $x + \frac{p}{2} = -\sqrt{\left(\frac{p}{2}\right)^2 - q}$

$x = -\frac{p}{2} + \sqrt{\left(\frac{p}{2}\right)^2 - q}$ *oder* $x = -\frac{p}{2} - \sqrt{\left(\frac{p}{2}\right)^2 - q}$

$L = \left\{-\frac{p}{2} + \sqrt{\left(\frac{p}{2}\right)^2 - q};\ -\frac{p}{2} - \sqrt{\left(\frac{p}{2}\right)^2 - q}\right\}$

2. Fall: **D = 0**

$\left(x + \frac{p}{2}\right)^2 = 0$

$x + \frac{p}{2} = 0$

$x = -\frac{p}{2}$

$L = \left\{-\frac{p}{2}\right\}$

3. Fall: **D < 0**

Das Quadrat einer Zahl ist stets nichtnegativ. Also:

$L = \{\ \}$

Lösungsformel für quadratische Gleichungen

Gegeben ist eine quadratische Gleichung in der Form: $x^2 + px + q = 0$.
Diese Form nennt man *Normalform* der quadratischen Gleichung.

Die **Diskriminante** D (der Normalform) lautet: $D = \left(\frac{p}{2}\right)^2 - q$.
Für die Lösungsmenge der Gleichung gilt dann:

- Wenn die Diskriminante D *positiv* ist, dann gibt es *genau zwei* Lösungen x_1 und x_2, nämlich:
  $x_1 = -\frac{p}{2} + \sqrt{\left(\frac{p}{2}\right)^2 - q}$ und $x_2 = -\frac{p}{2} - \sqrt{\left(\frac{p}{2}\right)^2 - q}$
- Wenn die Diskriminante D *null* ist, dann gibt es *genau eine* Lösung, nämlich $-\frac{p}{2}$.
- Wenn die Diskriminante D *negativ* ist, dann gibt es *keine* Lösung.

Anmerkung: In Formelsammlungen findet man die Lösungen x_1 und x_2 einer quadratischen Gleichung häufig auch wie folgt angegeben:

$$x_{1,2} = -\frac{p}{2} \pm \sqrt{\left(\frac{p}{2}\right)^2 - q}$$

b) Bevor wir die Formel anwenden können, müssen wir die gegebene Gleichung auf die Normalform bringen.

$2x^2 - 6x - 20 = 0 \quad | :2$

Normalform: $x^2 - 3x - 10 = 0$ ($p = -3$; $q = -10$)

$x_1 = -\frac{-3}{2} + \sqrt{\left(\frac{-3}{2}\right)^2 - (-10)}$; $\quad x_2 = -\frac{-3}{2} - \sqrt{\left(\frac{-3}{2}\right)^2 - (-10)}$

$x_1 = \frac{3}{2} + \sqrt{\frac{9}{4} + \frac{40}{4}}$; $\quad x_2 = \frac{3}{2} - \sqrt{\frac{9}{4} + \frac{40}{4}}$

$x_1 = \frac{3}{2} + \sqrt{\frac{49}{4}}$; $\quad x_2 = \frac{3}{2} - \sqrt{\frac{49}{4}}$

$x_1 = \frac{3}{2} + \frac{7}{2} = 5$; $\quad x_2 = \frac{3}{2} - \frac{7}{2} = -2$

$L = \{-2;\ 5\}$

c) Die Anzahl der Lösungen hängt von der Diskriminante D ab. Bevor wir die Diskriminante D berechnen können, müssen wir die gegebene Gleichung erst auf die Normalform bringen.

$3x^2 - 18x + 20{,}25 = 0 \quad | :3$

$x^2 - 6x + 6{,}75 = 0$

Es ist $p = -6$ und $q = 6{,}75$, und somit

$D = \left(\frac{p}{2}\right)^2 - q = \left(\frac{-6}{2}\right)^2 - 6{,}75 = 9 - 6{,}75$, also $D > 0$.

Also: Die Diskriminante D ist positiv.
Die gegebene Gleichung hat somit genau zwei Lösungen.

Zum Festigen und Weiterarbeiten

2. Bestimme die Lösungsmenge mithilfe der Lösungsformel. Führe die Probe durch.

a) $x^2 - 6x + 8 = 0$ **b)** $x^2 + 10x + 16 = 0$ **c)** $x^2 - 14x - 51 = 0$

3. Bestimme die Lösungsmenge mithilfe der Lösungsformel. Bringe die Gleichung zunächst auf die Normalform. Überprüfe dein Ergebnis.

a) $4x^2 - x - 7{,}5 = 0$ **b)** $\frac{1}{3}x^2 - 3x + 7 = 0$ **c)** $\frac{1}{2}z^2 + 3z - 3 = 0$

4. *Bestimmen der Anzahl der Lösungen mit der Diskriminante*
Berechne die Diskriminante. Wie viele Lösungen hat die Gleichung?

a) $x^2 + 9x + 20 = 0$ **c)** $4x^2 + 68x + 289 = 0$ **e)** $x(x - 24) + 16(2x + 1) = 0$

b) $x^2 - 15x + 57 = 0$ **d)** $\frac{1}{7}y^2 + \frac{1}{6}y - \frac{4}{7} = 0$ **f)** $0{,}25z^2 - 4 + 1{,}5z = 0$

Übungen

5. Bestimme die Lösungsmenge mithilfe der Lösungsformel. Mache die Probe.

a) $x^2 + 8x - 9 = 0$ **d)** $x^2 - 14x + 50 = 0$ **g)** $x^2 - 13x + 42{,}5 = 0$

b) $x^2 + 5x + 4 = 0$ **e)** $x^2 + 10{,}8x - 63 = 0$ **h)** $x^2 - 2{,}2x + 0{,}4 = 0$

c) $x^2 - 3x + 2 = 0$ **f)** $x^2 + 2{,}55x - 4{,}5 = 0$ **i)** $x^2 - 7x + 3 = 0$

6. Bringe die Gleichung zunächst auf Normalform und wende dann die Lösungsformel an. Kontrolliere auch dein Ergebnis.

a) $x^2 = 22x - 21$ **c)** $12{,}5 = 7x - x^2$ **e)** $x + 0{,}75 = x^2$

b) $x^2 + 8x = -12$ **d)** $x^2 = 1{,}75 - 3x$ **f)** $4{,}4 - 0{,}2x = x^2$

7. Kontrolliere Carolines Hausaufgaben.

a) $x^2 - 3x - 4 = 0$
$x_{1/2} = -\frac{3}{2} \pm \sqrt{\left(\frac{3}{2}\right)^2 - (-4)}$
$= -\frac{3}{2} \pm \sqrt{\frac{9}{4} + \frac{16}{4}}$
$= -\frac{3}{2} \pm \frac{5}{2}$
$L = \{1; -4\}$

b) $x^2 + 3x = -10$
$x_{1/2} = -\frac{3}{2} \pm \sqrt{\left(\frac{3}{2}\right)^2 - (-10)}$
$= -\frac{3}{2} \pm \sqrt{\frac{9}{4} + \frac{40}{4}}$
$= -\frac{3}{2} \pm \frac{7}{2}$
$L = \{-5; 2\}$

c) $z^2 + 7 + 10z = 0$
$z_{1/2} = -\frac{7}{2} \pm \sqrt{\left(\frac{7}{2}\right)^2 - 10}$
$= -\frac{7}{2} \pm \sqrt{\frac{49}{4} - \frac{40}{4}}$
$= \frac{7}{2} \pm \frac{3}{2}$
$L = \{5; 2\}$

8. Bestimme die Lösungsmenge mithilfe der Lösungsformel.

a) $x^2 - 6x - 187 = 0$
b) $x^2 + 9x - 52 = 0$
c) $x^2 + 10{,}8x - 63 = 0$
d) $x^2 + 2{,}55x - 4{,}5 = 0$
e) $x^2 + 13x + 42{,}5 = 0$
f) $12{,}5 = 7x - x^2$
g) $x^2 - 16x + 64 = 0$
h) $2x^2 - 14x + 6 = 0$
i) $5x^2 + 25x + 10 = 0$
j) $2x^2 - 3x - 104 = 0$
k) $9x^2 + 66x + 137 = 0$
l) $5y^2 + 14y = -9{,}8$
m) $3y^2 - 4{,}4y - 9{,}6 = 0$
n) $3x^2 - 15x + 7 = 0$
o) $2x^2 + 14x + 25{,}5 = 0$
p) $\frac{4}{9}z^2 - 2z + \frac{5}{2} = 0$
q) $\frac{5}{6}z^2 - 4z + \frac{24}{5} = 0$
r) $\frac{3}{2}x^2 + 15 = 12x$

9. Vergleiche und bewerte die unterschiedlichen Lösungswege.

$x^2 - 5x = 0$
$x_{1/2} = \frac{5}{2} \pm \sqrt{\left(\frac{5}{2}\right)^2 - 0}$
$= \frac{5}{2} \pm \frac{5}{2}$
$L = \{0; 5\}$

$x^2 - 5x = 0$
$x(x - 5) = 0$
$x = 0$ oder $x - 5 = 0$
$x = 0$ oder $x = 5$
$L = \{0; 5\}$

$x^2 - 5x = 0$
$x^2 - 5x + 2{,}5^2 = 2{,}5^2$
$(x - 2{,}5)^2 = 6{,}25$
$x - 2{,}5 = 2{,}5$ oder $x - 2{,}5 = -2{,}5$
$x = 5$ oder $x = 0$
$L = \{0; 5\}$

10.

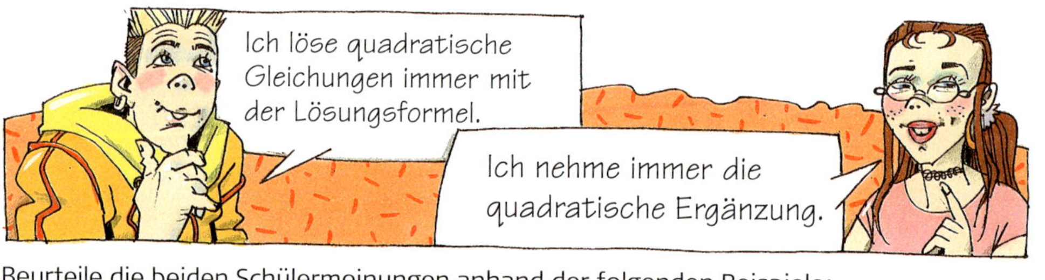

Beurteile die beiden Schülermeinungen anhand der folgenden Beispiele:
(1) $x^2 - 4x = 21$ (2) $x^2 - 3 = 13$ (3) $3x^2 = 12x$

11. Bestimme die Lösungsmenge. Überlege zunächst, wie du vorgehst. Manchmal ist die quadratische Ergänzung bzw. die Lösungsformel umständlich.

a) $12x^2 - 3 = 0$
b) $9x^2 + 16x = 0$
c) $x^2 - 17x + 30 = 0$
d) $2x^2 + 15x + 28 = 0$
e) $x^2 + 6x + 10 = 65$
f) $10x^2 - 24x + 18 = 0$
g) $x^2 - 18x = 40$
h) $-3x^2 + 12 = 0$
i) $8 - 9x + x^2 = 0$
j) $3 - 14{,}8x = 5x^2$
k) $12x = 5x^2$
l) $11x + x^2 = -30{,}5$

12. Beseitige zuerst die Klammern und bestimme dann die Lösungsmenge.

a) $(x - 1)^2 = 5(x^2 - 1)$
b) $x^2 + (8 - x)^2 = (8 - 2x)^2$
c) $x^2 - (6 + x)^2 = (5 - x)^2$
d) $(2x - 5)^2 - (x - 6)^2 = 80$
e) $(x - 6)(x - 5) + (x - 7)(x - 4) = 10$
f) $(33 + 10z)^2 + (56 + 10z)^2 = (65 + 14z)^2$

ANWENDEN VON QUADRATISCHEN GLEICHUNGEN

Einstieg

Das rechteckige Grundstück im Bild rechts ist vererbt worden. Die neuen Eigentümer wollen die Rasenfläche belassen und das restliche Grundstück wie angegeben in zwei gleich große Teile zerlegen.

→ Wie groß ist jedes Teilstück?

→ Fertige eine maßstabsgerechte Zeichnung an.

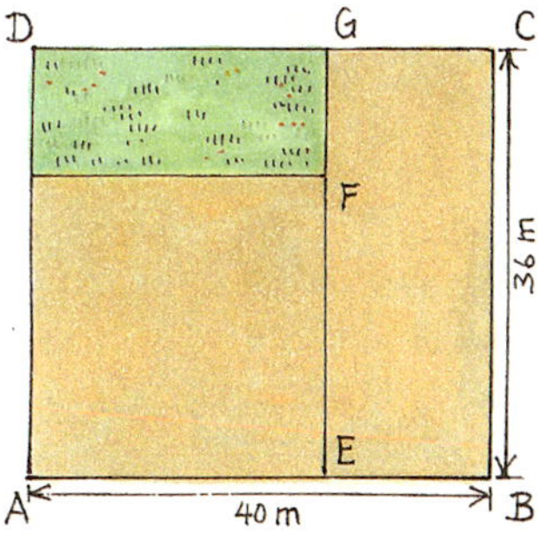

Aufgabe

1. Das Rechteck mit den Seitenlängen 4 m und 3 m soll in ein Quadrat und drei Rechtecke wie im Bild zerlegt werden. Dabei soll der Flächeninhalt der roten Fläche (Rechteck und Quadrat zusammen) 7 m² sein.
Wie lang kann die Quadratseite gewählt werden?

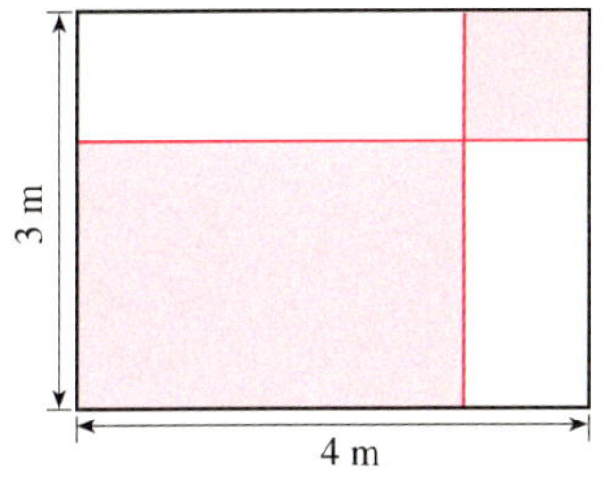

Lösung

(1) Festlegen der gesuchten Größe

Wir rechnen nur mit den Maßzahlen.
Länge der Quadratseite (in m): x

(2) Aufstellen der Gleichung

Größe des roten Quadrats (in m²): x^2
Größe des roten Rechtecks: $(4 - x) \cdot (3 - x)$
Größe der roten Fläche: $x^2 + (4 - x) \cdot (3 - x)$ bzw. 7
Gleichung: $x^2 + (4 - x) \cdot (3 - x) = 7$
Einschränkende Bedingung: $0 < x < 3$, weil eine Länge positiv ist und die Quadratseite kleiner als 3 m sein muss, sonst passt es nicht in das Rechteck.

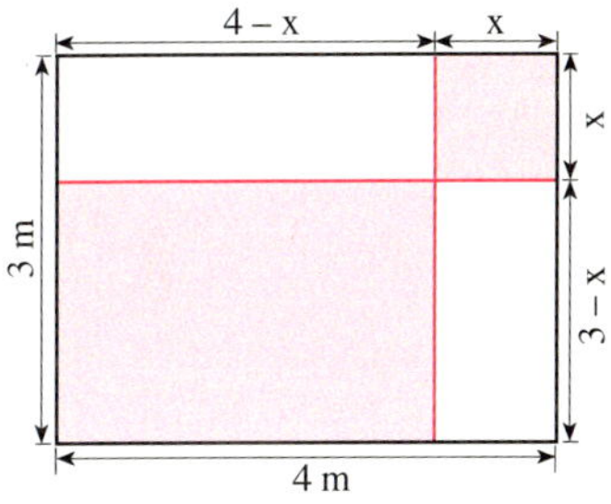

(3) Bestimmen der Lösungsmenge und Kontrolle der einschränkenden Bedingung

$$x^2 + (4 - x)(3 - x) = 7 \quad | \text{T}$$
$$x^2 + 12 - 7x + x^2 = 7 \quad | \text{T}$$
$$2x^2 - 7x + 12 = 7 \quad | -7 \quad | :2$$
$$x^2 - \frac{7}{2}x + \frac{5}{2} = 0$$
$$x = \frac{5}{2} = 2{,}5 \quad \textit{oder} \quad x = 1$$
$$L = \{1; 2{,}5\}$$

Weil $0 < 1 < 3$ und $0 < 2{,}5 < 3$, ist für die Zahlen 1 und 2,5 auch die einschränkende Bedingung erfüllt.

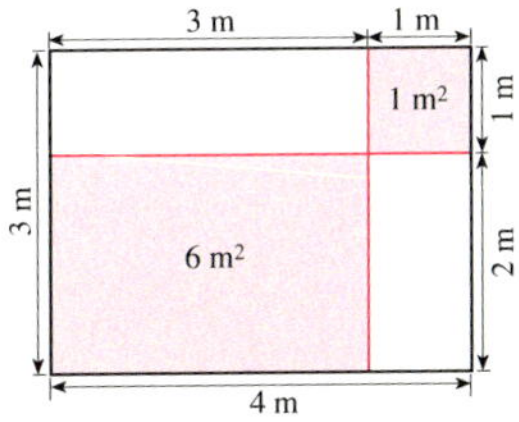

(4) Probe am Aufgaben-Text

Ist die Seitenlänge des roten Quadrates 1 m, dann ist es 1 m² groß und das rote Rechteck 2 m · 3 m, also 6 m². Zusammen haben sie den Flächeninhalt 7 m².
Ist die Seitenlänge des roten Quadrates 2,5 m, dann ist es (2,5 m)², also 6,25 m² groß und das rote Rechteck 0,5 m · 1,5 m, also 0,75 m². Zusammen haben sie auch in diesem Fall den Flächeninhalt 7 m².

(5) Ergebnis: Die Quadratseite kann 1 m oder 2,5 m lang gewählt werden.

Übungen

2. **a)** Wenn man bei einem Würfel die Kantenlänge verdoppelt und noch um 1 cm vergrößert, so vergrößert sich seine Oberfläche um 576 cm^2.
Bestimme die ursprüngliche Kantenlänge.

b) Wenn man bei einem Würfel die Kantenlänge um 1 cm vergrößert, so vergrößert sich sein Volumen um 127 cm^3.
Bestimme die ursprüngliche Kantenlänge.

3. Gegeben ist ein Rechteck mit den Seitenlängen 6 cm und 5 cm.

a) Verkürze alle Seiten um jeweils dieselbe Länge, sodass der Flächeninhalt $\frac{2}{3}$ des ursprünglichen Inhalts beträgt.
Bestimme die neuen Seitenlängen.

b) Verlängere alle Seiten um jeweils dieselbe Länge, sodass der Flächeninhalt das 3fache des ursprünglichen Inhalts beträgt.
Bestimme die neuen Seitenlängen.

c) Ändere die Seitenlängen so ab, dass bei gleichem Flächeninhalt der Umfang des Rechtecks um 1 cm [um $\frac{1}{3}$ cm] vergrößert wird.
Bestimme die neuen Seitenlängen.

4. Für ein Prisma mit quadratischer Grundfläche mit der Höhe 5 cm gilt:

a) Die Grundfläche ist um 14 cm^2 [um 24 cm^2] größer als eine Seitenfläche.

b) Die gesamte Oberfläche beträgt 48 cm^2 [288 cm^2; 112 cm^2].

Berechne die Seitenlänge der quadratischen Grundfläche.

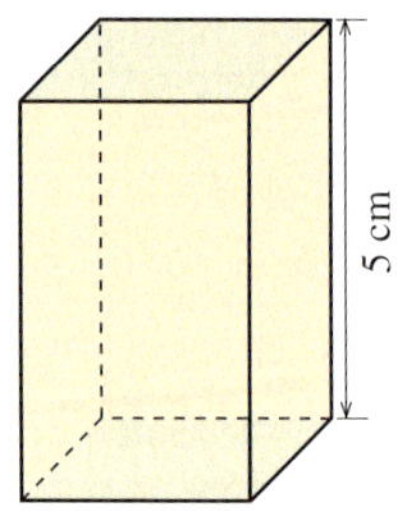

5. Bestimme die Seitenlängen eines Rechtecks, von dem bekannt ist:

a) Der Umfang beträgt 23 cm, der Flächeninhalt beträgt 30 cm^2 [19 cm^2].

b) Der Flächeninhalt beträgt 17,28 cm^2, die Längen benachbarter Seiten unterscheiden sich um 1,2 cm.

6. Die Diagonale eines Rechtecks ist 25 cm lang. Die eine Rechtecksseite ist 17 cm länger als die andere. Welchen Umfang hat das Rechteck?

7. In einem rechtwinkligen Dreieck ist die Hypotenuse 65 cm lang, der Umfang beträgt 150 cm. Wie lang ist jede der beiden Katheten?

8. Herr Labohm plant, seine quadratische Terrasse um 3 m zu verbreitern und um 2 m zu verlängern. Dadurch wird sich die Fläche um 24 m^2 vergrößern.

a) Wie groß ist die ursprüngliche Terrassenfläche?

b) Frau Labohm möchte, dass die neue Terrasse zwar um 24 m^2 vergrößert wird, aber quadratisch bleibt.
Um wie viel m müssen Länge und Breite dann verändert werden?

VERMISCHTE UND KOMPLEXE ÜBUNGEN

1. Bestimme die Lösungsmenge. Mache die Probe.

a) $x^2 + 2x - 35 = 0$ **d)** $x^2 + 8{,}3x + 6 = 0$ **g)** $8x^2 + 24x + 13{,}5 = 0$

b) $y^2 + 15y + 44 = 0$ **e)** $2z^2 - 1{,}7z - 1 = 0$ **h)** $4y^2 - 1{,}6y + 7 = 0$

c) $z^2 - 7z - 60 = 0$ **f)** $y^2 - 0{,}5y + 1{,}5 = 0$ **i)** $6z^2 + 23z - 18 = 0$

2. Gib die Lösungsmenge an. Denke an die Probe.

a) $(x - 5)(x - 10) = 50$ **f)** $(2x + 1)^2 = (3x + 5)x + 1$

b) $(2x + 18) \cdot x = 0$ **g)** $9(x - 1) = (4x - 3)(4x + 3)$

c) $(5x - 2)(2x - 5) = 10$ **h)** $7(5x - 2) = (2x + 7)(3x - 2)$

d) $(4x - 6)(x + 8) = -48$ **i)** $(4x + 3)^2 + (2x - 5)^2 = 2(17 - 3x)$

e) $(3x + 5)^2 = (2x + 1)4x + 25$ **j)** $(3x + 5)^2 - (2x - 7)^2 = 24(2x - 1)$

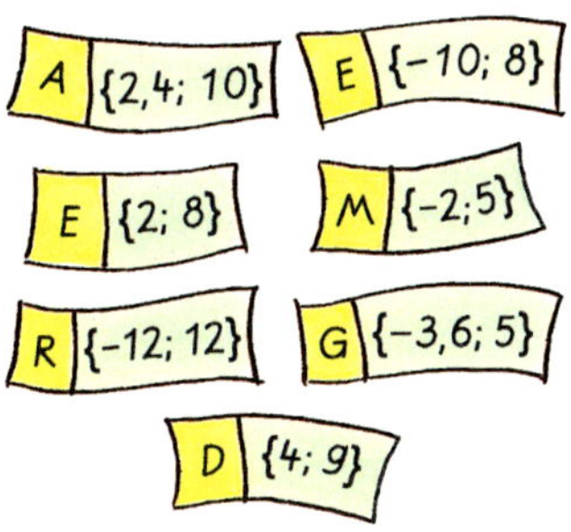

3. Bestimme die Lösungsmenge. Finde das Lösungswort.

a) $(x + 2)(x - 9) = -5{,}6x$ **d)** $(x - 8)(x - 3) = 1{,}4x$

b) $(x - 5)(x + 7) = 45$ **e)** $(2z - 3)(3z - 2) = 5(z^2 - 6)$

c) $(x - 8)(x + 8) = 80$ **f)** $(5y + 2)(8 - 3y) = 4y(11 - 4y)$

4. Wenn man bei einem Quadrat die eine Seitenlänge verdoppelt, die benachbarte um 5 cm verringert, so erhält man ein Rechteck, dessen Fläche um 24 cm² größer ist als die Fläche des Quadrates. Welche Seitenlänge hat das Quadrat?

5.

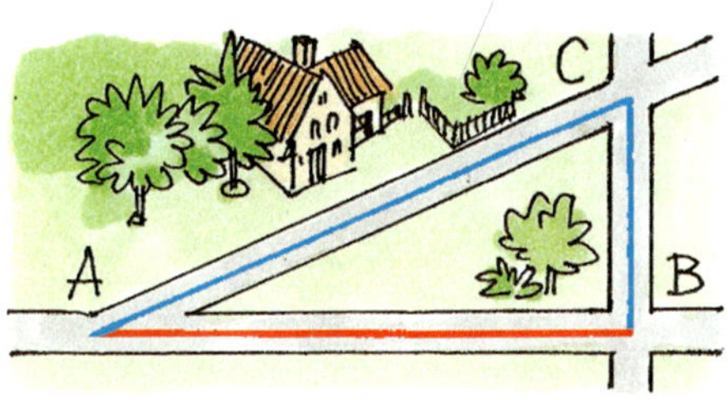

Der direkte Weg von A nach C ist 65 m lang, der Weg von A über B nach C ist 85 m lang. Wie weit ist der Punkt B von A und von C entfernt?

6. **a)** Rechteck und Trapez sollen denselben Flächeninhalt besitzen. Wie lang müssen die Seiten des Rechtecks sowie die Grundseiten des Trapezes sein?

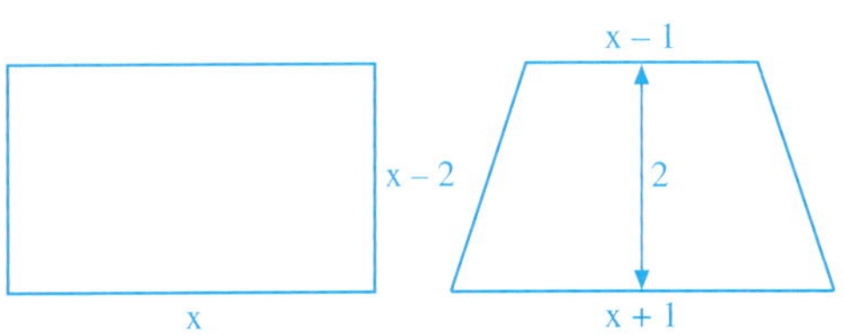

b) Ein Rechteck mit den Seitenlängen $5x$ und $x + 4$ soll denselben Flächeninhalt wie ein Quadrat mit der Seitenlänge $x + 8$ haben. Bestimme die Seitenlänge beider Figuren.

7. Bei zwei Quadraten ist die Summe der Umfänge 132 cm und die Summe der Flächeninhalte 549 cm².
Wie lang ist die Seite bei dem einen Quadrat, wie lang bei dem anderen?

8. Die Summe zweier Zahlen beträgt 40; die Summe der Quadrate dieser Zahlen 802.
Wie heißen die beiden Zahlen?

9. Bestimme die Lösungsmenge. Überlege, wann ein Produkt null ist.

a) $(x-2)(x+5)=0$
b) $(x+1{,}5)(x-4{,}5)=0$
c) $(2x^2-x-10)(2x-5)=0$
d) $(10x+4)(25x^2+20x+4)=0$
e) $(y^2+4y+9)(4y+9)=0$
f) $(4x^2-28x+49)(7x+2)=0$
g) $(x^2+2x-63)(x^2+6x-91)=0$
h) $(x^2-7x-30)(x^2+2x-15)=0$

10. Ermittle zu der Lösungsmenge eine passende quadratische Gleichung.

a) $\{3;\ 4\}$ **b)** $\{-3;\ 1\}$ **c)** $\{-4;\ -2\}$ **d)** $\{5\}$ **e)** $\{-0{,}5;\ 0{,}5\}$ **f)** $\{-\frac{4}{5};\ \frac{3}{4}\}$

11. **a)** $(x-6)(x-5)+(x+7)(x-4)=10$
b) $(2x-17)(x-5)-(3x+1)(x-7)=84$
c) $(2z-5)^2-(z-6)^2=80$
d) $(x+1)(2x+3)=4x^2-22$

12. Bestimme die Lösungsmenge. Mache die Probe.

a) $(x-2)^2+(x+3)^2=(x-1)^2-4x$
b) $(x-4)^2+(x-3)^2=(8-2x)^2-\frac{1}{2}x$
c) $(5x-7)(x+3)=(1-2x)(9-x)$
d) $(2x+3)(x-4)=(3x-8)(x-3)$
e) $2(2y-7)^2+(3y+2)^2-(4y-3)^2+3=0$
f) $(3x+8)^2-2(2x+7)(2x-7)-27=0$

13.

Eine Leiter ist genauso lang wie eine Mauer hoch ist. Lehnt man diese Leiter 20 cm unter dem oberen Mauerrand an, so steht sie unten 1,20 m von der Mauer entfernt.
Wie lang ist die Leiter?

14. Hat die Gerade mit der Gleichung $y=-7{,}3x-12$ [$y=8x-17$] gemeinsame Punkte mit der Normalparabel? Wenn ja, an welchen Stellen?

15. Einem Quadrat mit der Seitenlänge 10 cm soll wie im Bild ein gleichseitiges Dreieck APQ einbeschrieben werden.
In welcher Entfernung a von B bzw. D sind die Eckpunkte P bzw. Q zu wählen?
Wie lang ist die Dreiecksseite s?

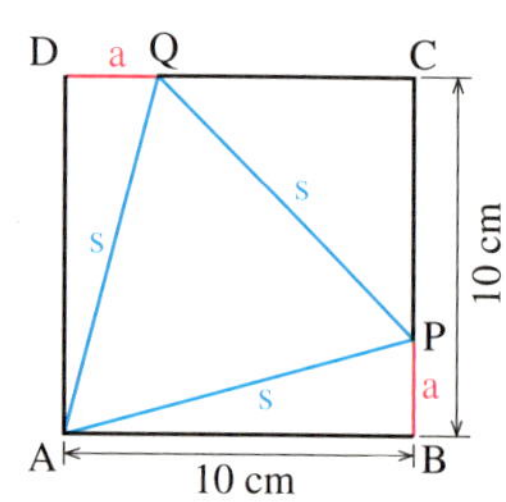

16. Einem Quadrat ABCD mit der Seitenlänge 10 cm ist ein Rechteck PQRS einbeschrieben. Wo muss der Punkt P auf der Seite $\overline{AB}$ gewählt werden, damit der Flächeninhalt des Rechtecks die Hälfte [ein Viertel] von dem des Quadrates beträgt?
Wie lang sind dann die Seiten u und v des Rechtecks?

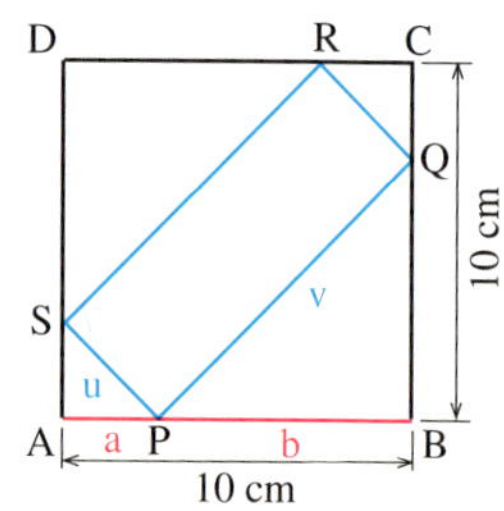

17. Untersuche: Für welche Werte a besitzt die Gleichung

a) $x^2+a+4=0$; **b)** $x^2-2x-a=0$

(1) genau eine Lösung; (2) zwei Lösungen; (3) keine Lösung?
Kontrolliere dein Ergebnis grafisch anhand der Normalparabel und einer geeigneten Geraden.

BIST DU FIT?

1. Bestimme die Lösungsmenge. Mache auch die Probe.

a) $x^2 + 12x + 11 = 0$ **b)** $y^2 - \frac{3}{4}y + \frac{1}{8} = 0$ **c)** $z^2 + 2z - 1 = 0$

2. **a)** $\frac{3}{2}x^2 - 3x - 36 = 0$ **c)** $3x^2 - 12x + 60 = 0$ **e)** $0{,}2a^2 + 0{,}8 = 1{,}6$

b) $-11z + 10 + z^2 = 0$ **d)** $3y^2 - 24 = y$ **f)** $\left(\frac{1}{2}y - \frac{2}{3}\right)^2 = \frac{9}{4}$

3. **a)** $(7 - 2x)(7x - 9) = (3x - 5)(15 - 4x)$ **c)** $(4z + 5)^2 - (17 - 2z)^2 - 9(8 - 2z)^2 = 0$

b) $(10x - 6)(5x + 8) = 4(5 - 10x)(5x - 4)$ **d)** $(5 - 6y)(6 - 15y) = 4(2 - 6y)^2$

4. Die Höhe eines Dreiecks ist um 4 cm kleiner als die Länge der zugehörigen Grundseite. Der Flächeninhalt beträgt 48 cm^2.
Wie groß ist die Höhe, wie lang die Grundseite?

5. Wie lang sind die Seiten des Rechtecks?

a) Der Flächeninhalt beträgt 300 cm^2, eine Seite ist 5 cm länger als die andere Seite.

b) Der Umfang beträgt 120 cm, der Flächeninhalt 864 cm^2.

6. Das Quadrat hat die Seitenlänge $a = 5$ cm. Es ist in vier Teilflächen aufgeteilt. Die beiden grünen Flächen sind zusammen 17,62 cm^2 groß.
Berechne die Seitenlängen der beiden grünen Quadrate.

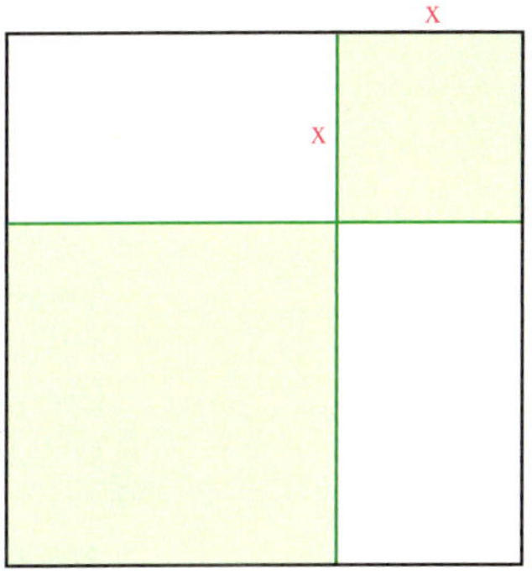

7. Für welche Zahlen gilt:

a) Das Quadrat der Zahl vermehrt [vermindert] um ihr 5faches beträgt 14.

b) Das Produkt aus der Zahl und der um 6 vergrößerten Zahl beträgt 7 [−9; −10].

c) Das Quadrat der Zahl vermindert um 40 ergibt das 6fache [18fache] der Zahl.

8. Ein Baumarkt wird erweitert. Der quadratische Parkplatz muss dazu auf einer Seite um 10 m verkürzt werden. Die benachbarte Seite kann um 14 m verlängert werden. Die Größe des Parkplatzes ändert sich durch den Umbau jedoch nicht.
Wie groß ist der Parkplatz?

9. Von einem Quader ist bekannt: Volumen 528 cm^3; Höhe 11 cm; Größe der Mantelfläche (aus den vier Seitenflächen) 308 cm^2.
Wie lang sind die Seiten der Grundfläche?

10. Von einem rechteckigen Grundstück an einer Straßenecke soll für einen Radweg ein 2 m breiter Streifen längs der gesamten Straßenfront abgetreten werden (siehe Bild). Dadurch gehen 130 m^2 des ursprünglich 990 m^2 großen Grundstücks verloren.
Bestimme Länge und Breite des rechteckigen Grundstücks.

IM BLICKPUNKT: GOLDENER SCHNITT

Betrachte das Bild vom Rathaus in Leipzig. Der Turm befindet sich nicht in der Mitte des Gebäudes; er teilt es nicht in zwei genau gleich große Teile, also nicht im Verhältnis 1:1.

Das Längenverhältnis der kürzeren zur längeren Seite beträgt etwa 2:3, allerdings nicht ganz genau. Aber auch das Verhältnis der längeren Seite zur Gesamtstrecke beträgt 2:3.
Prüfe beides durch Messen und Rechnen nach.

Diese Art der Teilung empfindet man als besonders ausgewogen und schön. Man nennt sie deshalb *harmonische Teilung* oder den *goldenen Schnitt*:
Die kürzere Strecke verhält sich zur längeren Strecke wie die längere Strecke zur Gesamtstrecke.

1. Der goldene Schnitt ist auch bei vielen Bauwerken und Statuen der Antike zu finden.

a) Der Bauchnabel teilt oft die Statue im goldenen Schnitt.
Prüfe das am Bild nach.

b) Wie ist das bei deinem Körper?

2. a) Zeichne einen Turm mit Dach oder einen Baum. Kannst du in deiner Zeichnung den goldenen Schnitt entdecken?

b) Suche weitere Beispiele (Gebäude, Möbel, Kunstbücher), wo etwas im goldenen Schnitt geteilt wurde.

3. Wie findet man nun aber den genauen Teilungspunkt z.B. für eine 90 m lange Strecke?
Die Verhältnisgleichung lautet
$x : (90 - x) = (90 - x) : 90$
Löse diese Gleichung. Kontrolliere am Foto des Leipziger Rathauses.

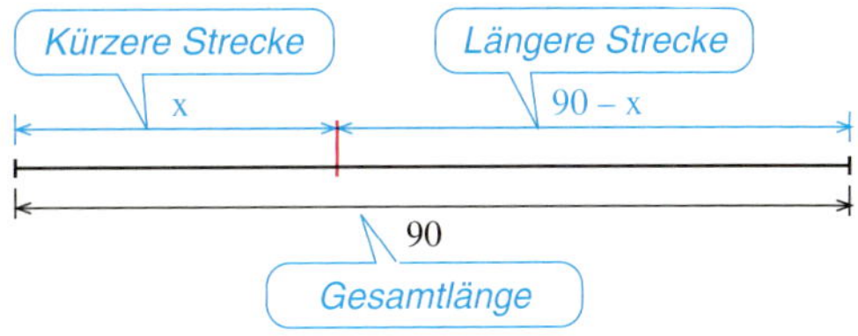

4.

Der Punkt C teilt die Strecke $\overline{AB}$ im **goldenen Schnitt**, wenn gilt:
Die Strecke $\overline{AB}$ der Länge s wird durch den Punkt C so geteilt, dass sich die Gesamtstrecke zur längeren Teilstrecke verhält wie die längere Teilstrecke zur kürzeren Teilstrecke, also
$s : x = x : y$

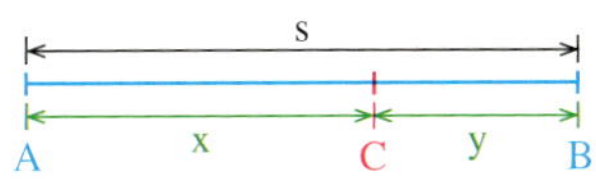

Der griechische Bildhauer Phidias (Φίδιας; 490 – 430 v. Chr.) hat Werke geschaffen, in denen das Verhältnis des goldenen Schnittes oft vorkommt.

a) Gegeben (1) $s = 10$ cm; (2) $x = 8$ cm; (3) $y = 3$ cm. Berechne x, y bzw. s.

b) Beweise allgemein:

Wird eine Strecke im goldenen Schnitt geteilt, so gilt: $\frac{s}{x} = \frac{1 + \sqrt{5}}{2}$

Für $\frac{1 + \sqrt{5}}{2}$ schreibt man, auch abkürzend den griechischen Buchstaben Φ.

c) Der griechische Staatsmann Perikles übertrug Phidias die oberste Leitung der Bauten auf der Akropolis in Athen. Dabei entstand in den Jahren 447 – 432 v. Chr. auch der Parthenon-Tempel. Untersucht durch Messen im Bild, ob am Säuleneingang mehrere Strecken im Verhältnis des goldenen Schnitts geteilt sind:

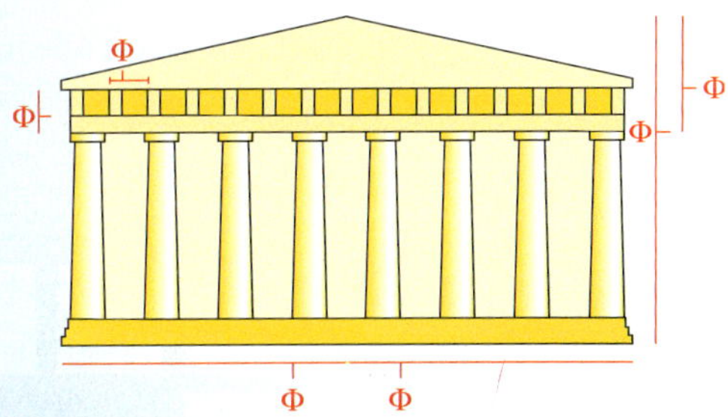

5. Architekten haben Bauwerke entworfen, bei denen Rechtecke auftreten, die auf dem goldenen Schnitt beruhen. Bei einem **goldenen Rechteck** ist das Verhältnis von längerer Seite zur kürzeren Seite wie $\frac{1 + \sqrt{5}}{2} : 1$.

a) Zeichne ein Rechteck aus Seitenlängen, die der Breite und der Höhe des Parthenon-Tempels entsprechen. Benutze die Zeichnung in Teilaufgabe 4c). Prüfe ob es sich um ein goldenes Rechteck handelt.

b) Lass deine Freunde bzw. Freundinnen, deine Eltern und gegebenfalls Geschwister schöne Rechtecke zeichnen. Bestimme das Verhältnis aus längerer und kürzerer Seite und bilde das arithmetische Mittel. Vergleiche das Ergebnis mit der Zahl Φ.

6. Untersucht, ob ihr an anderen Gebäuden Strecken finden könnt, die im goldenen Schnitt geteilt sind. Ihr könnt dazu auch im Internet recherchieren.

Bist du topfit?

Topfit – Vermischte Übungen 1

Stoff	Dichte
Blei	$11{,}34\,\frac{g}{cm^3}$
Glas	$2{,}5\,\frac{g}{cm^3}$
Kupfer	$8{,}93\,\frac{g}{cm^3}$
Zink	$7{,}14\,\frac{g}{cm^3}$
Eisen	$7{,}86\,\frac{g}{cm^3}$
Gold	$19{,}3\,\frac{g}{cm^3}$
Silber	$10{,}51\,\frac{g}{cm^3}$

1. Zeichne den Graphen der Funktion, ohne eine Wertetabelle aufzustellen.

a) $y = \frac{3}{4}x$ **b)** $y = -1{,}2x$ **c)** $y = 2{,}5x - 1$ **d)** $y = -x + 3$

2. Ein 3 m langes Eisenrohr hat einen Außendurchmesser von 36 mm und eine Wandstärke von 3 mm.

a) Berechne das Gewicht des Eisenrohrs.

b) Um wie viel Prozent ist ein Kupferrohr mit den gleichen Abmessungen schwerer? Beschreibe, wie du vorgehst.

3. Die Geschwister Patrick, Fabian und Marco sind mit ihren Eltern im Urlaub. Eins der Kinder soll den Abwasch übernehmen. Marco schlägt vor, *Pinneken* zu ziehen, und bittet seinen Vater, einen kurzen und zwei lange Streichhölzer zu halten. Wer das kurze Streichholz zieht, muss den Abwasch übernehmen.

Was ist am günstigsten:
- zuerst zu ziehen,
- als Zweiter zu ziehen,
- zum Schluss zu ziehen,
- oder kommt es auf die Reihenfolge gar nicht an?

Begründe mit einem Baumdiagramm.

4. Gerald Asamoah schießt mit einer Ballgeschwindigkeit von ca. 70 $\frac{km}{h}$ einen Elfmeter flach über den Rasen in das gegnerische Tor. Dabei streift der Ball den Innenpfosten.

a) Erkundige dich, wie breit ein Fußballtor ist und berechne die Länge der Strecke, die der Ball bis zur Torlinie zurückgelegt hat.

b) Wie viel Sekunden nach dem Schuss hätte der Torwart mit seiner Hand in der richtigen Ecke sein müssen, um den Elfmeter noch zu halten?

5. Die Luftlinie zwischen Soest und Werl hat eine Länge von 14 km.

a) Bestimme den Maßstab der Karte.

b) Wie weit ist Lippetal von Warstein entfernt?

c) Um welchen Faktor ist die Fläche des Kreises Soest in Wirklichkeit größer als in der Abbildung?

d) Schätze ab, wie groß der Kreis Soest ist. Beschreibe, wie du vorgegangen bist.

Topfit – Vermischte Übungen 2

1. Berechne x und y.

a)

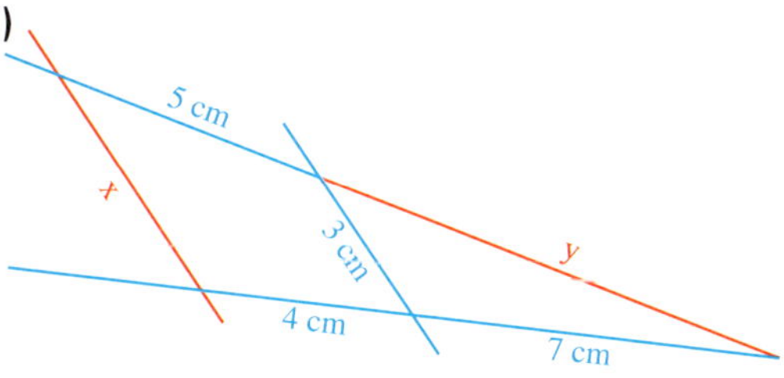

b)

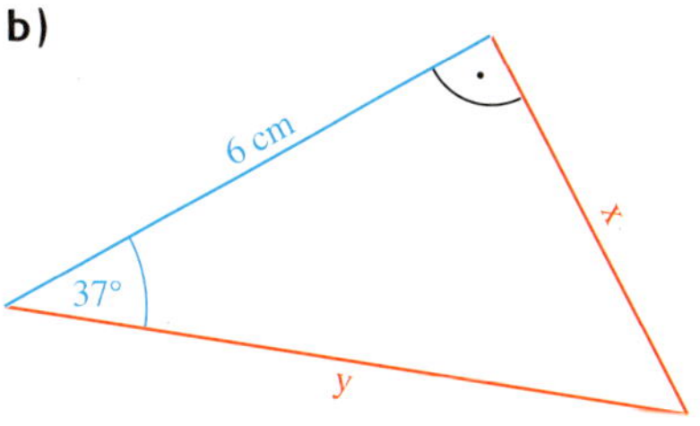

2. Von einem Quadrat wird auf einer Seite ein 1,5 cm breiter Streifen abgeschnitten. Das Reststück ist noch 59,5 cm^2 groß.
Wie groß war das ursprüngliche Quadrat?

3. Nils und Kamill wollen wissen, wie viele Pappnägel in der vollen Dose sind. Mit einer Briefwaage wiegen sie 10, 20, 35 und 50 Nägel jeweils mit der Dose.

Anzahl der Pappnägel in der Dose	10	20	35	50
Gewicht der Nägel mit Dose (in g)	45	57	78	96

a) Zeige, dass die Wertepaare in etwa auf einer Geraden liegen. Begründe kleine Abweichungen.

b) Bestimme näherungsweise die Funktionsgleichung der linearen Funktion.

c) Was geben der y-Achsenabschnitt und die Steigung hier an?

d) Die volle Dose wiegt 0,425 kg.
Wie viele Pappnägel sind schätzungsweise in der Dose?

4.

Schwanau 1.6.2007: In Schanghai wühlen sich zwei gigantische deutsche Tunnelbohrmaschinen, die mit einem Durchmesser von 15,43 m die größten Tunnelbohrer der Welt sind, unter dem Jangtse Fluss durch das Erdreich. Zwei 7,4 km lange Autotunnel sollen die 600 000 Bewohner der Flussinsel Changxing mit der Schanghaier Finanzmetropole Pudong verbinden. Der erste der beiden riesigen Tunnelbohrer begann seine bis zu 65 m tiefe Untergrundfahrt im September 2006. Voraussichtlich Ende 2008 soll er den Zielschacht auf der Insel erreichen. Im Dezember 2006 startete ein baugleicher Tunnelbohrer für die zweite Tunnelröhre. Die beiden Autobahntunnel sollen rechtzeitig zur Welt-Expo 2010 dem Verkehr übergeben werden.

a) Wie viel Kubikmeter Erdreich bewegen beide Bohrer für den Bau dieser Tunnel ungefähr? Erkläre deine Rechnungen.

b) Welche Kantenlänge hätte ein Würfel mit diesem Volumen?

c) Der Abraumtransport ist eine besondere logistische Leistung.
Schätze ab, wie viel Kubikmeter Erdreich täglich während der Bohrphase von dieser Großbaustelle abtransportiert werden müssen.
Wie viele Lkw-Ladungen sind das ungefähr? Beschreibe, wie du vorgehst.

Neugestaltung eines städtischen Grundstücks

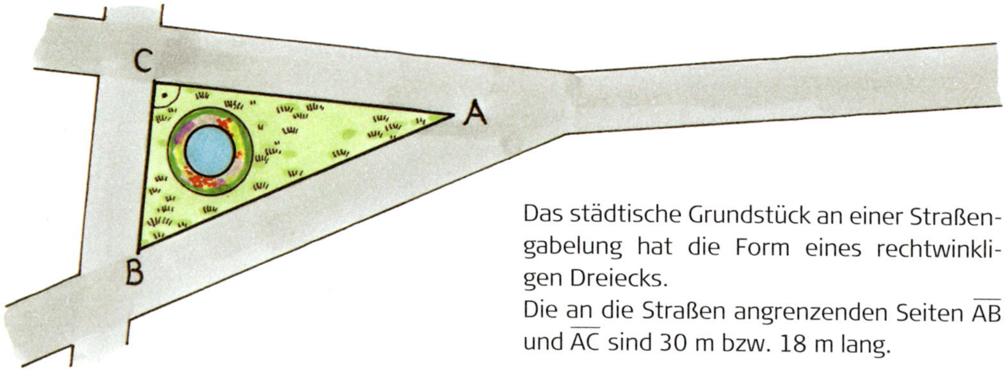

Das städtische Grundstück an einer Straßengabelung hat die Form eines rechtwinkligen Dreiecks.
Die an die Straßen angrenzenden Seiten $\overline{AB}$ und $\overline{AC}$ sind 30 m bzw. 18 m lang.

1. Es ist geplant, das Grundstück rundherum mit 40 cm langen Rasenkantsteinen einzufassen. Wie viele Steine werden benötigt?

2. Auf dem Grundstück soll ein kreisringförmiges Blumenbeet angelegt werden. Der äußere Kreis hat von allen drei Grundstücksseiten jeweils 2 m Abstand. Im inneren Kreis, der einen Radius von 1,3 m hat, ist eine Springbrunnenanlage geplant.

a) Erstelle eine maßstabtreue Zeichnung des städtischen Grundstücks und des Blumenbeets. Beschreibe die Konstruktion.
Wie groß ist der Radius des äußeren Kreises? *Zur Kontrolle:* $r_a = 3{,}8\ m$

b) Das Blumenbeet soll außen mit einer kleinen Buchsbaumhecke eingefasst werden. Man rechnet mit 8 Pflanzen auf 1 m.
Wie viele Buchsbaumpflanzen werden benötigt?

c) Im Frühjahr wird das Blumenbeet mit Begonien und Petunien im Verhältnis von 2 : 5 bepflanzt. Auf 1 m^2 kommen 16 Pflanzen. Eine Begonie kostet 1,59 €, eine Petunie 0,85 €. Wie viel Euro kosten die Blumen?

d) Die restliche Grundstücksfläche außerhalb des Blumenbeets wird mit Rasen eingesät. Wie viel Prozent des gesamten Grundstücks sind das?

3. Das zylinderförmige Springbrunnenbecken hat innen einen Durchmesser von 2,5 m und ist 28 cm tief. Die Seitenwand ist 5 cm dick, der Boden 7 cm.

a) Wie viel Liter Wasser fasst das Becken?

b) Das Becken besteht aus Beton; 1 cm^3 wiegt 2,1 g.

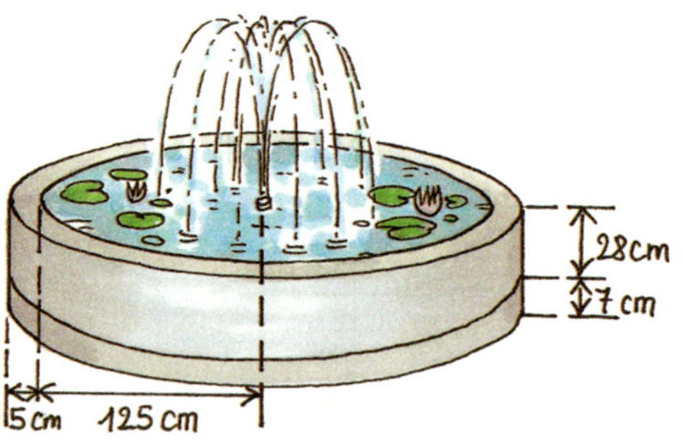

4. In dem Becken befinden sich 1000 Liter Wasser. Erfahrungsgemäß verringert sich das Wasservolumen, wenn es nicht regnet, durch Verdunsten und Zerstäuben durchschnittlich um 45 Liter pro Tag. (Geh bei der Bearbeitung der folgenden Aufgaben davon aus, dass es längere Zeit nicht regnet.)

a) Stelle für die Funktion *Zeit x (in Tage) → Restvolumen y (in Liter)* die Funktionsgleichung auf.

b) Zeichne den Graphen der Funktion in ein geeignetes Koordinatensystem. Was gibt die Steigung des Graphen an?

c) Lies am Graphen ab und überprüfe durch Rechnung:
(1) Wie viel Liter Wasser sind nach 5 Tagen noch im Becken?
(2) Die Wassermenge soll nicht unter 600 Liter sinken. Nach wie vielen Tagen muss spätestens Wasser nachgefüllt werden?

Auf dem Wochenmarkt

1. Johanna kauft auf dem Wochenmarkt Äpfel ein. Für 2,850 kg Cox Orange bezahlt sie 3,42 €.

a) Mechthild bezahlt 4,20 €. Wie viel kg Cox Orange hat sie gekauft?

b) Thilo kauft $1\frac{3}{4}$ kg Äpfel von der gleichen Sorte. Er bezahlt mit einem 10-Euro-Schein. Wie viel Wechselgeld bekommt er zurück?

c) Stelle die Funktion *Gewicht x (in kg) → Preis y (in €)* grafisch dar. Gib auch die Gleichung der Funktion an. Welche Bedeutung hat die Steigung des Graphen?

d) Frau Reck kauft 15 kg Cox Orange. Sie erhält 5 % Mengenrabatt. Wie viel Euro muss sie bezahlen?

2. Jeder Händler muss wöchentlich an die Stadt für die Nutzung des Marktplatzes eine Gebühr entrichten. Diese enthält eine Grundgebühr von 8 €, hinzu kommen 1,20 € pro m^2 Stellfläche.

a) Der Fischhändler Herr Otter hat einen Verkaufswagen mit einer rechteckigen Stellfläche von 2,2 m Breite und 7,5 m Länge. Berechne die wöchentliche Gebühr.

b) Gib für die Funktion *Stellfläche x (in m^2) → Gebühren y (in €)* die Funktionsgleichung an und zeichne den Graphen.

c) Der Gemüsestand von Frau Helle ist kreisförmig. Sie muss an die Stadt eine Gebühr von 24,20 € bezahlen. Wie groß ist der Durchmesser ihres Gemüsestandes?

d) Die Stadt ändert ihre Gebührenordnung. Herr Dröge bezahlt für 12 m^2 jetzt 25,60 €, bei Frau Peck erhöhen sich die Gebühren für 17 m^2 auf 32,10 €. Berechne die neue Grundgebühr und die Kosten pro m^2 Stellfläche.

e) Herr Koch muss nach der neuen Gebührenordnung wöchentlich 3 € mehr bezahlen. Wie groß ist seine Stellfläche?

3. Landwirt Nölle verkauft auf dem Wochenmarkt Kartoffeln in kleinen Säckchen von 12,5 kg. Eine Kontrollwägung von 15 Säckchen ergab nebenstehende Gewichte (in kg).

12,44	12,40	12,62	12,50	12,48
12,60	12,48	12,50	12,39	12,60
12,48	12,58	12,55	12,75	12,53

a) Bestimme das arithmetische Mittel, die Spannweite und den Median.

b) Zeichne einen Boxplot und beschreibe ihn. Was ist auffällig?

4. In der Weihnachtszeit wird mitten auf dem Marktplatz ein hoher Weihnachtsbaum aufgestellt. Susanne und Tobias wollen die Höhe bestimmen. Dazu peilen sie die Spitze des Baumes über einen 3 m langen Stab an und messen die in der Zeichnung angegebenen Längen. Wie hoch ist der Weihnachtsbaum?

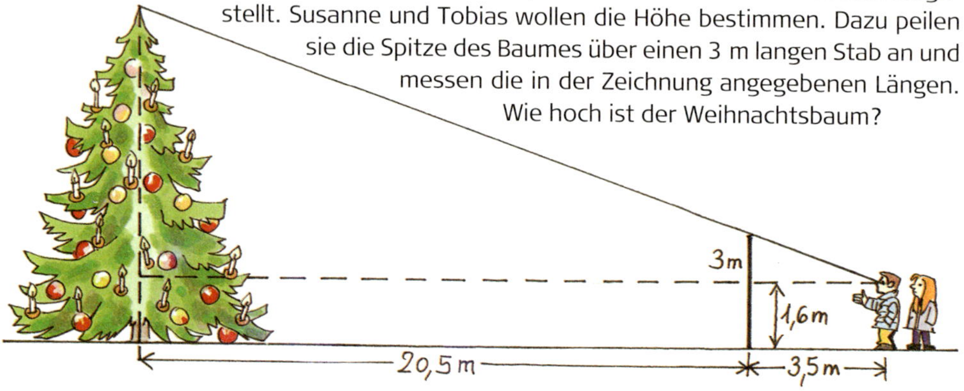

Gleichungen – Gleichungssysteme

1. Bestimme die Lösungsmenge der Gleichung.

a) $4(2x - 3) + 5x = 6 - 3(x + 2)$

b) $(z + 4)(z - 7) + 8 = 4z - (6 - z)(6 + z)$

c) $2(x + 3)^2 - 34 = 3x^2 - (x - 4)^2 + 4x$

d) $2v^2 + 14v = (v + 7)^2 - 13$

e) $\frac{3}{y} = \frac{5}{8}$

f) $x^2 = 1{,}69$

g) $\frac{5}{4} = \frac{x-1}{7}$

h) $\frac{8}{2x-7} = \frac{4}{5}$

i) $a^2 + 9 = 0$

j) $4x^2 = 3x^2 + 100$

k) $x^2 + 2x - 35 = 0$

l) $\frac{1}{2}x^2 + 2{,}5 = 2x$

2. Löse das Gleichungssystem.

a) $\left| \begin{array}{l} 5x - 3y = 56 + y \\ 12x + 16y = 3x \end{array} \right|$

b) $\left| \begin{array}{l} 28x + 39 + 3x = 6(y + 1) \\ 12y - 4(x + 3) = 3(2x + 4) \end{array} \right|$

3. Wenn man zum Quadrat einer Zahl 3 addiert, so erhält man das Quadrat der um 5 verminderten Zahl.

4. Herr Grote hat zur Finanzierung seines Hauses zwei Hypotheken in Höhe von insgesamt 120 000 € aufgenommen. Für die erste Hypothek muss er 6 % Zinsen bezahlen, für die zweite 7 %. Die Zinsen betragen in einem Jahr zusammen 7 550 €.
Berechne die Höhe der einzelnen Hypotheken.

5. Der Umfang eines rechtwinkligen Dreiecks beträgt 24 cm. Eine Kathete und die Hypotenuse sind zusammen 20 cm lang.
Berechne die Längen der Dreieckseiten.
Wie groß ist der Flächeninhalt?

Anhang

LÖSUNGEN ZU BIST DU FIT?

Seite 31

1.

	x	−4	−3	−2	−1	−0,5	0	0,5	1	2	3	4
a)	y	17	10	5	2	1,25	1	1,25	2	5	10	17
b)	y	−7	0	5	8	8,75	9	8,75	8	5	0	−7
c)	y	0	$-\frac{1}{3}$	−1	−3	−7	–	9	5	3	$2\frac{1}{3}$	2
d)	y	1,75	1,67	1,5	1	0	–	4	3	2,5	2,33	2,25

2. a) Ja **b)** Ja **c)** Nein. Die Zuordnung ist nicht eindeutig.

3. Anstelle einer Wertetabelle kann man lineare und proportionale Funktionen mithilfe des y-Achsenabschnitts und der Steigung m bzw. den sich daraus ergebenden zwei Punkten zeichnen. Lineare und proportionale Funktionen haben Geraden als Graphen.

a) $b = 0,\ m = 1{,}5;$ also $P(0|0)$ und $Q(2|3)$
b) $b = -2,\ m = \frac{3}{4};$ also $P(0|-2)$ und $Q(4|1)$
c) $b = 1,\ m = -\frac{2}{3};$ also $P(0|1)$ und $Q(-3|-2)$
d) $b = -4{,}5,\ m = 1{,}2;$ also $P(0|-4{,}5)$ und $Q(3|-1)$

4. a) (1) $y = 0{,}25x$ (2) $y = -2x$ (3) $y = \frac{1}{6}x + 3$ (4) $y = -\frac{1}{5}x - 1$ **b)** (1) $y = -3x - 3$ (2) $y = 2x - 6$ (3) $y = 3$

5. a) P_1 **b)** P_4 **c)** P_2 **d)** P_3

6. a)

x	10	−10	0	1	−0,5	$\frac{1}{4}$	$-\frac{2}{5}$
(1) y	60	−60	0	6	−3	1,5	−2,4
(2) y	$-9\frac{1}{2}$	$10\frac{1}{2}$	$\frac{1}{2}$	$-\frac{1}{2}$	1	$\frac{1}{4}$	$\frac{9}{10}$
(3) y	7,4	−7,6	−0,1	0,65	−0,475	0,0875	−0,4
(4) y	−1	3	1	$\frac{4}{5}$	1,1	$\frac{19}{20}$	$1\frac{2}{25}$

b)

y	1	−1	0	2	−2	2,5	$-\frac{3}{4}$
(1) x	3	2	2,5	3,5	1,5	3,75	$2\frac{1}{8}$
(2) x	2	3	2,5	1,5	3,5	1,25	$2\frac{7}{8}$
(3) x	1	−1,5	−0,25	2,25	−2,75	2,875	$-1\frac{3}{16}$

7. a) $y = 1{,}4x$. Die Steigung gibt den Preis pro kg an. **b)** 5,60 € [4,90 €; 2,10 €; 6,30 €; 2,80 €]

8. a) $y = 50 - 0{,}075x$ **b)** 0,075 *l* pro 1 km **c)** 35 *l* [23,75 *l*; 8,75 *l*] **d)** 400 km $\left[533\frac{1}{3}\text{ km};\ 666\frac{2}{3}\text{ km}\right]$

Seite 65

1. a) $(1|6)$ und $(5|-2)$ sind Lösung der Gleichung.

2. a) (1) $y = 2x + 1;$ z.B. $(-3|-5);\ (-2|-3);\ (-1|-1);\ (0|1);\ (1|3);\ (2|5);\ (3|7)$.
(2) Gemeinsame Punkte mit den Achsen sind $(0|1)$ und $(-0{,}5|0)$.

b) (1) $y = -2x + 1;$ z.B. $(-3|7);\ (-2|5);\ (-1|3);\ (0|1);\ (1|-1);\ (2|-3);\ (3|-5)$.
(2) Gemeinsame Punkte mit den Achsen sind $(0|1)$ und $(0{,}5|0)$.

c) (1) $y = \frac{3}{2}x - 3;$ z.B. $(-3|-7{,}5);\ (-2|-6);\ (-1|-4{,}5);\ (0|-3);\ (1|-1{,}5);\ (2|0);\ (3|1{,}5)$.
(2) Gemeinsame Punkte mit den Achsen sind $(0|-3)$ und $(2|0)$.

d) (1) $y = -\frac{1}{5}x;$ z.B. $(-3|0{,}6);\ (-2|0{,}4);\ (-1|0{,}2);\ (0|0);\ (1|-0{,}2);\ (2|-0{,}4);\ (3|-0{,}6)$.
(2) Gemeinsamer Punkt mit den Achsen ist $(0|0)$.

3. a) $y = -2$ **b)** $x = 3$

4. a) $L = \{(2|3)\}$ **b)** $L = \mathbb{Q}$ (Grundmenge) **c)** $L = \{(4|-2)\}$

5. a) $L = \{(1|7)\}$ **b)** $L = \{(-0{,}5|3)\}$ **c)** $L = \{(-2|1)\}$ **d)** $L = \{(0|2)\}$ **e)** $L = \left\{\left(\frac{1}{3}\middle|\frac{1}{2}\right)\right\}$ **f)** $L = \{\}$ **g)** L = Grundmenge **h)** L = Grundmenge **i)** $L = \{(9|-3)\}$

6. $L = \{(6|10)\}$ **7.** Eva: 17 Jahre; Nina: 22 Jahre **8.** 65 cm; 35 cm.

9. Limonade: 0,50 €; Orangensaft: 1,50 €. **10.** Grundgebühr: 3,60 €; Minutenpreis: 1,8 Cent

Seite 91

1. **a)** 8 **b)** 13 **c)** 25 **d)** 50 **e)** 0,4 **f)** 0,1 **g)** 1,5 **h)** $\frac{2}{3}$ **i)** $\frac{7}{9}$ **j)** $\frac{11}{21}$

2. **a)** $\sqrt{64}$ **b)** $\sqrt{441}$ **c)** $\sqrt{10\,000}$ **d)** $\sqrt{0{,}04}$ **e)** $\sqrt{6{,}25}$ **f)** $\sqrt{\frac{9}{16}}$ **g)** $\sqrt{\frac{9}{256}}$ **h)** $\sqrt{0{,}000121}$

3. **a)** 70 **b)** 30 **c)** 90 **d)** 50 **e)** 0,5 **f)** 0,3 **g)** 0,09 **h)** 0,05 **i)** $\frac{11}{13}$ **j)** $\frac{2}{5}$

4. Es werden 112,5 m Zaun benötigt.

5. **a)** 2,236 **b)** 27,404 **c)** 50,010 **d)** 1,1 **e)** 0,513 **f)** 4,380 **g)** 16,811

6. Seitenlänge: 30,594 m **7.** $a \approx 10{,}58$ cm

8. **a)** zwischen (1) 7 und 8 (2) 11 und 12 (3) 2 und 3 (4) 5 und 6 **b)** –

9. (1) $4 + 3 = 7$ (2) $\sqrt{100} = 10$ (3) nicht erklärt (4) –

10. **a)** $3\sqrt{5}$ **c)** $6\sqrt{7}$ **e)** $9\sqrt{5}$ **g)** $\frac{1}{5}\sqrt{3}$ **i)** $\frac{1}{8}\sqrt{3}$ **k)** $\frac{3}{11}\sqrt{11}$
b) $7\sqrt{2}$ **d)** $11\sqrt{3}$ **f)** $15\sqrt{3}$ **h)** $\frac{1}{6}\sqrt{7}$ **j)** $\frac{1}{9}\sqrt{17}$ **l)** $\frac{1}{20}\sqrt{11}$

11. **a)** $3\sqrt{a}$ **b)** $y\sqrt{x}$ **c)** $ts\sqrt{2}$ **d)** $uv\sqrt{10u}$ **e)** $5z^2\sqrt{2w}$ **f)** $0{,}5d\sqrt{e}$ **g)** $\frac{1}{m}\sqrt{17}$ **h)** $\frac{2}{n^2}\sqrt{2c}$ **i)** $\frac{1}{4b}\sqrt{a}$ **j)** $9x\sqrt{\frac{1}{y}}$

Seite 101

1. **a)** Grundfläche: a^2; Dreiecksfläche: $\frac{a \cdot h}{2}$ **b)** $h = \frac{O - a^2}{2a}$ **c)** $h = 7$ cm

2. **a)** $a = u - b - 2s$; $b = u - a - 2s$; $s = \frac{u - a - b}{2}$ **b)** $a = \frac{1}{3}y + b$; $b = \frac{1}{3}y - a$ **c)** $x = \frac{1}{4}k - \frac{7}{4}z$; $z = \frac{1}{7}k - \frac{4}{7}x$
d) $k = \frac{l \cdot s}{4}$; $s = \frac{4k}{l}$ **e)** $x = \frac{w}{y \cdot z}$; $y = \frac{w}{x \cdot z}$; $z = \frac{w}{xy}$ **f)** $a = \frac{dx}{c} - b$; $b = \frac{dx}{c} - a$; $c = \frac{xd}{a + b}$; $d = \frac{(a + b)c}{x}$

3. **a)** Kantenlänge $K = 4 \cdot (k + l + m)$ **b)** $m = \frac{K}{4} - (k + l)$; $l = \frac{K}{4} - (k + m)$; $k = \frac{K}{4} - (l + m)$
c) (1) $x = \frac{y - 3}{-7}$ (2) $x = 1{,}5y + 2z$; $y = \frac{2}{3}x - 1\frac{1}{3}z$; $z = \frac{1}{2}x - \frac{3}{4}y$
(3) $a = \frac{c}{b - 4}$; $b = \frac{c}{a} + 4$ (4) $x = \frac{3}{4}y - \frac{1}{2}z$; $y = \frac{4}{3}x + \frac{2}{3}z$; $z = -2x + 1{,}5y$

4. **a)** Gewichtsdifferenz: 6 t; Gewichtsverhältnis: $\left(\frac{\text{Auto}}{\text{Elefant}}\right) = \frac{1}{5}$

5. **a)** 1 000 €; 1 500 € **b)** 270 €; 450 € **6.** **a)** rund 200 ml **b)** 6,25 Liter

Seite 127

1. **a)** 280 km **b)** 420 km **c)** 525 km **d)** 192,5 km **e)** 507,5 km **f)** 542,5 km **g)** 437,5 km **h)** 420 km **i)** 315 km

2. **a)** $k = \frac{1}{2}$ **b)** $k = \frac{1}{2}$ **c)** $k = \frac{2}{3}$ **d)** keine Streckung

3. **a)** $k = 1{,}2$; $b' = 2{,}55$ cm, $c' = 5{,}66$ cm **c)** $k = 1{,}5$; $b' = 9{,}44$ cm, $c' = 9$ cm
b) $k = \frac{6}{7}$; $b' = 4{,}29$ cm, $c' = 3{,}43$ cm **d)** $k = 1{,}2$; $b' = 3{,}6$ cm, $c' = 8{,}4$ cm
(1) Konstruiere das Dreieck ABC (**a)** nach wsw; **b)** nach sss; **c)** nach sws; **d)** nach SsW).
(2) Zeichne $\overrightarrow{BC}$ und um B einen Kreis mit dem Radius $a' = 6$ cm. Der Schnittpunkt mit $\overrightarrow{BC}$ ist C'.
(3) Zeichne $\overrightarrow{BA}$ und eine Parallele zu b durch C'. Der Schnittpunkt ist A'.
(4) $B' = B$; A'B'C' ist das gesuchte Dreieck.

4. Der Flächeninhalt des Dreiecks ABC beträgt 16 cm^2.

5. $V = 2\,886{,}02\ cm^3 \approx 2{,}886\ dm^3$ **6.** Der Baum ist ungefähr 10,63 m hoch. **7.** Der Fluss ($\overline{DE}$) ist 52,5 m breit.

Seite 155

1. **a)** $c = 100$ cm **b)** $b = 75$ cm **c)** $b = 39$ cm **3)** $r = 28$ m

2. **a)** $\alpha = 76°$; $c \approx 7{,}2$ cm; $b \approx 1{,}7$ cm; $u \approx 15{,}9$ cm; $A \approx 5{,}95\ cm^2$
b) $\gamma = 46°$; $b \approx 6{,}3$ cm; $c \approx 4{,}6$ cm; $u \approx 15{,}3$ cm; $A \approx 10{,}12\ cm^2$
c) $\beta = 32°$; $b \approx 98{,}04$ m; $c \approx 156{,}89$ m; $u \approx 439{,}93$ m; $A \approx 7\,690{,}75\ m^2$
d) $\alpha = 56°$; $a \approx 33{,}99$ m; $b \approx 22{,}93$ m; $u \approx 97{,}92$ m; $A \approx 389{,}7\ m^2$
e) $\alpha = 47°$; $c \approx 123{,}2$ cm; $a \approx 90{,}1$ cm; $u \approx 297{,}2$ cm; $A \approx 3\,784{,}2\ cm^2$
f) $\alpha = 39°$; $b \approx 10{,}0$ cm; $a \approx 6{,}3$ cm; $u \approx 24{,}1$ cm; $A \approx 24{,}65\ cm^2$

3. $\alpha \approx 58{,}2°$; $\beta \approx 31{,}7°$ **4.** max. Höhenunterschied: 0,8 m **5.** 108,17 m; insgesamt 432,7 m

6. **a)** (1) $e = 13$ cm (2) $e = 41$ cm
b) (1) $e = 7{,}1$ cm (2) $e = 12{,}0$ cm (3) $3 = 17{,}0$ dm (4) $e = 38{,}2$ mm

Seite 193

1. a) $u \approx 29{,}53$ cm; $A \approx 69{,}4$ cm^2 **b)** $u \approx 2\,733$ mm; $A \approx 594\,468$ mm^2 **c)** $u \approx 47{,}12$ m; $A \approx 176{,}7$ m^2 **d)** $u \approx 1\,344{,}6$ e; $A \approx 143\,872{,}4$ e^2

2. $d \approx 3{,}2$ cm

3. a) $r \approx 14{,}1$ m **b)** $r = 2{,}4$ cm **c)** $r \approx 38$ cm **d)** $r \approx 0{,}16$ m

4. a) $A \approx 42{,}1$ cm^2; $u_a \approx 36{,}4$ cm; $u_i \approx 28{,}3$ cm **b)** $A \approx 85{,}86$ cm^2; $u_a \approx 42{,}4$ cm; $u_i \approx 26{,}83$ cm **c)** $A \approx 16\,898{,}6$ mm^2; $u_a \approx 615{,}8$ mm; $u_i \approx 408{,}4$ mm **d)** $A \approx 2\,272{,}76$ m^2; $u_a \approx 426{,}94$ m; $u_i \approx 392{,}07$ m

5. a) $A_\alpha \approx 7{,}64$ cm^2; $b_\alpha \approx 3{,}1$ cm **b)** $A_\alpha \approx 16\,071$ cm^2; $b_\alpha \approx 373{,}7$ cm **c)** $\alpha \approx 203{,}7°$; $b_\alpha \approx 21{,}3$ cm **d)** $\alpha \approx 79{,}6°$; $A_\alpha \approx 56{,}25$ m^2 **e)** $r \approx 20$ cm; $A_\alpha \approx 520$ cm^2 **f)** $r \approx 6$ cm; $\alpha \approx 143°$

6. $V_p \approx 592$ cm^2; $r_z = 3{,}1$ cm; $V_z \approx 465$ cm^2; Abfall: 21,5%

7.

	a)					b)				c)					
r (in cm)	5	4	3,5	3	4,5	10	13	8	6	2,5	3,8	4,2	5,4	6,7	7,9
h (in cm)	9,5	14,9	19,5	26,5	11,8	4,9	4,3	5,5	6,3	25,5	16,8	15,2	11,8	9,5	8,1

8. –

9. ≈ 74 kg

10. $V = 1\,152\,\pi e^3$

Seite 213

1. a) Bei langen Versuchsreihen gilt: Wahrscheinlichkeit ≈ relative Häufigkeit
b) (1) 0,36 = 36% (2) 0,84 = 84% (3) 0,64 = 64%

2. a) durch häufiges Würfeln und Berechnen der relativen Häufigkeiten
b) (1) $\frac{2}{3} \approx 67\%$ (2) $\frac{1}{2} = 50\%$ (3) $\frac{1}{3} \approx 33\%$ **c)** (1) $\frac{5}{6} \approx 83\%$ (2) $\frac{5}{36} \approx 14\%$

3. (1) $\frac{1}{5} = 20\%$ (2) $\frac{1}{5} = 20\%$ (3) $\frac{4}{5} = 80\%$ (4) $\frac{37}{200} = 18{,}5\%$

4.

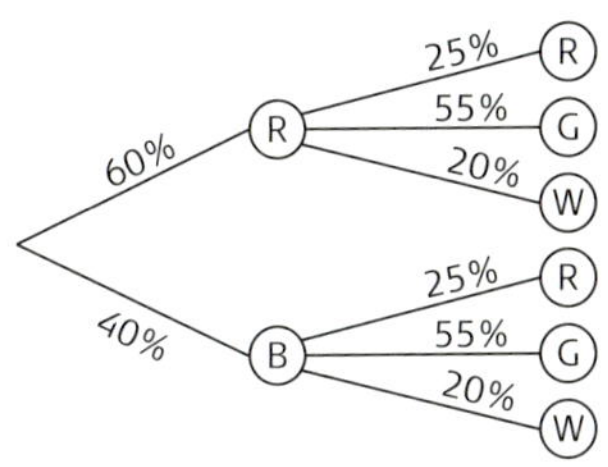

1. Glücksrad: (R) – 216°; (B) – 144°
2. Glücksrad: (R) – 90°; (G) – 72°; (W) – 198°

5. a)

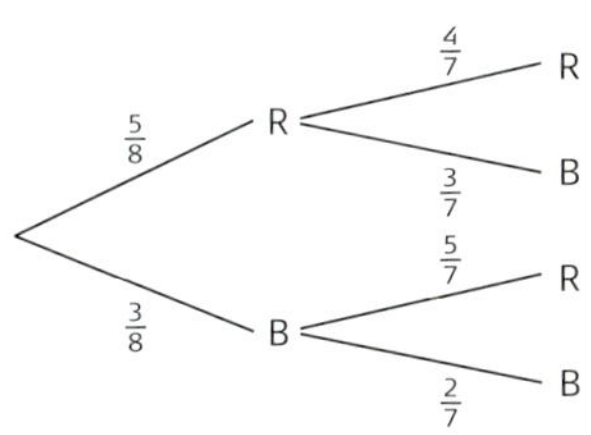

P(gleichfarbige Kugeln) = $\frac{13}{28}$

b)

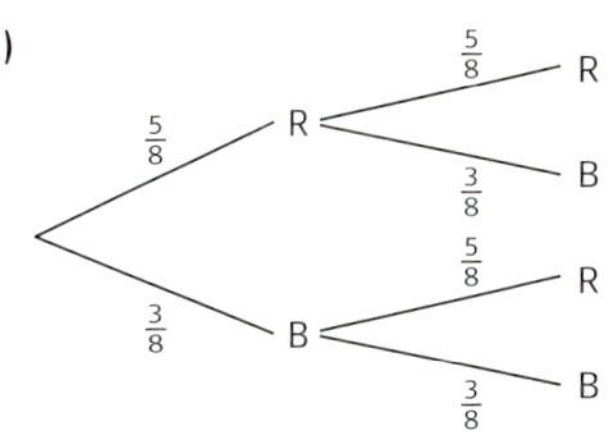

P(gleichfarbige Kugeln) = $\frac{17}{32} > \frac{13}{28}$

6. a) (1) $0{,}96 \cdot 0{,}96 \cdot 0{,}96 \approx 0{,}88 = 88\%$
(2) $0{,}96 \cdot 0{,}96 \cdot 0{,}04 \approx 0{,}037 = 3{,}7\%$
(3) $0{,}04 \cdot 0{,}04 \cdot 0{,}04 = 0{,}000064 = 0{,}0064\%$
b) 300

Seite 235

1. a) $L = \{-11;\ -1\}$ **b)** $L = \left\{\frac{1}{4};\ \frac{1}{2}\right\}$ **c)** $L = \{-1-\sqrt{2};\ -1+\sqrt{2}\}$

2. a) $L = \{-4;\ 6\}$ **b)** $L = \{1;\ 10\}$ **c)** $L = \{\ \}$ **d)** $L = \left\{-2\frac{2}{3};\ 3\right\}$ **e)** $L = \{-2;\ 2\}$ **f)** $L = \left\{-1\frac{2}{3};\ 4\frac{1}{3}\right\}$

3. a) $L = \{-2;\ 3\}$ **b)** $L = \{0{,}2;\ 0{,}64\}$ **c)** $L = \{2{,}5;\ 14\}$ **d)** $L = \left\{-\frac{2}{3},\ \frac{7}{18}\right\}$

4. Höhe: 8 cm; Grundseite 12 cm

5. a) 15 cm; 20 cm **b)** 24 cm; 36 cm

6. Seitenlänge klein: 0,9 cm; groß: 4,1 cm

7. a) $x^2 + 5x = 14$; $L = \{-7;\ 2\}$ [$x^2 - 5x = 14$; $L = \{-2;\ 7\}$]
b) $x(x+6) = 7$; $L = \{-7;\ 1\}$ [$x(x+6) = -9$; $L = \{-3\}$; $x(x+6) = -10$; $L = \{\ \}$]
c) $x^2 - 40 = 6x$; $L = \{-4;\ 10\}$ [$x^2 - 40 = 18x$; $L = \{-2;\ 20\}$]

8. 1 225 m^2

9. a = 8 cm; b = 6 cm

10. $(x-2)\left(\frac{990}{x} - 2\right) = 860$; Länge: 45 m; Breite: 22 m

LÖSUNGEN ZU BIST DU TOPFIT?

Seite 238

1. Anstelle einer Wertetabelle kann man lineare und proportionale Funktionen mithilfe des y-Achsenabschnitts und der Steigung m bzw. den sich daraus ergebenden zwei Punkten zeichnen. Lineare und proportionale Funktionen haben Geraden als Graphen.

a) $b = 0,\ m = \frac{3}{4}$; also $P(0|0)$ und $Q(4|3)$
b) $b = 0,\ m = -1{,}2$; also $P(0|0)$ und $Q(5|-6)$
c) $b = -1,\ m = 2{,}5$; also $P(0|-1)$ und $Q(2|4)$
d) $b = 3,\ m = -1$; also $P(0|3)$ und $Q(3|0)$

2. a) 7 427,08 g (7,42 kg) **b)** um 12 %.

3. Es kommt nicht auf die Reihenfolge an.

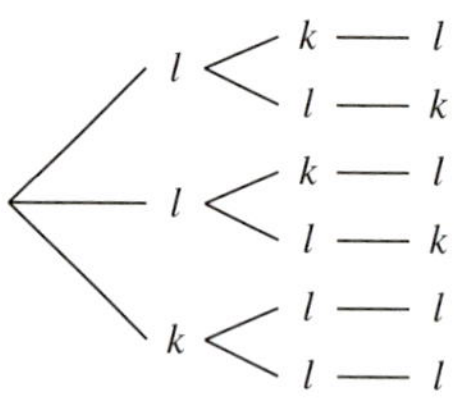

l: langes Streichholz
k: kurzes Streichholz

4. a) 11,59 m **b)** 0,6 s

5. a) Maßstab: 1: 1 000 000 **b)** ≈ 30,1 km **c)** 1 Billion **d)** ≈ 1 543,5 km²

Seite 239

1. a) $x = 2{,}4$ cm; $y = 8{,}75$ cm **b)** $x = 4{,}52$ cm; $y = 7{,}51$ cm

2. 72,25 cm²

3. a) Abweichungen entstehen durch Messungenauigkeiten mit der Waage oder das nicht genormte Gewicht der Nägel.
b) $y = 1{,}29x + 32$
c) Gewicht der leeren Dose; Gewicht eines Nagels.
d) ca. 304 Nägel.

4. a) 1 402 275,0 m³ $[\pi r^2 (7{,}4\text{ km} + 2 \cdot 65\text{ m} - 2 \cdot d)]$
b) ca. 112 m
c) Täglicher Abtransport von ca. 1 947,6 m³ Erde; entspricht ungefähr 163 Lkw-Ladungen.
[720 Arbeitstage bis zur Fertigstellung]

Seite 240

1. $|AC| = 24$ m; 180 Steine.

2. a) –
b) $u \approx 24$ m; 192 Pflanzen
c) ≈ 40 m²; 183 Begonien, 457 Petunien; Gesamtkosten: 679,42 €
d) 79 %

3. a) 1 374 *l* **b)** 1 016 kg

Seite 241

4. a) $y = 1000 - 45x$ **b)** Wasserverlust pro Tag **c)** (1) 775 *l*; (2) nach 8 Tagen

1. a) 3,5 kg **b)** 7,90 € **c)** $y = 1{,}2x$: Preis pro kg **d)** 17,10 €

2. a) 27,80 € **b)** $y = 1{,}2x + 8$ **c)** 4,14 m **d)** 10 €; 1,30 € pro m² **e)** 10 m²

Seite 242

3. a) 12,53; 0,22; 12,5 **b)** Abweichungen nach oben sind größer.

4. 11,2 m

1. a) $\frac{3}{4}$ **b)** $\frac{16}{7}$ **c)** $\mathbb{R}$ **d)** −6; +6 **e)** 4,8 **f)** −1,3; +1,3 **g)** 9,57 **h)** 8,5 **i)** { }
j) −10; +10 **k)** +3; −5 **l)** { }

Seite 242

2. a) $\{7\frac{21}{29};\ -4\frac{10}{29}\}$ **b)** $\{-\frac{21}{26};\ 1\frac{17}{52}\}$

3. 2,2

4. 85 000 €; 35 000 €

5. 9,6 cm; 4 cm; 10,4 cm; 19,2 cm^2

STICHWORTVERZEICHNIS

BILDQUELLENVERZEICHNIS